2000—2020 南大建筑教育丛书

丛书主编 吉国华 丁沃沃

南大建筑教育论稿

Essays on Architectural Education, NJU Architecture

周 凌 丁沃沃 主编

南 京 大 学 出 版 社

总序

鲍家声
Bao Jiasheng

　　光阴似箭，日月如梭。转眼之间，世纪之初创建的南大建筑系至今已走过不同寻常的二十个春秋。想当初，年过花甲的我，忘记了自己的年龄，不知天高地厚似的，"贸然"与几位三四十岁的年轻教师，离开我学习工作近半个世纪的母校——东南大学，"跳槽"来到南京大学，创建了南京大学建筑研究所，作为建筑学学科研究生教育和建筑研究机构，重启原在母校推行而后受阻的建筑教育改革创新探索之路，踏上新的征途！

　　二十年来，南大建筑系以南京大学既定的创办世界高水平一流大学的目标为办学目标，以综合性、研究型、国际化为标准，积极进行开拓与探索，在学校领导和相关部门、社会各界和兄弟院校、学者和同人的关心、支持、帮助及指引下，经过师生的共同努力，在不长的时间内，从无到有，从小到大，从建筑研究所发展到建筑学院，又从建筑学院发展到今天的建筑与城市规划学院，从单一建筑学科发展为建筑—城市规划多学科的教学科研基地，从最初的单一研究生培养教育发展到今日的本—硕—博多层次的全面建筑人才培养机制，形成了较为完备的办学体系，在短短的时间内又顺利地通过了全国高等学校建筑学专业硕士研究生的教育评估。二十年来，南大建筑系为国家培养了千百名高素质的建筑人才，走上了稳、健、捷、良的发展道路，实现了长足跨越式发展，完成了日趋成熟的根本性的战略巨变，创造了南大建筑人的办学速度，创出了南大建筑自己的名声、自己的名牌和自己的办学特色。短短的时间内，南大建筑系跻身于全国建筑教育院系的前列，被誉为与"八路军""新四军"齐名的"独立战斗兵团"！

　　南大建筑系二十年的跨越式发展，充分彰显了建筑学科在南京大学厚实的科学与人文这方沃土上，跨学科、教研融合的快速发育成长，开创了在我国综合性大学开办建筑学学科教育的先河。南大建筑系以招收、培养研究生为办学的起点，以培养高端建筑人才为目标，在后来招收本科生的同时，仍坚持以招收培养研究生为主，开创了我国高起点建筑学教育办学的先例。南大建筑系本科生教育和研究生教育实行"4+2"的新型学制，率先改革"5+3"的传统学制，并且不拘一格地只申请研究生的教育评估，不申请本科生的教育评估，改变了现行院校本科生建筑学专业学位和硕士研究生专业学位重复设置、两次评估的规定，大大缩短了学制，为青年学子节省了宝贵青春年华中的时间，同时也提高了办学效率，为我国高等建筑教育创建了新的学制。在研究生培养教育方面，推出了研究生教育崭新的建筑设计公共课程体系，即"概念设计""基本设计"和"建构设计"课程，三者构成了一个完整的建筑设计教学内容体系，真正让建筑设计教学从传统"熏陶式"教学模式改变为"理性教学"，即重在教思维、教方法的"手脑并训，以训脑为主"的新型教学模式。同时，也从传统的重设计、绘图的技法训练转变为重理性思维和方法论的培养，彻底改变了通过手把手的示范来传授设计技巧，而忽视对学生创造性思维能力培养的传统教学方法。同样，本科生教育也实行了"2+2"的通识教育和专业教育相结合的新型建筑教育培养模式，大力提倡鼓励和促进学生跨学科学习；充分发挥和利用南大作为综合性大学的多学科的优势，鼓励教师跨学科合作进行科学研究；在积极认真进行建筑教育的同时，也积极主动面向社会，以社会发展需要和城乡建设中的问题为导向，开展科学研究；创办建筑设计院和规划设计院作为生产教学实践基地，为我国快速城市化和乡村振兴事业做出了我们的贡献。总之，南大建筑系在建筑教育观念、教学体制、教学内容、教学方法及办学机制和管理体制诸方面都进行了积极的探索和大胆的改革，敢于向过去习以为常的事物"亮剑"，敢于在复杂的形势下不断探索、突破，从而造就了自身的办学特色。

二十年是人类历史上短短的一瞬间，却是南大建筑人谱写南大建筑春华秋实的生命之歌之时。借此南大建筑学科创建二十周年和南京大学建筑与城市规划学院建院十周年庆典之际，筹备组搜集、整理出版了这套书，力求展示南大建筑系二十年来全院师生员工在"开放、创新、团结、严谨"历程中的所思所行，以此勉励后来者不忘初心，牢记使命，薪火相传，继承和发扬开放、改革、创新、探索的精神；同时，它也试图打开一扇通向外界的沟通之门，期望得到领导、社会各界、广大同行专家学者的指正和引导。

忆往昔，感慨万千；看今朝，振奋人心；展未来，百倍信心。从无到有的创业难，从小到大、从弱到强的发展建设更难，从大从强到优的发展建设就更是难上加难！南大建筑人将继续弘扬"开放、创新、团结、严谨"的办学创业精神，遵循南大"诚朴雄伟，励学敦行"的校训，在新的历史时期，在我国为迎接"第二个百年"，实现中华民族伟大复兴而努力的新时代，以培养高质量人才为根本，以队伍建设为核心，以学科建设为龙头，立足江苏，面向全国，走向世界，为把南京大学建筑与城市规划学院建设成为国内一流、世界知名的人才培养基地而不断努力奋斗，为实现我国教育强国之梦做出我们新的、更大的贡献！

十年树木，百年树人。南大建筑和规划人将以学科创建二十周年和建院十周年为新征途的新起点，在办学的新征途上，砥砺前行，百尺竿头，更进一步。未来的二十年，必将更加精彩！

鲍家声

2020 年11 月14 日写于"山水"

序一

理念与坚守引领建筑教育的实验——南大建筑教育二十年

The Experiment in Architectural Education Led by Conception and Persistence: Twenty Years of Architectural Education in NJU Architecture

丁沃沃

Ding Wowo

　　作为对建筑教育二十年的总结，编辑团队很有创意地决定出一本关于南大建筑教育论文集选编，这是为了回顾梳理思路，也为了反思奠定基础。当团队着手选编时，发现这并非易事，二十年来，始终人数不多的教师队伍居然发表了如此多的关于教学的论文（总共 159 篇），这在以科研论文论英雄的时代，南大建筑系的教师们对建筑教育的付出可见一斑。篇篇论文都凝聚着老师们思想的火花、严谨的研究和辛勤的实践，遴选颇难。因此，为这本厚厚的教学论文集作序更非易事，二十年来，我们正是本着对建筑学清晰的认知和坚定的信念，才能持之以恒地不断探索教学体系和教学方法。然而，随着时间的推移、探索的深入和实验的升级，目标逐渐模糊，人造环境的性质在变。

　　回顾：二十年来，南大建筑系在建筑教育领域的探索在清晰的建筑观的引领下，通过教学实验，探索人才培养的体系和教学方法。关于人才培养首先需要讨论的是教育理念，而教育理念则建构在学科的认识论之上。中肯地说，除了教育理念，还需要教育者对学科的发展做出研判。回顾走过的历程，在世纪之交，中国城市化进程进入突飞猛进的高速发展阶段，国家急需建设人才，中国建筑学学科和其他相关学科一样迎来了发展的极好时期。很多大学开始办建筑学学科，已有建筑学学科的则开始扩大规模，南大建筑系正是在这个大背景下诞生的。然而，南大建筑系的创始人团队当时想的是扩大规模易，提高质量难，我们国家需要的是多样化、多层次的人才，而南大这样的高校，有义务和责任为国家培养高层次的建筑学人才。**我们最想干的一件事是探索中国建筑学的核心价值观及人才培养路径**。南大建筑系创始人团队基于自身的教育背景，本着对现代建筑核心价值的理解，**坚持建筑创作和教育都应回归建筑本源的理念**。为此，我们二十年来持之以恒地探索中国大学的教育体系如何融入西方发达国家先进的现代建筑教育方式，**为我国培养跟得上时代脚步的当代建筑设计和研究人才**。在清晰的理念引领下，在前十年中，南大建筑系教师们以研究生教学体系为起点，将建筑理论体系化教育融入通常以设计实践为主的研究生教学体系中，率先改革了研究生培养的模式。理论教育的体系化融入，成为南大建筑教育的亮点。在后十年中，这个亮点也融入了南大建筑系的本科教育，更为开放的体系服务于更为广博的知识基础。尽管这种融入并不能立即见效，但它一定是学生未来发展空间的坚实基础。二十年来，南大建筑系研究生探索了**研究生教育课程化、理论教学系统化、国际化教学体系化，以及之后的本科教育通识化、本硕贯通一体化**等，这些探索和实验都成为南大建筑系引人注目的亮点和特色。二十年来，南大建筑系也在扩大，不断加入的年轻一代充满着热情和理想。值得一提的是，**"不忘初心"**成为大家的共识。南大建筑系作为一个整体，以理念引领和体系支撑，本着探索和实验的精神，呈现的是教学方法和课程内容的百花齐放。

当下：整个社会正处于历史性的转变期，世界在变，中国也在变。21 世纪之初的对变革将至的预感，由于 2020 年初开始至今尚未结束且蔓延到全世界的疫情而落实了：人们不得不改变过去的观念、过去的习惯和过去的行为方式，去应对生存的问题。当然，疫情会过去，但对疫情给我们的警示要有足够的认识：在我们的星球上，人只是万物之一，人必须尊重自然。建筑学是关于人造环境的学科，"环境和谐"的标准有它自身的"规律"。近年来，全世界建筑学界都开始重视环境的问题，西方发达国家的建筑学的关键词也由清晰的建筑学传统词汇，如功能（Function）、空间（Space）、场所（Place）、材料（Material）、建造（Construction）等，渐渐地变成引发思考的非确定性词汇，甚至显得有些焦虑：可持续性（Sustainability）、空间 / 网络（Space/Net）、弹性（Resilience）、可循环（Recycle）、可再生（Renew）、复杂性（Complexity）、脆弱性（Fragility）。我们应该清楚，当我们一直在追赶的对象自身开始彷徨之时，其实摆在我们面前的道路也不甚清晰。就人与环境这个话题而言，中国传统文化中认知世界的观念所追求的就是"天人合一"，讲究的是人与自然的和谐，所以，在强调人与自然和谐的方面，中国文化有着独特的理解，且早已付诸行动。因此值得强调的是，追赶多年之后，站在新位置的我们应该意识到自身文化基因的优势，于此修正观念，没有必要和我们曾经学习的对象一起陷入迷茫。

探索：对南大建筑系来说，探索与实验历来是我们学科发展的动力，基于中国传统文化中人与自然的和谐理念，重新认知人造环境的规律并完善理论建构，应该是我们的新起点，也是中国建筑学对世界应有的贡献。新的征途开始了，本轮探索的是自己的路，那就是我们要自己定义建筑学内涵，所以道路更加艰难，充满不确定性；然而，这条路比以往的更加有吸引力，我们也对其充满期待。就建筑教育而言，教学研究也是学科认知的试验场，如果说过去的二十年中我们教学探索的路径是理念—体系—方法，那么，新一轮的探索路径可能是：实验—方法—理念—体系。为此，二十年中的一点经验也可以让我们坚定信心，教学研究的传统可以成为有力的支撑。

丁沃沃

2020 年 10 月 16 日 于南京

序二

南大建筑学教育思想回顾——2000—2020 年教育论稿综述
Review of the Ideas of Architectural Education—A Summary of Essays on Architectural Education,
NJU Architecture（2000-2020）

周凌

Zhou Ling

　　这本论稿收录了近 20 年来南大建筑系教师关于建筑教育教学的代表性文章。2000—2020 年，南大建筑系教师在《建筑学报》《建筑师》《新建筑》《时代建筑》等各种期刊杂志上发表了众多的建筑教育教学文章，据不完全统计达 159 篇，本论稿选择了其中有代表性的 52 篇，分为理念、体系、方法三个部分。

一

　　第一部分"理念"，收录 17 篇文章，包含了鲍家声、丁沃沃、赵辰等教师多年来对建筑教育教学的系统思考。

　　本书收录了鲍家声教授的三篇文章，其中 2000 年发表于《建筑学报》的文章《新要求·新导向·新希望——'99 全国高校建筑学专业指导委员会暨第二届系主任会议综述》，从教育思想与教育理念、建筑设计及设计基础教学、建筑的科学性与技术性、理工与人文的结合、教学方法和教学手段改革五个方面，阐述了我国高等教育大发展新时期形势下，如何培养具有创新能力的高素质建筑设计人才。鲍家声教授于 2001 年发表的《新征途·新挑战·新探索——南京大学建筑研究所成立》一文，阐述了重建南大建筑学科的办学思想，确定了南大建筑"综合性、研究型、国际化"的办学目标，初创阶段以"培养研究生"为主要任务，探索建筑教育新模式，为建筑学科发展指明了方向。文中说道："我们希望在综合性大学能开办建筑学专业，以实现多元化的建筑学办学模式"；"在综合性大学办建筑学专业有它诸多的有利条件，更有利于实现工科与理科、人文科学的结合，这应被视为 21 世纪高等建筑教育的发展方向之一。因此综合性也成为我们办学的目标之一"。①他在 2007 年发表于《新建筑》杂志的《提高教育质量，培养高层次人才》一文，专门针对建筑学研究生教育，从培养目标、学科建设、教学质量、师资队伍建设四个方面，阐述了南大建筑研究生培养的四个关键问题。

丁沃沃教授的四篇文章，系统思考了中国建筑学从知识体系建构到教学法的建构问题。2004 年发表的《求实与创新——南京大学建筑研究所教学探索》，阐述了办学思想、教学体系和课程设置，硕士、博士培养目标的差异，三类课程设置，以及设置研究生最有特色的三门核心设计课的目的。2009 年的《回归建筑本源：反思中国的建筑教育》要解决的是中国建筑学与建筑教育中"知识主体"的建构问题。即我们要学什么？是和西方一样的知识体系，还是有自己的特殊问题？不同知识体系对教学法的影响有哪些？等等。2015 年发表的《过渡与转换——对转型期建筑教育知识体系的思考》，梳理了建筑学知识结构的变化，包括认知论、设计方法论、技术知识，建筑学需要新的方法，设计方法需要新知识的支撑，从而提出通识知识与设计能力互为表里的问题。2017 年发表的《过渡、转换与建构》，进一步提出随着社会发展，建筑学面临转型的问题。学科内涵的演变，导致知识更新的必然，从而对培养学生的研究和探索能力提出新的要求。丁沃沃教授一直致力于反思中国建筑教育，探求建筑学知识体系和建筑教育的关联，厘清建筑教育的本源，为南大建筑学教育教学铺垫了完整的理论基础，同时对我国各个时期建筑学面临的问题和转型做出了具体的回应。

赵辰教授的四篇文章，既有关于教学体系的思考，也有影响建筑教育的一些前置观念的探讨和关于建筑学本身的讨论。2002 年发表的《新体系的必要——南京大学建筑研究所教学、研究的构想》，站在历史学者的角度，阐述其对国际建筑文化与教育的发展趋势的理解，以及创立建筑研究所在中国建筑学术发展脉络中的意义。文章提出以城市与环境、历史与社会、建构与文明三大方向，建构新体系的学术框架。2007 年发表的《"立面"的误会》，对东西方建筑观念进行了比较，是一篇厘清观念的争辩之文。2012 年在《建筑师》杂志发表的《关于"土木 / 营造"之"现代性"的思考》，梳理了中国建筑百年以来的理论认知，提出以民间建造体系为特征的"土木 / 营造"是中国建筑文化的本源。2018 年发表的《失之东隅，收之桑榆——浅议 20 世纪 20 年代宾大对中国建筑学术之影响》，对第一代中国建筑师所接受的 20 世纪 20 年代"布扎 - 宾大"建筑学术教育这一历史事件，在中国建筑数十年的发展进程中所具有的消极意义和积极意义进行学术性的分析与评价，并重点在当今中国与国际建筑学术不断相互融合的背景之下，对这一历史事件所反映的中国建筑学术受益于西方"精英化"

① 鲍家声：《新征途·新挑战·新探索——南京大学建筑研究所成立》，《新建筑》，2001年第4期。

建筑美学的洗礼做出重新评价。这是对影响中国建筑教育最深刻的宾大体系的系统和理论的反思。

冯金龙、赵辰的《关于建构教学的思考与尝试》，总结了研究所初建两年中关于研究生建构教学的思考与尝试，阐述了建构课教学的意义、教学内容、教学方式与教学组织，提出建构的意义在于建造本质的回归，反对仅从表面形式来看待建筑，它提供了一个新的视角，既是建筑审美的视角，也是建筑教学的视角。这是非常具有南大特色的一门研究生课程。

周凌于 2008 年发表的《形式分析的谱系与类型——建筑分析的三种方法》，是关于建筑学自主性的探讨，也是关于建筑学本质的讨论，其目的是指向建筑教育。从文艺复兴到现代主义、后结构主义中建筑学的本质，也就是形式主义分析方法的角度，帮助理解现代主义建筑空间、结构的关系。2019 年发表的《建筑学的知识型与五种范式概要》一文，从知识原理的角度，也从知识源流和法则的角度，梳理了建筑学发展历程中的知识型与知识范式，总结了古典、现代、当代三种知识型，区分了文艺复兴、科学革命、现代主义、结构主义、信息革命五种建筑学知识范式，通过对不同时期知识型与知识范式的回顾，建构新时期建筑学知识体系的框架，通过对知识型与知识范式的总结，帮助学生快速理解不同时期建筑学知识型的差异。

胡恒主编的《建筑文化研究》是由南京大学建筑学院与南京大学人文社会科学高级研究院联合编辑，面向所有人文学科的年刊。胡恒在第 1 辑卷首语提出了自己鲜明的观点：一方面，建筑学具有自己悠久的学科传统；另一方面，它也具有开放的时代特性和社会属性，因此建筑学具有广义上的文化意义，应该成为广义上的文化研究的对象。

鲁安东于 2017 年发表的《"设计研究"在建筑教育中的兴起及其当代因应》，从历史视角梳理了 20 世纪后半叶设计研究兴起的历程，探讨了从设计方法到设计研究的范式转向，提出当代建筑教育需要将设计理解为一种以整合性、不确定性和创造性为特征的思考形式和论证过程。文章可谓为国内率先开启了"设计研究"的大讨论。

吴蔚的《新工科建设背景下的建筑技术教育思考》，阐述了其在新时期新工科背景下建筑技术教育的系统思考。如何在新工科背景下定位人才培养目标，寻找通识教育、工程教育、实践教育与实验教学之间的联系和平衡点，一直是建筑教育界争论的热点话题，文章以建筑技术课程的建设为出发点，通过比较南京大学与香港中文大学在课程设置、教材以及与设计课相结合等几个方面，探讨新工科建设背景下的建筑技术课程改革的发展方向。

二

第二部分教学"体系",收录 17 篇文章。2000—2010 年,课程体系以建构基本空间组织、基本材料建造方法训练为主题,消化吸收国际先进教育理念,融入课程建设。

丁沃沃于 2007 年发表的《规范性目标下的特色教学体系——南京大学建筑设计与理论研究生教育》,以及周凌、丁沃沃 2015 年发表的《南京大学建筑学教育的基本框架和课程体系概述》,两篇文章分别介绍了南大建筑硕士研究生与本科教育教学的框架和课程体系。周凌、丁沃沃于 2012 年发表的《通识教育背景下建筑系本科设计课程设置的探索》,介绍了南大在通识教育背景下对本科设计课进行改革的探索,在全国率先实施建筑学通识教育的创举。

吉国华 2000 年发表的《"苏黎世模型"——瑞士 ETH-Z 建筑设计基础教学的思路与方法》,介绍了与南大建筑教育密切相关的苏黎世高工的建筑基础教学,梳理了"苏黎世(建筑教育)模型"的历史沿革、基本思想和教学过程。张雷 2002 年发表的《基本空间的组织》,介绍了现代建筑设计与空间组织的原理;2003 年发表的《设计的原则》,提出通过直接而合理的空间组织和建造方式来满足复杂的适用要求。

冯金龙、赵辰、周凌 2005 年发表的《建筑设计教学中的木构建造实验》,简要介绍了研究生设计教学中的木构建造实验课,以设计课和木构课联合,组织学生进行实际搭建训练,这是国内较早开始的实际搭建课程。吉国华、陈中高 2017 年发表的《面向建造的数字化设计教学探索》,是较早关于数字建筑教学的探讨。

傅筱于 2015 年发表的《引入建构的构造课教学——南京大学建筑与城规学院构造课教学浅释》,介绍了在南大的建构教学中将建构原理引入构造课的教学尝试,从而改变了构造课以纯技术原理为主的授知模式;重点从构造课教学评价标准、构造课知识架构以及构造教学体系化等方面展开具体论述。

关于本科设计课,收录了冷天 2015 年发表的《城市更新视角下的建筑设计基础教学探讨》,探讨了低年级入门的设计基础教学。华晓宁 2012 年的《从"类型"到"问题"——南京大学建筑系本科三年级"建筑设计"课程的组织思路》与 2017 年的《从指令型设计走向研究型设计——南大建筑本科三年级下学期"建筑设计"课程改革探索》,探讨了本科三年级设计课程中问题导向、研究导向的设计教学。

王骏阳 2020 年的《关于南京大学建筑学本科二年级第一学期建筑史教学的思考与构想》、胡恒 2012 年的《南京大学外国建筑史教学经验谈》,分别介绍了建筑史的相关教学体系。窦平平 2017 年的《设计研究作为一种启发式实践——与谢菲尔德大学联合教学中的思考》，介绍了在设计课中引入设计研究作为启发工具的探索。

技术课教学方面，收录了郜志 2014 年的《"建筑环境学"教学过程中学生科研能力培养的探索》、吴蔚 2016 年的《技术与艺术，孰轻孰重？——绿色建筑设计在建筑技术教学中的应用研究》，介绍了绿色建筑、建筑环境学如何介入建筑设计教学中。

三

第三部分"方法"详细介绍了南大建筑教学中一些有代表性的特色课程与教学方法，分为研究生设计课、本科低年级设计课、高年级设计课、城市设计课、历史理论教学、技术课的数字建筑与绿色建筑教学等版块。

研究生设计教学是南大建筑教学中十分重要的一个内容，收录了吉国华 2008 年的《建筑设计课的设计——南京大学硕士生"基本设计"教学的一个案例》、周凌 2008 年的《材料的显现——研究生设计教学中的材料训练课》、鲁安东 2015 年的《"扩散：空间营造的流动逻辑"课程介绍及作品四则》等文章。

本科低年级基础教学，收录了冷天、丁沃沃 2010 年的《建筑设计基础教学中的建筑构造认知》，唐莲、丁沃沃 2016 年的《空间包裹——折纸的艺术》，以及刘铨 2015 年的《以地形表达为切入点的低年级设计教学》等文章。

城市设计方面，收录了胡友培、丁沃沃 2014 年的《以城市物质形态为基础的本科城市设计理论课程教学研究》一文，探讨了在本科四年级进行的城市设计实验性教学。

历史理论教学方面，收录了史文娟、赵辰的新文章《对中国建筑历史教学体系的新探索》，萧红颜、赵辰 2013 年发表的《思寻互动，测绘相佐——南京大学建筑系本科二年级暑期测绘教学》，以及胡恒 2019 年发表的《重述〈十二楼〉——一门历史理论课中的空间、叙事与设计》。前两篇介绍了建筑史最新的教学方案和大二暑期测绘课教学的设想与过程，后一篇介绍了关于历史文献展开空间叙事的一次很有特色的历史教学。

技术教学课程版块，关于计算机与数字建筑收录了傅筱、万军杰 2019 年的《面向职业化的整合——BIM 虚拟建造设计教学框架探析》，童滋雨、刘铨 2012 年的《与建筑设计课程同步的计算机辅助建筑设计（CAAD）基础教学》，以及童滋雨等 2019 年的《算法生成在建筑设计教学中的应用——以本科三年级幼儿园设计教学为例》等几篇文章。

绿色建筑版块，收录了郜志、刘铨 2013 年的《绿色建筑设计教学的实践和展望——以南京大学—美国雪城大学"虚

拟设计平台 (VDS) 在绿色建筑设计中的应用"为例》,以及尤伟、郜志 2016 年的《计算机模拟辅助绿色建筑设计教学探讨——以"虚拟设计平台 (VDS) 在绿色建筑设计中的应用"为例》等文章。

工作坊部分,收录了窦平平的《照片拼贴法辅助设计构思和表现——剑桥大学—南京大学建筑与城市合作研究中心 2013 年夏季工作坊》、刘铨的《乡村语境下的建造教学——南京大学 2018 年第三届国际高校建造大赛参赛回顾与思考》、周凌的《踏进乡间的河——2019 年南京大学乡村振兴工作营知行实践》三篇文章。

四、结语:书写的实践

综上所述,南京大学建筑学科在创办之初就具备了完整的理论基础,清晰的教育理念、办学思想,提出了明确的培养目标和办学方式,是我国新时期多元化创新办学模式的代表。南大建筑系的教师们热爱教学、勤于思考,对教育教学问题始终进行着孜孜不倦的探讨,并将之贯穿于 20 年的教学实践中。通过 20 年的实践,南大建筑学人不仅"书写"了建筑教育,也把建筑教育实践"书写"在祖国大地上,培养出了一批批优秀的建设人才。

南大建筑学人对建筑教育的思索,始终以书写这种"实践"方式在进行。教学实践与写作实践,平行发生,贯穿始终。

目录　Contents

二、体系 163

一、理念

新要求·新导向·新希望——'99 全国高校建筑学专业指导委员会暨第二届系主任会议综述

New Requirements, New Directions, New Hopes—Review of the Conference of National Supervision Board of Architectural Education and the Second Conference of Deans in 1999

鲍家声

Bao Jiasheng

全国高等学校建筑学专业指导委员会'99 年年会暨第二届建筑系（院）主任会议是在我国高等教育进入大发展新时期的形势下召开的。1999 年，我国召开了第三次全国教育工作会议，并于 6 月份公布了《中共中央国务院关于深化教育改革，全面推进素质教育的决定》。《决定》中明确指出，作为高等学校，应培养"具有创新能力的高素质的专门人才"。江泽民同志强调指出"创新是一个民族进步的灵魂，是国家兴旺发达的不竭动力"。经济发展主要取决于创新能力，创新的基础是创新人才的培养。这就为我国高等教育战线提出了新的要求、新的目标。

基于这样的形势和要求，这次会议讨论的主题是：如何培养具有创新能力的高素质建筑设计人才，借以进一步提高教育工作者的认识，更新观念，使其更加深刻地反思传统的中国建筑教育，更加深入地开展建筑教育改革，更加迅速地提高我国现代建筑教育水平。

会议收到教学研究论文 40 余篇，通过开展大会小会的交流方式，集中从以下五个方面对如何培养高素质的创新人才，进行了热烈的讨论和交流。

1. 教育思想、教育观念问题

与会者普遍认为，随着社会的转型、改革的深入、体制的转轨，面对全面推进素质教育的新形势，建筑教育工作者必须更新教育观念，重构建筑学教学的体系，探索新的教育模式，确立智力、能力和人格的三位一体的素质教育及人才培养模式。不仅要注重专业知识技能的教育，而且还要重视非智力因素的培养；要锐意创新与改革，从学院派的教学思想体系中解放出来；改革填鸭式的教学方法，重视对学生个性的培养，使学生个性能得到健康发展，建立以学生为中心、主角的现代教育观点，充分发挥学生的主动学习精神，为学生的个性发展创造条件。

2. 建筑设计及设计基础教学问题

大家认为，建筑设计创造能力的培养是我国建筑教育的一个薄弱点，而这一点是建筑设计教学应该追求的目标，是设计教学之灵魂。因此在创造性培养方面如何加强和提高是共同面临的大课题。为此，我们首先应该对目前的建筑设计及设计基础的教学乃至整个建筑学教学认真进行反思，冷静审视一下在全部的教学内容、教学方法、教学环节、教学过程中为学生创造性思维能力的培养提供了多少营养和动力，创造了多少有利的环境和条件。我们不难发现，以往对学生创造性意识、创造性欲望、创造性思维、创造性方法以及创造性能力的培养是多么苍白无力：设计基础课仍然是线条、字体、渲染、徒手画等基本功的训练，仅偏重于对手头技巧的训练，而忽视了对"脑子"的思维训练；设计课教学基本是"一对一""师带徒"的传统学院派的教法，导致思维易于单一、封闭；设计理论也就是一般化的就事论事，加些实例分析，"只可意会，不可言传"，靠"悟"来学，而缺少以启发、诱导来培养学生的创造性意识，以及系统地讲授设计思维的基本知识及创新设计的基本方法等。再看看课程设计，各校基本上都沿用建筑类型的训练方法、设计要求和作业时间，各校及各题要求也基本相同，充其量只能教会学生怎样做这些类型的建筑，这种教学法如"让学生做应用题"一样，不教给学生基本的数学原则。因此应该增强建筑设计课创造性思维和建筑设计规律性的教学，把对创造性思维、创造性能力的培养作为建筑教学计划设置的一根红线，像传统的基本功一条线、设计理论一条线、设计一条线、技术一条线一样受到重视，把它贯穿于一至五年教学的全过程。

3. 建筑的科学性与技术性问题

关于建筑技术与建筑设计的关系，建筑专业工作者都是很清楚的，但是对于培养建筑学创造性的人才，其作用就不是很多人能理解的。一般认为，技术是为建筑设计"配套"服务的，只要建筑设计人员想得出，技术总是可以做的。因此长期以来，我国建筑教育一直不重视建筑技术课的教学，尽管开设了不少建筑技术类课程，设置建筑技术教研组，乃至设置硕士点、博士点，但是建筑设计与其相依为命的建筑技术始终是相脱节的。因而一些建筑设计注重追求形式，玩弄空间，但缺少基本的工程技术知识基础，知其然，不知其所以然，充其量也只能是抄袭、模仿、克隆别人的建筑作品中的外表形式，这样的设计自然较难有多少新意。从建筑历史及现代建筑发展来看，缺乏艺术修养与审美能力的建筑师创造不出最佳的作品，但是缺乏工程技术知识基础的建筑师也称不上一名优秀的建筑师。随着信息时代高新技术的发展，我们普遍感到 21 世纪建筑技术教学面临着前所未有的挑战；传统的建筑技术已难适应新时代、新生活的需要，建筑学的发展需要更多学科的支持和合作；建筑技术不再只是简单的工具，而已成为建筑师发掘创作灵感的一个新的爆发点和增长点。建筑技术作为建筑物质手段，是实现建筑师构思和促成建筑师的奇想的有力保证。因此，在培养学生创造性思维方面，建筑技术教学也同样负有重大的责任。

4. 理工与人文结合问题

建筑学的特点就是工科中的文科，文科中的工科，理工与人文的结合就是建筑教育的基本原则之一，在今天无论从全面推进素质教育，还是从培养具有创新能力的人才要求出发，建筑教育坚持理工与人文的结合就显得尤为重要。建筑教育要以培养创造性思维为核心，而创造性思维正是建筑学科的人文精神之核心。建筑设计涉及的不仅是技术，还大量涉及与社会、经济、文化、自然的关系。因此，应把技术与人文的结合作为 21 世纪建筑学发展的一条极为重要的原则，要把人文精神渗透到建筑学教育的全过程中去。要拓宽学生视野，建立开放的科技和人文结合的知识体系，处在综合大学中的建筑系要充分利用其人文学科的优势，跨出传统建筑学的天地；在工科院校的建筑系更要创造条件，或是走出学校，寻找与人文学科结合的途径。我国有 5000 年历史，加上现代的创新精神，可以在 21 世纪创造出中国建筑的新辉煌，丰厚的文化底蕴是建筑创造取之不尽的源泉。

5. 教学方法和教学手段改革问题

教学方法、教学手段的改革是培养高素质建筑设计人才的重要而不可忽视的问题。现代科学技术的发展，正促使传统建筑学教学方法和教学手段的现代化。传统的以教师为中心、以课本为中心、以黑板为中心的填鸭式的、封闭的、单向的"三中心"的知识信息传媒手段和教与学的方式已不能完全适应现代教学要求。计算机的发展及其在各个领域的广泛应用，必然对传统建筑学的教学模式产生重大影响。如何对待计算机在课程设计教学中的应用，如何对待传统基本功的训练，已成为各校讨论的一个热点。我们不能回避计算机在建筑设计领域中的应用，对建筑设计教学带来的影响，也不能仅把计算机应用看作绘图工具，而是要进一步思考如何应用计算机开发辅助设计和辅助思维的新途径，使 CAD成为 CAAD。

此外，多媒体技术的发展为建筑学教学提供了新的教学手段和方法，不少学校都建立了多媒体教室，有的学校还尝试以计算机技术作为教学媒体传递教学信息、培养学生技能的新的教学手段，使学生可以通过计算机学会自己学习，创造一个不依赖教师的开放式的学习环境，或者是人机对话的交互式良好的自学环境。采用多媒体开展形象化教学特别适合建筑学的专业特点，对学生创造性思维的培养、形象思维能力的提高都将大有裨益。总之，教学方法、教学手段的现代化必然有助于教学质量的提高。

通过讨论交流，与会者更明确了中国建筑教育面临的新形势、新要求、新任务，它将成为各校今后共同继续探索的方向。会议期间，还进行了 1999 年"迅达杯全国大学生建筑设计竞赛"评选工作。自 1993 年开始举办以来，这是第七届了。前六届是以促进各院校重视建筑设计课教学、培养学生严谨学风和扎实基本功训练为目标的，六年实践表明，这一目标已经达到。因此，从去年起就开始研究设计竞赛的新导向。根据全国推行素质教育培养创新人才的要求，新的导向就是要通过设计竞赛激发学生的创造性思维，提高创新能力，充分发挥学生设计的主动性和创造性，促使和鼓励学生设计的个性化。这次设计竞赛激发了学生们的创作激情，全国 64 所学校、3200 多名在校本科三年级学生参加了这次竞赛，首先分别由各校进行评图，挑选 10% 的优秀设计方案参加全国评选，共计 313 份。由学校教授和国内著名建筑师共同组织的评选委员会进行了两天认真的评选，产生了 3 名一等奖、6 名二等奖、9 名三等奖及 45 名佳作奖，共 63 份方案入围得奖，占参赛总数的 2%。

评委们一致认为，这次竞赛是成功的，竞赛和评选的导向是鲜明的，也是正确的。它把全国大学生建筑设计竞赛工作推向一个新的阶段、一个新的层次。这个导向将会对未来各校的建筑设计教学产生深远的影响。从这次竞赛结果来看，香港大学第一次参加这次活动，选送了 6 份方案，结果有 4 份方案入围得奖（1 个二等奖、3 个佳作奖），获奖率达 66%。这说明香港大学建筑设计的教学特点与内地培养方法存在区别，他们的方案设计构思都较独特，思路也比较开阔，设计内容比较切题，并似有切身体验，创造的空间为学生的参与提供了更多有趣的途径。这一点引起了内地大学教师们的深思，深感内地教学改革的必要。这项活动也为各校相互交流和学习提供了良好的机会。

这次设计竞赛也使我们看到了希望的曙光。这一次竞赛成果与前六届相比，我们明显感到大学生们的设计水平提高了一大步，大多数参赛作者都注重了设计的创意，能从不同的角度出发构思设计，并且很多立意都在情理之中，而不像以往单纯地追求形式，或模仿某个作品，先入为主，生搬硬套，甚至追求花哨，华而不实。从得奖作品来看，它们都有较好的创意，能在分析的基础上进行主题构思，又都找到了较好的恰当的表现形式，可以说表现出了较好的逻辑思维和形象思维的能力，反映出当代的青年大学生蕴藏着巨大的创造潜力。正如《北京宪章》指出的，"未来建筑事业的开拓、创造以及建筑学术的发展寄望于建筑教育的发展与新一代建筑师的成长"。我们相信通过教学改革，通过教与学的共同努力，我国当代的建筑大学生——未来世纪的建筑师是不会辜负国家和人民的期望的。

原文刊载于：鲍家声.新要求·新导向·新希望——'99 全国高校建筑学专业指导委员会暨第二届系主任会议综述 [J]. 建筑学报,2000(02):30-31.

新征途·新挑战·新探索——南京大学建筑研究所成立

New Journey, New Challenge, New Exploration—The Establishment of The School of Architecture at Nanjing University

鲍家声

Bao Jiasheng

摘要：

南京大学建筑研究所于 2000 年 12 月成立。它以综合性、研究型和国际化作为奋斗目标和方向，积极进行学科建设。为此确立了走高起点、高目标和高速度的办学道路，准备在新的征途中，迎接新的挑战，探索我国建筑教育办学的新模式。

关键词：

南京大学建筑研究所；综合性；研究型；国际化

Abstract：

The School of Architecture at Nanjing University was set up in December, 2000. It will take comprehensiveness, investigation and internationalization as its objective and direction of working, and it will be active in the subject construction. For this reason, the teaching route of high starting point, high objective and high speed is inevitably chosen. Meeting new challenges on a new journey, the institute intends to explore new modes for architectural education in China.

Keywords:

The School of Architecture at Nanjing University; Comprehensiveness; Investigation; Internationalization

图 1 南京大学建筑研究所成立大会合影

南京大学建筑研究所经过近一年的酝酿和筹备，已于2000 年 12 月 14 日正式挂牌成立。它标志着这所综合性大学又诞生了一个古老而新兴的学科——建筑学，在其多学科的大家庭中又增添了一个新的成员。

新建的南京大学建筑研究所是适应南京大学既定的综合性、研究型和国际化的目标而筹建的，它是学校发展的需要。南京大学是一所具有百年历史的大学（至 2002 年整 100周年），出于历史的原因，近半个世纪以来，主要是发展文科和理科，并且已取得了举世瞩目的学科建设成就。然而为了实现综合性大学的发展目标，必然要进一步发展工科，进一步地加强学科群的建设，目前已有了城市规划专业、经营管理包括房地产管理专业等，因此，筹建建筑学专业是必然之举。加之，南京大学前身是中央大学，我国最早的建筑系就建立在当时的中央大学。1949 年，中央大学更名为南京大学，当时就有南京大学建筑系之称。现在的工程院院士同

济大学戴复东教授、工程院院士东南大学钟训正教授等一批有名望的学者、教授就是在此期间毕业于该校的。1952 年院校调整，由于向苏联高等教育模式学习，将文科、理科与工科分开，南京大学基本上一分为二，文科、理科留在南京大学，校园就用原金陵大学的校园；工科变成了南京工学院，留在原中央大学校园，又组合了其他高校的一些工科专业。南京工学院于 1988 年更名为今日的东南大学（即中央大学前身东南大学的老校名）。从历史意义上讲，南京大学和东南大学是同胞兄弟。在 20 世纪 90 年代，我国高等学校进行新一轮的大组合时，如果两校合并，那就自然地实现了历史的回归，也真正实现了强强联合，在我国高等教育中将成为一艘新的、强大的航空母舰。1988 年，两校曾朝合并的方向迈出过一步，成立过两校合并的筹备小组，两校中层以上干部曾在南京大学开过会（笔者参加了此会），当时决定两校合并后的校名为中国综合大学，简称"中大"，但是出于种种原因，两校终究未能合并。从这种意义上讲，此次南京大学是重建建筑学学科，而新成立的南京大学建筑研究所与东南大学建筑系也该是同胞兄弟，一个是 70 多岁的老大哥，一个是刚诞生的小兄弟，毫无疑问，小弟弟一定要好好地向老大哥学习！

南京大学建筑研究所将以南京大学既定的创办世界高水平的一流大学的标准——综合性、研究型和国际化的目标作为奋斗的目标和方向，积极、踏实地进行学科建设。为此，从一开始就确立了走高起点、高目标和高速度的办

图2　成立大会专场　　　　　　　图3　授南京大学建筑研究所所牌

学道路，在新征途中迎接新的挑战，探索我国建筑教育办学的新模式。

　　综合性是南京大学的发展目标之一，它也成为建筑研究所办学的一个极重要的条件。目前，我国80余个建筑学专业基本上都是办在工科或工科为主的高等学府，我们希望在综合性大学开办建筑学专业，以实现多元化的建筑学办学模式。在综合性大学办建筑学专业有诸多的有利条件，更有利于实现工科与理科、人文科学的结合，这应视为21世纪高等建筑教育的发展方向之一。因此综合性也成为我们办学的目标之一。为此，在学科建设上，不仅要搞好建设类专业（结构、设备等）与建筑学专业教学的结合，而且要跨出建设类的专业范围，与更大范围的学科相结合，即与理科、人文学科相结合。在这方面，南京大学为我们创造了得天独厚的条件；在人才培养上，将更加关注人才综合素质的培养，不仅要学会做学问，更要学会做人；不仅要能做设计，也要懂得如何进行研究；不仅自己会做，而且也能与人合作共事，甚至组织大家来做；不仅会思考，而且能以多种方式表达自己的思维；不仅有专业能力，而且要有较高的综合组织能力和

管理能力。只有这样高素质的、综合能力强的人才才能增强在人才市场上的竞争力。因此，在师资队伍的建设上也就更加重视对师资队伍本身综合性的要求，因为没有高素质的综合能力强的教师是较难培养高素质的学生的。我们还希望教师具有不同的背景，希望改变目前建筑院校普遍存在的师资队伍"近亲繁殖"的情况，希望引进不同学校的人才以扩充师资队伍，并借此活跃学术思想，注入不同学术流派的思想和学风，在交流中竞争，在竞争中推陈出新。

　　南京大学建筑研究所是教学和研究组织，从一开始我们就确定了高起点的办学思路，就是以招收、培养研究生为主要任务。目前，我国有80余所高等学校办有建筑学专业，但都是从本科生培养着手，我们试图在我国探讨另一种办学模式，专门为国家培养高一级的建筑专业人才，希望像美国哈佛大学建筑学院那样，仅招收、培养研究生，为我国多层次的建筑教育体系的建立寻求一个新的途径。作为研究型的教学组织，它将以科学研究为先导，以开展科学研究为中心，探索科学研究紧密结合教学和生产实践的新的学科建设体系。我们将紧密地结合国家建设和社会发展的实际需要来制定科研方向，面向社会、面向市场选择科研课题，面对在我国加速实现城市化过程中，在创造良好的人居环境过程中，在提高我国建筑创作水平和建筑质量过程中存在的理论和实际问题，努力做出我们的贡献。我们深知对研究生教育层次来讲，学科建设和发展是不能离开科学研究的，只有坚持不懈地进行科学研究，才能培养锻炼师资队伍，才能够有条件

培养和指导研究生，才能提高学术水平，才能从整体上加强学科建设的力量。

国际化是南京大学办学的又一个明确目标。建筑研究所作为一个学科的建设和发展的组织者，也必然要以国际化作为自己的方向，必须在教学和科研、机制和运转等各个方面加强、加速与国际的接轨，努力按国际的模式办学。因此我们要面向世界，实行高度开放性的办学，在教学、科研上加强国际间的合作，积极开展对外学术交流，组织师生参加国际竞赛，创造条件让学生参加国际交流，努力培养国际竞争能力，拓展在国际上的发展空间，增大在学术界的影响力。我们在香港注册和发行的《A+D》杂志采用汉英双语的形式，就是面向世界的一个举措，希望通过它，让我们走出国界，让国际了解我们。

为了实现我们的目标，我们确定了"严谨、创新、开放、团结"的八字办所方针，这是经过认真的深思取得的共识。它表明了我们提倡的办学思想和学风。

严谨是治学必备的科学态度，是事业成功必不可少的条件，我们的成长依托于我们的母校——东南大学严谨的治学精神，我们将继承它，发扬它，并带入我们新的事业中。创新是时代的需要，也是我国建筑教育发展的需要。我国的建筑教育问题产生于传统教育的缺陷和社会发展对人才的新的要求。几十年一贯制的教学体系，一成不变的教学计划、内容和方法，以及同一模式、同一规格的人才培养模式等都已不适应时代提出的"创新要求"，更难以培养出高水平的创新人才。我们过去曾在教学改革上做过探索，取得过一定的被公认的成绩，但出于种种原因也受到一定的挫折，我们深感机制和环境对事业发展巨大的影响和作用。南京大学建筑研究所是一个新的学术环境，新机制的运行，为坚持创新创造了有利的宽松条件，借此希望在教学观念、体制，教学内容、方法等各方面都能有所探索，在研究生人才培养方面创立自己的特色。

开放和改革是我国的大计方针，但是要真正落实在办学上还需要进行多方面的探索和努力。南大建筑研究所采取的开放性办学方针，为的是在办学、治学、教学与科研等各个方面能不断地接受新思路，吸收新的营养，注入新的动力，开拓新的局面，而不是闭关自守；也为了使建筑教育面向社会，面向市场，面向世界；还为了提倡学术民主，创造活跃的、兼容并蓄的，乃至百家争鸣的学术环境。我们尊重权威，但是不盲目崇拜权威，在学术面前人人平等，老师与学生也是如此。团结是我们力量的源泉、事业成功的保证。我们这批人为了共同的事业走到一起，个人融于共同事业之中，发展首先是共同事业的发展，成功首先就求共同事业的成功。我们共同的事业就是把南大建筑研究所办起来，并且努力办好，为中国建筑教育的进步和发展做出努力。因此我们能够心往一处想，劲往一处使。

从筹办到今天的一年多时间里，我们已正式踏上了新的征途：我们已初步建立了一定力量的教师队伍，现有教授、副教授九名，他们都有较好的教学研究和实践经验，并都有留学国外的经历；已建立了建筑设计及其理论的硕士点，去年第一批学生已入校在学，各项教学活动正常运转，今年又正式招收了 30 名研究生，其中包括建筑设计的博士生，今年 9 月他们将正式入学；已建立了服务教学的实践基地——南京大学建筑规划与设计研究院（乙级），并确立了新的体制即建筑设计院隶属于建筑研究所，较好地解决了研究所与设计院即教学与生产的体制问题；我们主办《A+D》建筑与设计杂志，作为我们的一个学术基地，也将是一个对外交流的阵地，今年已发行了两期。我们改变传统的教研室教学组织模式，实行教授工作室机制，把教学、科研、生产有机结合起来；建立了教授委员会，替代传统学术委员会和职称评审委员会；实行所长负责制，坚持民主办学，重大问题提交教授委员会讨论；筹建校外专家顾问委员会，聘请国内外知名教授、建筑师定期对我们的办学方向进行指导和评估，以促使我们努力走向国际前沿；采用固定编制和柔性编制相结合的用人制度，以留出一定比例的教师编制，聘请国内外知名的教授、专家作为兼职教授；在学校的大力支持下，已拥有了相当数量的计算机设备，购买了上千册图书，订阅了近 40 种外文期刊，一个专业图书期刊室已初具规模；已开始面向社会，承担了国家和省市的科学研究课题，并介入了建筑市场，承接若干规划和设计任务；与江苏省建筑师协会共同组织、举办了江苏省首届青年建筑师论坛和青年建筑师作品评选活动，现又开始筹办在南大召开的中国建筑创作小组 2001 年年会暨华人建筑师联谊会（筹备工作会）；还与

中国香港、中国台湾以及国外的院校建立了学术交流合作关系；今年 9 月将在德国柏林举办的亚太周中国建筑展，我所已有 4 名青年学者的 6 项作品被选上，作为中国青年建筑师的作品参加展览，开始走向国际…… 总之，我们的工作已起步，我们的机制正在正常、快速运转。

但是我们清楚地知道，创办一个新的建筑学科是不容易的，要办好它就更不容易，现在还只是万里长征第一步，真正任重而道远。在前进道路上一定会遇到很多很多的困难，我们已有了充分的认识和必要的思想准备。我们这一批志同道合的同志走到一起，可以说是知难而进的。我们以开创和建设好这一新的事业为己任，以严谨、创新、开放、团结为座右铭。我们希望而且也相信在各级领导的关怀指导下，在兄弟院校的帮助下，在社会各界的支持下，通过我们自身坚持不懈的艰苦奋斗，坚持一代代的刻苦努力，我们的目标是能够达到的。我们希望与全国的兄弟院校和校内兄弟系所广泛地交流合作，共同为中国建筑教育走向世界而努力奋斗！

原文刊载于：鲍家声. 新征途·新挑战·新探索——南京大学建筑研究所成立 [J]. 新建筑 ,2001(04):1-3.

回归建筑本源：反思中国的建筑教育
Returning to the Origin of Architecture：Rethinking Architectural Education in China

丁沃沃

Ding Wowo

摘要：

关于建筑教育的讨论往往会聚焦在教案、教程和教学法方面。然而，这篇文章将讨论重点引向建筑教育思想建筑学知识主体的问题，引发了对中国建筑学教育定位的思考。文章通过对历史事实和相关教育模式的分析，指出了文化观念对于建筑教育的重要性，强调了建筑学的教育并不能孤立于一个社会的传统文化而存在。作者认为在目前的状况下，重新梳理适合于本土文化的建筑学主体知识和建立与国际接轨的学术规范是建筑教育的首要任务。

关键词：

建筑学；教育体系；知识主体

Abstract:

The discussion on architectural education often focuses on the problems of program, curriculum and teaching methodology. However, this article will focus on the ideology of the architectural education and the main body of the knowledge, which will provoke thinking of the position of Chinese architectural education. Based on historical facts and related analyses of the mode of education, the article points out that the importance of cultural values to the architectural education should be seen, which cannot be isolated from society's traditional culture. The author believes that under the present circumstances, sonting out the main body of architectural knowledge which is suitable for the local culture and establishing the academic norms in the international levels are the top tasks for the architectural education.

Keywords:

Architecture; Educational System; Body of Knowledge

引言

教育的过程是知识传授的过程，知识传授的方法可谓教学法，因此知识、受知对象和传播方式成了整个过程的几个关键词。在建筑学高等教育体系中，受知对象自然不言而喻，那么知识和传播方式就成了教育者主要关注的内容。对于大多数学科来说，知识主体应该是清晰的，是学科立足之本，然而古老的建筑学的学科知识主体远没有这么清晰。伴随着建筑学发展的漫长的道路，建筑学一直在不断构筑和更新自己的知识框架，推陈出新、去伪存真成了学科研究的重要组成部分。建筑是艺术、建筑是建造、建筑是凝固的音乐、建筑是象征符号等各种诠释显现了建筑学的知识主体的模糊和概念的复杂程度。从历史发展来看，建筑学学科最初是在艺术院系里，而后来移至工科院校，接着又出现在综合性大学，并得到快速发展，而且建筑学的基础知识也因自身概念的拓宽而不断增加。时至今日，当建筑技术给了建筑物态形式最大的自由时，带来的却是建筑学知识主体的更加含混，学科对象的讨论几乎成为建筑学理论研究的热点，从而也引发了对建筑教育的重新思考。

作为一个学科，我国建筑学的历史并不长，并且是在引进西方建筑学的基础上建立起来的，至今80多年的历史，走出了和西方不一样的道路。在全球化带来的信息交流时代里，我国的建筑学无论在表象上还是在实质上都无法回避和西方建筑学的全方位对话，为此有必要基于建筑教育分析一下我们具有80多年历史的建筑学学科的演变与发展[1]。

1. 传统建筑的概念与学问

虽然我国建筑学学科的历史只有80多年，但是我国营造建筑的历史已有四千多年，传统建筑的地位在世界建筑之林中独树一帜，这种强烈的反差不得不引发我们认真思考建筑作为一个事物或一个行业在中华文明史中的属性和作用。80多年的学科发展相比四千多年的建筑历史沉积显得单薄，只有嵌入整个历史与文化中讨论我们的传统建筑方能有助于我们今天理清思路。

1.1 建筑是"器"

鉴于建筑的社会性，其定位取决于整个社会文化认可，并非来自行业规定。

首先看古代哲学家的论述。老子《道德经》第十一章："三十辐共一毂，当其无，有车之用。埏埴以为器，当其无，有器之用。凿户牖以为室，当其无，有室之用。故有之以为利，无之以为用。"虽然现在常用这段话来说明我们的建筑自古以来就有现代建筑的空间概念，但是本文并不想讨论老子的"无"是否就指现代建筑的"空间"，而关注建筑的意义在于"有室之用"已经是很清楚的了。

其次看民间的表达。从汉代画像砖上，我们了解到了古代建筑的形式，每幅画像中的建筑内均有人物，或站或坐，奏乐习礼，整个画面无论建筑占多大的画幅，都只是故事的载体，也就是"器"[2]。

再查阅传统分类法[3]。翻遍类书寻求建筑在"学问"中的类别，在《四库全书总目纲要》中，与建筑有关的要目分置于史部地理类中的都会郡县目和古迹目、史部政书类中的考工目和子部术数类中的相宅相墓目[4]。古代类书中采用分类法编排者可以《古今图书集成》为代表，其中考工目被列在经济类[5]。

因此可以说，在中国传统文化中建筑是"器"。作为"器"，主要存在的价值是"功用"，它的主要目的是获得内部空间。对于建造活动来说，建筑仅是建造活动的客体，获得内部空间才是整个建造活动的目的。换句话说，建筑的外形仅是一个媒介或载体，通过载体达到"功用"的目的。至此，我们确认在传统观念中，"建筑"如同"茶壶"或"服饰"，因而构筑建筑者只能视为工匠，充其量可称为建造师。中国传统建筑以木构为主，建造者主要是木匠。

1.2 "器"之学问

建筑作为"器"的历史延续了四千多年，和西方建筑传统不一样的是，在形式上并无明显的变化，其中微差也只有专业人士能够辨别，而后者与西方的绘画一样风格多变，带有鲜明的时代特征，可见虽然都是建筑，但门道不同。我们的传统建筑虽然看似没有变化，但是有它自己的学问，其核心内容不是"设计"，而是建造。学问的内容囊括了材料、结构、构造与形制等所有内容，其基本要领是"材"与"契"[6]。中国传统建筑重要的两部史书宋代《营造法式》和清工部《工程做法则例》说的都是建造的方法，用现代的话语简单地说就是材料及其交接的方法。另一个重要的内容则是"样式"，用现代的专业语言表述就是：交代了元素及其组合原理，这个原理不仅决定了材料与构造的内容，同时也决定了最终建筑的形式[7]。

中国传统建筑的彩画是建筑形式美的重要组成部分，"这些彩色并不是无用的粉饰，却是木造建筑物结构上必需的保护部分"[8]，所以在表现形式上，彩画的画幅和所依附的木构件的形状结合得相当完美，如梁、枋、椽和斗拱等表面上的绘画画幅形状以构件而异，画面和结构构件合二为一，因此传统建筑的彩画完全依附于它在建筑中的位置，而并非独立的艺术作品[9]。

作为"器具"的建筑有等级之分，而划定等级的原则取决于"器具"使用者的社会与政治地位，所以使用者的社会身份是选用建筑形式类型的基础[10]，分别通过建筑的平面（开间与进深）、屋顶样式、建筑用材与用色等方面体现出来。如果从形式到样式再到构造都做了如此充分的规定的话，所剩工作也只需按章办事来选择相应的类型和解决建造的问题，无需西方传统概念上的设计工作，也就没有建筑师这个角色。建筑工作中起主要作用的是木匠中的大师傅，建造依据不是图纸而是建筑的构造模型，由大师傅根据建筑的类型和所备的建筑材料放样得来，建造过程中如遇问题，则现场解决。这样的模式确认了建筑并不是形而上的事物，是形而下的器物，建造技术是手艺，形制和样式是"器"的制造"学问"。

1.3 "器"的学问与教育

和中国传统建筑概念不同的是，在西方传统文化中建筑和绘画与雕塑一样同属于艺术，至少是建造的艺术，它像艺术作品一样需要被创作。从事这一行业的建筑师和艺术家有着大致相同的社会地位，他们是艺术家同时甚至也是建筑师，如意大利文艺复兴的画家拉斐尔、米开朗基罗等既作画也做建筑。重要的是，在西方的社会观念中，建筑师和艺术家的工作是一项形而上的工作，建筑师是知识分子中的一员。

中国社会的情况大不相同，其传统建筑等级严格、规制清晰，社会与人和人与建筑基本都有了清楚的范式，无须设计，更不能创作。建筑的"学问"就是建造的"技能"，因而建筑被视为"器"，它自始至终没有向西方传统建筑那样成为美学讨论的对象，虽然中国传统建筑形式拥有无可否认的极高的美学价值，但是它被视为"材"与"契"完美融合的结果，而不是审美活动的目的，所以建筑在传统文化中没有获得与中国传统绘画和书法同等的地位，没有成为艺术的一个分支。

问题的关键是由于传统建筑无需"设计"这个形而上的行为，当然也就没有从事设计活动的建筑师，更主要的是没有围绕以建筑形式为主题的形而上的系列探讨，自然也无

需建筑这个学科。然而另一方面，和西方传统一样的是学校的任务就是进行"形而上"的知识传授，所以建筑技术的传承显然不是学堂的事，而是和其他工艺技术行业一样依靠师徒制的方法传承，即通过实际操作在建造建筑过程中学习，也可诠释为传统的建筑职业"教育"。更为重要的是，在行业外部即整个社会对建筑技能的传承方式非常认可。

在传统观念中，社会定位并不取决于它的经济效益，建筑的属性决定了社会对建筑行业的定位，所以建筑的"形而下"的定位在社会意识中始终没有改变。因此，探讨学科的内容和教育的方式不能脱离社会文化对该事物的定位，目前建筑教育、教育者以及学子们感受到的尴尬和迷茫实际上是早已存在的学科的尴尬与迷茫。

2. 我国的建筑教育

2.1 试图"器"到艺

先于建筑学学科建立的自然是建筑市场对建筑师的需求，确切地说因建筑行业发生了变化，外来建筑事务所、外国建筑师和西洋建筑打破了中国传统建筑的既定规矩，建筑设计成了建筑行业中的一个新职业，出现了建筑师这个新的角色。20 世纪初，清政府有组织地派送中国留学生出去学习，建筑学学生也是其中之一。据史料记载，在出国留学生中攻读建筑学的有 55 人。其中 40 人去了美国[11]。学成之后他们中的大多数人返回了祖国并开办了建筑事务所，成为

中国自己的第一代建筑师。这样，在建筑行业内部发生了重大变化，首先，建筑设计被引入建筑建造行业，建造之前需要设计并以由专业图示语言绘制的专业图纸表达，而后再由图纸转换成实体建筑，设计和绘图成了专门化的一项工作而非以往大师傅的手艺活。其次，建筑师的工作重点是设计（或者说是创作）而不是施工，建筑不仅仅是房子，更是建筑师的作品，其工作地点在办公室而不在工地。由此，建筑的概念很快在行业内部由"器"而转成"艺"，成了学问的对象，几个关键的变化点是：（1）建筑成为一种艺术；（2）建筑工作由工匠转为知识分子的工作；（3）建筑形式成了设计工作的重要组成部分。

设计作为一种特殊的知识，显然建筑设计师要经过高等教育的专门化训练，于是建筑学作为一个学科被引入中国大学。中国大学的第一所建筑院系正式诞生于 1927 年 [12]，即现在的东南大学建筑学院，其教员和系主任都由国外学成归国的留学生组成 [13]。本文将以这第一个正规的建筑教育机构为例，之所以如此是由于它不但是中国最早的建筑学教育机构，而且毕业生中很多人从事建筑教育工作，把东大的传统（中大体系）带到全国。另外，我国的高等教育体系和初等教育一样习惯统一化，并用统编教材等，造成中国建筑教育的教学模式普遍大同小异，因此，对"中大体系"的分析足以映射全国改革开放之前的建筑教育模式。

建筑学一开始就无可选择地继承了西方"建筑是艺术"的概念，核心知识体系围绕着建筑设计构成。中国建筑学先

驱之一杨廷宝先生以自己在美国受到的建筑学教育为蓝本，阐述了建筑学作为一门综合性学科的性质，他认为可以将其分为八个分支，即"（1）总论；（2）历史与理论；（3）城市规划；（4）园林；（5）建筑设计；（6）建筑构造；（7）建筑物理；（8）建筑设备" [14]，虽然建筑学经过不断的调整与整合成为现在的一级学科，涵盖了四个二级学科，但是其基本内容和精神并没有本质的变化，且基本和国际接轨。

2.2 转变中的认识问题

建筑学的迅速引进带来了一系列认识上的变化，其中包括如何看自己的建筑传统、如何看建筑、如何看行业工作，以及如何重新理解建筑的社会定位。

在建筑传统上，西方建筑学的引入不仅改变了建筑知识的传承方式，而且由于方法的改变，也影响了人们对中国传统建筑的看法。第一代中国建筑大师和学者们由于所受的是西方建筑学的启蒙教育，所以对建筑学的理解往往以西方传统建筑学的观念为基础，观察与评价建筑事物往往从西方建筑学的视角，认知建筑的手段也沿用了西方建筑学的方法。引入西方建筑学的方法的优势是使学界对传统建筑的研究有了比较成熟的学术范式和方法，例如梁思成先生当年在研究中国传统建筑时所能得到的建筑读本仅有宋代李诫的《营造法式》与清朝官定的工部《工程做法则例》，梁先生从实物调研入手并结合文本研究，将其"读懂的条例用近代科学的工程制图法绘制出来" [15]，梁先生的《清式营造则例》的意

义不仅是中国建筑史学界一部重要的"文法课本",也为建筑学研究提供了方法论的范式。然而,对于中国传统建筑来说,如果图示作为记录工具替代实物,就出现了认知上的问题,出现了建筑的立面图。由于图示的两面性并没有被充分地意识到,从图到图的学习方法取代了由实物到图纸的方法,这样就出现了以理解西方古典建筑的方法去理解中国已有几千年历史的传统建筑的现象[16]。所以后来西方古典建筑中的关于比例的讨论也延伸到了中国传统建筑中来,影响了学界对传统建筑建造首位性的认知和建造意识的认识。

样式与风格:风格(Style)是西方古典建筑研习中的一个关键词,它的存在和艺术品的意义有直接关联,中国传统建筑只有和做法相联系的样式。当西方建筑师用理解西方建筑的眼光来看中国传统建筑,"风格"的定位就成了重要问题。第一代建筑师对中国传统建筑以及"民族特征"的解释和西方建筑师的理解并没有本质上的区别,只是在做法上更加"地道",这一点无论从他们的作品中或对中国建筑形式的分析上都能明显反映出来[17]。"中国固有式"的定位实际上将中国传统建筑符号化,通过具体的建筑范例在学术上被认可,可惜的是中国传统建筑观的本质已经不存在了。

建筑设计:训练即我们熟知的设计课则在教学体系中从设立一开始就得到了充分的重视,从老一辈建筑学子们的回忆录中可以读到建筑设计教育对培养建筑师的重要性[18],所以建筑系的图房成了建筑学子们获取设计技能的空间。相比中国传统建筑行业中师徒传承的学习方式,在图房中的

知识传授方式和传统的师徒式传承方式并无本质的差异,只是传授内容发生了根本变化,即由怎样建造变成如何设计,知识体系的核心由建造转换成设计,这个重要的转化可以称之为建筑的学术化。转换之后面临的第一个问题是设计的标准问题,即什么是好建筑?答案是:适用、坚固、美观。前两者比较容易认定,而"美观"遵从的是西方古典建筑法则[19]。

建筑与建造:在我国,建筑教育被定位为高等职业教育,职业教育要求毕业生具备一定的操作能力,此项任务显然需要在设计过程中解决。传统的师徒传承的主要内容就是建造的技能,用现在的话是非常直接的职业教育。如以形式设计为核心的设计课,其成果的评价标准当然是造型,至少是满足功用后的造型,功能和形式比较的话,功能的问题尚且可以原谅,造型不好不能容忍,原因很简单,就是建筑是艺术。久而久之,建筑的建造概念在退化,建筑材料与施工技术更不可能在建筑设计中体现,建筑学子们对建造的知识不通则罢,但他们对建筑构造既不感兴趣[20],也不认为是建筑师应该完成的工作。这种现象经常被抱怨,但从未好转过,这其实是由于定位上的错乱。

建筑的属性:我们知道建筑学是舶来品,前面提到的系列观念上的转换也只发生在行业内部,并非整个社会的观念发生了变化。整个社会文化和意识对建筑的定位并没有真正随着建筑学的引入发生质的改变,除去个别特殊的作为特定象征意义的案例之外,建筑仍然被划为"器"之类。这个事

实不仅给建筑师带来困惑，更给建筑教师的工作带来尴尬的处境，建筑的社会价值实际上影响到了图房里的标准，二者的反差之大使得学校的教育受到学生和社会的质疑，其结果是学校放弃原先并不扎实的信念转而迎合市场，带来的是更大的错乱。

因此，在建筑师培养的主干知识构架中，建筑学自治的标准、社会基础、知识构成方面都还存在可商榷之处。

2.3 知识体系与教学方法

从 1933 年中央大学建筑工程系的课程表里可以看出，当时的教程具有两大特点：首先重视数理基础、工程技术和执业技能，其次重视建筑设计（当时称为建筑图案）。建筑系教员分别来自欧、美、日本等国留学归来的年轻学人，"在决定系的培养目标和方向、学制和课程设置方面，也曾经做过多次的讨论和研究，最后才算得到一个比较符合中国国情实际的方案"[21]。分析这个教案符合中国国情的原因是很有必要的。

首先分析理论课的框架[22]。理论课的体系分三大类：（1）通识基础课；（2）建筑技术和职业技能；（3）建筑史。和西方建筑学的课程体系相比，唯独缺少的是建筑理论类课程。在理论部分舍去了西方建筑学理论中关于哲学和美学的讨论、意识形态的争论、建筑批评等内容，作为建筑形式美学理论的弥补，留下了西方古典美学的构图原理这个可供操作形式的方法论；而另一方面，保留并加强了建筑工程技术

领域的知识以及与之相关的基础理论。显然，第一代建筑教育家们非常理解建筑在中国传统文化中的角色，因此抛弃了西学中烦琐的"形而上"的讨论，而转向社会普遍能接受的"形而下"的建造技术问题，并顺应行业的发展，提升建筑技术的知识内容。这种抉择也许就是结合国情的结果，即在不改变建筑作为"器"的本质[23]的基础上实现学院式的教育。正如杨廷宝先生说的那样："对于建筑的概念不再是仅限于砖瓦木石和日常的结构形式和施工方法。这就使建筑上的应用科学因素增加，而使形式和艺术退居于从属的地位。"[24]"建筑是具有双重性的。它是融化应用科学与应用美术而成为一种应用的学问。"[25]

再者，从第一代中国建筑学学者或建筑师们从西方引入建筑学的时间上看，当时西方建筑理论和建筑实践都已发生或正在发生巨大变化，现代主义建筑已经普遍出现，这些变化对当时置身其中的留学生来说应该有着直接的影响。从他们归国后的建筑作品中的确也能看到现代主义建筑形式语言的痕迹，如杨廷宝先生分别于 1947 和 1948 年建成的南京小营新生俱乐部和南京中山陵延晖馆，无论是建筑平面还是建筑造型都是典型的现代建筑[26]，其功力之到位即便是现在看来依然令人佩服。问题是，为什么作为中国第一代学者的年轻人们更加热衷于对中国传统的研究和继承，而没有直接引入最时髦的西方现代形式语言呢？虽然目前还没有足够的文献来回答这个问题，但是有两点影响比较清楚，其一是出自对整个中国社会的建筑观的认识；其二则是他们在西方所

受的以古典原则为核心的建筑教育。杨廷宝先生的一段话很有意思:"我曾说过,我们那个时代是个建筑转变的时代,……林肯纪念堂是我将毕业时建成的,它仍然是座具有折中主义而又丰富有创意的建筑。……与此同时也建造了一批新建筑,两种建筑同时并存。不过芝加哥的展览会上仍是前者占了上风。世界上的事说也奇怪,美国建筑师走过的路子,在 50 年代的苏联又重复了一次。他们都承袭了古典的手法,何其相似乃尔。"[27] 我们也许可以这样理解,在当时看来,形式只是外观而已,什么合适就用什么。

实际上按学问推理,由于建筑设计的知识是学校教育的主要内容,所以它应该包括建筑设计理论和建筑设计训练。然而,从建筑学教学框架不难看出关于建筑设计理论的教学是非常弱的,现在的状况是由于最初设定的构图原理并不完全吻合现代建筑审美观念,所以最终被取消了,所剩的课程只有公共建筑设计原理、居住建筑设计原理类的课程,这些原理课的目的并不是解决以"艺术"为核心的建筑的形式美的问题。可以看出,当建筑设计成为建筑师的知识主体时,理论常被误导,最终理论被转译成"概念""手法"甚至"说法"的同义词,所以对设计理论的缺失没有引起重视。但是当形式的美学问题没能得到充分讨论时,图房里发生的知识传授只能以教师的见识和修养作为标准,后来出现的以国外杂志上时髦建筑为范式以及乡土建筑的视觉纹理效果影响建筑设计等现象是必然的结果。

其次分析建筑设计的知识传授方式,前面已经论述了由于没有单独设立的相关理论课程,实际上在设计标准、社会基础和知识构成方面都留下了需要解决的问题,设计课的设置无疑成了解决这一问题的途径。"可以说杨先生等人的主要贡献之一即把他们所接受的教育——巴黎美术学院体系(即布扎体系)富有成效地联系了中国实际,塑造了'中大体系'的主要教学内容。布扎体系以构图原理为圭臬,以渲染模式为成熟完整的入门训练方法,并不断体现出古典的蕴泽。"[28] 具体地说,布扎体系是以古典原则为审美标准的体系,所以第一代建筑师们模仿他们学习西方古典的经验选择了中国传统建筑作为范式,它不仅满足了学界的标准,又有广泛的社会基础。同时以杨廷宝先生为代表的第一代中国建筑师非常重视建筑的实践性知识,认为建筑设计的知识构成是以能够指挥实际建造为标准,"一个理想的'建筑师'应该是一个工程从设计到完工全部工作的总指挥"[29],这就是布扎体系和中国实际相结合。

教学方法采用了渲染的模式。渲染模式实际上就是模仿模式,即通过长时间的反复"描红"来提高对范式的理解、认可直至习惯。对于建筑的启蒙教育来说,渲染模式成为建筑入门的主要方法,渲染的对象是否古典已经不重要了,实际上是通过渲染的方法学习优秀作品包括现代建筑。"这套传统做法在教学方法上讲究基本技能训练,以感性熏陶为主,以师傅带徒弟的方式,使初学者看到教师身体厉行,从而学得实在,没有玄说,讲求实际。……然而只知其然,而不易知其所以然,因此常有'只可意会,不可言传'之说。"[30]

这种以渲染为基础的形式训练模式一直延续到八十年代，其间虽然渲染的对象——建筑形式发生了不少变化，但以渲染作为训练的手段并没有变，从"古典"建筑一直渲染到"现代"建筑[31]。问题是这种方式存在两个问题，首先，"只可意会，不可言传"并不是大学教育的方法，从西方启蒙运动开始，人们便清楚地意识到所谓知识应该可以用理性的方式表述，除非它不是知识。其次，这种用渲染学习现代建筑的方式如同用渲染学习中国传统建筑一样，都会导致对"形式"的误解。以渲染为基础的纯粹形式训练对中国建筑教育的影响很大，它已不仅仅是单纯的训练方法，而且体现出了对建筑学的理解与认识。

这里的疑问是：（1）显然以古典原则为审美标准的"布扎体系"早已被抛弃了，那么取而代之的是现代建筑标准还是西方的现代建筑形式？（2）如果我们认识到渲染模式的本质是模仿（即从模仿中学习），那么究竟是渲染的技法被放弃了，还是"渲染的模式"不存在了？或换句话说，"渲染的模式"是真的被放弃了，还是只不过换了一种形式而已？（3）先被我们视为起家基础后又被我们抛弃的"布扎"究竟是什么？为什么西方现代建筑可以从浸透"布扎"的土壤里生长出来呢？

3. 建筑学与建筑教育

为了追根寻源，本文不得不转向西方建筑学及其教育历史[32]。

3.1 巴黎美院的建筑教育

我们熟知的巴黎美术学院（ECOLE DES BEAUX-ARTS）始建于 1819 年，是隶属于国家的艺术学院，建筑学院是其中的一个分支，但是它的历史比美院更加久远。建筑学院始建于 1671 年，当时全称为皇家建筑学院（Académie Royale d'Architecture），在路易十四的支持下诞生，从 1671 年诞生到 1968 年解体，经历了三个世纪之久。自那时起，在欧洲对建筑师的定位就有四个不同观点：学术建筑师（academic architect）、手艺人或工匠（craftsman-builder）、市政工程师 (civil engineer)，后来又有了社会科学家（social scientist），法国皇家建筑学院对建筑师的定位就是学术建筑师，强调建筑的艺术属性，重视组合理论（compositional theory）和形式设计的传统原则的学习，并视其为训练建筑师的重要理念[33]。根据亚里士多德的形式美的普遍原则，把美术从匠人的活动中分离出来，把建筑师从工匠的地位提升到哲学家的地位[34]。正是由于皇家建筑学院对它所培养的建筑师的定位——学术建筑师，也才有了相应的特有的严谨的学院式培养模式。

设计理论：学院是学术型机构，当建筑学作为艺术门类之一而被皇家学院接受时，它被要求接受学院的学术规范，即必须具备能阐述自身审美原则的理论，而且原则应是"首先，被那些最有资格来判断它们的优劣的人士认可同时又得到普遍接受的原则，其次，这些原则必须具备可以教授（teachable）的特质"[35]。1671 年 12 月 31 日，在学院初创的第一次会议上，当时著名的建筑师和理论家布隆戴尔（Francois Blondel）制定了建筑的首要原则，其次基于这些原则制定教案的规范。他们为了解决究竟什么是美的原则的问题进行了反复的讨论，虽然柏拉图、亚里士多德和新柏拉图主义都将真、善、美作为审美的最高原则，但是因它们的内涵存在差异，也就导致了审美理念的差异。由于审美理念的不同又产生了不同的设计理论，在学院内部也就形成了不同的学派。其中占统治地位的是古典派也是复古派，他们崇尚永恒的美的原则即优秀建筑的标准是固定的形式美的原则及其范例，后者建立在意大利文艺复兴文学和艺术作品之上；现代派又分为两个分支，他们的共同之处是反对永恒的美的概念，相信美的原则不是永恒的，会随时代的变化而变化，其中一派崇尚文艺复兴后期变化丰富的建筑形式和意大利手法主义的作品，主张有个性的建筑形式，实际上将建筑形式完全作为艺术品来对待；另一支现代派则不然，他们以更加极端的理念看待建筑形式美的源泉，认为美来自自然，建筑形式的美来源于它的材料及其采用的结构技术、建筑的功用、建筑的时代以及它所处的场所[36]。显然这个学派的基本理念和我们今天所了解的 20 世纪初期兴起的现代主义理

念非常类似，遗憾的是这个学派始终是少数派，对当时的整个设计工作没有太多影响，但也一直也没有被清除。总而言之，巴黎美院的设计理论涵盖了很多概念，其特点可以概括为理性的表现主义[37]。

教学体系：通过入学考试后，学生在巴黎美院的建筑学学习分为三级，即第一级、第二级和毕业学位。安排的课程量至少要五年半才能学完，实际上很少人能按时获得学位，一般都需要十年，因此大部分学子都是非全时学习。从一个等级晋升到另一个等级都要经过五个不同分类的知识构成的检验，这五类分别是：分析类、科学类、建造类、艺术类、项目类。分析类主要分析或模仿优秀的建筑实例；科学类（要通过考试）包括数学、解析几何、静力学、材料性能、透视学、物理学、化学以及考古学；建造类包括做模型和结构分析；艺术类包括用炭笔画石膏模型的素描、各种装饰细部和临摹雕像；项目类包括建筑相关的各项指标构成[38]。这些是学生们在学院内学习的课程，由学院的教授授课，此外，学生还需要到建筑师的工作坊中去进行建筑设计训练，并通过学院设立的设计竞赛获得设计成绩。

设计工作坊：以建筑师的工作坊作为训练建筑设计的基本场所是巴黎美院建筑设计训练的特色，其实有它的历史背景。在 1671 年之前，建筑师的培养并没有学院式教育，都是在开业建筑师的设计事务所里培训出新的建筑师。设立学院之后，有了系统的培养方案和课程体系，但设计训练并不像现在这样完全纳入学院内体系。和以前不同的是，作

为学生学习设计的场所是由建筑师指导的工作坊，学院根据建筑师的学术背景、社会地位、作品的影响力等等聘其为导师（Patron），负责学生的设计指导。设计题目和训练内容由学院制定，训练的目的是为罗马大奖（Grand Prix de Roma）竞赛做准备，包括训练、报名、参赛。设计工作坊大部分在巴黎，也有部分在里昂，一般工作坊里常常有50—100个学生，年龄从5—30岁不等，大家聚在一起接受设计训练并根据自己学分的需要去学院选所需的课程。导师每个星期亲自给学生改两个小时的图进行指导，其余时间新生可以向老生咨询[39]。

从巴黎美院的成立到它的学院式教育方式可以看出，其目的并不是教学生如何做建筑。建筑图在学院一共只需要两次（获学院学生头衔的初级考试和获建筑师头衔的设计竞赛），它重视的是对设计者进行素质培养，为国家培养有品位的建筑师并为国家服务。学院认为建筑师工作坊是训练学生做设计的最佳场所，而建筑工地是训练学生建造建筑的地方[40]。

3.2 美国的巴黎美院式建筑教育

和我国建筑教育有直接联系的是美国式的巴黎美院教学模式。建筑教育在美国始于19世纪中叶（1865年麻省理工学院设立了美国第一个建筑学院），最初它受到大学机构的限制，发展比较缓慢。受限制的原因在于建筑学教育缺乏清楚的知识体系和教学方案，而大学对于新学科的设立首先要考核它的理论框架和评价体系，当时欧洲有多种培养建筑师的模式，最终选择了巴黎美院的模式是因为它有完整的学术框架以及能和大学系统相匹配的体系，所以在1890年之后直至1939年，这种模式逐渐成为美国建筑教育的主流[41]。首先折中主义建筑成为审美的标准范例，正规的教育机制设置了入学门槛、教学计划、个体化的训练计划，另外还移植了竞赛获奖机制[42]。这种改革顺应了美国的国情，适合培养大量的职业建筑师，而不是少量的精英建筑师或学术建筑师。从此以后，法国建筑师和从法国学成归来的建筑师大受欢迎，并在各学校获得了重要的位置，其中以宾夕法尼亚大学的帕尔·克瑞（Paul Cret）教授的教学最具影响力，这使宾夕法尼亚大学的建筑学以杰出的巴黎美院模式而著称。

帕尔·克瑞主管建筑设计教程，他是一位训练有素的学院派建筑设计教师，同时也是很好的开业建筑师，有自己的事务所。值得一提的是，帕尔·克瑞一方面沿袭了巴黎美院的严谨的理性的形式主义表现手法，坚信古典的无时间性和延续性并对建筑形式构件进行理性的形式分析；另一方面，他要求学生分析古典建筑的形式构件时尽量避免对历史事件进行分析，他不重视形式的历史意义，认为那些分析看似科学但对形式生成毫无用处[43]。可以说帕尔·克瑞创造性地运用了巴黎美院的设计原则，通过对古典建筑元素和构建的分析为建筑设计服务。当然，帕尔·克瑞这种对历史建筑研习的方式也给学生在理解历史史实方面留下了隐患。

有意思的是，当大批中国建筑学留学生前往美国的时候，正是美国建筑教育盛行巴黎美院模式的时期，他们比较集中地去了宾夕法尼亚大学[44]。因此，宾夕法尼亚大学的建筑教育模式对中国建筑教育模式的影响较大，严格来说，奠定中国建筑教育基础的是源自美国的巴黎美院式教育模式。

3.3 建筑学的知识主体

通过对巴黎美院建筑教育的简析，有几点可以明确，首先，巴黎美院培养的建筑师是国家期望的具备高学术修养和高艺术品位的、知识面宽广的精英型建筑师，并非可以大量培养的职业建筑师。其次，巴黎美院的教学体系重视的是理论课的教学，强调形式美的原则必须是可以教授的原则，柏拉图、亚里士多德、新柏拉图主义的审美理论是设计理论的核心，构成了建筑学的知识主体。再次，理论课体系和设计训练分开设置，理论课体系从科学、艺术到建造范围宽广并由学院开设，而设计训练则委托有素养的建筑师根据学院的要求进行培养，并在建筑师的工作坊内进行。最后，工作坊内并没有年级之分，而以师徒制为主。简单地说就是为达到最初设定的目标，设计在实践中学习而修养由学院提高。所谓"渲染"只是设计工作坊和设计竞赛的一种常用的表现技法，并非巴黎美院教学体系的关键词，而只可意会、不可言传更是和该教学体系无关甚至相反。

美国需要的是大量的职业建筑师，当美国大学引入巴黎美院教学体系时，看中的是它那严谨的教学机制能够和美国大学已有的机制相适应，并非巴黎美院精英教育的初衷。美国最初引进时基本上是全盘接受，包括理论体系和设计竞赛，以后在发展过程中进行了合乎国情的改良，自1912年开始，美国有了自己的基于巴黎美院模式的建筑教育标准，它的理论研究关注基于古典意义的大型结构体建筑的设计，要使得它的毕业生不仅具有超强敏感力，同时也具有娴熟的渲染技能和一定的工程知识，这样就为大规模地培养职业建筑师并保证质量打下了基础。实际上，由于城市化进程对城市建设的需求，欧洲各国也需要大量的工程师和建筑师，所以建筑院系在大学里开始增长，当时的欧洲工科学校甚至巴黎的其他培养建筑师的机构都进行了教育改革以适应社会对职业建筑师的大量需求。

精英化教育导致建筑学作为一门学问在大学里立足，然而立足后的建筑学和建筑物产生了若即若离的关系。虽然建筑学已由精英化教育转为职业教育，但是和建筑物若即若离的建筑理论依然是建筑学在大学里存在的理由之一。除去建筑史学和建筑技术相关理论，建筑学的理论还牵涉到美学、哲学、形态学、建筑批评理论等等，这一系列与设计相关的理论都在欧美建筑学科内生存与发展。尤其是现代建筑自诞生之日起，就形式的价值取向展开了没完没了的争论，每一次争论都和建筑作品的形式探索联系在一起并相互影响。虽然巴黎美院式的建筑学精英教育模式已经很少见了，但是社会上或院校内的有思想的先锋派建筑师以自己的创作实践推动了建筑理论的争鸣，而理论的介入又将新一轮的创作推向高潮。

建筑学教育主要从美国引入我国之后被再度异化，其主要原因并不在于学科本身，而是在于文化的认同。第一代建筑师将建筑学教育体系引入时所做的调整与删减现在看来有它的合理原因，不仅仅是少数知识分子为了适合国情而做的一次调整，而且是作为受传统文化影响的中国建筑行业人士整体对建筑学的理解。就当下的情形而论，让建筑和哲学相联系就行业内部来说有几人认同？

4. 几点思考

建筑在中国，无论在形式上如何炫目，都改变不了它作为"器"的本质，这是整个社会意识的认同，并非少数精英可以改变得了的，理解了这一点也就理解了第一代建筑师引入建筑学以及建筑教育时所做的调整，同时也就理解了对于外来形式的借鉴为什么如此自然地剥离掉原本依附在形式上的那些隐喻。重要的是理解了这一点，作为教育者不得不做如下思考：

1. 学科主体知识是否要全盘西化？第一代建筑师设立的中国建筑学教育的模式其实一直都没有真正得到根本改变。"布扎"的体系表面上被放弃了，而实际上"布扎"的学术传统从来都未曾被接受过，只不过是抛弃了对传统形式的钟爱，转而接受现代形式而已，而且还在不断地接受更新。"渲染"作为模仿的手段被放弃了，但模仿的本质从来也没有被放弃过，依照法式也好，依照某个喜欢或时兴的形式也罢，并不需要回答原因。

如果试图回答，就是要为"器"采用的形式讨个说法、辨个是非，这就开始跨入西方建筑学的领域，然而一旦进入，就不得不接受已经设立好的主体知识和学术规范。理论的探讨是艰难而又枯燥的，但的确能为形式语言的取向带来生机，杨永生先生主编的《建筑百家争鸣史料 1955—1957》里展示的文献虽然烙下了很浓的政治色彩，但仍然能让我们读到理论讨论的价值。但是要清醒地认识到，这种讨论一旦脱离学术小圈子，会显得很孤立。其实依然像第一代建筑师那样坚持和理论做个切割也未尝不可，但要重新思考并建构完整的主体知识框架，形式显然就不能作为主题。

2. 建筑学的学问是什么？建筑教育首先应该建立在建筑学学科的基础之上，建筑教育模式应取决于对建筑学基本概念的理解。就西方建筑学而言，自阿尔帕蒂开始把建筑设计纳入学术领域，最后在巴黎美院里形成了一套完整的学科理论和体系。事实上，西方建筑学的主要研究对象是建筑事物的本体论和建筑设计的方法论，几千年来，西方建筑学在其发展过程中不断地在回答"为什么这么做"的问题，同时也不断讨论"怎样做"的方法。

如果回到建筑是"器"的概念的话，那么围绕"器"做学问依然有很大空间，即除了关注建筑的科学与技术的同时，也要思考这些科学的发展和技术的更新对建筑设计的影响，此举不但能帮助我们从跟风的困境中走出来，也能获得社会的认同。要做到这一点，建筑教育的内容及框架必须更新，增加知识含量是首要任务。我们已经看到我们在建筑技术上和国际学术水平的差距，国外大学里建筑学的研究和建筑技术相关的占有很大一部分，但是我们由于本科知识体系的欠缺无法进行，而这个方面的成果恰恰是国家的需要。

3. 呼唤学术规范。基于建筑学的基地仍然在大学里，所以应该讲究学术规范。对建筑学知识主体理解的差异有时并不一定反映在建筑物的形式上，甚至也不反映在学院中设计课教学的成果上，但一定能反映在建筑教育的理论知识体系和学术规范上。当初建筑学引入附带的一个"不可言传"的概念被扩大，导致原先尚存的整个知识体系的退化，实际上也反映出学术规范没有真正建立起来，这不但导致了建筑学没法研究，也滋生出许多伪研究，我们常说的"垃圾论文"就是例证。当国门紧闭时，这种不规范的学术体系尚有存在的空间，但是现在则逐渐行不通了。学术国际化带来的就是全方位的学术交流，我们需要一个平台。

注释：

1 本文作者曾在《建筑学报》2004 年第二期上发表了相关论文，题目为《重新思考中国的建筑教育》，本文是在该文的基础上以相同的结构重新梳理而成的。

2 武利华．徐州汉画像石（一函二册）[M]．北京：线装书局，2001．

3 建筑学院的萧红颜副教授在有关中国传统建筑的资料来源和具体查询上均给予重要的帮助和指导，在此表示感谢。

4 吴小如，吴同宾．中国文史资料书举要 [M]．天津：天津古籍出版社，2002:235．

5 裴芹．古今图书集成研究．北京：北京图书馆出版社，2001:45．

6 林宣先生在《我的中央大学建筑系三年的学习生活》一文中写道："……刘（敦桢）问梁（思成）'研究中建应从何入手？'不约而同，两人写在纸上同是'材'、'契'二字。"参见：东南大学建筑系成立七十周年纪念专集 [M]．北京：建筑工业出版社，1997:55．

7 潘谷西，何建中．《营造法式》解读 [M]．南京：东南大学出版社．，2005. 021−075

8 梁思成．清式营造则例 [M]．北京，清华大学出版社，2006, 4: P61．

9 西方建筑室内绘画表现显然不同，西方传统建筑天花或墙壁上往往也有精美的绘画，其画幅和建筑构件并没有严格的关系，一幅画可以从天花跨过几道装饰线角延续至墙壁，绘画显示了自身的独立性。

10 李国豪．建苑拾英 [M]．上海：同济大学出版社，1991. 91："周礼，考工记"，166−168："唐宋屋舍之制"，"王城及诸王府之制"。

11 赖德霖．中国近代建筑史研究 [D]．清华大学建筑系博士研究生论文，1992: 2, 18−19．

12 单踊．东南大学建筑系七十年记事 [M]// 潘谷西．东南大学建筑系成立七十周年纪念文集．北京：建筑工业出版社，1997: 234

13 郑定邦．国内早期建筑教育的开创 [M]// 潘谷西．东南大学建筑系成立七十周年纪念文集．北京：建筑工业出版社，1997: 44．

14 杨廷宝．建筑学科发展观 [M]// 王建国．杨廷宝建筑论述与作品选集 1927−1997．北京：中国建筑工业出版社，1997: 115．

15 林洙．前言 [M]// 梁思成．清工部《工程做法则例》图解．北京：清华大学出版社，2006．

16 做学生时建筑学学习的入门课之一就是建筑渲染，渲染的内容多种多样，其中中西古典建筑局部立面是少不了的。除了练习表现技法之外，该门课的主要目的是通过渲染的长时间磨炼来体会古典建筑的比例和古典美，显然是沿用了西方古典建筑立面造型与比例的学习方法，但是我们做学生时也被告知用此法来体验中国传统建筑。实际上对于中国传统建筑来说，"立面"本身不重要，所谓立面的比例、几何关系等等没有实质意义。

17 "中国固有形式"的探索与创新 [M]//. 中国建筑史. 南京：南京工学院建筑系, 1980: 182-185.

18 萧宗谊. 57 年前建筑系掠影 [M]// 潘谷西. 东南大学建筑系成立七十周年纪念文集. 建筑工业出版社, 1997: 65-58.

19 中国传统建筑以建造为基础，有非常固定的法则，西方传统建筑体系中以古典柱式为基本标准并附有形式美的原则，西方由古典建筑语言转为现代建筑语言走过了一个世纪的路程，经历了从意识形态到设计方法漫长的争论与探索，实际上在整个社会接受现代建筑形式之前，不但接受了它的思想，也接受了与之相通的现代艺术的形式语言。

20 每年南京大学硕士研究生入学考试试题都有构造类题目，考生考试结果都不理想。来自各校的考生都能反映出这样的问题。

21 陈敬. 履齿苔痕 [M]// 潘谷西. 东南大学建筑系成立七十周年纪念专集. 中国建筑工业出版社, 1997: 46.

22 最初建筑作为土木工程的一个分支，在教学大纲里还有数学、力学和工程技术等科目. 张镛森. 关于中大建筑系创建的回忆 [M]// 潘谷西. 东南大学建筑系成立七十周年纪念文集. 北京：建筑工业出版社, 1997.43

23 潘谷西等. 现实主义建筑创作路线的典范 [M]// 刘先觉. 杨廷宝先生诞辰一百周年纪念文集. 中国建筑工业出版社, 2001: 021.

24 杨廷宝. 回忆我对建筑的认识 [M]// 王建国. 杨廷宝建筑论述与作品选集. 中国建筑工业出版社, 1997: 164.

25 同上。

26 杨廷宝建筑论述与作品选集 [M]. 中国建筑工业出版社, 1997: 82-83, 87-89.

27 杨廷宝. 学生时代 [M]// 王建国. 杨廷宝建筑论述与作品选集. 中国建筑工业出版社, 1997: 169-170.

28 刘先觉等. 建筑教育的师表 [M]// 杨廷宝先生诞辰一百周年纪念文集. 中国建筑工业出版社, 2001: 029.

29 杨廷宝. 回忆我对建筑的认识 [M]// 王建国. 杨廷宝建筑论述与作品

选集. 中国建筑工业出版社, 1997: 164.

30 王文卿. 基础教学话从头 [M]// 潘谷西. 东南大学建筑系成立七十周年纪念专集. 中国建筑工业出版社, 1997.

31 同上书，196-197。

32 出于工作的原因，我在 2003 被派到美国诺特丹（Nortre Dame）大学建筑系，这是美国出了名的唯一坚持古典主义建筑教育的大学，我的任务是从体系、教案直至课程考察大学的教育。我对于被指派的学校的类型虽不满意，但也无法改变，然而整整半年的古典建筑教育考察使本人对美国的"布扎"体系有了新的认识，考察的同时又接触了许多相关巴黎美院建筑教育的资料，因此原来脑中的"布扎"—"渲染"—"不可言传"等等链接被打断了。

33 Donald Drew Egbert. The Beaux-arts Tradition in French Architecture, Illustrated by the Grands prix de Rome[M]. Princeton University Press, 1980: 3-4.

34 同上书，100。

35 Donald Drew Egbert. The Beaux-arts Tradition in French Architecture, Illustrated by the Grands prix de Rome[M]. Princeton University Press, 1980: 99.

36 同上书，101。

37 Robert A. M. Stern. PFSFS: Beaux-Arts Theory and Rational Expressionism[J]. The Journal of the Society of Architectural Historians Vol. 21, No.2 (May., 1962): 84-102.

38 Leonard A. Weismehl. Changes in French Architectural Education[J]. Journal of Architectural Education (1947-1974) Vol. 21, No. 3 (Mar., 1967): 1-3.

39 Jean Paul Carlhian. The Ecole des Beaux-Arts: Modes and Manners[J]. Journal of Architectural Education, Vol. 33, No. 2 (Nov., 1979): 7-17.

40 同上。参见：Conclusion。

41 Gwendolyn Wright. History for Architects[M]//The History of History in American Schools of Architecture, 1865-1975. Architectural Press, 1990: 14.

42 Kenneth Frampton, Alessandra Latour. Notes on American architectural education:From the end the nineteenth century until the 1970s[J]. Lotus Vol. 27

(1980)：7.

43 Gwendolyn Wright. History for Architects[M]//The History of History in American Schools of Architecture, 1865–1975. Architectural Press, 1990：25.

44 赖德霖 . 中国近代建筑史研究 [D]. 清华大学建筑系博士研究生论文, 1992：2, 18–19.

参考文献：

1 Carlhian, Jean Paul. The Ecole des Beaux–Arts: Modes and Manners Journal of Architectural Education[J], Vol. 33, No. 2 (Nov., 1979)：7–17.

2 Egbert, Donald Drew. The Beaux–arts Tradition in French Architecture, Illustrated by the Grands prix de Rome[M]. Princeton University Press, 1980.

3 Frampton, Kenneth & Latour, Alessandra. Notes on American architectural education: From the end the nineteenth century until the 1970s[J]. Lotus Vol. 27 (1980), 7.

4 Stern, Robert A. M.. PFSFS: Beaux–Arts Theory and Rational Expressionism[J]. The Journal of the Society of Architectural Historians Vol. 21, No.2 (May., 1962)：84–102.

5 Wright, Gwendolyn. History for Architects[M]//The History of History in American Schools of Architecture, 1865–1975. Architectural Press, 1990.

6 Weismehl, Leonard A.. Changes in French Architectural Education[J]. Journal of Architectural Education (1947–1974) Vol. 21, No. 3 (Mar., 1967)：1–3.

7 赖德霖 . 中国近代建筑史研究 [D]. 清华大学建筑系博士研究生论文, 1992.

8 李国豪 . 建苑拾英 [M]. 同济大学出版社, 1991.

9 梁思成 . 清式营造则例 [M]. 清华大学出版社, 2006.

10 梁思成 . 清工部《工程做法则例》图解 [M]. 清华大学出版社, 2006.

11 刘先觉主编 . 杨廷宝先生诞辰一百周年纪念文集 [M]. 中国建筑工业出版社, 2001.

12 潘谷西, 何建中 .《营造法式》解读 [M]. 东南大学出版社, 2005.

13 潘谷西主编 . 东南大学建筑系成立七十周年纪念专集 [M]. 建筑工业出版社, 1997.

14 裴芹 . 古今图书集成研究 [M]. 北京图书馆出版社, 2001.

15 王建国主编 . 杨廷宝建筑论述与作品选集 [M]. 中国建筑工业出版社, 1997.

16 吴小如, 吴同宾 . 中国文史资料书举要 [M]. 天津古籍出版社, 2002.

17 武利华主编 . 徐州汉画像石（一函二册）[M]. 线装书局, 2001.

18 张永生编 . 建筑百家争鸣史料 1955–1957[M]. 中国建筑工业出版社 2003.

19 中国建筑史 [M]. 南京工学院建筑系, 1980.

原文刊载于：丁沃沃 . 回归建筑本源：反思中国的建筑教育 [J]. 建筑师 ,2009(04):85–92+4.

提高教育质量，培养高层次人才

Improve the Educational Quality and Train High-Level Talents

鲍家声

Bao Jiasheng

摘要：

本文结合南京大学建筑系的办学体会，就研究生培养教育问题阐述了四个基本观点：培养优秀的高层次人才是高校教育者的光荣使命；学科建设是研究生教育发展的基础；提高质量是研究生教育的根本；优秀的导师队伍是提高研究生教育质量的根本保障。本文强调在研究生教育适度发展的同时，务必把注意力集中到优化结构、提高质量上来。

关键词：

研究生教育；高层次人才；学科建设；教育质量

Abstract:

Referring to the practical teaching experience of the Department of Architecture of Nanjing University, this article specifies four basic principles of graduate education, The four basic principles are: to train high-level talents is the glorious mission of university educators; disciplinary construction is the base of graduate education development; quality is the foundation of graduate education and outstanding tutors are the basic guarantee of improving the graduate education quality. The graduate education needs to be developed reasonably. Meanwhile, we should focus on optimizing the structure and improving the quality.

Keywords:

Graduate Education; High-Level Talent; Disciplinary Construction; Education Quality

自从 1978 年恢复研究生招生和 1981 年实施学位制度以来，我国研究生教育有了很大发展，取得了显著成绩。已毕业的研究生得到社会的好评，不少人已成为各条战线的骨干，在国内外学术界崭露头角，成为新一代学术带头人：有的已成为党政部门的各级领导；有的已成为企业的明星和实业家……他们正在教学、科研、国民经济建设和社会发展的各个领域施展才能，担纲顶梁。建筑学科研究生教育也是如此。20 年来，我国有博士点、硕士点的学校已超过 30 所，招生规模越来越大；导师队伍已完成更新换代，越来越强大，越来越年轻化；学科种类齐全、指导力量较强、科研基础扎实的研究生培养基地越来越多；有很多院校在对办学模式进行积极探索，在招生、培养、管理和学位授予等方面积累了不少经验。当前，研究生教育已成为我国高等教育的重要组成部分。高等学校，尤其是 33 所有研究生院的高等学校已成为我国培养高层次人才的重要基地。

面对 21 世纪我国对高层次人才需求不断增加的现状，在不断扩大研究生培养规模的同时，研究高层次专门人才的培养质量，使之得到全面的提高，是研究生教育工作者应认真思考的问题。

我们需要冷静地面对现实。研究生的教育培养，面临着需求量的不断增长、人才素质水平要求越来越高，以及国际人才的竞争的现实。然而，研究生教育发展现状令人喜忧参半。人才培养与"四个现代化"建设需要的结合还不够紧密；本科生和研究生招生发展过快，使得研究生优质生源和指导教师不足，导致教学质量的提高受到影响；培养方法单一，口径狭窄，对学生的实际能力重视不够；创新能力不强，人才综合素质尚待加强……面对这些问题，我们深感责任重大。

南京大学建筑学院是在世纪交替、我国高等教育大发展的时期创办的。在创办之中我们思考了很多问题，也在努力探索一些问题。值此研讨会期间，把我们的一些认识提出来，抛砖引玉，供大家讨论、指正。

1. 培养优秀的高层次人才是高校教育者的光荣使命

20 世纪 80 年代初，我国建立了学位制度。时任教育部长的蒋南翔同志就曾说过，建立学位制度是新中国成立以来的创举。当时的国务院领导同志也高兴地说，不久将会有我们自己的学士、硕士和博士了，并说这是中国教育史和科技发展史上的一件大事。

学位是衡量学术水平的重要标准之一。学位制度是促进专门人才成长的重要途径。能否立足国内，独立自主地培养社会主义现代化建设所需要的各方面人才，特别是像硕士、博士这样的高级专门人才，是关系到整个社会主义事业能否顺利发展的一个关键问题，也是关系到国家教育事业能否独立完整发展的关键问题。为了培养高级专门人才，首先要建设一支由学术造诣高、科研成果显著的教授和科学家组成的导师队伍。研究生培养的责任也就落在高等学校和研究机构的肩上。

七年之前，我们一行人由培育我们的东南大学来到南京大学创办建筑研究所（建筑学院的前身），也正是为了这一崇高使命，希望在中国建筑教育的沃土上孕育一种新的建筑教育模式，特别是针对高层次建筑人才的培养。在分析了建筑学特点及我国建筑院系大多设在工科院校的现实后，我们认定南京大学这所人文底蕴深厚的大学，有利于培养富有文化素质的高层次人才，不论是专才还是通才，都是如此。在历史上，东南大学、中央大学都是农工商与文理教育并重。茅以升就说过，这种组合在当时为国内所仅见，寓意深远，亦即本大学精神所在也。历史上东南大学、中央大学、南京大学培养出了大批具有优秀文化素质的高级专门人才就是一个证明。事实上，美国哈佛大学和麻省理工学院虽然各以文科、理工科闻名于世，但哈佛大学的理工科和麻省理工学院的文科也均有其独到的成就，其中麻省理工学院的艺术氛围常常为人津津乐道。本人曾有此亲身体会。综合大学的办学优势，直到20世纪后半叶才逐渐被我们认识。

出于历史原因，南京大学由原来的综合性大学转变为以文理为主的大学，现在发展成综合性大学既是客观的需要，也是历史的必然。建筑学的重建，也是这所大学建筑教育发展的必然，我们来南京大学重办建筑教育就是顺应教育规律，办一个高起点、有特色、主要培养研究生的高层次人才培养基地。以培养研究生为己任，探索建立一个综合性、研究型和国际化的高层次办学院系，这是我们的新挑战、新征途、新探索。近几年，我们已培养了博士研究生23人，硕士研究生174人。今年已开始招收本科生，但还是坚持以培养研究生为主的办学方针。

2. 学科建设是研究生教育发展的基础

学科建设是一项牵动学科全局的重要工作，也是研究生教育发展的基础，我们把学科建设与研究生教育密切结合起来，以学科建设为核心，发展研究生教育，使二者相互促进，相互推动。七年前，刚来南大时，一切从零开始，在学校领导和有关部门的大力支持下，首先建立了建筑设计及其理论的硕士点，还依托城资系人文地理博士点，开始招收、培养博士研究生。经过五年多的努力，先后建立和发展了建筑历史与理论硕士点、建筑学一级硕士点和建筑设计及其理论二级博士点，同时也建立了建筑与土木工程领域的工程硕士点，今年又顺利通过了硕士研究生的教育评估。这标志着我们的学科建设已初具规模，标志着研究生教育走上了正轨。在这个过程中，我们深刻体会到学科建设为研究生教育发展创造了极为有利的条件。我们还要在此基础上进一步加强学科建设，争取建立建筑学一级学科博士点，并不断地拓宽学科领域。

在学科建设中，我们还意识到要充分发挥南大学科综合的优势，走向校内合作与相关学科合作发展的途径，进一步发展与社会学、历史、环境学、生态学及物理学等学科开展合作研究和合作培养研究生的途径，充分利用学校的资源，加快学科建设，从而进一步推动研究生教育的发展。

建筑学科的建设不应局限于建筑学本身，而应以建筑本体为中心，交叉、渗透到其他学科中。确切地说，它应该从两个方面开展学科建设。一方面是建筑本身的若干分支，即二级学科的方向；另一方面是要与其他学科相结合。前者是建筑学主干的研究内容，它表明，建筑学有其自身相对独立的性质，有本学科建设自身的发展规律；后者是建筑学与其他学科的渗透，表明在当今应该跳出建筑去研究建筑，以适应它广泛社会性的需要和科学技术发展的新要求。建筑学的研究方向在学科高度分化而又高度综合的今天应不断拓展，只有这样，学科建设才能不断获得新的增长点。

3. 质量是研究生教育的根本

质量第一是我们坚守的原则，质量是研究生教育的根本。在发展研究生教育规模的同时，要特别重视和提高研究生的培养质量。只有这样，才能保证研究生教育健康、持续地向前发展。质量保障是一项系统工程。影响质量的要素是多方面的，需要通过多种途径，采取切实有效的措施把好这一关。

第一是招生，优秀的生源是研究生质量保障的基础。我们的生源不少，一般是 1 :5—1 :6，但优秀生源却不尽如人意。每年招 40 人，生源来自 30 多所学校，学生之间差距较大。如何提高生源质量是我们经常思考的问题。多年来，在招生中重视面试，将设计能力的考察作为面试的主要内容，争取扩大保送生比例。我院最终决定招收本科生，也是为了有助于增加优秀生源。

第二是努力探索新的培养模式。根据我校生源的背景情况，我们慎重研究并制定了培养模式，即在拓宽培养口径、改善知识结构的同时，注意能力的培养。

目前，在研究生教育中，普遍存在着学生（尤其是博士生）知识面过窄的现象。为了适应社会对高层次人才多方面的需要，就必须拓宽现有研究生教育的培养口径，以增强研究生毕业后适应社会的生存力和人才竞争力。现今，建筑学的毕业生大部分已不像过去那样扑在图板上画图了，除了设计以外，他们还会从事房地产经营开发、管理，甚至到其他行业工作。一门进来、多渠道出去已成现实。因此，一把尺子、单一规格的培养模式已不能适应人才市场的需要。为此，在培养方案中注意建构合理的知识结构，体现三方面知识结构的要求：①主体型结构，即以二级学科为主设置的学位课程，也即本学科的基本理论知识，强调这些课程的理论性；②实践和方法的课程，强调培养研究生应用知识的能力；③拓展性的课程，即相关学科交叉及新学科发展的前沿性理论，强调拓宽思路，了解把握学科发展的方向，鼓励研究生选修新学科和跨学科的相关课程。

为了提高研究生的培养质量，坚持理论与实践相结合是必须遵循的教学原则。为此，我们把建筑设计课设置成一个教学平台，开发了基础设计、概念设计、建构研究三门课，既讲授理论，也动手实践，训练学生手脑并用的能力。这一平台也为来自不同学校的生源建构了一个共同的基础，改变了过去设计课完全跟随指导教师做工程的状况。在共同上课一学期以后，再分流到各导师处，参加实践过程的训练和论文的工作。

广泛而活跃的学术活动和国际交流是我们研究生教育中的一项重要内容，视之为培养研究生、提高研究生质量的一条途径。聘请国外专家授课、讲座，与国外大学开展合作教学、合作研究都带学生全程参加，每年都有一定数量的研究生赴国外学习。

研究生论文选题是保证研究生培养质量的重要环节之一，也是培养其创造意识的关键时机。一般都要求论文选题结合工程与科研项目进行。这有利于让学生在参加设计或研究的实践中接触到更多行业的专家和管理者、经营者，更有利于让学生了解社会，理论联系实际，以及训练和提高其解决实际问题的能力。

学制也直接关系到研究生教育的质量。从目前情况看，大多数学校是二年半到三年，与国外相比是偏长的，从发展趋势来讲可以缩短。但从国内本科教学情况来看，由于新校多、招生规模大，教师力量不足是较普遍的问题；建筑学科又是一个大综合学科，涉及面广，没有一定的时间保证，难以达到一定的质量水准；加上研究生找工作的干扰，实际用在学习上的时间大打折扣，因此我们认为目前还是两年半比较稳妥。

4. 建设优秀的导师队伍是提高研究生教育质量的根本保障

研究生教育的高质量离不开研究生导师的高水平。能否培养出合格的研究生，教师队伍的结构和学术水平是关键。我们要求我们的教师都要有明确的研究方向。我们是按照队伍结构的需要来设置岗位、招聘人才的，并实行全球公开招聘，竞争上岗，宁缺毋滥，力求每位教师都能独立实践，做到少而精。目前我院已有 15 名教师，招收本科生后，教师队伍还要扩大，但我们仍将积极又慎重，把好教师的质量关。这就为保证研究生培养的质量创造了条件。

师资队伍是学科建设的核心。但是真正有工作力的队伍应该是一个同心协力、有凝聚力的队伍。南京大学提倡"大师＋团队"的精神，我们也力争按此精神去工作。老教师逐渐退居二线，在教师队伍中建立若干学术梯队是非常重要的。我们选定了若干稳定的、长期的研究方向，正在逐步建立梯队，以纵向和横向的科研任务带动学科梯队的建设。那种单枪匹马、独来独往的工作方式已完全不能适应今天的形势了。只有自觉地组织好梯队，我们的学科建设才能持续、健康发展，研究生的教育质量才能得到持久的保障。这种梯队的工作模式将大大有利于研究生的高素质培养，在共同工作中也有利于培养他们的团队精神。

创造良好的学术环境和工作环境是吸引优秀人才的重要条件，也是建立学术梯队、创造团队精神的有效手段之一。

我们提倡学术民主，没有学术权威，也不论资排辈。因此，学术思想比较活跃，比较自由，这也有利于培养研究生的自由的学术思想。

21世纪是竞争更加激烈的时代，归根到底是人才的竞争，尤其是高层次人才的竞争，这意味着我们高教战线的任务更加艰巨！我们在适度发展的同时，务必要把注意力集中到优化结构、提高质量上来。根据我校的做法，走以内涵发展为主的道路，把博士生、硕士生的培养重点调整到社会发展和经济建设的基点上来，不断为国家培养和输送合格的高层次人才。

原文刊载于:鲍家声.提高教育质量,培养高层次人才[J].新建筑,2007.

"立面"的误会
Misinterpretation of "Façade"

赵辰

Zhao Chen

所谓"立面"通常是指对物体的一种视图，严格一点的全称应该是"立面图"，对应的英文是"elevation"。然而，在西方语言体系里，实际上还有一个词对应中文"立面"的概念，即"façade" [1]。对于中国建筑师来说，这两个概念的本质性差异并不是很清楚，都被"立面"这一概念所涵盖。本文所讨论的正是在中国建筑学术界，西方建筑文化中的"elevation"和"façade"之不同概念被用来诠释中国传统木构建筑体系而产生的误解这一问题。

对这一问题的认识是基于本人在建筑学术中的一些特殊经历的视点，这些视点将构成本文的基本架构。

1．视点一：中国古建筑设计——传统木构建筑的立面是由剖面决定的

在一次特殊的中国古代宋式庙宇大殿的设计经历中，作为设计者，笔者首次对中国传统建筑的立面问题有所思考。

按建筑师所受到的西方学院式建筑教育的习惯，在设计过程中，笔者绘制了不少大殿的立面图，用于推敲其形状、比例、尺度等建筑师们所关心的造型要素。当然，这些立面都必须合乎宋式古典建筑的形制之规范，基本的依据正是那本声名显赫的宋代《营造法式》。在笔者绘制的众多建筑立面草图中，有一幅受到了人们的特别关注，那是因为其出乎常规而高耸的屋面，使得该设计的造型比其他方案更引人注目。然而，这引起了笔者的思考。原因是，这一特殊设计完

全不是出于追求立面造型的比例，恰恰是一种功能与技术上的推理之结果。由于该庙宇所位于的地区是中国南方长江沿岸的气候炎热潮湿的地区，为了提高室内自然通风的能力，该设计增加了大殿的进深，而这种南北向进深的加大必然导致大屋顶部分结构层的加高。这特殊高耸的屋顶层在立面投形图上产生了压倒一切的气势，正是这种比例令不少观者感到该造型出众。

这一经历使笔者体会到，中国传统木构建筑的立面比例是完全由其结构决定的，而其结构则主要反映在剖面图上。这主要指的是三角形的屋面结构部分，这也是中国传统建筑最令人印象深刻的部分——"大屋顶"。由此，笔者对以往的以梁思成先生为代表的中国第一代建筑历史学家所进行的从建筑立面入手研究中国建筑的学术方法产生了怀疑。

顺着这个思路，笔者对中国传统营造体系中的设计表现问题进行了反思。当时已知的对中国古代建筑的表现与诠释，基本上都是以梁思成为首的"中国营造学社"所做的开创性工作为基础的。而在梁思成的理论体系中，中国古代建筑立面是十分被重视的，在梁思成和林徽因早期的研究作品中，首先清楚地区分了中国古代建筑的立面的比例成分，一般将之分为阶基、柱或墙体、斗拱以及屋顶这四个部分，从其各部分的比例关系来分析建筑的风格。这种研究看法显然十分类似西方古典主义，尤其是文艺复兴建筑的分析方法。再对比大量收集的不同朝代的古代建筑之立面，来表达其各自的风格，由此，西方流行的建筑历史就有了对应的中国摹本。

中国建筑历史在相当大的成分上被诠释成一种立面风格发展史。然而，这和实际的中国传统建筑之设计与建造的规律并不相符，也就是说，我们古代的工匠们在建造这些建筑时所遵循的原则和手法并不是西方古典主义的所谓"立面"法则。

笔者同时开始怀疑当时比较盛行的一些对中国建筑进行的立面比例方面的看似很科学的分析研究，其中比较有代表性的是陈明达先生对山西应县佛宫寺塔的立面比例之分析（图 1）[2]。笔者私下以为，这是些"象牙塔"之内的自我陶醉，与建筑的实际原理相去甚远。

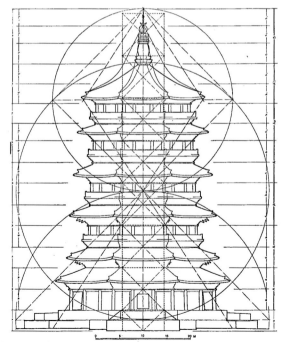

图 1　陈明达先生对山西应县佛宫寺塔的立面比例之分析

2. 视点二：威尼斯大运河沿岸之景——西方古典建筑之中的立面（façade）意义，作为反证，中国的传统木构建筑是没有立面的

在第一次造访威尼斯这座美丽水城的经历中，笔者的体会是十分强烈和多样的。而当我的一些欧洲的朋友们问我的感受时，我向他们说我最强烈的印象是关于建筑立面的。因为我真正理解了建筑立面的意义，其背后的含意是，中国的传统木构建筑体系中，并不存在这种东西。

当人们沿着威尼斯的大运河（Grand Cannel）游历时，所见到的是沿河的各个建筑的立面，每一个重要建筑都有一张精美的"脸蛋"（face）面向大运河（这也是许多建筑的唯一可视立面），向人们展示着自己的风采，正如每个人只有一张脸面对世界一样。这一张张各具风貌与特色的立面构成了沿河（在其他城市则是沿街）立面的"交响曲"。这就是城市的立面之景，这显然是古典建筑之艺术表现的主体部分，在这张脸上必须最充分地展示该建筑及主人的最精彩之处，所谓西方古典主义建筑的风格特征有相当一部分来自此。

然而，若是进入这些建筑之内，则又能发现其室内空间与外立面没有必然的关系。不少这类建筑的室内经过各种设计更新改造，成为现代风格的博物馆、画廊、酒吧等观光场所，与外立面的古典风格已相去甚远了。从这类建筑的结构与构造方面来看是很合理的，也就是说这类建筑的内、外结构可

以完全分离；大部分这类建筑的外墙体是自成体系的，这就造成了外立面具有相当的自由度，可以脱离内部空间的要求来自由考虑造型与比例。这导致这种外立面的设计成为这类建筑的主题，而且很大程度上这种外立面的"脸"可以发展成"面具"，是可以后加上去的。于此，威尼斯狂欢节著名的"面具游"对我来讲有了建筑意义上的理解。（图2）

图2 威尼斯狂欢节的"面具"与西方建筑立面的关系

显然，作为意大利古典建筑对立面的中国传统木构建筑体系，不论是从结构构造特点来看，还是从对建筑的外观要求来看，都不存在这种外立面（façade）的可能和必要。以梁思成为首的第一代建筑历史学家对中国传统木构建筑的诠释正是套用了西方古典主义理论的原则与方法，从而导致了将立面比例分析的方法用于诠释中国传统木构建筑的问题。这里显然混淆了关于立面的"elevation"和"façade"两个不同概念，中文之中至今仍然没有相应的不同词汇来对应这两个概念，造成了这种误导的技术上的可能。

对于"façade"的理解，使得笔者进一步对中国传统木构建筑体系的表现方式有了反思，笔者由此得到的认识是：首先，中国传统的木构建筑体系基本上是以工匠的营造活动为基础的，并不依赖所谓的建筑师来专门设计，因此建筑设计的表现从原则上讲并不是必要的。在这样的前提之下，建筑物的表现在两种情况下会出现。一是对于特殊、重要

的主顾（如皇帝），工匠需要特殊表现将要盖成的建筑的大体情形。这往往是形制上的考虑，模型也是比较正常的表达方式，也就是被大家熟知的清代工部"样房"的"烫样"（图3）。工匠也会制作一些图样，则是以平面布置图为主，也就是"地盘"（图4），另一类是工匠们用于研究、推敲建筑结构关系的图样，其中剖面是最主要的，谓之"侧样"（图5）。真正理解中国传统木构建筑的人士应该清楚"侧样"的意义，正如笔者的经历，从"侧样"上，工匠能够确定建筑的大部分构件尺寸和相互关系。工匠们经常会在木板或是山墙上勾画出1:1的"侧样"来确定主要构件的标高。这一点，在宋工部侍郎将作监臣李诫在了解了大量工匠建筑经验的基础之上，总结出来的工管制度之法典——《营造法式》中反映得十分明显。从1925年出版的"陶版"之中来看其所有的图版，可以看出，"侧样"占了相当的数量，主要的类型都是以"侧样"来表达的。相比之下，所谓的立

图3 清代工部"样房"的"烫样"

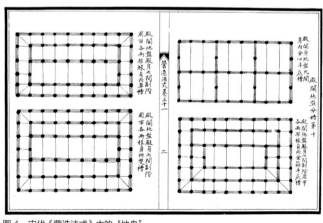

图4 宋代《营造法式》中的"地盘"

图5 《营造法式》中的"侧样"

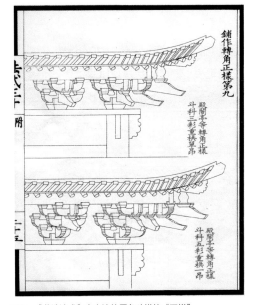

图6 《营造法式》中表达的屋角斗拱的"正样"

面,即中国传统大木作体系之中的"正样",是极为少见的一种表达方式,并且多用于对建筑物的局部表达。如屋角斗拱的图示,在"营造法式"中便是这种表达的图例(图6)。

3. 视点三:澳门圣保罗教堂遗址,作为在中国境内最早的西方古典建筑之遗址,正与中国传统木构建筑对照

位于澳门大炮台山上的圣保罗大教堂废墟,是澳门最引人注目的景点,每天都吸引着大量的观光客,在多数情况下,该"废墟"是澳门象征性的建筑地标。

这座最早由葡萄牙传教士于 1682 年兴建的、天主教耶稣会在远东地区最重要的教堂和修道院,经历了数次焚毁和再建。而 1835 年的最后一次焚毁之后,就再也没有重建。其残留的大教堂之主立面(façade)则幸存下来,遗留至今。那实际上只是一片可以穿越的高墙,或者确切地说是一堵山墙。有意思的是,澳门当地的俗称谓之"大三巴牌坊",显然,"大三巴"是从"Grand Sat Paul"之谐音而来的,而"牌坊"则是澳门老百姓对这堵有神圣意义的"墙门"之尊称了,是中国传统礼仪之门的空间意象之体现。

1990—1996 年,由两位葡萄牙建筑师维森特(Manvel Vicente)与德格拉卡(João Luis Carrilho da Graça)主持的"废墟重整与博物馆兴建案"项目,将该残留的教堂立面做了有力的加固,并在立面墙体之后的开阔空间的铺地中展示了原教堂的基本格局,还结合这一著名的地标建筑建造了澳门的历史博物馆。笔者在访问之时,十分钦佩该项目的策划与设计思想,这样的保留原有废墟的做法比重新复原建筑要高明许多。这主要意味着城市历史的完整展示和适应今天的生活,同时,这残留的废墟能更充分地表达西方古典建

图 7　澳门大炮台山上的圣保罗大教堂废墟所呈现的立面

图 8a

筑特殊的立面造型意义。

在今天看来，这一依然是废墟或是残留物的原圣保罗大教堂，作为西方传教首抵远东之遗址，完全忠实地反映了澳门作为西方与远东文化交汇点的历史见证。其建筑形象所能代表的正是西方古典主义建筑艺术的精华——立面（façade），而澳门人之俗称"大三巴牌坊"，更是表明了中国文化对西方古典建筑文化的一种接纳（图 7）。

这样的建筑形象毕竟反映的是典型的西方古典建筑之特征，原本是与中国传统的木构建筑体系完全对立的，根本不可能在中国的文化背景之下自行生长出来。然而，在中国近代的建筑文化演进中，基于西方近代的砖与混凝土等建造方式之引入，加之接受了西方古典主义建筑思想的中国建筑师，这两种全然不同的建筑体系的表象得以合成表现。不过，这里必须先混淆"elevation"和"façade"这两个基本概念。

这正是以梁思成为代表的第一代中国建筑历史学家所曾经尝试的一种"结合"。

梁思成先生于 1933 年设计的一幢小型商业建筑仁立地毯公司正是这种"结合"的最好代表。这幢据说原来是西方古典样式的三层平顶的沿街商铺，位于北京商业最繁华的王府井大街。业主是与梁思成有着共同志趣的民族主义知识分子，因此这一为原建筑增建的沿街立面，并重新对其室内进行装修的小型工程项目，被强烈地命题为中国样式的"外包"与"内装"工程。梁思成的设计正是将增设的一层沿街立面按中国传统木构建筑的官式样式的立面图形投形（elevation）而建造的一片立面高墙（façade）。所有原本是木构建筑的三维形体构件都被投形转换成了只有墙体厚度的垂直面图形，这是一次十分典型的从三维到二维的诠释过程。其中较为明显的破绽之处是一层柱头与柱间的斗拱：梁思成运用了他魂牵梦绕的唐代斗拱，然而都只能是平面感而无出跳的，其补间的人字拱则似乎较为合理。但是，整体的木构三维特征的丧失，依然令人感到这是缺少结构理性的纯粹装饰而已（图8）[3]。

作为中国近代以来知识分子在建筑文化中不断尝试的民族精神之体现，梁先生的这一"仁立地毯公司"设计在不少后来的建筑评论性文字中被引用。在这个方案中反映出来的这种以立面来表达中国建筑形象的方法也被视为相当有意义。于是，这种手法被中国建筑师在创作中不断运用和发展，成为一种建筑学术意义上的深重的误解。

结语

其实，中西方建筑立面在概念上的差异，是来自这两种文化中的建筑物在空间导向方面的不同意义。西方文化中定义的"façade"，应该是来自主要面对人流方向的建筑物之立面，也就是"主立面"。照说中国建筑是同样具备的。但是，若以一个矩形平面加四面围墙再加两坡屋顶而成的基本建筑物形体为例来做比较，我们可以发现，中西方文化中的建筑在如何面对人们时就有了基本的差异。西方（主要是指传统意义上的欧洲）是以由因两坡顶而形成的三角形墙面（也就是中国人称之为"山墙"的面）来面对人们的，而中国是以坡屋面的屋檐面对人们的。这从相当原始的时期，以及后来

仁立地毯公司立面

首层平面图

图 8b、8c　梁思成先生设计的北京仁立地毯公司改造方案成功地混淆了"elevation"和"façade"这两个基本概念

的民居之中都可以看到这种差异。在这种差异的基础上，我
们可以理解：西方古典建筑中的主立面（façade）正是发
展自其建筑传统中的山墙，在后来的发展中又强调了其垂直
面的造型问题；而中国建筑中以屋檐面作为建筑物主要面对
人流方向之立面的传统，其屋檐之下的墙面完全被屋顶的斜
面和出檐所压抑，全然不可能发展出"façade"这种东西（图
9、10）。

　　作为数千年文明发展史的一部分，中国历史上的建筑
物和建造活动都已是有目共睹的重要"世界文化遗产"。然
而，以建筑学的学科专业知识来对中国的建筑进行诠释却
只是近代以来的事，这是引进了西方的学术体系后才得以
进行的。至今许多专业与社会人士都未能认识清楚这一点，
以致经常会产生一些概念上的误解。今天大部分建筑学专
业教学和学术讨论中所用的对中国建筑的一套理论架构，
是由以梁思成、刘敦桢等为代表的中国第一代建筑师和建
筑历史学家所建立起来的。正是这一理论架构，实现了"中
国人写自己的建筑史"这一壮举，为建立中国建筑学术体
系奠定了基础。然而，不可否认，这一代建筑历史学家所
接受的西方古典主义的建筑理论体系，也成了他们对中国
建筑进行分析评价的基本思想方法。遗憾的是，西方的古
典主义建筑理论体系是以西方的所谓"古典建筑"（一种十
分有局限性的贵族建筑）为历境（context）而发展出来
的，而这种历境在中国文明发展史中并未出现过。换句话说，
中国古代建筑的历史上并未发展出如同西方文明史中的"古

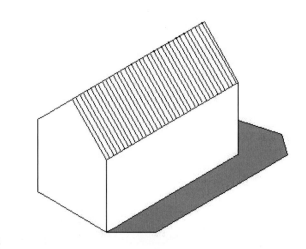

图9　西方建筑之空间导向，以山墙面为"主立面"导致"Façade"的形成

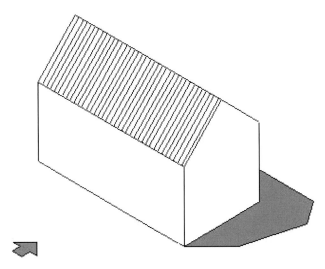

图 10 中国建筑之空间导向，以屋檐面为"主立面"，不可能形成"Façade"

现了一些误解和误导。严格地说，这种误导在他们之前的西方学者之诠释中已经发生，而且这种误导并没有因为中国学者的民族自主精神而减弱。相反，在一定的"民族主义"强势之下，反而更有所助长[4]。

关于中国传统建筑的"立面"问题，正典型地反映了这类误解和误导。

注释：

1 "Façade"虽然在英文中也用，但是一个从法语引入的词。在法语的原意中指"（建筑物的）正面，面"；或者指"外观，外表；表面，门面"。
2 陈明达. 应县木塔 [M]. 中国建筑工业出版社，1980.
3 林洙. 梁思成和北京仁立地毯公司改造 [M]. 第四次中国近代建筑研究会议论文选集，中国建筑工业出版社，1993.
4 赵辰. "民族主义"与"古典主义"——梁思成建筑理论体系的矛盾性与悲剧性之分析 [C]// 中国近代建筑史国际研讨会. 中国建筑学会，2000.

原文刊载信息见后文。

典建筑"这类文化现象。事实上，在全球范围内只有以欧洲为代表的西方文明是如此发展的，而所有的其他非西方文明体系都未照此来发展。

由此，以梁思成为首的中国第一代建筑学者以西方古典建筑的理论架构对中国建筑进行的诠释工作，不可避免地出

关于《"立面"的误会》一文的发表情况

1999—2000 年，笔者完成了一篇比较重要的论文《"民族主义"与"古典主义"——梁思成建筑理论体系的矛盾性与悲剧性质分析》，其中凝聚了笔者多年来对中国传统建筑文化的历史与理论的思考。

2003 年 10 月，为了参加在美国宾州大学（UPenn）建筑学院举行的学术会议"学院派、保罗克瑞与 20 世纪中国建筑"（Beaux Arts, Paul Philippe Cret and 20th C. Architecture in China），笔者从上文的其中一节抽取出要点，并展开扩充而写成了一篇以"立面"为主题的中西方学术批判论文。此文是英文的写作，题目为："Elevation or Façade, Revaluation on Liang Sicheng's Misinterpretation of Chinese Timber Architecture with Adaptation to Beaux-Arts/U Penn Classicism"。这次原定于当年 4 月的会议，由于美国政府发动对伊拉克战争而不得不改期为 10 月，在各方人士的努力之下最后终于成功举行。笔者以同名发表了会议的演讲报告，收到了很好的效果，并随后确定在会议论文集中发表。但此后因多种缘故，美国方面时至 2010 年才由夏威夷大学出版社（the University of Hawaii Press）正式出版，书名为 *Chinese Architecture and the Beaux-Arts*。

2005 年，应《读书》杂志之索稿，笔者将英文原稿重写为 6000 字左右的中文稿，并在与编辑商议下定名为《立

面的误会》，在《读书》2007 年 2 月刊发表，引起较大的反响。

2007 年 7 月，应夏铸九先生之邀，在台湾《城市与设计》第（二）十八期发表，笔者有感于《读书》杂志有限的插图和缺乏注释的公众化文体之不利，做了相应的调整。文章名为《关于中国传统建筑的"立面"——以西方古典主义建筑理论诠释中国传统建筑而产生的误解》。同年 11 月，甘阳先生在看了我当时的大部分论文之后，编辑我的论文集为"文化：中国与世界新论"系列的第一辑之一，由生活·读书·新知三联书店出版。定书名时，在斟酌再三之下，最后还是选择了此文的"'立面'的误会"为书名。此后，多数读者是从该书了解这一思考的。

一览：

——赵辰：《"民族主义"与"古典主义"——梁思成建筑理论体系的矛盾性与悲剧性质分析》，载《2000 年中国近代建筑史国际研讨会论文集》，2000 年第 7 期。

——赵辰：《"立面"的误会》，载《读书》，2007 年 2 月刊。

——赵辰：《关于中国传统建筑的"立面"——以西方古典主义建筑理论诠释中国传统建筑而产生的误解》，载《城市与设计》第（二）十八期，2007 年 9 月刊。

——赵辰：《"立面"的误会》，北京：生活·读书·新知三联书店，2007。

——ZHAO Chen, "Elevation or Façade: Revaluation on Liang Sicheng's Misinterpretation of Chinese Timber Architecture with Adaptation to Beaux-Arts/U Penn Classicism", in *Chinese Architecture and the Beaux-Arts*, the University of Hawaii Press, 2010.

赵辰

2021年1月15日

新体系的必要——南京大学建筑研究所教学、研究的构想

The Need for a New System—The Conception of Teaching and Research in the School of Architecture at Research Institute of Nanjing University

赵辰

Zhao Chen

世纪之交的 2000 年岁末，在百年老校南京大学之中又新添了一所中国建筑学术界的新单位：南京大学建筑研究所。

对南京大学来讲，这是学校开拓工科专业以增强学校综合性实力的重大举措。而从中国的建筑学术事业的角度来看，其意义又究竟如何呢？这是南京大学建筑研究所的成员们必须面对的问题，也是中国与国际建筑学术界不少人士所关心的问题。

南京大学建筑研究所自筹备之始就明确了要在中国建筑教育、学术的基础之上，借鉴国际先进经验，争取在现存的学术领域里开拓出一条新的道路，建立一种新的教学、研究体系。然而，在中国的现实条件下，建立这种新体系的必要性和可行性究竟如何，这是本文首先要讨论的。

1. 对于必要性的认识

关于建立新体系的必要性之认识，是确立我们行动的思想基础，而这种认识首先来自我们对国际建筑文化与教育的发展趋势之理解。

当今全球的建筑文化越来越趋向于全面化，"二战"以前的以西方文化为中心的较为单一的价值取向，已经逐渐被以全球建筑文明为基础，以关心全球建筑人居环境为主旨，并综合了当今先进的多学科知识的"全面建筑"。

1.1 国际建筑文化与教育的发展趋势

顺应这种"全面建筑"的发展，建筑教育与学术体系也无可避免地从单一的"学院派"体系到具有越来越多元化的倾向，以满足全球越来越丰富的建筑文化之发展。这种多元化的发展趋势比较明显地起始于"二战"后期至"二战"之后的美国。当时美国社会的大量建筑需求首先极大地刺激了全美的建筑业与建筑教育事业。加之，自"二战"开始，欧洲一些重要的现代主义建筑大师都迁往美国，他们大多就聘于各个大学的建筑系。这些条件都造就了美国的建筑教育再

也不可能延续以宾州大学（University of Pennsylvania）为代表的"学院派"的单一体系了。比较突出的是出现了以格罗皮乌斯（Walter Gropius）为首建立的哈佛大学设计学院（Graduate School of Design, Harvard University）、以密斯（Mies Van de Rohe）为首的伊利诺理工学院建筑系（IIT），以及以纳吉（Moholi-Nagy）为主导的芝加哥设计学院等。他们都对探索现代建筑教育与学术体系做出了十分有益的贡献，也为以美国为代表的国际建筑学术多元化发展提供了有力的支持。而50年代在美国得克萨斯大学奥斯汀分校建筑系，由一群欧洲青年建筑学者组成的学术团体，对现代建筑教育与学术体系的新探索更是具有冲击力。这种模式被誉为"得州骑警"（Texas Rangers），尽管他们的试验并未能持续很长时间，然而，他们的贡献已经被后人广泛重视。从他们中的几位主要成员随后各自在建筑学术界的影响就足可证明其重要意义：柯林·罗（Colin Rowe）在"得州骑警"之后的岁月里，在美国数所建筑学术单位停留，著述也甚多。有不少受其影响的美国建筑界人物成为当今美国建筑学术的中坚力量，包括"纽约五人组"（New York 5）。其中，赫伊斯利（Bernard Hoesli）回到瑞士联邦苏黎世高等工业大学建筑系（ETH-Z）。他在那里建立了一套全新的现代建筑教学体系。经过多年的磨合推广，该体系在全球受到广泛的重视。另一位重要的人物海杜克（John Hejduk）在其随后的学术生涯之中更是为美国的后现代建筑思潮做出了重大的贡献，是一位有巨大国际影响力的人物。

美国的这种始于40、50年代的建筑教育与学术的多元化趋势是完全适应美国当时的建筑文化发展需求的。这种趋势很快影响了世界各地的建筑学术之发展。今天我们已经看到这种全球建筑教育与学术注重交流且多元并存的丰富局面。这显然是完全符合全球的全面建筑文化观念前提之下的建筑事业的。

1.2 中国建筑教育的社会、历史背景与需求

反观中国，80年代之后，国家的经济、文化大发展对建筑事业提出了较高的要求。中国传统的以少数几所权威建筑学院为代表的"学院派"教育和学术体系开始出现了变化，各种改革求发展的局面在全国的各个院校发生。经过20年的发展，我们建筑教育与学术虽然呈现出单位数量上的70、80所的态势，从事这项事业的人群也在全国具有一定的规模，然而，如果论及其学术体系上的个性，恐怕我们至今仍然难以超出原有的以八大老院校为主体的基本格局。而以布扎（Ecola des Beaux-Arts）—宾大（University of Pennsylvania）—中央大学、东北大学为发展路线的体系依然具有一定的统帅地位。中国建筑教育与学术在体系上依然呈现出较为单一的模式。这种单一模式既不适应全球建筑教育与学术的多元化发展格局，也与当今中国建筑业的高速、大规模发展极不协调。

如果我们展望不久的将来，加入WTO之后的中国建筑市场，与国际接轨和以国际标准行为将成大势。现存的较

为单一的学术体系模式将严重滞后于我国建筑业的发展。如何发展出多元并存的适应中国国情和国际趋势的建筑学术局面，已经越来越成为一种必要。

2. 关于南京大学建筑研究所的新体系之初步构想

2.1 背景

与全国其他众多建筑设计专业院校相比，南京大学建筑研究所只是一个至今成立不足一年的幼稚"小弟弟"。

然而，众所周知，南京大学建筑研究所的大部分成员均与东南大学这个中国历史最悠久的建筑学术团体有相当的渊源关系。这意味着我们曾经或早或迟都接受过传统的古典主义教学体系的正规教育。我们希望曾经打下的基础将成为我们理解中国建筑学术传统的条件，而不是束缚我们前行的绊脚石。

我们又同时都对当今国际建筑理论有一定的了解。这主要由于我们大部分成员或多或少地有一定国外进修、深造的经历。对于当今国际先进理论与实践的切身感受，是我们改进和推动中国建筑学术事业发展的一种动力，也是将中国的建筑学术进一步国际化的重要条件。

同时，我们又长期经历了自 1980 年以来中国建筑学术与建筑业的迅猛发展，我们之中的许多人都参与了这 20 年来的建筑教育体系的改革和探索，也贡献了大量的建筑设计作品。这些经历成为我们对中国建筑学术的实际研究与了解

的良好条件，更为我们"对症下药"提供了研究基础。

十分相同的是，我们都对探索中国建筑教育与学术的新体系与出路有强烈的愿望。这又成为我们共同合作的基础条件，我们决心为此做出贡献。

2.2 基本设想

对于中国建筑教育与学术新体系的探索，必然要大量借鉴国际上的先进经验。然而我们对新体系的基本设想，基于中国城镇建设发展中的大量建筑问题。对于这种问题的清醒认识和分析理解，必将成为我们研究探索新体系的出发点，也就是说，我们的学术新体系是针对解决中国的问题的。

大家已经清楚地了解了，目前中国是世界上建筑事业最兴旺、最集中的国度。这种大规模、高速度的发展，根据预测还将持续相当长一段时间。在这种大发展之中，所呈现的建筑与城市的设计、规划问题极多，加之中国是具有悠久历史文化的国度，且进入近现代以来，建筑发展长期落后，与社会的发展相比"欠账太多"。这样导致中国当今的建筑问题是层次多样和复杂的。如：城市化与小城镇的问题，其中包含了对于人居环境的规划设计；社会发展导致的建筑城市更新问题，其中包含了大量的文化创新与保护、自然特色问题；以及建筑技术的发展与应用方面，这包含了运用建筑科技成就和继承中国文明体系中的建构传统问题。

结合当今国际先进的建筑理论，我们将这些问题归类成三大方向，以构成我们新体系的主要学术构架：

1. 城市与环境（Urban and Environment）；

2. 历史与社会 (History and Society)；

3. 建构与文明（Tectonic and Culture）。

这三个方面既应有各自的独立学术研究领域，或者说是三个主要的研究方向，然而这三个方面又紧密相连，形成新体系的整体。

新的学术体系，实质就是针对这三个方向问题的研究体系。这意味着我们的新体系具有强烈的研究特色。这正是南京大学建筑研究所的主体的基本构成的主要方面。当然，作为完整的建筑学术体系，应该是以研究为中心，紧密结合教学与社会实践的一个学术整体。我们所基本构想的新学术体系，可以理解成以研究为主体，结合了教学与实践两方面的三位一体的学术整体。其中研究的基本构成是针对中国建筑与城市发展过程中的问题，所归纳而成的三个研究方向是：城市与环境、历史与社会、建构与文明。我们的理想是，针对这些问题，我们研究的心得和相应成果将直接反映到我们的教学和实践之中。从另一角度讲，我们将利用我们的设计教学与设计实践来发现具体的问题，将其作为我们研究的基本条件。这种双向互动的要素构成，要求我们的新体系必然是十分开放而灵活的。

2.3 我们的初步计划

根据我们的基本构想，建立一个以研究为中心的新学术体系，将是南京大学建筑研究所的基本目标。这也完全符合南京大学既定的创办世界高水平一流大学的宗旨，那就是"综合性、研究型和国际化"。为了实现这一基本构想，我们正在努力完善一个既有新体系特色又符合中国当今实际情况的学科建设计划。在此，向大家先做一简单的介绍，希望得到各方专家、学者的批评与建议，以利于我们这一计划的改进和完善。

首先，我们采用高起点的研究生教学作为我们体系的教学主体。这种教学模式完全契合我们以研究为中心的学术体系基本构架。这必然要求我们的学科建设将围绕各个研究方向来组织，而研究生的教学比较利于将我们的各个研究项目与之结合，研究成果与教学的关系必然要密切得多。然而，我们同时也认为研究生阶段的教学仍然有基础问题，因此，我们教学中会进一步加强设计基本语言的训练（第一年），我们将之理解为，来自各地的学生对建筑基本设计语言的理性认识阶段。希望通过一定的练习，为学生建立起相对共识性的对当今建筑设计语汇的理解。同时，又得兼顾各自设计创造的独立性。

其次，我们针对研究生教学组织了相应的社会实践和理论两方面的结合的探索。研究生教学之中，各种课题既结合了教师的研究方向，又结合了具体的社会实践。这种相互紧密结合的"研究／教学／实践"机制，将形成一种滚动式的发展模式，使得学科建设的各个方面能与整体有紧密的联系，并互惠互利。为了满足这种发展模式与机制的可能，我们在理论探索与社会实践两个方面都已构成了我们自己面向社会的窗口，那就是理论探索方面的"A+D"《建筑与设计》杂志和社会实践方面的南京大学建筑规划设计研究院，这两个窗口，是我们的新体系得以与国内、国际社会保持紧密联系和沟通的主要保证。

我们的新体系中，教师无疑将成为人事上的主体成分。如何在学术组成关系和行政关系上形成一种新的机制来适应我们新体系的要求，将是十分关键的举措。我们计划实行"教授工作室制"的教学、研究组织关系。各个教授独立承担研究的项目与教学的课题，负责管理工作室的基本业务工作。在研究所层面上，我们实行教授委员会的民主评议和决策机制。研究所的重大发展问题须经教授委员会的讨论，再由所长决定实施。这种借鉴了国际先进办学经验的新机制，目前已经得到南京大学校领导的大力支持，正在创造条件以期尽快实行。

关于学科建设的考核评估问题。由于我们试图推行的是一种全新的体系，我们就面临了现有的评估体系与标准难以适应新体系的要求这样的难题。为此，我们计划建立一个由国际、国内知名学者、专家组成的顾问委员会，来对我们新体系的发展方向、研究成果等进行咨询、评估。此计划也得到了学校的大力支持，并且我们在国际、国内都已有一些成员在进一步的沟通组织之中。

为了使新体系的人事方面具备进一步开放性和国际性，我们计划采用固定编制与柔性编制相结合的用人制度，留出一定比例的教师编制，用于聘请国内外知名的教授、学者、建筑师作为我们的兼职与客座教授。此举将与我们其他的对外学术交流、沟通计划相结合，以组成新体系的开放结构的重要方面。南京大学建筑研究所成立至今，我们已经在这方面做出许多努力，也已获得了极大的成效，我们将为此继续努力下去。

3. 结语

中国的建筑学术体系自20世纪20年代末至30年代初，由第一代中国建筑学者建立，经历了几十年的艰难奋斗与发展历史。在今天中国的经济、文化发展都已登上一个新台阶，全球都关注的21世纪将是"中国人的世纪"，我们必须要以振兴中华文明，重建中国建筑文化在世界文明体系中的价值为信念和责任，突破传统的束缚，进一步解放思想，面向国际开放。我们把对南京大学建筑研究所的建筑学术新体系建设，作为我们在这一新时代里所能做的切实贡献。

原文刊载于：赵辰. 新体系的必要——南京大学建筑研究所教学、研究的构想 [J]. 建筑学报 ,2002(04):38-39.

求实与创新——南京大学建筑研究所的教学探索

Practicability and Innovation—Exploration of Teaching in the School of Architecture at Nanjing University

丁沃沃

Ding Wowo

摘要：

南京大学建筑研究所的建筑教育重点在于培养建筑学科硕士和博士研究生。根据这样的任务，南大建筑研究所重新思考了建筑学的理念，建立了自己的教学体系。本文着重介绍了南京大学建筑研究所的办学思想、教学体系和课程设置。

关键词：

建筑观；建筑教育；教学体系

Abstract:

The School of Architecture of Nanjing University is an institution for training master and Ph.D students in architecture. In order to reach this aim, the school rethinks the concepts in architectural ideology, and builds its own teaching methodology. This article represents its ideas in the architectural education, the teaching system and the design courses.

Keywords:

Architectural Ideology; Architectural Education; Teaching System

南京大学建筑研究所成立于 2000 年，其特点是专门从事研究生教育，以培养建筑学科硕士、博士研究生为主要目的。她的诞生为我国建筑教育体制注入了新的血液，推动了中国建筑教育形式的多样化[1]。南京大学建筑研究所虽然是一个新的教育机构，但其教师队伍由一批有经验的教师组成，多年来从事本科教育的教学经验和不断进行教学改革的研究精神，使得这支队伍在研究所成立之初就奠定了建筑教育的探索之路。与此同时，南京大学"综合性、研究型、国际化"的办学宗旨促进了建筑研究所在研究生培养教育方面的探索与创新，南京大学建筑研究所的教学探索之路是经过反复思考与不断实践的结果。

1. 教学思想

教育是一个传授知识的过程，大学教育看重的不仅仅是知识主体的传授，而且是基于知识主体的方法论的研究。与大学教育的其他学科相比，建筑学是一门非常特殊的学科，它的特殊性主要反映在它所包含的知识主体的复杂性和模糊性。

建筑学是一门古老的学科，但是由于它的涉及面比较广，其知识主体随着人们对世界认识的不断更新而变化，或者准确地说不断地得到新的诠释。每一次的重新定义都给建筑学的知识主体带来相应的变更，这种变更有时是对知识内容的删节或增加，有时更是意识形态上的根本变革。因此作为一个建筑学的教育工作者，不可避免地首先要对建筑学的定义加以明确，阐明对建筑本体的认知[2]。

南京大学建筑研究所的教师大多毕业于东南大学建筑系，多数去过瑞士苏黎世理工大学建筑系进行学习，这样的教育背景使这些教师在建筑学方面易形成共识。而实际上，相似的教育背景并非形成共同建筑观的必要条件。中国是一个有着深厚文化传统的国家，因此建筑的文化属性在建筑学科的意义中便深刻地反映出来。虽然美国和欧洲的建筑文化不同，但在建筑学科的发展上还是一脉相承的，都有着坚实的学术传统。在中国，尽管我国的传统建筑艺术经历了漫长的发展过程，有着自己独特的魅力，但建筑的形式美一直处于"器械美"的地位，始终没有像我国的文学、诗歌和书法那样属于"学问"的范畴。因此，无论在国外所受的建筑教育多么坚实，在从事中国的建筑学教育时，仍然需要有一个全新的认识过程。

回顾办学之初，在教师的讨论会中，大家最集中的话题还是对建筑学的定义问题，这个定义的产生不仅基于教师在国内外的所受的教育，更多地基于他们在国内多年的建筑教学与实践的经验，以及对中国建筑文化的认识。因此，尽管建筑担负了种种"隐喻"职能和社会责任，但南京大学建筑研究所更愿意将建筑的意义回归到建筑事务本身。

2. 教学体系

建筑教育的另一个特点是有职业教育和学术教育之分。就我国的学位体制而言，建筑学本科和硕士研究生的教育定位于职业教育。建筑学的职业教育即培养合格的职业建筑师。在职业教育中注重培养学生的动手能力，反映在建筑设计上就是建筑设计能力和解决实际问题的能力。建筑学科博士生培养属于学术教育的范畴，注重的是博士生的理论水平和思辨能力。根据建筑学科的这一特点，研究所对硕士与博士的培养分别制定不同的方针和策略，提出了不同的要求。本文重点介绍的是硕士生的培养方案。

由于硕士生的培养是职业教育，建筑研究所把设计课程的设置放在第一位。我们为研究生开设了三门训练目的不同的设计课，改变了硕士研究生只跟着自己的导师做设计的培养方式。同时也保留了必要的学分，使研究生跟着自己的导师学做设计，学习导师个人的设计方法。

尽管硕士的培养仍属职业教育的范畴，然而和本科的职业教育相比仍有很大的区别。如果说本科强调的是对实际操作能力的培养的话，研究生则要强调对事物认识能力的培养，即不但要会解决问题，而且要能够发现问题。进一步说，就是要从不同的角度分析问题，以便更有效地解决问题。要达到这个目的，除了在今后的工作中积累经验之外，理论知识就显得必不可少。为此，建筑研究所在成立之初设立了不同层次、内容多样的理论课，借助理论课的平台，为硕士生们打开知识的窗口。尽管硕士生对这些理论的掌握程度和相关书籍的阅读量不能与博士生相提并论，但至少向硕士生展现了建筑学学科涉及的方方面面以及学科的发展空间，为硕士生今后自身的发展和提高奠定了基础。

此外，在培养计划的安排上，建筑研究所根据南京大学的要求，规定硕士生刚进校的第一学期不选导师，以修学分课补充必要的基本知识。一个学期以后，在对整个学术环境熟悉的基础之上，根据自己的发展方向选择导师。此后暂时不进入导师工作室参与工作，而是继续完成学分课的学习，一年之后进入导师工作室，直至论文答辩结束。在后面的两年中，硕士研究生仍要选修研究所的部分选修课，同时还要在南京大学校内其他院系选修相关课程，如历史系、哲学系、社会学系、环境科学系、城市资源系等等。这样不仅拓宽了学生的知识视野，同时也增强了他们今后在实际工程中面对各种复杂情况的应变能力。

我们认为，虽然学生具有建筑学的本科和硕士学位，通过考试后都可以成为职业建筑师，但是具有硕士背景的建筑师应该在对事物的洞察力方面和人文知识的底蕴方面更胜一筹。研究所的教学体系的根本理念就是在提高设计技能的基础上加强思辨能力的培养。

3. 特色课程

建筑研究所的课程较多，总体来说分三大类，包括设计课、理论必修课、理论选修课。

3.1 设计课

设计课包含三个主题的基本训练，每个主题都是研究所老师反复讨论的结果。由于教师们都有长期从事本科教育的经验，对本科教育的重点有所了解，所以，建筑所的研究生

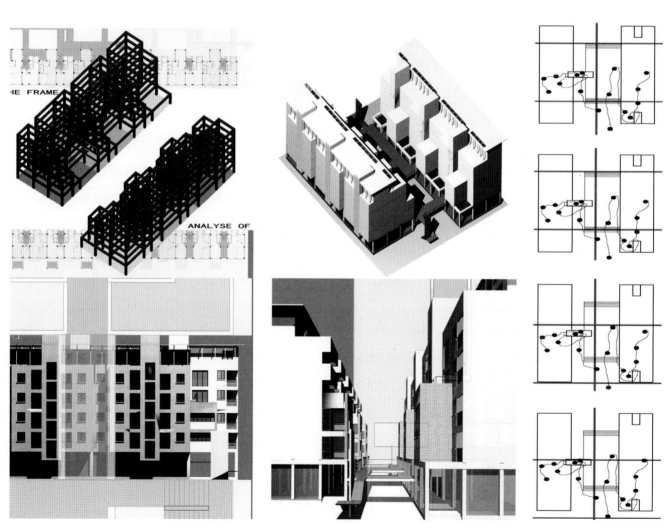

图1

设计训练主题主要是对本科设计训练的补充与提高。

三个设计主题分别是基本设计（图1）、概念设计（图2、图3）和建构研究（图4、图5、图6）。

基本设计的主要目的是让来自不同学校的硕士研究生们

重新梳理一下对建筑事物的认识，再次确立设计方法，正确地理解设计过程和设计内容。在对建筑的认识方面，建筑研究所的教师不回避自己的建筑观，同时也希望通过设计训练，使研究生们对南大的基本学术思想和建筑理念有所认识，从

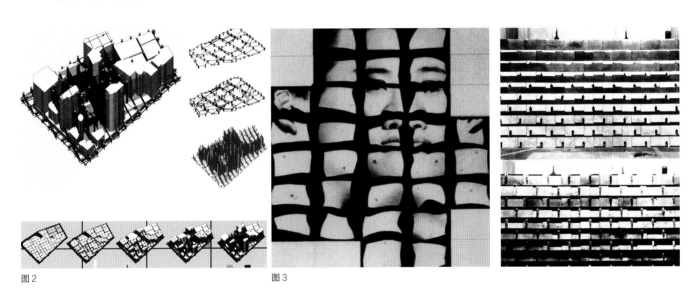

图2

图3

图4

图5

图6

而建立共同的对话平台，为以后的设计训练打下基础。

概念设计和建构研究是对本科设计教学的补充与提高。通常本科的设计训练开始于设计任务书，设计前期的研究不是重点。而概念设计的主要目的一方面是训练研究生发现问题，找出解决问题的途径；另一方面，概念设计并不重视方案的具体发展，而是通过训练让学生们学会调查研究，学会透过现象找出问题的本质。这是一个洞察力和设计能力相结合的训练。训练的载体可以是城市，可以是自然环境，也可以是人的身体。

建构研究是建筑研究所的另一个有特色的训练科目。如果说概念设计是思辨能力训练的话，建构研究则是通过训练让学生切实体验建筑的建造问题。建筑学是一门实践性很强的学科。在本科的设计训练中，只能做到初步方案为止，设计比例往往停留在 1∶100—1∶200 上。此时遇到的问题和实际工程中遇到的问题之间存在较大的差距。为此，在建构研究训练中，学生通常以动手为主，通过制作模型来体验建筑设计并寻求解决问题的方法。训练的载体材料有木、钢、砖等等；建筑问题有跨度、高度、砌筑以及临时建造等等。要完成的设计的成果在选材和比例上尽量接近真实，我们称之为准建筑。这样，图纸中的潜在问题都在实际操作中暴露出来，使学生得到建造的体验，为今后硕士研究生的从业打下坚实的基础。

3.2 理论必修课

尽管本科的学习使研究生们具备部分历史知识，但我们认为建筑史的学习对研究生仍然非常重要，还需加强。我们所开设的西方近现代建筑史主要涉及当代西方建筑具有代表性的思想和理论，其主题包括历史主义、先锋建筑、批判理论、建构文化以及对当代城市的解读等。对于中国建筑史，我们主要侧重于重新诠释中国建筑文化，将中国的建筑文化放在全球大背景中去理解。

此外，我们还开设了现代建筑设计理论、建筑设计方法论、计算机辅助设计、材料与建造、城市理论与可持续发展理论，尽量通过丰富的理论课建立起一个较为完善的知识体系，使研究生们具备应有的知识背景。

3.3 理论选修课

为拓宽研究生的知识面，我们还另外开设了多门理论选修课。大致分为以下三类：第一类是所内教师以自己的研究方向为基础开设的课程，如现代建筑结构观念、中国古建筑文化研究、文献阅读等；第二类是请外籍教授来南京大学建筑研究所集中授课，如类型学、现象学、近现代理论、建筑图示语言等等；第三类课是本校内建筑学以外的相关学科的课程，并且要求研究生必须修一门课程。

教育的任务是培养人才，严格地说，对教学体系的最终评价是 10 年之后的事。回顾这几年南京大学建筑研究所走过的路，与其说是教学，不如说是研究教学，因此，本文希望通过对研究工作的阶段性成果的汇报，以期得到同行们的指正。

注释:

1 在欧美国家，在建筑教育的发展中形成了专门从事研究生教育的教学机构，如哈佛大学的设计学院，哥伦比亚大学、耶鲁大学和普林斯顿大学的建筑学院以及荷兰的贝拉格学院等等。

2 在欧美的建筑学教学体系中，根据他们的学术传统和学校的体制，有的对建筑学的认识根植于他们的学术传统，有的对建筑学的认识取决于他们学院的院长和系主任。

原文刊载于：丁沃沃. 求实与创新——南京大学建筑研究所教学探索 [J]. 城市建筑，2004(03)：90-93.

关于建构教学的思考与尝试
Reflection and Practice upon the Teaching of Tectonics

冯金龙 / 赵辰

Feng Jinlong/ Zhao Chen

摘要：

面对当今中国建筑发展过程中遇到的诸多问题，以建构理论的视角对其进行反思是非常有意义的。建筑教育作为影响建筑师实践和思想的重要起始阶段，应顺应建筑自身发展的规律，不断更新观念，并将这种观念和思考付诸教学实践。从建构的角度研究建造的本质问题，为我们的教学提供了新的思路、新的方法。

关键词：

建构；教案；实践

Abstract:

Since there have been a lot of problems in the architectural development in contemporary China, tectonics is meaningful as a view of architecture and theoretical framework. Architectural education is a very important initiative phase for architects, who should introduce new concepts and methodology of design on teaching program and keep up with contemporary development of architecture. Based upon tectonics, the contemplation about the essence of construction offers us a new notion on teaching programs both of theory and practice.

Keywords:

Tectonics; Teaching Program; Practice

建筑学专业研究生教育是本科教育之后的高层次专业教育，对于建筑学专业的学生来说，提高其理论研究和建筑设计专业方面的创新能力与务实的素质是一个中心任务，这在很多学校的研究生教学中都能体现出来。南京大学建筑研究所关注中国建筑文化发展的时代背景，借鉴当今国际建筑学术发展趋势，努力创造新的有特色的建筑学教育、学术研究体系，制定了以"综合性、研究型、国际化"为宗旨的办学理念，强调对学生创新精神与务实能力的培养。

一、建构研究的现实性

对我们的教学而言，"建构"不是时髦的理论概念，建构意味着一种十分务实的建造训练与思考，我们在理论上引介这种建筑理论的新概念，其实质在于针对中国建筑现实状况。

1. 建筑商业化倾向

今天，商品经济高度发达的市场经济时代已经来临，处在商品经济大潮下的建筑师及其建筑设计行为随着大众消费文化的兴起，被动地屈从于商业化要求，建筑设计追求不同的视觉刺激，建筑创作越来越注重标新立异的设计风格。

2. 数字化与媒体化操控

信息技术启动了经济的加速发展，也带来了城市、市政基础设施和公共文化设施的建设热潮，计算机技术不仅使建筑业迅速得以现代化，也带来了建筑设计的革命，计算机不再是简单意义上的高效率的制图工具，也成为建筑设计表达与沟通的重要手段，图片（多媒体）作为表达建筑的形象的一种有效载体被广泛运用，成为中国建筑师的设计策略和目标，成为目的与工具的结合。这种视觉形象的生产、传播与当今这个信息消费时代审美视觉化倾向相呼应，视觉符号正在或已经超越了语言符号而成为文化的主导形态，电子媒介取代了文字媒介，直观的形象取代了抽象的思考。

3. 庸俗的文化象征主义

西方建筑文化中丰富的形式语言随各类媒体、网络涌入中国，让人眼花缭乱，有些人缺少对产生这些形式语言的时代发展背景的深刻理解，简单地复制拷贝、奉行"拿来主义"，建筑中的不同元素从不同建筑风格中抽取出来，变成图解符号拼凑在一起，使得建筑设计成为"菜谱化"的快速设计的过程。在商品经济时代，这些图解符号还为建筑确立了某种特定的装饰风格，以象征某种特定的文化身份。"文化象征"成为建筑物这个巨大商品的华丽的外包装，建筑的表现已完全变成外在风格的表现[1]。

4. 设计与建造的分离

今天的建筑设计变成了体系化的生产过程，设计工作的分工越来越细。现代建筑从设计到建成是社会分工协作的产物，设计的过程被划分为不同的阶段，由不同的设计师或机构完成。这种体制，一方面保证了建筑的质量和专业性，但在另一方面导致了设计与最终建造的日益分离，设计探寻建造的意义的过程一再被削弱，被阻断在各个环节之中。

二、建构教学的主题

历史上建筑风格的不断变迁反映了建筑思想的演进过程，但风格始终是一种外在的表现，建筑总是按照自身的规律进化着，那就是建造的规律。以各种建筑风格为特点的形式是与一个时代的建筑技术、建造方式以及应用的材料密切相关的，建筑应在材料的外部表现和建造技术等方面追求真实，以更直接的方式表现从新技术而来的新形式，而形式必须更直接地反映结构和构造关系，明确并始终如一地真实表现所应用的材料。

建筑的根本在于建造，在于建筑师应用材料将之构筑成整体的建筑物的创作过程和方法。传统的并沿用至今的砖、瓦、灰、砂、石和现代的钢材、玻璃等，才是建筑的血和肉，与纯艺术不同，建筑不仅是时代价值观的体现，而且是我们现实生活的体验，它是真实的存在，而不仅仅是象征性的符号。

长期以来，在我们的建筑教育中，建筑设计课程与建筑技术课程的设置各自为政，画了一条明确的所谓艺术与技术的分界线，设计课将二维的形式及其虚设功能作为首要目标，将技术性手段视为后期的辅助手段和实现的方式，是第二位的，与设计形成某种被动的后续关系，这种割裂的教学状况往往导致学生在学习中不能正确理解建造技术的重要性，忽略对建造本身的思考，在建筑设计与形式表达过程中，不能以建造作为设计思考的目标。

建筑教育是影响建筑师实践和思想的重要起始阶段，建筑教育应顺应建筑自身发展的规律，不断更新观念。

建构的意义在于建造本质的回归，反对仅从表面形式上来看待建筑，它提供了一个新的视角，在这种视角里，建筑的本质因素的审美价值被强化，建筑的材料、构造和结构方式，建造的过程成为建筑设计和表现的主题，成为建筑审美的价值取向。

由材料、结构和构造方式所形成的建造的逻辑关系反映了建造的本质，它是建筑形式产生的依据和物质基础（图 1）。

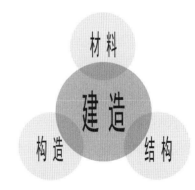

图 1　建造的逻辑关系

三、建构教学的组织

在理论与设计教学中，建构理论的引入体现了一种策略、一种态度，目的是带动对整个教学目标的重新认识，即建筑的本质是什么，它可以使我们更清楚明确教学体系要培养什么样的人。

1. 建构教学的特点

（1）开放性策略

作为一种实验性的教学尝试，我们对教案设计采取了开放性策略。

研究内容

教案设计，是为教学提供直接针对建构研究的操作计划，并不针对具体设计题目，而是以一种开放性架构，提出一种可能性、一些研讨问题视角和方向，以专题研究的方式切入建造的主题。每一个专题或每一研究阶段，都是片段式的，并不要求有完整的系统，正因如此，这些教学是没有固定模式的；它具有了相当的灵活性，可以根据不同的教学要求、目的进行调整。

对于由材料、构造和结构构成的基本建造问题可以从多个侧面展开专题研究，例如木构建筑，既可以从结构角度讨论高度和跨度的问题，也可以从构造角度研究传统构造和现代构造体系；再例如研究大跨建筑可以分别用不同的材料、以不同的构造方式来实现其跨度问题。

教学方式

与本科阶段的课程设计明显不同，建构研究教学强调的是研究的自主状态，注重培养学生自我发现问题、解决问题的能力，在教学中不设置所谓的"教学陷阱"来引导研究按照既定的路线向前发展，尽管研究的主题与对象是十分明确的，但研究解决问题的过程、方式和结果是不限定的。因此教学方式也改变了传统教学中知识单向传输的模式，表现为教师与学生共同探讨研究的一种过程。

与此同时，建构教学还力图打破课程设计与理论课程之间的界限，在理论课程中引入 STUDIO 教学方式，注重理论与实践的结合，理论性的知识、原理及概念通过分析与实验的方式得以验证和强化。以"中国木建构文化研究"为例，理论讲座与 STUDIO 同时进行，中国木构体系中关于材料应用、构造方式和结构特点通过 STUDIO 分阶段进行实物模型制作实验，使学生深刻体会中国传统木建构文化的一些基本建造规律（图 2）。

（2）专题研究

本科教学注重基础知识学习与专业技能培养，研究生教学则应是着重对其专业知识的拓展和深化，因此专门化的主题研究的方式更加符合我们现在的教学实际状况。

研究载体

围绕建造的主题，选取具有典型意义的研究载体是非常重要的，研究载体的正确选取，可以使建构研究切中要害、抓住本质。如"中国木建构文化研究"选取浙南闽北地区的木拱桥和黔东南地区的侗族鼓楼作为研究载体探寻结构跨度和高度的意义（图 3）；"建构典例分析"选取大师作品作为研究载体，通过二维图纸分析和三维实体模型研究进行"一种理论性实践"（图 4）。

研究的深度与广度

建构研究根据具体的研究目标，对研究的要素加以限定，进行一种专门化研究，保证建构研究在技术层面达到一定的

图 2　中国木建构文化研究

图 3 中国木建构文化研究载体——跨度和高度

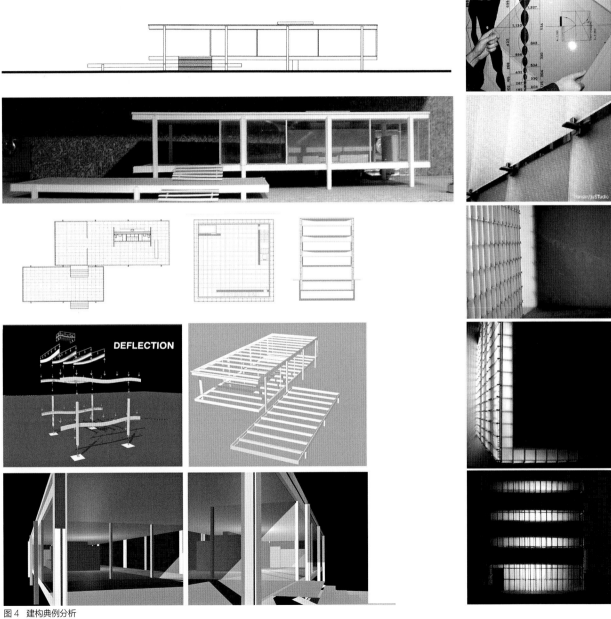

图 4　建构典例分析

深度。

　　然而建造问题是非常错综复杂的，不仅仅是纯粹的技术问题，还和地域气候、社会历史、政治文化等因素相关联，因此建构研究不应仅停留在技术层面，还应上升到社会文化层面来深入探讨建造的本质问题。

　　比较研究

　　由于三至四个以建造为主题的专题研究 STUDIO 同时展开，形成多样化的建构研究状态，各个 STUDIO 在不同的研究阶段、不同的研究内容之间的相互比较成为可能。比较研究是另一个很有效的学习交流过程，例如关于"临时自主搭建"与"大师著名典例"建造分析之间的比较研究，可以反映人类建造本能的创造性和在成熟规范、设计手法限定之下建造活动"形而下"与"形而上"之间的巨大差异（图5）。

　　再如"中国木建构文化研究"与"欧洲木拱桥建构实验研究"通过中国和欧洲木拱桥木构跨度实现的方式与过程研究，清晰地展现中西方文化中建构传统对材料应用处理的态度以及传统与现代构造技术之间巨大的反差对比（图6）。

2. 建构教学研究的路径

　　（1）自上而下

　　通过理论课程、文献阅读引入建构理论，建立起统一的关于建造的知识背景和语境体系，使得研究的交流表达成为可能。

　　相关理论课程

　　理论性课程分思想性理论和技术性理论两类，其目的在于建立起学生的知识背景平台，使学生掌握了解当今建筑的代表性思想和理论、建筑技术发展的最新成果，培养正确的建筑思维观念及其认识评价方法。

　　南京大学建筑研究所关于建构方面的理论课程有：1. 建构文化研究（当代建筑理论）；2. 中国木建构文化研究；3. 现代建筑结构观念的形成；4. 材料与建造等。

　　文献阅读

　　研究生教学应设置研究内容较深、范围较广的主题，使学生更深入地从文化、社会、历史等角度探讨建造问题。作为理论性课程的补充，本课程根据建构研究的不同主题、在各个不同阶段选择相应的文献资料进行解读，增加和丰富知识结构，进一步拓展研究的视野和研究的深度。

　　分析实验

　　分析研究是建筑认知的起点，也是建构教学启动的起点。

　　毫无疑问，对典型案例以建构的角度对其进行分析理解其蕴含的建造本质，是一种行之有效的教学手段，分析的方法不仅仅停留在二维的图纸分析层面，而且是在建构意识下解析建造的内涵，通过对实际材料的操作和模拟，运用视知觉感受物质下蕴藏的力量，从深层次探讨基于材料、构造和结构方式下建筑形式的表现力（图7）。

　　（2）自下而上

　　从建造活动和制造工艺本身出发来研究建筑艺术并将其融入设计教学是自包豪斯以来的现代建筑教育十分重视的环

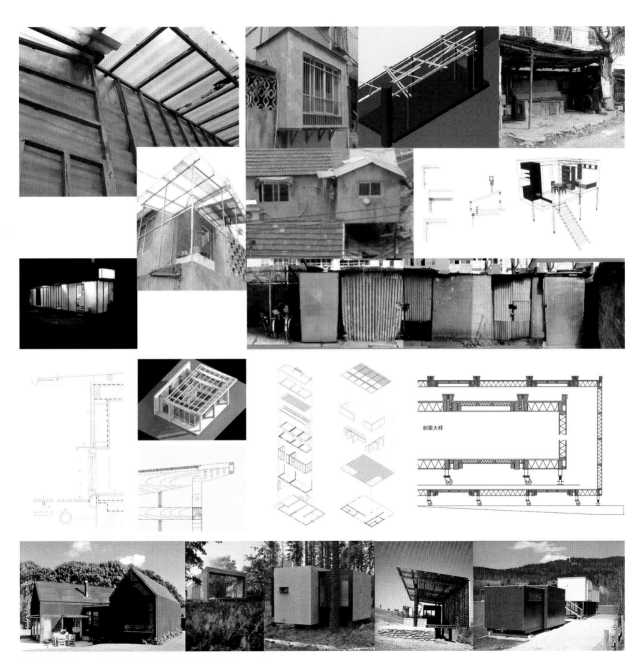

图 5　比较研究——"临时自主搭建"与"大师著名典例"

图6 比较研究——中国和欧洲木拱桥木构跨度实现的方式

节。对建筑的认识不仅仅是自上而下的，来自先验的理论和书本，也可以通过建造实践，从基本的材料和建造逻辑中，从自身的实践认知中总结关于设计和建筑的思维方式和相应的建筑形式语言。

建造实践作为设计教学的重要组成内容，实际的建造是学生认知和理解建造问题及认识建筑最直接有效的方法，学生直接面对材料，体会在图纸上不可能遇到的各种操作问题，此时已不是从图面设计的角度思考建造问题，不是一种美术的图面表现，而是一个解决实际问题的过程。

模拟建造

实际的操作是认知和理解建造问题最直接有效的方法，通过"虚拟建造""小比例模型建造""准建造"和"实际建造"在多个建造层面上对材料、构造和结构进行模拟转换研究，从材料和建造的逻辑中获得关于解决实际问题的工作方式和思维模式，积累设计的形式语言（图8）。

实地调研

实地调研是另一个由感官体验进行知识积累的方式，调研的对象可以是由专业设计完成的"作品"，也可以是现实

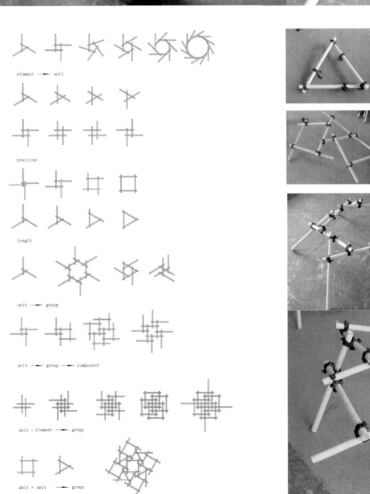

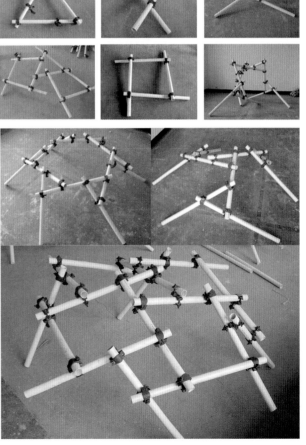

图 7 分析实验

图 8　模拟建造

生活中自主搭建的临时建筑，可以是已建成的，也可以是正在建造的工地。实地调研同时是一个发现问题、思考问题的过程，学生通过对现实场景的观察、记录和分析，体会和理解关于建造的意义。

　　以上是南京大学建筑研究所近两年来关于建构教学的思考与尝试，只是一个阶段性的成果，它表明了我们对建构的理论与实践共同的探讨，尽管这种教学实验还是十分初步的，仍有诸多问题需要深入研究，但是我们认为对于建构学说的研究不能只停留在理论的议论和思辨层面，更需要具有操作性的实践活动来与之直接联系。如果我们现在的水平相对于国际先进院校显得不高，则正说明了我们必须更进一步加强这部分的教学研究，而不能把它当作停止探索的理由[2]。

参考文献：

[1] 朱涛．"建构"的许诺与虚设——论当代中国建筑学发展中的"建构"观念 [J]. 时代建筑，2002(05)：16-19.

[2] 赵辰．建构在当代中国的意义 [M]// 南大建构实验．东南大学出版社，2004.

　　原文刊载于：冯金龙, 赵辰. 关于建构教学的思考与尝试 [J]. 新建筑, 2005(03):4-7.

过渡与转换——对转型期建筑教育知识体系的思考

Transition and Transformation — Reflections on the Knowledge System of Architectural Education

丁沃沃

Ding Wowo

摘要:

本文指出当今无论是高度城市化的发达国家还是正在加速城市化的中国，都面临着如何可持续地建设或更新城市、解决人类生存环境质量的问题，为此，建筑教育扮演了重要的角色。对于建筑教育来说，重要的任务是转变观念、更新知识体系及其设计方法。

关键词:

建筑教育；学科；知识体系；设计方法

Abstract:

Both China that is undergoing urbanization and highly urbanized western countries are confronted with a common challenge to build sustainable urban environment. Therein architectural education has an important role to play in fulfilling the task, and three significant aspects need to be carefully considered: changing teaching philosophy, updating knowledge system, and enriching design methodologies.

Keywords:

Architectural Education; Discipline; Knowledge System; Design Methodology

引言

改革开放以来,我国的建筑教育得到了突飞猛进的发展,在"量"与"质"两个方面都得到了很大的提升。前些年为了适应国家建设的需要,"建筑学"学科在办学数量和招生数量两个方面规模大增,近年来提高建筑学教学质量的要求越来越受到重视,不断涌现各类教学改革。在此背景下,作为从事建筑学教育多年的教师,在此试图从学科发展的角度考量建筑学的知识体系及其教育模式。

1. 处于转型之中的建筑学

自法国巴黎美院奠定了建筑学教育的学院派教育体系以来,建筑教育在大学教育体系里已经历练了300多个年头[1],在此过程中,无论在教育理念还是教育方法上都经历了若干次大的变动或者说是改革。导致建筑学变革的是建筑学认识论的转变:建筑是"艺术"、建筑是"建造的艺术"、建筑是"居住的机器"以及建筑学必须"自治",如此等等。21世纪初,当经济发展推动的城市化在全球蔓延之时,建筑的形式借势已经转化成了商品并产生了价值,建筑学的"自治"的概念即刻消解。此时,西方建筑学理论界开始因支撑建筑形式的理论基础开始变异而担忧,提醒西方建筑学的传统核心价值观正面临挑战。我们开始看到根植于西方古典审美理论的建筑学正面临着重构或者转型,其建筑教育也正处在变化之中。

在中国,我们有着自己几千年的建造文明史,也有着在世界建筑史之林中独树一帜的传统建筑。在中国建筑文化中,建筑被定义为"器"[2],而非"艺"。然而,就设立在大学体系中的建筑学学科而言,却仅有100年左右的历史。不仅如此,目前我国大学中的建筑教育体系和其他许多学科一样,是随着20世纪初"西学东渐"的潮流而从国外引进的,从"认知"到"方法"都深深地刻上了西方建筑学的烙印。显然,对于作为"艺术"的建筑有着使用的功能,作为"容器"的建筑也有着艺术的价值。建筑是"艺术"或建筑是"容器"是对同一事物的两种不同的认知角度,而两种不同的认识论,会导致设计方法的不同。经历了近百年的发展,我国的建筑教育体系一方面延续了与西方建筑学可交流的共同认知和方法,另一方面,它为了适应我国自身来自社会和文化的需求而变化,逐渐形成了自己的模式,培养了具有中国特色的优秀建筑师。尤其是改革开放的30年以来,培养的大多数建筑师已经为国家的建设做出了有目共睹的贡献[3]。

当今,科学的发展、技术的进步以及多学科融合所产生的新的知识都给建筑学知识体系更新带来了挑战。对于我国建筑学来说,尽管与西方建筑学的发展路径不尽相同,快速的城市化进程使得我国的建筑学学科过早地面临与发达国家同样的问题,即如何理解我们的城市、如何改进我们的城市环境,以及如何使得我们的人造环境进入可持续发展的轨道。因此,对于进入21世纪的中国来说,建筑的内涵也已扩展。在城市化进程中,建筑不再仅仅是一个"容器",城市建筑已经构成了人们的"生活环境"。在城市中，讨论单体建筑已经没有意义，重要的是建筑与建筑的组合方式和建筑之间的城市空间。我们已经注意到了全球范围内的城市化进程似乎给中国建筑学学科的发展又带来了新的机遇，同时也意识到全球化的趋势导致建筑的文化特质比任何时期更加受到重视。由于我们的建筑学学科体系依附于西方建筑学的评价体系，我们对建筑学与建筑的认知一直纠结于东西方文化差异而难以摆脱，所以重新梳理学科体系成为我们学科发展的必要任务。

当西方建筑学转型之际，我们更应该以我们的自己文化视角重新思考。建筑学是和一个国家和地区的社会发展紧密联系在一起的学科，建筑学学科的认知和发展不可能脱离它所处的社会发展阶段，因此，和学科发展直接相关的建筑教育改革从来都不仅仅源自学科发展的需求，还有来自社会发展的需要，这是重新建构学科核心知识体系的真正动力。因此，社会转型的机遇、科学进步的支撑、城市化进程的需求和文化自信的挑战，都促使我们对建筑学学科重新思考。立足本民族的文化，中国建筑学应该自己做出抉择，才会有新的机遇。

2. 建筑学科的知识亟待更新

建筑学科知识体系的构成主要取决于它所培养的建筑师应具备的知识体系，目前公认最早的关于建筑的论著是罗马建筑师维特鲁威的《建筑十书》。维特鲁威认为："建筑师的知识要具备许多学科和种种技艺。以各种技艺完成的一切作品都要依靠这种知识的判断来检查。它是由手艺和理论产生的。"[4] 以维特鲁威的观点，建筑学中存在两种事物，即被赋予意义的事物和赋予意义的事物（拉丁文为 quod significatur et quod significat），而建筑师应该精通这两种事物，"建筑师既要有天赋的才能，还要有钻研学问的本领。因为没有学问的才能或者没有才能的学问都不可能造出完美的技术人员"[4]。维特鲁威的《建筑十书》囊括了建筑师应该掌握的从大尺度的城市到细部的建筑材料，从涉及美学的比例与尺度到物理环境与机械原理等各类学问，奠定了建筑学科的核心知识体系的基础。

意大利文艺复兴是西方建筑学发展的重要时期，意大利建筑师和理论家阿尔伯蒂对建筑师的认识和维特鲁威却不尽相同。在阿尔伯蒂看来，建筑师应该是一个学者或绅士，而不仅仅是一个工匠或手艺人[5]。在阿尔伯蒂建构的建筑学知识体系中，主要是建筑形式的艺术及其美学理论，有关建筑建造的技术却被忽略。

欧洲自 17 世纪以来，对建筑师的定位及其知识与技能形成了四种不同的角色，如：学术建筑师（academic architect）、手艺人或工匠（craftsman-builder）、市政工程师(civil engineer)以及稍后形成的社会学家（social scientist）。当巴黎美院的建筑教育在大学体系里设立之时，它主要继承了文艺复兴的建筑学传统选择了"学术建筑师"

作为建筑学的培养目标[6]。作为大学的一个学科，巴黎美院的建筑学教育的课程体系秉承了大学的学术传统，建构了完整的课程体系。通过课程体系给未来的建筑师输送5类知识：分析类、科学类、建造类、艺术类、项目类。分析类主要分析或模仿优秀的建筑实例；科学类（要通过考试）包括数学、解析几何、静力学、材料性能、透视学、物理学、化学以及考古学；建造类包括做模型和结构分析；艺术类包括用炭笔画石膏模型的素描、各种装饰细部和临摹雕像；项目类包括建筑相关的各项指标构成[7]。可以看出，进入大学的建筑学延续并完善了维特鲁威时期奠定的建筑学的知识结构，该知识体系旨在将学术建筑师培养成一个有品位的学者，它奠定了西方建筑学知识体系的基础。

梳理历史脉络不难发现，建筑学在西方经历了三百多年，从古典建筑到现代建筑，建筑的认识论发生巨大的转变，认识论的转变带来的是审美观的转变以及设计方法的变化；对自然界认知的更新和技术进步引致了设计知识和媒介的更新，最终都体现在了建筑形式的更替上。整个过程中，建筑学的认识论起到了引领作用[5]。在学科知识构成方面，虽然具体内容在不断更新和扩充，但是建筑学知识体系的构成没有发生根本的变化。概括起来包括了三个主要方面：建筑的认知理论、建筑设计的方法论，以及和建筑学相关的科学与技术知识。

我国在大学里设立建筑学学科之时就引进了西方建筑学的知识构成框架。正因如此，建筑学不再是工匠之手艺活，而是一门学问，仅此一点从根本上改变了我们传统意识中对建筑的认知。虽然大学里的建筑学按知识体系设立了相应的课程，但是知识体系和理论研究与建筑设计的关系一直并不十分清晰。实际上，是否沿用西方建筑学体系不是问题，关键在于当转化为"学科"而不再仅仅是"造物"的建筑学学科时，如果没有严谨的研究体系，学科的知识显然难以更新。其结果是在国际交流中，尽管我们能在竞图方面取胜，而在理论的建树方面我们却很少有独立的话语权。反映在建筑教育中，松散的知识构架和陈旧的知识内容使得学生在学习过程中感受不到知识对于建筑师的重要性。

如果说建筑学的知识结构没有变化的话，那么核心知识的内容应该随着时代的变迁而不断更新。当然，知识的更新需要研究者的耕耘。笔者以为，如果建筑学依然作为一个学科在大学里存在的话，重视学科的相关研究、完善学科知识构成体系和内容不仅非常重要，而且迫在眉睫。对于完善学科体系，我们主要有两个方面的主要任务。首先，城市化已经使得城市正在成为我们主要的生活场所，我们的城市物质空间的现状要求我们的建筑学亟待扩充城市方面的知识。基于我国的人口基数，高密度的城市物质形态将会成为我们的主要选择，它将给城市建筑学注入新的内涵和要求。其次，由于高密度城市形态将影响城市的整体气候状况，所以，城市物理和城市气候学将会成为建筑学知识体系中的重要组成部分[8]。这方面的研究不仅能够服务于我国的需求，也是对整个建筑学学科的贡献。此外，在全球化的趋势下，建筑文化的地域性特征比任何一个时候都备受关注[9]。理论研究证实，建筑的形式来源于对事物的认知与思考，形式的发生并不源于巧合或偶然[10]。目前就建筑教育而言，我们不缺时尚建筑范例，而缺乏对于形式生成原因的研究。

3. 通识知识和设计能力

　　既然建筑学是大学中的一个学科，建筑学培养的人才就一定不是作为手艺人的建筑师，而应该是一个有学问的建筑师。何谓学问？建筑学科人才培养主要分为两个方面：其一，广博的知识和思辨能力；其二，形式的规律和设计能力。前者奠定了一个学者的基本素质，后者决定了其专业素养，缺一不可。进入 21 世纪以来，出于社会的需求和科学发展的需要，国际一流大学纷纷强调学科之间的交叉与合作。在人才培养方面，开始强调通识教育，实际上是赋予新时期人才应该具备的共同的知识基础，为未来的发展和变化做好准备。国际一流大学的建筑学也不例外，大学初期用以夯实学生的基础，提高学生一般知识素养，而将专业教育向研究生教育衍生，旨在当社会需求发生变化时，未来的新一代建筑师具备了能够应对社会发展的需要的基本知识和专业素质。

　　建筑设计教学是建筑学教育体系中的重要环节，也是建筑教学体系中最具特色的部分。建筑设计课是建筑教育中的核心课程，在任何院校的建筑学教育中都是最受重视的内容。在巴黎美院时期，建筑理论教育和设计教学分离，建筑设计

教学的任务由学院聘请执业建筑师来承担。设计训练由设计导师 (Patron) 指导，在导师的工作坊受到训练[11]。美国的宾夕法尼亚大学的保罗·克瑞（Paul Cret）教授继承了巴黎美院的建筑学教育基本理念，同时改进了巴黎美院的校外导师工作坊式的建筑设计教学，将建筑设计作为正式课程引入大学，与理论课一样列入课程表[12]。这样，大学中的建筑设计课和工作坊的设计训练任务也更加多元。克瑞认为通过设计课不仅训练了学生的设计技能，而且可以通过设计分析来学习建筑理论和历史理论[12]，从此大学里的设计课不单纯是设计手法的训练，而且是传授知识的平台。建筑设计不仅贯穿于整个建筑学教育过程，而且成为检验学生是否能够获取学位的主要环节——学生独立的毕业设计。随着学科的发展，学校的建筑设计内容变得丰富多彩，建筑设计与理论研究相结合，甚至独立完成的毕业设计开始逐渐被由教师引领的研究性设计所取代[13]。

　　建筑设计教学在我国的建筑院校里普遍受到重视，其重要程度居所有课程之首，设计教学的质量往往代表了一个学校的建筑学教学的质量。改革开放以来，由于国家建设快速发展，急需大量的建筑设计人才，为了配合这样的需求，建筑设计教学逐渐以模拟现实实践需求为主，目标是入职后能尽早上手出活。为此，大学短期内的确为市场输入了大量的有用的人才，尽管如此，一方面我们的设计教学始终还是满足不了现实市场对人才素质的要求，另一方面我们又意识到我们的学生在思维训练和创意训练方面远不如欧美大学，在

未来竞争力方面显然处于弱势。那么，大学里具有如此重要地位的建筑设计课在建筑学教育中究竟承担怎样的角色？

其实，如果学习建造一个房子，那么最好的学习场所无疑应该是建造工地，只有通过在工地的学习，才能真正地体验和理解真实建造的问题。如果为了学习建造建筑或房子同时知晓如何设计，那么可以直接去设计院或事务所从帮助制图开始学。学生通过设计院或事务所的工作体验可以理解真实的建筑设计，但也学不到建造知识，所以在工地的学习过程依然不可缺失。进而，如果不仅为了建造房子和设计一个要造的房子，而且是为了理解设计房子或建筑的基本原理、思维方法和设计手法，学习对建筑形态的认定标准和一般规律，那就得进入学校进行专业学习。所以，学校的建筑设计课必须提供建筑设计的核心知识（而非全部）和建筑设计的一般道理，不可能提供的是市场上的设计实践和工地上的建造实践，设计实践和建造实践还要通过设计事务所和工地实践方能解决。很清楚，大学里的建筑设计课程承担的知识传授的任务，不得不有着自身的训练规律和方式。训练的目的是满足未来现实的需要，而不是即刻的需求。欧洲大陆有着最为成熟的职业教育体系，传统上就有因不同需要培养的设计人才。就建筑学而言，就有许多高等专业学校（Hochschule），培养的人才同样进入设计市场，而且进入市场后立马可以上手。而欧洲大陆的大学建筑学的职业教育的出口通常在研究生（Diploma）层面，应对的是不同的社会需求。因此，如果我们的市场急需立马能用的设计人才，

不能简单地向研究型大学提要求，而是去多办些高职或大专来训练学生，这样既好又快。一个研究型大学的设计课程的设置不必纠结是否学生一出校门就会盖房子，也不必因刚出校门的学生不能马上上手施工图而感到惭愧，这些都会通过周而复始的工作得到解决。然而，一个大学倒是应该为没有给一个面向未来的建筑师足够的知识基础、应有的社会责任感和价值判断能力，以及进入社会后所应该具备的不断学习的能力、能够应对国际竞争的专业素质而反思。

当下，我国社会发展正处于转型期，很多行业正处于转型之中，建筑教育亦然。就建筑设计课而言，笔者认为应该加强三个方面的训练：

首先，建筑设计课应该加强建造知识的训练。中国传统建筑虽然在意识上没有直接归属为"艺术"，但是它历来都讲究"建造的艺术"。真实的材料以及合情理的诗意表达才使得中国传统建筑具有永恒的魅力。因此，当我们意识到"建构"是中国建筑之魂而不再是简单的"形式符号"的时候，我们自己的独立创作才会开始。此外，融入建造知识的建筑设计训练才能务实地探讨建筑各个层次的形式问题，将建筑的形式问题落到实处。建造训练需要图纸表达，但并不是施工图训练，应该强调的是建造的逻辑如何表达设计的理念。

其次，建筑设计课应该加强思维逻辑训练。建筑学既是实践性很强的学科，又是理论领域较广的学科。然而在现实中，学生虽然认为建筑理论听起来很有意思，但实际上并没有真正地重视。实际上，建筑理论的重要性在于帮助学生提

高认知世界的能力，因此设计课应该成为一个平台，使学生基于建筑理论训练设计方法。我们通常强调设计过程，过程不只是简单地为了显示设计方案的从无到有，而且是通过设计过程训练设计的思维。设计过程就是理论的思辨和演绎的过程，形式只是最终的结果。当然，建筑理论的教学也应该更加通俗和明白[14]。

最后，建筑设计课应该加强研究和探索性训练。建筑学学科在其发展过程中一直不断更新自身的知识内容和技术方法，研究意味着收集新信息、挖掘新和发现新问题[14]。然而在建筑学科里，研究的传统一直没有受到重视，学生也不太重视知识类的课程，误认为知识与设计无关。应该强调的是，虽然知识不能直接推演出建筑的形式，但是新知识的运用往往会带来建筑形式的创新。我们已经体会到在形式创新方面的落后，但还没有意识到这和我们不重视研究有着密不可分的关系。纵观历史，只有具备知识的设计者才有创造力，设计的创新需要新的知识来支撑。

结语

作为学科的建筑学的任务已经不再是建造几幢能用的物体那么简单，城市化带来的对城市高密度物质空间的挑战已经将前所未遇的问题摆在了我们学科的面前，其中有科学问题值得我们去探索，如高密度的城市物质形态与城市微气候环境的关联性问题，也有人文问题值得我们去思考。因此，

建筑学需要研究，建筑设计需要新的知识去支撑。

参考文献：

[1] Egbert D. D. The Beaux-arts Tradition in French Architecture: Illustrated by the Grands prix de Rome [M]. Princeton University Press，1980：xxi-xxii.

[2] 丁沃沃 . 回归建筑本源：反思中国的建筑教育 [J]. 建筑师，2009.8：85-92.

[3] 当代中国建筑设计现状与发展课题研究组 . 当代中国建筑设计现状与发展 [M]. 东南大学出版社，2014.11.

[4] 维特鲁威 . 建筑十书 [M]. 高履泰译 . 中国建筑工业出版社，1986.6.

[5] Hearn F. Ideas That Shaped Building [M]. The MIT Press，2003：32.

[6] Egbert D. D. The Beaux-arts Tradition in French Architecture: Illustrated by the Grands prix de Rome [M]. Princeton University Press，1980：3-4.

[7] Weismehl L. A. Changes in French Architectural Education [J]. Journal of Architectural Education，1967，Vol. 21，No. 3：1-3.

[8] Khan A. Z. Vandevyevere H. and Allacker K., Design for the Ecological Age: Rethinking the Role of Sustainability in Architectural Education [J]. Journal of Architectural Education，2013，Vol. 67，No. 2：175-185.

[9] 闵学勤、丁沃沃、胡恒 . 公众的建筑认知调研分析报告，当代中国建筑涉及现状与发展 [M]. 当代中国建筑设计现状与发展课题研究组，东南大学出版社，2014.11，132-143.

[10] Illies C. and Ray N. Philosophy of Architecture, Handbook of the Philosophy of Science[J]. Volume 9: Philosophy of Technology and Engineering Science. Elsevier BV，2009：1199-1256.

[11] Carlhian J.P. The Ecole des Beaux-Arts: Modes and Manners [J]. Journal of Architectural Education，1979，Vol. 33，No. 2：7-17.

[12] Wright G. History for Architects [M]. The History of History in American

Schools of Architecture, 1865–1975, Wright G. ed. Princeton. Architectural Press，1990：25.

[13] Salomon D. Experimental Cultures: On the "End" of the Design Thesis and the Rise of the Research Studio [J]. Journal of Architectural Education，2013，Vol. 65，No. 1：33–34.

[14] Teymur N. Architectural Education: Issues in Educational Practice and Policy [M]. Question Press，1992：25–35.

原文刊载于：丁沃沃 . 过渡与转换——对转型期建筑教育知识体系的思考 [J]. 建筑学报 ,2015(05):1-4.

过渡、转换与建构

Transition, Transformation and Construction

丁沃沃

Ding Wowo

摘要：

建筑学是与社会发展紧密联系的学科。随着我国经济和文化的快速发展与转型，建筑学学科必然也面临着转型的问题。本文试图回到大学与学科本源的视角，通过分析建筑学学科的内涵，阐述了演变中的建筑学对中国建筑教育的影响，强调了建构中国建筑学体系是当下和未来的重要任务。

关键词：

社会转型；学科内涵；学科外延

Abstract:

Architecture is a discipline closely related to social development. Along with the rapid development and transformation of economy and culture, the architectural discipline inevitably faces the problem of transition itself. With the attempts to return to the meaning of the university and the subject, and through the analysis of the connotation of the subject of architecture, this paper expounds the influence of architectural evolution on the Chinese architectural education, and emphasizes that the construction of Chinese architecture discipline is an important task in the present and future.

Keywords:

Social Transformation; Disciplinary Connotation; Disciplinary Extension

近年来,"转型"成为一个热门词语：我国社会发展正处于一个转型期,经济发展处于一个转型期,城市化进程与方式处于一个转型期,当然与这一切紧密相关的建筑教育似乎也面临着转型的问题。早在 2015 年笔者就曾撰文,以《过渡与转换——对转型期建筑教育知识体系的思考》为题论述了建筑教育正处于转型期,从事建筑教育的工作者应该做一次全面的思考。2016 年 12 月,享有盛誉的"新建筑论坛"以"演变中的建筑学"为题再度引发了建筑学界关于社会转型期中建筑教育的大讨论。

面对这场讨论,首先须弄清楚几个前置问题：演变中的建筑学正在发生怎样的演变? 当我们理清了演变的实质,我们应该改变教学体系,还是应该更新教学方法? 甚或二者都需要? 这场看似关于建筑教育的讨论或许并非仅仅是建筑学人才培养的问题,而且是关于对建筑学学科认知的讨论。为此,本文试图阐明如何理解建筑学以及如何理解建筑学的"演变",唯有认知建筑学的学科本质,方能思考教育的策略。

1. 如何理解建筑学：学科的问题

学科是大学人才培养的重要平台,学科的分类指的是知识体系的分类,学科的不同意味着知识体系上有着本质的不同。同时,学科的知识体系是建构相关专业的基础和依据。因此,学科和专业不能同日而语,如果讨论专业教育,首先要弄清专业的知识体系的构成和演化,这就意味着讨论专业

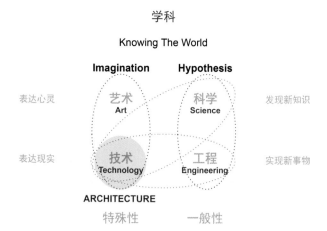

图 1　学科关系图

教育首先需要讨论学科,讨论其知识体系的构成。所以,建筑学的问题不是建筑学专业的问题,而是建筑学学科的问题。

知识体系是帮助我们认知世界、表达心灵、实现欲望和解决问题的抓手,通常分为科学、艺术、工程和技术四大类型（图 1）。科学（science）的任务是发现新知识,工程（engineering）的任务是实现新事物；艺术（art）的任务是表达心灵,而技术（technology）的任务是解决问题。科学和工程领域中的研究产生于假设,而艺术和技术领域中的研究需要一定的创意及想象力。科学和工程处理的是一般性问题,而艺术和技术所处理的是特殊性问题。从现代学科分类的角度看,建筑学属于技术类学科,是技术领域中的一个学科门类,它的研究需要有创意的能力,而它的实现都是面对每一个特殊的问题。一方面,建筑学和所有艺术学科一

样具有与生俱来的对美的追求；另一方面，建筑学又和其他技术类学科一样需要科学知识和工程知识的支撑。所以，作为技术类学科，它的重要评价标准来自两个方面：技术的先进性和技术的适宜性。对技术先进性的评价来自对科学的认知和对工程的掌握，而对技术适宜性的评价则由专业群主体的价值观和社会主流的价值观共同组成。前者使得建筑学有着和科学与工程技术同样的评价标准，而后者使得建筑学更接近艺术或人文科学。鉴于建筑学的多重性和丰富性，对建筑学的定义和理解一直是建筑学理论研究的一个重要内容，数百年的学科研究积累使得建筑学学科的知识体系越来越丰富，也越来越复杂。建筑学学科的复杂性和丰富性直接影响了建筑学的教育体系，具体表现在两个方面：建筑学的认识论和建筑学的方法论。

2. 建筑学的标准与内涵

从西方建筑史学中我们了解到，在西方文明史中建筑学占有重要的地位，对建筑学的标准与内涵的定义也是随着社会发展不断变化的，而且，随着认识论的转变，其方法论也在转变。古罗马时期，维特鲁威的《建筑十书》认为建筑是人类社会需求的产物，对建筑标准的定义是：坚固、实用、美观，同时它分别用神庙、圆形剧场、住宅等具体的建筑类型作为形式美、平面几何和功能问题的讨论对象。文艺复兴时期，阿尔伯蒂对建筑学重新定义，他认为建筑是特定知识的产物，是知识的秩序和社会的艺术，而建筑师是知识分子的一员。在这个理念指引下，建筑的重要元素是柱式，构图规则应该独立的建筑的功能类型，而建筑立面是建筑设计工作的主题[1]。启蒙运动时期，以法国巴黎美院为代表的西方古典建筑学在文艺复兴理论的基础上发展得更加成熟，也更加开放。其主流理论认为建筑是艺术，同时建筑具有实用的价值和科学的品质。在方法论层面上出现了各类不同的派别，有坚持文艺复兴阿尔伯蒂学派古典传统的复古派，有崇尚强调创意的文艺复兴晚期意大利巴洛克式的创作，也有崇尚强调真实的建筑本体的自然属性，可谓百花齐放[2]。值得一提的是，虽然强调建筑本体真实性的派别并非主流派别，但正是这个派别理念的存在为现代主义建筑的产生奠定了基础。在 19 世纪末 20 世纪初，我们比较熟悉的现代主义建筑相较于之前在认识论和方法论层面都发生了巨变：在认识论层面追求形式的真实性，包括结构的真实性、材料的真实性和使用功能的适宜性，同时反对任何与真实性无关的建筑装饰；在方法论层面强调建筑的社会责任而提出为大众服务，为降低建筑成本而鼓励新技术的应用和建筑的工业化。

从中国建筑史学中我们也了解到，中国有着自己几千年的建造文明史，也有着在世界建筑史之林中独树一帜的传统建筑。在中国建筑文化中，建筑被定义为"器"[3]，而非"艺"。在认识论层面，"屋"是"家"的包装，或者说房屋是包裹人类活动的器具[4]。在方法论层面，中国传统建筑历来强调建筑本体的原真性，即由基本单元到整个构架形成了完美的类型学体系，建筑的优美源自适宜的建造方式；建筑的通用控件适宜于各种功能的安置并有利于后续的变换。中国传统建筑作为"器具"和其他重要器具一样，其类型、样式和色彩必须直接与使用者的社会地位相对应，与自然相融合则是建筑的核心价值。中国在 20 世纪初引入西方建筑学以来，作为学科的建筑学基本上以西方建筑学为基础，从学科的内涵到外延都深深地烙上了西方建筑学的烙印。改革开放以来，中国的建筑学以和国际接轨为目标飞速发展，在认识论和方法论两方面形式上全盘西化。有意思的是，在建筑创作方面，传统建筑的影响一直保持着强大的生命力，其独特的屋顶形式成为主要的创作之源，而传统建筑所用的材料成为诠释建筑文化的最佳表征。

从学科的角度上说，"演变"是西方建筑学发展的写照，而"过渡"则建构了中国当代的建筑学。在此形成过程中，建筑学的内涵始终没变，即它一直需要讨论：为什么要建造——"功能与空间的问题"；在何处建造——"场所与环境的问题"；如何建造——"材料与建构的问题"。

3. 演变中的建筑学

始于 18 世纪欧洲的城市化进程历经一个半世纪的发展彻底改变了全球的城市面貌，聚集在一起的建筑群已逐渐取代了自然地貌，构成了人们的"生活环境"。在这样的环境中，房屋不再是一个简单的"用器"，将建筑独立于环境去讨论已经没有意义，取而代之的是建筑与建筑的组合方式和建筑之间的城市空间。因此，尽管建筑学的内涵没有本质的变化，随着社会的发展，外延却扩展了许多。例如：关于建筑功能与空间的讨论已经延展出"功能更新""空间生产""消费文化""社会经济"和"市民权益"等问题；关于场所与环境的问题延展出"城市密度""城市气候""环境污染""生态城市"和"公共空间"等新的研究课题；而材料与建造的问题也随着科学技术的进步和认知的更新延展出"标准化""工业化""智能化""个性化"和"绿色建造"等新方法的挑战。总之，建筑学的转型是东、西方建筑学共同面临的问题。建筑学的每一次转型都是和国家或地区的社会发展阶段的需求紧密联系在一起的，建筑学关注、研究和建构人造的生活环境，因此建筑学学科的认知将随着建成环境的变化不断产生新的内容。由于文化和地域条件的不同，即便处于同一发展阶段，人们对建筑学学科的认知都会有不同的理解，所以本土文化和地域条件是建筑学学科转型中的基石，是在演变中建构学科核心知识体系的真正动力。

对于我国的建筑学来说，尽管与西方建筑学的发展路径不尽相同，但是，改革开放后的快速城市化进程已经使得我国沿海发达地区的面貌发生了巨变，我国沿海的大城市无论在规模上还是数量上都已经接近甚至超过西方发达国家。人工地貌的速变和巨变都使得我国建筑学面临着与西方发达国家同样的问题，确切地说，面临着当下建筑学外延问题带来的所有挑战。同时，由于中国的城市化和全球化并行，所以面临的问题更加复杂，这就是转型的潜在性。

据此，当下中国建筑学的转型面临着来自我国城乡环境更新、建构和发展等多方面的挑战：第一，由于我国人口基数庞大，土地资源非常紧张，加之我国宜居土地分布并不均匀，所以在人多地少的沿海发达地区，大部分城市正面临着既能经营集约化城市，同时建设生态型城市的问题，这是建筑学需要回答的重要问题；第二，城市化进程并非只促进城市生长或增长，随着产业的转型和劳动力的迁移，还会导致城市衰退或消亡，这种现象并非发达国家的专有问题，未经过深入研究的开发和建设实际上为这一现象的产生留下了祸根，建筑学对城市的复兴应该有所贡献；第三，在城市更新过程中，新建筑的创意和传统建筑保护在同一时空中并置，历史保护的意义在于保留物证，还是留住"记忆"，"记忆"的主体是谁等等，这些命题亟待研究；第四，当下去乡村修房子成为热点，实际上，在城市化进程中的乡村并非独立体，逝去的乡村实际上是城市化进程中必然的归宿，建筑学有义务研究乡村复兴的本质和表象；第五，基于能源的大问题，建筑学早就介入了关于"节能建筑""绿色建筑""可持续建筑"等方面的研究，然而，对于建筑学科来说，是关注使用先进技术和设备，还是关注建筑设计自身的科学性，这个问题亟待研究；第六，当下关于生态城市和生态建筑的讨论非常多，形似生态的绿色环境和绿色建筑也有人探讨，然而作为一个应该对人造环境负责任的学科是否应该在转型的过程中有意识地增补核心知识，从而真正担当起探索学科面临问题的责任？

通过分析不难看出，本次转型系由社会发展引发的新需求所致，是学科的外延发生变化，其对学科的核心知识提出挑战，知识更新和知识面扩展都是完成转型的必备条件。

4. 演变促使知识更新

早在古罗马时期，维特鲁威在他著名的《建筑十书》中就提出，建筑师应该精通这两种事物，"建筑师既要有天赋的才能，还要有钻研学问的本领。因为没有学问的才能或者没有才能的学问都不可能造出完美的技术人员"[5]。巴黎美院的建筑学教育的课程体系秉承了大学的学术传统，建构了完整的课程体系。通过课程体系给未来的建筑师输送五类知识：分析类、科学类、建造类、艺术类、项目类。其中科学类包括了数学、解析几何、静力学、材料性能、透视学、物理学、化学以及考古学等知识[6]，传承至今形成了建筑学的基础。20世纪末以来，面对科学探索的需要和社会发展的需求，许多学科的核心知识开始进行不断的调整与更新。梳理历史脉络不难发现，建筑学的转型都是由认识观念的转变所致，对自然界新的认知和对科学技术进步的了解与运用引领了学科的进展。整个过程中，建筑学的认识论起到了引领作用[7]，而认识论的更新则依赖于知识体系的扩充与更新。然而，在大学中每一个学科都在扩充与更新知识的时代，建筑学的知识体系却在萎缩，许多既定的通识知识不断简化，一些不能直接用于设计或建筑造型的知识类课程都得不到实质性的重视。久而久之，建筑学学科相比其他学科在研究能力、创新能力和自身知识更新等方面进展缓慢，如：在研究中习惯于用既定思路看新的事物，依旧用老方法解决新问题。由于建筑学的外延问题已经发生变化，随着社会的发展，其外延所涉及的问题大大扩展，远非简单的对建筑物的认知。因此，知识体系不仅要更新，而且需要扩充。知识体系概括起来包括三个主要方面：建筑学的认知理论、建筑学的方法论，以及和建筑学相关的科学与技术知识。

就我国而言，建筑学知识系统的更新还存有另一层意义。我国的建筑学基础建立在西方建筑学基础之上，一直以来以西方建筑学的知识体系作为学科建设的模板，当东西方建筑学都处于转型之时，知识体系的更新则给建构本土特色的建筑学带来契机。新的知识体系不但要求建筑学能够直面本土问题，而且更应有利于建构出中国建筑学的特色。为此，在当今更新与扩展知识体系之时，建筑的文化属性应该放在首位。在全球化的趋势下，建筑文化的地域性特征比任何一个时候都备受关注[8]。首先，建筑学的文化自信绝不是在建筑物上运用传统符号，也不在于是否用传统材料那么简单，因此，建筑学的历史知识需要扩展的远不止建筑史。其次，城市化正在使得城市成为我们主要的生活场所，基于我国的人口基数，高密度的城市物质形态势必成为我们的无奈选择，它将给城市建筑学注入新的内涵和要求，城市物质空间的现状要求我们及时扩充城市方面的知识。再次，由于高密度城市形态将影响城市的整体气候状况，以此，城市物理知识和城市气候学将会成为建筑学知识体系中的重要组成部分[9]。高密度城市和微气候方面的研究不仅能够服务于我国的需求，其成果也将对整个学科做出贡献。最后，建筑创作的成果最终要落实到实体建筑或其他物质环境，创作过程中的一系列知识运用和探索都将起到主导作用。理论研究证实，建筑的形式来源于对事物的认知与思考，形式的发生并不源于巧合或偶然[10]，为此，在建筑学研究中也须引入实验实证型研究和社会学研究方法。

在"建构"中国建筑学体系的任务中，高校应该承担建构知识体系、完善建筑学研究的主要任务。在此理念的指导下，南京大学建筑学科近年来展开了一些探索与试验。我们将学科拓展与知识更新相结合，学科研究与人才培养相结合，创作实践与设计研究相结合，"研究引领"成为"建构"的关键词。

4.1 学科拓展与知识更新

我们根据自身的研究特色组成了研究团队，针对当今建筑学面临的前沿问题和我国的国家需求，将建筑学的内涵和中国建筑的优秀传统相结合，将研究重点放在历史与环境、可持续建造和数字技术三个主要方面。在历史与环境领域的研究中，重点探索了建筑的历史性与地方性等理论问题；在乡村复兴实践中，重点研究了乡村的人文环境与物质环境；在城市更新的实践中，重点研究了城市形态与城市空间的密度问题。在可持续建造的研究中，重视和学校其他相关专业的交叉研究，重视基础理论的创新；探索设计与研究相结合，探索绿色的设计技术；此外，重视城市形态与城市微气候的关联性研究，探索通过设计改善环境。虽然数字建筑的研究起步时间不长，但在研究伊始，我们就将重点放在三个方面：数字设计、数字建造和数字城市。数字设计是数字建筑的基础，主要关注形与数的规律研究；数字建造和数字城市都是将形与数的基本规律结合结构、材料、空间运动和物理环境通过数字技术解决问题，实现目标。依托这些研究，构成了获取知识的抓手，形成了知识更新和扩充的有效通道（图2—5）。

4.2 学科研究与人才培养

知识更新的最大获益者是学生，实际上人才培养的过程也是对知识更新的实效进行检验的过程，因此，教学和研究相结合成为学科建设的重要环节。为"建构"中国建筑学的特色，在建筑学人才培养上我们以设计能力为基础，强调建造、研究和探索的能力。

4.3 建造的能力

中国传统建筑的精华在于优雅的建造、体系化的建造和可持续的建造，恰当的、诗意的表达才使得中国传统建筑具有永恒的魅力。对建造的全面理解不仅提高了对传统的认识，而且打破了对传统建筑与"形式符号"的链接，为设计创作开辟了新的空间。我们将建造能力训练融入教学中的各个环节，包括基本建造、体系建造和数字建造，涵盖本科生和研究生的各种训练。

4.4 研究的能力

研究能力是所有学科发展的基本保障，建筑学也不例外，只是研究的范式更加丰富，其中包括理论研究、科学研究和设计研究。对建筑学来说，建筑设计研究尤为重要，尽管设计研究的方法和理论研究、科学研究不尽相同，但思维逻辑和研究的路径是一致的。为此，我们以建筑设计课为平台，以建筑更新和场地更新为题，对历史建筑、历史街区、传统材料和结构进行研究，形成设计的依据；以城市更新和乡村复兴为题，引领了对城市和乡村的大量调查和研究，通过研究认清问题的实质，通过设计探索解决问题的路径；以节能改造和绿色建筑为研究主题，融入对科学知识和技术手段的学习，最终强调通过设计解决问题。设计过程就是理论的思辨和演绎的过程，形式只是最终的结果。

4.5 探索的能力

对学科进展的把握和引领依靠的是探索的能力，探索能力的培养是人才培养的重要任务。学科前沿问题导向的研究是培养探索能力的最佳平台，研究和设计的过程就是探索的过程，在过程中学习新的知识和技能仅仅是探索的一个方面，而思考能力和批判性思维则是探索能力培养的重要内容。针对高密度城市问题，我们设置了一系列课程设计，以密度实验、垂直城市等前沿性问题，探索高密度城市的建构方法；

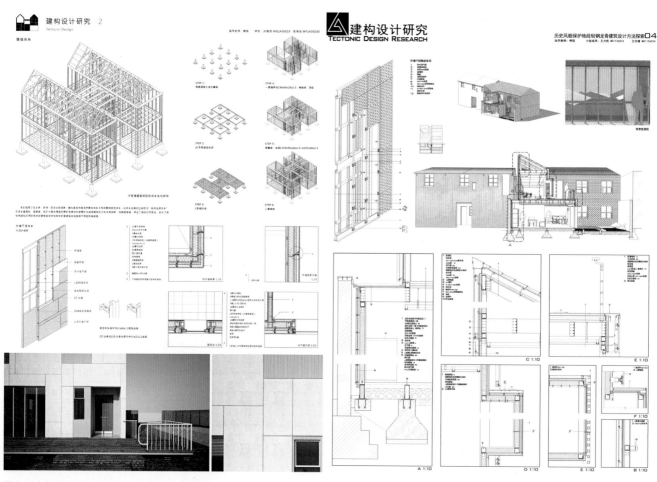

图2　研究生建筑设计与建造研究（指导教师：傅筱教授）

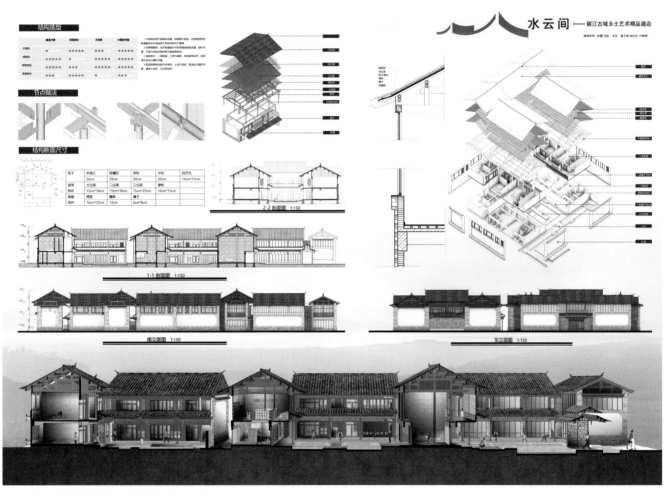

图3　本科旧城市更新设计研究（指导教师：周凌教授）

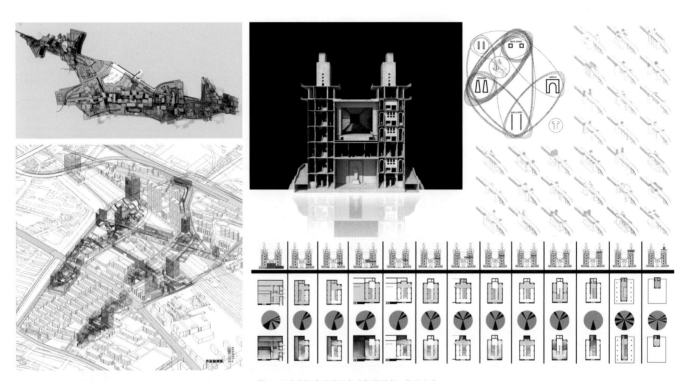

图4 研究生城市设计研究（指导教师：丁沃沃教授）　　图5 研究生概念设计研究（指导教师：鲁安东）

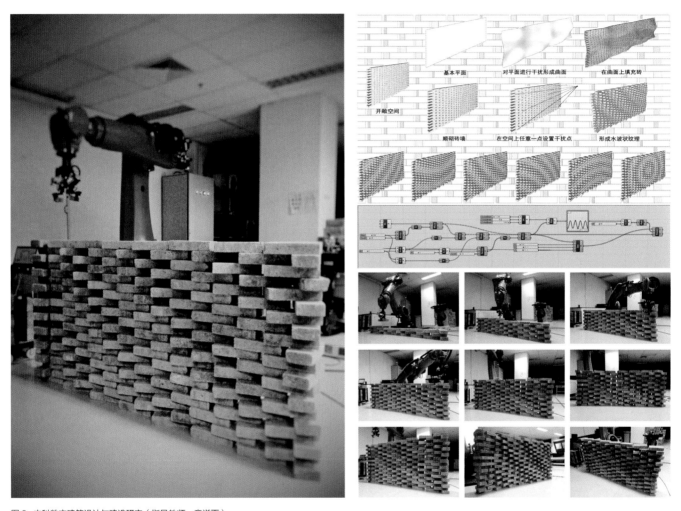

图6 本科数字建筑设计与建造研究（指导教师：童滋雨）

以空间叙事为主题进行认知实验，研究建筑学的理论问题；数字建筑在当下就是一个前沿课题，我们通过设计平台探讨了形与数的规律、基于数字技术探索材料与结构体系的创新，以及完成数字设计和建造的链接。对建筑学而言，探索能力的基础是研究能力和对设计的理解能力，而探索能力的核心是思辨的能力。

总而言之，建造的能力是基本功，研究的能力是质量的支撑，探索的能力是发展的潜力。

参考文献：

[1] Hearn F. Ideas That Shaped Building [M]. The MIT Press，2003.

[2] Egbert D. D. The Beaux-arts Tradition in French Architecture: Illustrated by the Grands prix de Rome [M]. Princeton University Press，1980.

[3] 丁沃沃. 回归建筑本源: 反思中国的建筑教育 [J]. 建筑师，2009（8）：85–92.

[4] 赵广超. 不只中国木建筑 [M]. 生活·读书·新知三联书店，2006.

[5] 维特鲁威. 建筑十书 [M]. 高履泰译. 中国建筑工业出版社，1986.

[6] Weismehl L. A. Changes in French Architectural Education [J]. Journal of Architectural Education，1967，21（3）：1–3.

[7] Wilson C.S.J. Architectural Reflections: Studies in the Philosophy and Practice of Architecture[M]. Manchester University Press，2000.

[8] 闵学勤，丁沃沃，胡恒. 公众的建筑认知调研分析报告 [M]// 当代中国建筑设计现状与发展课题研究组. 当代中国建筑设计现状与发展. 东南大学出版社，2014：132–143.

[9] Khan A. Z., Vandevyevere H. and Allacker K. Design for the Ecological Age: Rethinking the Role of Sustainability in Architectural Education [J]. Journal of Architectural Education，2013，67（2）：175–185.

[10] Illies C, Ray N. Philosophy of Architecture, Handbook of the Philosophy of Science, Volume 9: Philosophy of Technology and Engineering Science[J]. Elsevier BV，2009.

原文刊载于：丁沃沃. 过渡、转换与建构 [J]. 新建筑,2017(03):4–8.

失之东隅，收之桑榆——浅议 20 世纪 20 年代宾大对中国建筑学术之影响

Losses and Gains— A Commentary on the Impact of the University of Pennsylvania on Chinese Academia in the 1920s

赵辰

Zhao Chen

摘要：

本文对中国第一代建筑师所接受的 20 世纪 20 年代"布扎－宾大"建筑教育这一历史事件，在中国建筑数十年的发展进程中所具有的消极意义和积极意义进行了学术性的分析与评价，并重点以当今中国与国际建筑学术不断相互融合为背景，对该历史事件所反映的中国建筑学术受益于西方"精英化"建筑美学的洗礼做出重新评价。

关键词：

布扎－宾大；中国建筑学术体系；保罗·克瑞；折中主义；精英化

Abstract:

Centering on the historical event of the first-generation Chinese architects educated at the University of Pennsylvania for the Beaux-Arts ("the Beaux Arts-Penn") in the 1920s, this paper offers an academic analysis and evaluation of the negative and positive roles of the development of modern Chinese architecture in the past decades. It aims to re-evaluate Chinese architectural academia remolded by Western aesthetics of "elitism" manifest in the historical event, under the background of the increasing academic exchanges between China and the outside world.

Keywords:

The Beaux Arts-Penn; Chinese Architectural Academia; Paul Cret; Eclecticism; Elitism

前言："宾大帮"，中国建筑界的传说

借东南大学建筑学科九十周年的庆典活动之际，由童明、李华、汪晓茜等多位学者辛勤研究、准备许久的建筑历史文献展——"基石，毕业于宾夕法尼亚大学的第一代中国建筑师"，成功地开幕并获得了巨大的成功。随后组织者又为此召集了"基石系列讲座"，笔者也受邀做了如题的演讲，而就成本文。

"基石"展涉及的是，在中国近现代建筑历史进程中，从美国宾州大学毕业的一批建筑学者对中国建筑学术产生过重大的历史性影响。这一现象在中国的建筑学术界是有基本共识的。究其起因，大致是由徐敬直先生在 1964 年在香港出版的关于中国建筑的书中首次书面提出的[1]。从 20 世纪 30 年代到 80 年代的中国的建筑学科和行业实际情形，我们可以清晰地观察到：无论是社会上成功的执业建筑师，还是建筑院校的教授及"营造学社"的研究者，这批由 20 世纪 20 年代从宾大建筑系毕业的学者，占据了绝对主导的地位。时至 20 世纪 90 年代，被建筑学术界普遍认同的"建筑四杰"[2]之中，宾大毕业的建筑师就占据了三位（杨廷宝、童寯、梁思成）。此次"基石"展的成功，意味着对中国建筑学术产生重大影响的 20 世纪 20 年代宾大毕业之学者及其学术思想，再次受到社会的极大关注和认同。笔者以为，时至中国建筑学术已经得到相当发展和受到国际关注的今日，对于由宾大毕业的建筑学者以及他们所带来的"布扎 – 宾大"建筑学术体系[3]对中国建筑学术体系的历史性影响，值得进行深入的重新评价，以利在当今文化复兴大业之中的中国建筑学术明确自身的定位，以及其与国际建筑学术之间更为良性的交流与合作。

1. 中国建筑学生与布扎 – 宾大历史性的相遇

关于 20 世纪 20 年代的宾大校园里的中国留学生之情形，费慰梅先生在她《梁思成和林徽因，探索中国往昔建筑的伴侣》一书中，曾经因为出众而将其描述为所谓的"中国小分队"[4]。显然，这批中国学生既在学业上十分出色，也在其他的文娱活动中相当活跃，尤其是他们之中的林徽因、陈植等。从各方面的材料，尤其是宾大的学生档案之中可以了解当时这批中国学生在学业上的表现都是相当优秀的，其中最为杰出的正是杨廷宝、童寯、朱彬、范文照等。

我们需要从建筑学术发展史上来认识，时值这批中国留学生活跃于费城的 20 世纪 20 年代，正是宾大建筑学科的发展历史上最为辉煌的阶段，在宾大的历史上被誉为"赖尔德 – 克瑞时代"（Era of Laird &. Cret）。这一阶段由时任系主任的赖尔德（Warren Powers Laird, 1881—1948）和主导建筑设计教学的克瑞 (Paul Philippe Cret, 1876—1945) 所共同构成，在克瑞 1903 年抵达宾大之后，经历一段时间以设计为中心的教学体系营造而达到了顶峰，在美国全境处于绝对的学术领导地位[5]，吸引了美国国内外的大量优秀建筑学生，当然也直接吸引了满怀憧憬的中国的学子。先后进入宾大建筑学科的朱彬、杨廷宝等的卓越表现，更强有力地吸引了后续的中国学生。于是乎，在 20 世纪 20 年代的宾大校园，相对集中的一大批优秀中国留学生和辉煌的宾大建筑学科实现了历史性的相遇。

与之形成对比的是，时至 20 世纪 40 年代，格罗皮乌斯（Walter Gropius，1883—1969）和 密 斯（Ludwig Mies Van der Rohe，1886—1969）等欧洲的现代主义的建筑学者云集于美国，并在各个主要建筑学术单位起到了主导作用，时值欧洲及世界其他地区的建筑学因第二次世界大战而难有发展，逐步形成了美国的现代主义建筑潮流占据世界绝对领导地位的新态势。而此时的宾大则显然处于相对落后的境遇，由克瑞主导的古典主义建筑学术体系不再是社会的主流。我们可以看到，此时间段里，同样活跃于美国的大量的中国建筑学生，几乎无一例外地放弃了宾大。他们之中就有后来被大家所熟知的贝聿铭、王大闳、黄作燊、陈其宽、张肇康、周卜颐、刘光华等等，他们所追随的基本就是美国东部的哈佛、麻省理工、哥大、普林斯顿和中部的伊利诺理工、伊州大等等。2003 年春，笔者曾经专程对刘光华先生进行采访，刘先生向我言及当年（1944 年）从抗战后期的重庆赴美留学，起初还是因杨廷宝、童寯等前辈学者的介绍而入学宾大的，但是当时他已经因为感受到了宾大的建筑学术在当时不够先进而纠结。在宾大一年的学习之后，他在纽约遇见了贝聿铭，贝先生向他告知自己到美国初期也曾在宾

大学习半年之后转向哈佛的经历，并劝他也赶紧离开。显然，20 世纪 40 年代中国留学生放弃宾大，既是由于克瑞退休不再主导宾大建筑学科，所谓"赖尔德 - 克瑞时代"的结束而使得宾大建筑主导美国建筑学术的风光不再，更是由于美国的建筑学术已经整体地受现代主义的思潮所主导，国际现代建筑思潮由欧洲转向美国并且集中在由格罗皮乌斯主持的哈佛、密斯主持的伊利诺理工，以及麻省理工、哥大等建筑学院。而此时所谓的"布扎 - 宾大"范式，在国际建筑学术的思潮中已处于明显的末路。这种建筑学科乃至社会的历史性发展态势，并不是某个人、某学术团体的能力所能改变的。事实上，我们从宾大校园里克瑞晚年的现代主义作品，已全然不见他原本主张的"古典折中主义"手法与风格，且在当时美国的现代主义作品中也算不上佳作。可见，面对强大的时代潮流他已无力回天，让人们感受到所谓"英雄暮年"之无可奈何花落去……

这些情形可以进一步反证：中国留学生云集 20 世纪 20 年代的宾大，因其是具有美国建筑学术的领导地位的学术场所；也正是这一领导地位在 20 世纪 40 年代的丧失，而使得宾大不再被中国留学生青睐。

因此，所谓以"基石"为象征的"毕业于宾夕法尼亚大学的第一代中国建筑师"，不应仅仅将之简单地理解为具有杰出学术成就的一批学者团体，而应该理解为国际建筑学术发展进程中的一个特殊历史事件：以布扎学术体系为主导的 20 世纪 20 年代之宾大，被集中于此的一批中国的优秀

建筑学生所顺理成章地接受，并在他们在中国的建筑学术事业中得以传播而产生至深的影响。从建筑学术的历史意义上来讲，应该是 20 世纪 20 年代宾大对中国建筑学术之影响。这一特殊的建筑学术事件所具有的历史意义，正是我们今天值得进行重新分析与评价的。笔者试图在总体上将这种历史事件的得失归纳为"失之东隅，收之桑榆"两部分，分别加以论述。

2. "失之东隅"：中国建筑学术与欧洲现代建筑的失之交臂

为了对这一历史事件进行分析与评价，本文有必要对中国近代以来对西方现代文明的学术体系逐步引进和接受情况，做一基本的铺垫性讨论。

鸦片战争之后的中国政府向西方逐步"开放国门"，从社会的各个方面呈现为向西方文明全面学习的景象，同时也必然产生了各个层面的文化冲突与矛盾现象。从以大学的学科为代表的学术领域来看，各个学科和学术体系在引进、建立的过程是大有不同的：有相当一部分是由西方主体引进而建立得比较顺利，如科学学科的物理、化学、生物，工学学科的机械、土木工程等领域。而中国传统文化中原本处于优势的学科和学术则需要借用部分引进的西方学术来改良，如文学、历史、哲学，天文、地理、医学，以及绘画等艺术领域，则显示出了相对的艰辛。无论是主体引进的还是部分引进的，

西方学术体系的先进性显然是以科学为代表的现代文明，这必然成为中国学者在向西方学习时的最主要目的。更进一步地，则是从中国文化传统之中挖掘与西方现代文明沟通、融合的可能性，近代中国学术发展进程中的核心难题，都明显地反映为如何将中国的传统文化与西方的先进文化融合的基本问题。

时值近代中国所引进的建筑学，在西方已是交叉、汇集多专业的社会文明结晶之"精英化"的学科，但在中国的文化传统中却是缺乏根基的。自然，建筑学的引入过程就不可能简单顺利，其中，如何合情合理地诠释中国自身文化历史中的营造传统，使之与国际现代文明体系之一的建筑学科接轨，成为充满艰辛的关键难题。从中国的文明历史来看，我们并没有及时应用科学、技术在建筑表现上不断革新（innovation）的这种传统，而这种革新的文化传统在国际性的现代文明体系中是具有一定核心价值的。与此同时，中国的高等教育体系中从西方引进并建立此学科的 20 世纪 20—30 年代，建筑学在西方现代社会中重要的文化、艺术表现力乃至社会政治的诠释能力，已是关系到现代国家社会制度与意识形态的重要学科。故而，作为从西方引进的学科，建筑学在学术体系建立过程中所遇到的麻烦是双重的：既接受了正确理解和传递国际现代文明和现代性之"使命"，又承担了向世界展示中国作为近代民族国家的形象之"职责"，这也是中国建筑学科在学术意义上的核心难题。以笔者对近百年来的中国建筑学科发展历史之批判性回顾

来看，这双重的"使命"与"职责"是相互关联的，这意味着：建筑学意义上的理解和传递国际现代文明和现代性之不到位，导致我国建筑学难以在国际视野中相对正确地诠释中国形象[6]。或者，可以批判性地归纳为：中国近代以来建筑学术发展进程中的历史性失误，正是表现为对国际现代文明的理解、引介的不力，同时又过于急切地向世界展示中国建筑的"形象"。

由此，我们来看"毕业于宾夕法尼亚大学的第一代中国建筑师"所反映的20世纪20年代宾大对中国建筑学术影响之意义：由于20世纪20年代的宾大是作为学院派的古典主义建筑学术之大本营而被冠以"布扎-宾大"范式，所以中国建筑学术体系在建立之初和后期的历史过程之中长期而主导性地受古典主义影响[7]。尤其是作为历史的巧合的是，同时期（20世纪20年代）的欧洲，强劲地兴起了以"包豪斯"为代表的现代主义建筑思潮，已经影响美国并且正在与以"芝加哥学派"为代表的美国现代主义建筑潮流汇合，并在随后的20世纪40年代成为主流。而"布扎-宾大"范式在中国的主导性，明显阻碍了中国建筑学术对欧洲现代主义思潮的引进和接受。虽然，当时的中国也存在局部的如1932—1938年期间的广州之勷勤大学[8]，以及在上海、南京等地的现代主义建筑实践与学术推广，但是相对来讲是显得局部而短暂的。从总体来看，"布扎-宾大"范式在我国长期占据了主导性的地位。这在以梁思成为代表的中国第一代建筑学者对中国建筑历史的诠释性工作中体现得尤为明显。从中

国建筑学术与国际现代主义建筑思潮的关系来讨论，这是一种"邂逅"与"失之交臂"的历史现象，本人曾经对中国建筑学术的近代历史演进过程，以"现代主义与中国的邂逅和失之交臂"为话题，在各种场合进行过多次的讨论[9]。

我们似乎可以分析性地理解这样一种情况，中国学者长期谋求引进和接受的西方现代主义，似乎在历史的进程中一直受到了某种力量的阻碍作用，从而发生了多次的"失之交臂"现象。当然，中国建筑学术体系建立之初是其中最重要的一次：现代主义的建筑思潮在第二次世界大战之前在欧洲兴起，而后在美国盛行，大致就在20世纪20年代和40年代。而具有历史巧合的是，20世纪20年代中国建筑学者集中前往的是美国的宾大而不是欧洲，接受的恰恰是以古典主义为中心的建筑学术体系，并且它明显在随后的中国建筑学术体系中产生了重要影响。可以作为对比的同时期现象是，日本留学欧美的建筑学科的学生，未发生集中于宾大的情况。即便有与杨廷宝等同学的日本学生，事后在日本也未产生重大影响[10]。

作为具有艺术表现力和社会教育意义的建筑学，非西方文明国度在向西方引进时难免会有所选择的。有趣的现象是，古典主义的艺术风格论与民族主义的政治主张得到了成功的结合，成为在中国建筑学术体系建立之初的基本价值取向，其实也是其他不少非西方文明国普遍的选择。作为宾大毕业生的梁思成先生以及营造学社的工作，十分成功地为这一学术体系的建立奠定了坚实的基础。并且，也因符合整体的中

国近代社会政治生态的基本需求，以梁思成先生为代表的中国建筑学术体系奠基者们，得到民国期间社会各界的认可和国家的支持[11]。而时至 20 世纪 50 年代，由于苏联对新中国强大的意识形态影响，古典主义艺术风格论与民族主义政治主张的结合而进一步地强化[12]。这恰恰阻碍了中国社会学习国际的现代文明，在建筑和艺术领域上的体现则正是以现代主义为引领的艺术与文化思潮。我们可以由此联想到另一历史现象，前文所提及的 20 世纪 40 年代在美国成功地接受现代建筑思潮熏陶的中国建筑师，虽然其中也有贝聿铭等巨大成功者，而在 20 世纪 50 年代的中国大陆却未能产生很大的现代建筑影响。其实这种整体的社会现象，在所谓的学科意义上也不仅仅局限于建筑学，在整个非西方文明国度的文化、艺术领域都有相当充分的表现。如中国美术界以刘海粟为代表的写实风格的学院派阻碍了以林风眠为代表的"现代派"；音乐界的影响更是直至当代，以谭盾为代表的新兴音乐力量依然受到一定的阻力。在所谓的国度意义上也不仅仅局限于中国，类似的有东方社会主义阵营之苏联、东欧以及越南、蒙古，尤其是朝鲜，至今依然可以感受到这种影响和情结（complex）所在。这可以解读为西方古典主义与东方民族主义的结合。以回顾历史的批判性视角来看，这是一种阻碍非西方文明国度引进和接受国际现代文明的力量。

这些回顾与分析，能让我们了解 20 世纪 20 年代"布扎 - 宾大"范式对中国建筑学术之明显的影响，正是古典主义建筑学术的强势主导，阻碍了中国建筑学术接受欧洲的现代建筑，也错过了 20 世纪 40 年代的美国现代建筑思潮。这正是历史性的消极意义，也即本文所定义的"失之东隅"。在以往的一些关于中国近代建筑学术思想的研究论述中，已经有了比较多的讨论。然而，以辩证的观点来看待这一历史现象，笔者希望历史性地分析这一现象的另一面，也就是积极意义的方面。正所谓，有"失之东隅"，则应有另一面的"收之桑榆"。笔者以为，这也是根据当下与未来中国建筑的发展需求，探讨值得关注的建筑学术导向。

3. "收之桑榆"：中国建筑学术受益于西方"精英主义"建筑美学的洗礼

建筑学作为一种学科和学术，在西方文化背景的社会学科分类之中并非类似于其他普通的某一学科，而是汇集文、理、工多学科领域而又博采众学科之冠的学术领域。因而，作为建筑师和建筑学者，也自然是兼先天禀赋与后天修炼而成就的博雅贯通之人才。在学科和人群类别的社会意义上，建筑学具有明显的"精英主义"或者"精英化"倾向。

这种所谓的"精英主义"的文化与艺术，源自欧洲历史上以皇家与贵族为代表的上流社会集中占有社会发展的资源，且其生活水平高于社会基本生活水平。高水平的文化与艺术成了贵族社会高尚生活的内容，因此，在欧洲文明历史中的绘画、音乐、雕塑、建筑等文化与艺术之高水平成就，也就是所谓以"古典主义"（classicism）为风格规范的艺术，都基本集中在贵族社会的文化范畴，是以贵族的消费与欣赏水平为标准的。从欧洲的文明史来看，尽管这种社会少数极权人群所拥有的文化与艺术体系，在近现代的国际社会的民主化、公众化发展进程中曾被广泛诟病，但必须承认的是，"古典主义"文化与艺术所达到的人类文明之美学水平是至高的，成为人类文化的重要成就，依然在世界文化与艺术的各个领域呈现出深刻的影响力。在西方建筑学术的发展中，在文艺复兴之后至 19 世纪末的法国"布扎"成为这种"精英化"的建筑学术之集中大本营。时至 20 世纪 20 年代的美国宾大之建筑学术，作为美国的"精英化"建筑学术之代表，所谓的"布扎－宾大"范式正是其核心价值。笔者希望以此来论述所谓"毕业于宾夕法尼亚大学的第一代中国建筑师"，在 20 世纪 20 年代宾大所接受的这种"精英主义"或"精英化"的建筑学术和美学洗礼，今天我们有必要重新认识其积极意义所在。

之一，中国建筑学术奠基者的布扎－宾大"精英化"之道

克瑞所主持的 20 世纪 20 年代宾大建筑学科，是典型的具有"精英化"特征的建筑学术体系。从克瑞在建筑学术的"折中主义"（eclecticism）主张中，我们可以加深理解这种"精英主义"的学术思想。

经历了欧洲各历史主义的单一风格之复兴（如希腊、罗马、拜占庭、中世纪、文艺复兴和东方情调等）之后，19 世纪的欧洲艺术之都——法国巴黎，开始逐渐形成一种博采众长而不必拘泥单一风格、重新组合历史主义的各种样式的综合艺术倾向的"风格"，在哲学、美学和建筑学术上定义为"折中主义"。这也可以视为"古典复兴"（neo-classic）成熟期的一种艺术倾向，在以巴黎为代表的欧洲城市公共建筑设计中有成功的实践表现。巴黎歌剧院正是这种艺术主张的最有代表性的建筑案例，影响十分巨大。这同时也是布扎的设计教学之美学与方法论的主导倾向，克瑞正是被这种学术体系所成功培育的"布扎"之高才生，并将此模式在美国的宾大成功地传授，并且根据美国的社会高发展之建筑实践需求，而进一步有所拓展。

在以往多见的建筑历史与理论的文献描述之中，"折中主义"常常被简单地描述为对各种历史主义的风格进行实用主义的模仿，甚至有人简单化地称之为"模仿主义"，以至于"折中主义"长期来被作为一种贬义词而在哲学、美学界盛行，这其实是有相当的误解的 [13]。"折中主义"的原意，应该是"择优" [14]。也就是说，在各种以往的艺术风格中选择最好的，根据今天的实际需求来组合成相应的设计。应该理解为不计艺术主张的差异，而采集各种艺术主张、倾向的精华，有明显的"博采众长"之意。克瑞显然是这种主张的忠实践行者，我们可以从他对现代主义建筑思潮的态度中得到明确的反证：他对当时在欧洲兴起的现代主义建筑思潮并非一味的抵制，而是不赞成现代主义对古典主义美学的全盘

否定，希望将古典主义的艺术形式进行适当地改良并保留其优点部分，作为一种改良主义的标准。其中，显然是以"折中主义"的择优标准为原则的，无论古典、现代都应符合优雅宜人的美学标准[15]。这种观点，实际上是有相当的可取之处的。

笔者以为，克瑞和"布扎－宾大"体系的"折中主义"美学也可以理解为对人才培育意义上的"择优"，也即中文中"不拘一格降人才"的"撷英"之意。20世纪20年代进入宾大建筑学科中国学子，正是这样一批极其优秀的社会"精英"。我们已经可以从他们在宾大期间的表现充分证明，以杨廷宝为代表的这批优秀中国学生，都能够在进入宾大之后迅速适应环境并免修数门基础课（如英语、绘画等），在建筑设计等专业课上更是频频获奖，从而使得他们几乎都缩短了学习年限而提前获得学士和硕士学位。而在克瑞事务所的实习，更是使得他们直接接受实际工程项目的历练。从克瑞当时的一些著名作品之中我们应该可以看到这种"折中主义"的设计原则和手法，同时也可以看到对"精英化"人才的培育与选拔。可以说，"基石"展所表现的"毕业于宾夕法尼亚大学的第一代中国建筑师"，正是当时中国社会精英之中的精英。事实上，这些对社会精英的培育并不只是由宾大的大学教育一步完成的。

时至20世纪20年代，中国近代以来对西方世界的"开启国门"过程已经历了相当久的历史进程。早于1872到1875年，由容闳先生发起的"留美幼童"之首批中国赴美国留学事业，随后经历诸多事变，涉及大量中、西方的经济、政治、军事、文化、行为等方面的矛盾，在开放与守成之间的博弈形成了波浪形的发展态势。1900年的"义和团事件"和八国联军侵华事件，导致随后的美国政府"庚子赔款"设立中华教育基金，并在此基础上有了"清华留美预备学堂"的建立，形成了中美之间教育交流的特殊态势。虽然去往欧洲和日本的中国留学生不在少数，但是由于"庚子赔款"形成的官费支持及其选拔、培训（预备学堂）机制之作用，经清华学堂的学习训练而达到的基础科学水准，尤其是由梁启超等先进学者提议而设立的"国学研究院"，以利留美学子们在广泛涉猎西方科学知识的同时培养国学传统的修养，这使得清华学堂的博雅教育水平极高。自然，经清华学堂的选拔而进入美国优秀学府的学子之水准，远超过其他国家和非清华的留学生。"基石"展所追溯的这一批"毕业于宾夕法尼亚大学的第一代中国建筑师"，其主体是经历了清华学堂的培育和选拔的。由此可见，20世纪20年代经由清华学堂－宾大的求学之路，成为中国建筑学术的精英之道。

经历了以"宾大－布扎"学术体系熏陶的第一代中国建筑师，顺理成章地成为中国建筑学术之"基石"；也因为"宾大－布扎"的"精英主义"美学倾向，中国建筑学术体系在奠基阶段就成了国际"精英化"建筑学术的一分子[16]。

之二，"精英化"的中国建筑学术在新的历史时期被国际认知

中国的建筑学术自近代奠基以来，经历多次跌宕起伏的发展，至 20 世纪 80 年代因改革开放而迎来了全新的历史性高速发展。尤其是人类历史上最为壮观的城市化进程，使中国建筑以令人吃惊的大规模、高速度发展着，吸引了全世界的各种眼光，也产生了相当多的国际建筑学术问题，这正说明以西方文化为传统的建筑学术（精英化）受到了挑战。

自 20 世纪 80—90 年代，国际建筑学术界对中国建筑的评价基本是矛盾的：在中国建筑以规模数量为特征强力吸引国际目光而受到肯定的同时，在建筑学术上却是被基本否定的。库哈斯（Rem Koolhaas）在 1997 年以"珠江三角洲"（The Pearl River Delta）为题发表的对当代中国建筑研究成果中提出了"中国建筑师"（CHINESE ARCHITECT）的定义，他以"效益"（efficiency）为指标性的概念，得出中国建筑师 2500 倍于美国为代表的西方建筑师的结论，明确地指出西方定义的"建筑师"（architect）在中国不适用[17]。显然，库哈斯在真实地诠释了中国建筑师的社会实际状况的同时，也强调了中国建筑与西方精英化的建筑学术的差异。笔者在认同库哈斯的基本认知的基础上，同时也保留不应忽视中国建筑内在的精英主义的成分之看法，这是在中国建筑学术奠基阶段就已有的基本的属性。当然在中国大陆 30 年来改革开放之高速城市化进程中，建筑师的工作因为

完全仅以规模数量的过度显现而难以完全被感知到。事实上，中国建筑学术的发展注定有着与西方建筑不尽相同的历程。以追求建筑艺术表现力的质量为特征的"精英化"建筑学术，毕竟在具有"精英化"素质的中国建筑师手中，在大规模的不断实践之中艰难地摸索着进展了[18]。

2000 年之后，中国建筑学术在实践、研究、传播等各个方位都得到进一步的发展，其中具有精英化价值的学术意义，正在逐步地被国际建筑学术界认知。在这样的背景之下，以"布扎，克瑞与 20 世纪中国建筑"（The Beaux-Arts, Paul P. Cret and 20th Century Architecture in China）为题的国际会议（以下简称"宾大会议"）开始得以酝酿并最终于 2003 年 10 月在美国费城的宾大召开了。

这是首次将中国建筑与国际建筑直接关联的学术问题研讨会，并以重新认知中国建筑与 20 世纪 20 年代"布扎－宾大"建筑学术范式之联系为主题。正是在此会议上，今天的"基石"展所表述的所谓"毕业于宾夕法尼亚大学的第一代中国建筑师"之内容才被广泛地认知了。来自中国、美国以及欧洲的建筑学者贡献了广泛的研究成果。笔者作为亲历者，至今依然记得在发言时首先表达的就是"乐见中国问题成为国际问题……"，而所发表的正是两年之后以中文名《"立面"的误会》而被大家熟知的一文。该文也是笔者检讨梁思成等中国第一代建筑历史学家，套用"布扎－宾大"的古典主义建筑学术体系诠释中国传统建筑，从而丧失现代主义建筑理论与中国"土木／营造"传统之内在关联的

失误，显然属于本文上一节中讨论的"失之东隅"的内容。然而今天笔者以为，我们更需要重新认识的是，"布扎－宾大"的古典主义建筑学术作为社会意义的"精英化"价值，及其在中国建筑的国际化进程中的接受。此意在该会议的主要倡导者，著名建筑理论和历史学家里克沃特先生（Joseph Rykwert）所做的演讲——"布扎国际主义"（Beaux Arts Internationalism）已成要义。笔者的理解是，中国建筑显然作为他定义的"布扎国际主义"传播路线上的一个端点而具有特殊的意义。将夏南悉先生（Nancy Steinhardt）的报告"在布扎前夜的中国建筑"（Chinese Architecture on the Eve of the Beaux-Arts）联系起来，则更能加深这样的理解。某种意义上讲，2003 年的"宾大会议"作为理论性地直接论述中国建筑与"布扎－宾大"体系关联性的学术研讨会，可以被看成中国建筑被国际"精英化"的建筑学术界重新认同的转折点。

回顾起来，在"宾大会议"之前，有相当多的中国建筑学术活动有力地促成了这个历史性阶段的形成。2001 年德国柏林的"土木，中国的青年建筑"（Tu Mu, Young Architecture in China, 2001, Berlin），是其中较早的一次国际建筑学术界正面地引介中国建筑之活动，随后欧美的各种中国当代建筑展和各种媒体报道以及出版物，开始了国际建筑学术界第一波的中国建筑认知浪潮。而有直接推动意义的关于宾大毕业的第一代中国建筑师的历史研究，据笔者所了解，在"宾大会议"中先后有王俊雄、阮昕、李仕桥、赖德霖、冯仕达、王贵祥等学者介入了此主题。其中王俊雄[19]（1999）和阮昕[20]（2002）两位先生的研究比较重要而有代表性，尤其是阮昕先生发表的论文直接引发了里克沃特举行"宾大会议"的意图。在此期间，由笔者与伍江先生、龙炳颐先生共同发起和酝酿，于 2002 年 5 月在南京大学举行的"中国近现代建筑学术思想国际研讨会"，成功地将阮昕、郭杰伟（Jeffery Cody）等聚集起来，在对中国建筑学术体系在近代建立之初与国际建筑学术的关联做了广泛探讨的同时，也为"宾大会议"做了成功的衔接，成为"宾大会议"最直接的铺垫和有效的准备[21]。

自 21 世纪起，中国建筑的学术意义开始在国际建筑学术界逐步得到认知，这首先得益于中国建筑优秀作品在国际视野中的不断涌现，相应的建筑媒体活动逐步活跃，而以中国建筑为主题的国际学术性活动（会议、展览）显然也是其标志。若把"宾大会议"作为这样的一个标志性意义象征，这意味着"精英化"的中国建筑学术在新的历史阶段得到了国际性的重新认知，而"基石"展所展现的"毕业于宾夕法尼亚大学的第一代中国建筑师"，实质上正是这一段曾经的"精英主义"建筑洗礼的历史之回顾。

结语：建筑学的"精英化"意义

"基石"展的巨大成功说明，几十年前"毕业于宾夕法尼亚大学的第一代中国建筑师"依然能深深地打动今天的观众，这些尘封了几十年的历史画面足以令今天的专业工作者和公众们泰山仰止。大家所感动的具体内容显然既有当年先辈们所取得的巨大的学术成就，更应该有展览所呈现的这些杰出学者的"精英化"建筑师形象。"基石"展作为一项建筑历史的研究工作，有效地协助我们今天加深认识中国建筑学术回归"精英化"的趋势。

中国建筑的发展经历了在 20 世纪 30 年代奠基以来的初步发展和战乱时期的停滞；又有了 1949 年之后多年的缺乏国际交流的相对孤立发展；至 20 世纪 80 年代之后，有了国际交流背景之下的大规模高速城市化进程；终于来到了整体社会经济文化都发展到了一定水准而相对稳定的"新常态"当下，并与国际建筑学术有了相当正面和平等的互动。建筑学的本质性特征越来越在中国社会中显现出来，我们应该为之有所理解和相应的推动。那就是，建筑学应该是凝聚和贯通人类"博雅"文明之高贵文化。因此，作为推动社会文明进程的优秀建筑师们，尽管各自可以拥有不同的建筑文化观念和主张，却都理应是社会文明中的精英人群。

进而，我们应该认识到，建筑学的教育也必然是对具有禀赋的学子加以严格规训的一种"精英化"培育过程。"基石"展所再现的"毕业于宾夕法尼亚大学的第一代中国建筑师"，应该给予今天为中国的建筑文化与学术深化发展而努力的建筑师和学者们一个很好的启示。

注释：

1 徐敬直先生叙述早期从欧美留学归来的中国建筑师的情况时提道："1928 年是留学回归的最佳收获季节，这帮至少十个左右的中国建筑师至今依然处于领导地位。他们中的多数都受到了宾大保罗·克瑞教授的培训。"徐敬直：《中国建筑，往昔与当下》（笔者译文），原文为："The best vintage of Chinese returned architects was that of 1928, when a crop of not less than ten returned, and they are now still prominent among Chinese architects. Professor Paul P. Cret of the University of Pennsylvania was responsible for the training of the majority", Gin-Djih Su:*Chinese Architecture, Past and Contemporary*, p. 133.

2 杨永生、明连生编. 建筑四杰 [M]. 中国建筑工业出版社，1998.

3 20 世纪 20 年代的宾大建筑学术体系，因受到巴黎美院影响，按学界普遍认可而称之为"布扎－宾大"。

4 Wilma Fairbank，*Liang and Lin, Partners in Exploring China's Architectural Past*, University of Pennsylvania Press, Philadelphia, 1994, p.26.

5 "1903 年，他被宾州大学美术系任命为设计教授席位。直至 1937 年退休为止，他在建筑教育领域具有持续的领导力，深刻地影响了整整一代美国建筑师。"见《宾州大学档案》。"In 1903, the School of Fine Arts of the University of Pennsylvania offered him the position of Professor of Design. He was the dominant force in architectural education there until his retirement in 1937, and he had a profound impact on an entire generation of American architects."U Penn Archive: https://www.design.upenn.edu/architectural-archives/paul-philippe-cret.

6 参见拙文: 关于"土木/营造"之"现代性"的思考[J]. 建筑师，2012(158).

7 中国建筑学术体系中的西方古典主义影响早期来自 20 世纪 20 年代的"布扎－宾大"，而后期又受到 20 世纪 50 年代的苏联影响。

8 关于广州 20 世纪 30 年代之勷勤大学及中国近代早期现代主义建筑学术的引进与接受，可参见彭长歆老师对华南科技大学建筑学院的历史及其相关研究。

9 笔者以为，除了 20 世纪 20—30 年代的欧洲现代主义对中国（以广州、上海为主）的传递作用之外，还有 20 世纪 50 年代，以计划经济为背景下的标准化、工业化的建筑业的发展，居住区与工业化的城镇规划等等。

10 巴黎美术学院（布扎）教育体系在美国和日本的变形，见 Izumi Kuroishi, Beaux-Arts Outside of France: A Comparative Study of the Inventive Modifications in Paul Phillip Cret and Junzo Nakamura's Ideas and Methods in Architectural Education[M]// 赵辰，伍江. 中国近代建筑学术思想研究. 中国建筑工业出版社，2003.

11 由 1929—1931 年间的南京国民政府制订的"首都计划"，明确了以墨菲（Herry Murphy）所倡导的"中国建筑文艺复兴"及"营造学社"研究成果综合而成的中国官式大屋顶建筑外观形式为所谓的"固有形式"，并指定为民国官方建筑的外观形象。

12 参见拙文："古典主义"与"民族主义"——梁思成建筑理论体系的矛盾性与悲剧性之分析，立面的误会 [M]//. 甘阳. 文化，中国与世界新论，生活·读书·新知 三联书店，2007.11.

13 王晓朝. "折中主义"考辨与古希腊晚期哲学研究 [J]. 哲学动态，2001（9）.

14 参见维基网关于"折中主义"（eclecticism）的解释：The term comes from the Greek ἐκλεκτικός (eklektikos), literally "choosing the best", and that from ἐκλεκτός (eklektos), "picked out, select".

15 克瑞对建筑的现代转型之观点："我们都知道关于语言的转型有这样的说法：'语言的健康变化应该能隐含原本含意而没有伤害。'在这点上，建筑的转型应该是相同的。"参见 Elizabeth Greenwell Grossman, RISD. *The Civic Architecture of Paul Cret*, "Preface", Cambridge University Press, 1996，New York。

16 根据王俊雄先生的统计，至 1937 年为止，宾大建筑学科 19 位中国留学生中有 11 位毕业于清华学堂。参见王俊雄：《中国早期留美学生建筑教育过程之研究—以宾州大学毕业生为例》，台湾"国科会"专题研究，1999。

17 库哈斯以"珠江三角洲"（后期正式发表时名为"大跃进"）为题的研究报告中，选择了美国以及欧洲一些重要国家与中国对比，以建筑师人数、项目数量、设计费等要素分析归纳出建筑师的"效益"之概念，并证明中西方定义的建筑师概念之重大差异。"The CHINESE ARCHITECT designs the largest volume, in the shortest time, for the lowest fee. There is 1/10 the number of architects in China than in United State, designing 5 times the projects volume in 1/5 the time, earning 1/10 the design fee… … This implies an efficiency of 2500 times that of American architect." Rem Koolhaas: "Great Leap Forward" (The Pearl River Delta 1996)，2002，Aschen, New York.

18 张永和. Learning from Uncertainty[J]. Editorial for AREA magazine's special issue on Chinese architecture，2004。

19 王俊雄. 中国早期留美学生建筑教育过程之研究——以宾州大学毕业生为例 [M]. 台湾"国科会"专题研究，NSC88-2411-H-032-009，1999.

20 Xing Ruan. Accidental Affinities: American Beaux-Arts in Twentieth-Century Chinese Architectural Education and Practice[J]. Journal of the Society of Architectural Historians，Vol. 61，No. 1 (2002): 30-47.

21 "中国近现代建筑学术思想国际研讨会" 2002 年 5 月在南京大学举行，主要参加者有赵辰、伍江、刘先觉、侯幼彬、朱光亚、张复合、郭杰伟（Jeffery Cody）、村松伸（Muramatsu Sin）、中谷礼仁（Norihito Nakatani）、黑石泉（Izumi Kuroishi）、阮昕、李仕桥、赖德霖、冯仕达、朱剑飞、贾倍思等；会后出版由赵辰、伍江主编的《中国近代建筑学术思想研究》（中国建筑工业出版社，2003），并在"宾大会议"期间成为该会议上的主要参考文献。

参考文献：

[1] SU Gin-Djih. Chinese Architecture, Past and Contemporary[M]. The Sin Poh Amalgamated (H.K.) Limited，1964：133.

[2] 杨永生，明连生. 建筑四杰 [M]. 中国建筑工业出版社，1998.

[3] FAIRBANK Wilma. Liang & Lin. Partners in Exploring China's

Architecture Past[M]. University of Pennsylvania Press，1994：26.

[4] 赵辰 . 关于"土木 / 营造"之"现代性"的思考 [J]. 建筑师，2012(4)：17-22.

[5] 黑石泉 . 巴黎美术学院 (布扎) 教育体系在美国和日本的变形 [M]// 赵辰，伍江 . 中国近代建筑学术思想研究 . 中国建筑工业出版社，2003.

[6] 赵辰 . "古典主义"与"民族主义"——梁思成建筑理论体系的矛盾性与悲剧性之分析：立面的误会 [M]// 甘阳 . 文化，中国与世界新论 . 生活·读书·新知 三联书店，2007.

[7] 王晓朝 . "折中主义"考辨与古希腊晚期哲学研究 [J]. 哲学动态，2001(9)：9-14.

[8] GROSSMAN Elizabeth Greenwell. The Civic Architecture of Paul Cret[M]. Cambridge University Press，1996.

[9] 王俊雄 . 中国早期留美学生建筑教育过程之研究：以宾州大学毕业生为例 [J]. 台湾"国科会"专题研究，NSC88-2411-H-032-009，1999.

[10] Rem Koolhaas. Great Leap Forward (The Pearl River Delta) [M]. Aschen，1997.

[11] CHANG Yonghe. Learning from Uncertainty[J]. Area，2004.

[12] RUAN Xing. Accidental Affinities: American Beaux-Arts in Twentieth-Century Chinese Architectural Education and Practice[J]. Journal of the Society of Architectural Historians，2002，61(1)：30-47.

[13] 赵辰，伍江 . 中国近代建筑学术思想研究 [M]. 中国建筑工业出版社，2003.

　　原文刊载于：赵辰 . 失之东隅，收之桑榆——浅议20世纪20年代宾大对中国建筑学术之影响 [J]. 建筑学报，2018(08)：79-84.

建筑学的知识型与五种范式概要
Knowledge Types and Five Paradigms of Architecture

周凌

Zhou Ling

摘要：

本文从知识原理的角度，根据具体知识的源流和法则，梳理了建筑学发展历程中的知识型与知识范式，总结了古典、现代、当代三种知识型，区分了文艺复兴、科学革命、现代主义、结构主义、信息革命五种建筑学知识范式。本文通过对不同时期知识型与知识范式的回顾，建构新时期建筑学知识体系的框架，丰富建筑学的内涵和外延。

关键词：

建筑学；知识型；知识范式；比例逻辑；机器逻辑；数字逻辑

Abstract:

From the perspective of knowledge principle, based on the sources and rules of specific knowledge, this paper combs the knowledge types and the knowledge paradigms in the development of architecture, summarizes the classical, the modern and the contemporary knowledge types, and distinguishes five architectural knowledge paradigms, namely Renaissance, scientific revolution, modernism, structuralism and information revolution. Through the review of the knowledge types and the knowledge paradigms in different periods, this paper constructs the framework of architectural knowledge system in the new era, and enriches the connotation and extension of architecture.

Keywords:

Architecture; Knowledge Type; Knowledge Paradigm; Proportional Logic; Mechanical Logic; Digital Logic

1. 知识之问

西方思想史上最早的所谓"知识之问",是柏拉图在《泰阿泰德篇》中提出来的一个说法:"真实的信念加上解释(逻各斯)就是知识,不加解释的信念不属于知识的范围。"[1] 这句话今天我们可以大致理解为"知识是被证明为正确的认识"。实际上,柏拉图对知识的解释在不同场合中有很多种,包含认识、回忆、感知、判断、信念、美德、逻各斯等意思。即便在《泰阿泰德篇》中,除了"知识是得到论证的真的信念"这个说法以外,他还提出关于知识的另外两个说法:"知识就是感知"和"知识是正确的观点"。

因此,很多学者认为,柏拉图在知识学上并没有积极的贡献,没有提出清晰的关于知识的定义,只是隐约提出了一种朴素的知识观。但这依然很重要。中国学者倪梁康认为,柏拉图对他自己的知识论的阐述实际上是在《巴曼尼德斯篇》中而不是在《泰阿泰德篇》中,"如果说古希腊思想家中有人主张与'知识就是被证明为真的信念'相近的知识定义,那么这个人更应当是亚里士多德"。柏拉图之后,欧洲大陆沿着古希腊、中世纪、文艺复兴、近现代、现代的顺序,柏拉图、亚里士多德、奥古斯都、笛卡尔、康德、胡塞尔等人对人类认知的讨论,形成了欧洲知识学的核心内容。"认知"和"理性",是欧洲知识观的核心,也形成了欧洲大陆哲学界、科学界以理性主义为核心的传统。

欧陆之外的英美国家情况略有不同,对于英文的"知识"(Knowledge),牛津词典的解释是"通过教育和练习获得的信息、理解力和能力"(the information, understanding and skills that you gain through education or experience)。这是一个比较简单清楚的描述,不涉及复杂的历史认识与词源学内容。英国哲学家代表罗素在《人类的知识》中把知识分为两类,第一类是关于事实的知识;第二类是关于事实之间一般关联的知识。第一类关于事实的知识有两个来源,即感觉与记忆。第二类关于关联的原则是演绎和归纳逻辑。[2] 英国哲学家的理解建立在传统的经验主义基础上。总体来说,欧洲大陆的知识观更加重视认识的原理、人和对象之间的关系,探究一种终极的理性。英美文化中的知识观,更多指向经验主义和实用主义、分析哲学的欧陆哲学的区别。这里对欧洲大陆和英美国家的知识概念做适当区分,反映出两种文化看待世界的方式不同,以及认知、归纳、演绎的方式不同,哲学和认识论不同。认识到这一点,对我们理解欧洲大陆与英美国家教育思想与体系的差异有一定帮助。

2. 知识型与范式

福柯(Michel Foucault)在1966年出版的《词与物——人类科学的考古学》中提出了一个"知识型"(l'épistémè)的概念,知识型是一个提供评价和产生新的经验和信息的框架,构成和产生的具有结构性的知识形态。福柯认为在特定知识的下面或背后,存在着一种更加宽广、更为基本的知识关联系统，这就是"知识型"。后来在《知识考古学》中，他进一步指出："知识型是指能够在既定的时期把产生认识论形态、产生科学，也许还有形式化系统的话语实践联系起来的关系的整体；是指在每一个话语形成中，向认识论化、科学性、形式化的过渡所处位置和进行这些过渡所依据的方式；指这些能够吻合、能够相互从属或者在时间中拉开距离的界限的分配；指能够存在于属于邻近的但不同的话语实践的认识论形态或者科学之间的双边关联。知识型，不是知识的形式，或者合理的类型……它是能够在某一既定时代的各种科学之间发生关系的整体。"[3] 福柯所说的"知识型"是特定时代知识系统所赖以成立的更根本的话语关联总体，正是这种关联总体为特定知识系统的产生提供背景、动因、框架或标准。知识型可以理解为知识的形态，或者说知识背景的形态。

与福柯"知识型"概念相对应的是托马斯·库恩（Thomas S.Kuhn）提出的科学"范式"（paradigm）的概念。在1962年出版的《科学革命的结构》一书中，库恩举出几个例子，"亚里士多德的《物理学》、托勒密的《天文学大全》、牛顿的《原理》和《光学》、富兰克林的《电学》、拉瓦锡的《化学》以及赖尔的《地质学》——这些著作和其他许多著作，都在一段时期内为以后一代实践者们暗暗规定了一个研究领域的合理问题和方法。这些著作之所以能起到这样的作用，就在于他们具有两个基本特征。首先，他们的成就空前地吸引了一批坚定的拥护者，使他们脱离科学活动的其他竞争模式。同时，这些成就又足以无限制地为重新组成的一批实践者留下有待解决的种种问题"[4]。凡是具有这两个特征的成就，就被库恩称作"范式"。这些研究范式，包括更加专业细分的范式，主要是为以后参与实践而成为特定科学共同体成员的学生准备的。因为他将要加入的共同体，其成员都是从相同的模型中学到这一学科领域的基础的，他以后的实践将很少会在基本前提上发生争议。以公共范式为基础进行研究的人，都承诺以同样的规则和标准从事科学实践。[5] 著作出版七年后，库恩对"范式"进行了进一步的补充说明："一、范式与共同体结构。一个范式就是一个科学共同体的成员所共有的东西，而反过来，一个科学共同体由共有一个范式的人组成。二、范式是团体承诺的集合。三、范式是共有的范例。"[6]

总体来说，"知识型"相当于特定时代的具有话语生产能力的基本话语关联总体，而"范式"则相当于建立在它之上的有助于特定话语系统产生的话语系统模型。"知识型"所涉及的领域比"范式"更为宽阔而基本。

3. 建筑学知识型与范式的框架

建筑学（architecture）作为学科，指的是"房屋规划、设计、建造的艺术"，是一门横跨工程技术和人文艺术的学科。中文"建筑学"一词，如同近代很多外来词一样，直接借用了日本对architecture的翻译。建筑学是一个古老的学科，但作为具备知识系统的学科，一般认为其最早成形于文艺复兴时期人们对古罗马维特鲁威著述的发现和整理，以及后来法兰西皇家建筑学会和巴黎美院对古典建筑文化的系统化、学科化整理。巴黎美院之后，建筑学知识系统得以成形。建筑学一方面有技术属性，可以认为是关于盖房子的知识，比如我国注册建筑师考核的九门课：1. 设计前期与场地设计（知识）；2. 建筑设计（知识）；3. 建筑结构；4. 建筑物理与设备；5. 建筑材料与构造；6. 建筑经济 . 施工及设计业务管理；7. 建筑方案设计（作图）；8. 建筑技术设计（作图）；9. 场地设计（作图）。就些科目代表的是建筑师必须掌握的技术知识。另一方面，建筑学有人文艺术属性，属于文化、艺术、社会性的范畴。历史、地理、艺术、社会学等知识，也都体现在规划设计当中。技术属性与人文艺术属性这两方面时常叠加在一起，不同时期、不同国家地区，需要不同，设定不同，造成了建筑学作为学科的定义的离散化特点，这也是建筑学一直不能像其他科学领域一样有一个清楚的科学范式的原因。但是，一个学科，要形成讨论的基础，必须有共同学科规则，或者说最低限度的学科规则。

作为特定科学共同体成员，应该从相同的模型中学到这一学科领域的基础，很少会在基本前提上发生争议。建筑学的难题在于，按照以往的论述风格流派来分类，如古希腊、古罗马、中世纪、文艺复兴等等，这些都只是一个历史时期的风格和特征，并不包含内在知识的范式，因此，我们需要重新审视建筑学的知识内核。尤其在当今，信息革命引起的

技术变化、生产方式变化，都极大改变了工业革命时期建立起来的生产体系，正在改变现代建筑学建立起来的一套逻辑和知识话语。此时，迫切需要我们追问过去，面对未来，探讨新时期建筑学的知识体系。

实践的发展与建筑学学科的发展密切关联，但并不完全平行，呈现出若即若离的关系，时而靠近，时而分离。通常来说，建筑学的原则会比时代的发展落后，尤其是规范化的学科知识，往往落后于实践，是在实践之后总结出来的学说和教条，也就是说知识型和范式有一定的时间差。因此，我们可以提出这样一个认识，把建筑学的知识分为两种，一是知识型知识，即参与时代变化发生的、正在发生的总体知识和各片段知识；另一种是范式知识，即实践后由理论家总结出来的体系化知识。范式知识更加系统规范，也更加教条化，通常会变成学科的规则和原理。

我们借用福柯的知识型和库恩的知识范式来观察建筑学知识体系，可以提出这样的概念框架：根据大时代背景，把建筑学分为三个知识型，即古典知识型、现代知识型、当代知识型（图 1）。古罗马、文艺复兴、巴黎美院的古典建筑知识型，把建筑视为具有完美比例的人体，用生物学模拟的方式实现对客观世界的再现。古典时期建筑形式的唯一来源是对人类身体或是动植物有机体模仿的观念。现代主义则把建筑视为"居住的机器"，德意志制造联盟、包豪斯与柯布西耶的观念，都是建立在机器复制的逻辑上，时代精神便是转向对工业生产的机器美学的表现。现代时期是功能主义、

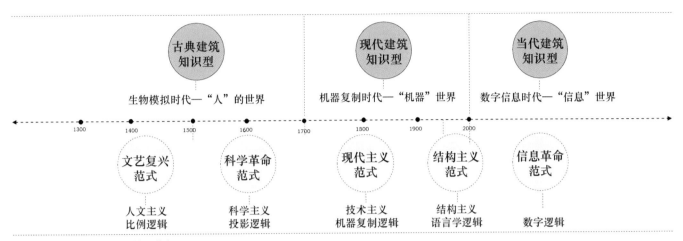

图 1　建筑学的三个知识型与五个知识范式

实证主义的时代，它试图重新建立现代技术下的科学的审美。当代知识型建立在信息革命的基础上，计算机与数字技术完全改变了人类的时间、空间、速度和生产方式，不能否认，信息革命是工业革命以来最大的一次变革。

逻辑。科学革命范式是建立在科学主义基础上的投影逻辑。现代主义范式是一种技术主义下的机器复制逻辑。结构主义（符号学）范式是一种文化与语言学逻辑。信息革命范式是一种数字逻辑。五个范式来源于不同的知识源头。

建筑学的三个知识型：

1. 古典建筑知识型——生物模拟时代——"人"的世界；

2. 现代建筑知识型——机器复制时代——"机器"世界；

3. 当代建筑知识型——数字信息时代——"信息"世界。

进一步，从知识原理的角度，根据具体知识的源流和法则，我们可以把建筑学分为五个知识范式：文艺复兴范式、科学革命范式、现代主义范式、结构主义（符号学）范式、信息革命范式。文艺复兴范式是一种人文主义基础上的比例

建筑学的五个范式：

1. 文艺复兴范式：人文主义、比例逻辑；

2. 科学革命范式：科学主义、投影逻辑；

3. 现代主义范式：技术主义、机器复制逻辑；

4. 结构主义（符号学）范式：结构主义、语言学逻辑；

5. 信息革命范式：数字逻辑。

提出五个范式是基于以下几点考虑：第一，建筑学发展不是一个个突然变化的断裂点，而是一段连贯的变化，这一

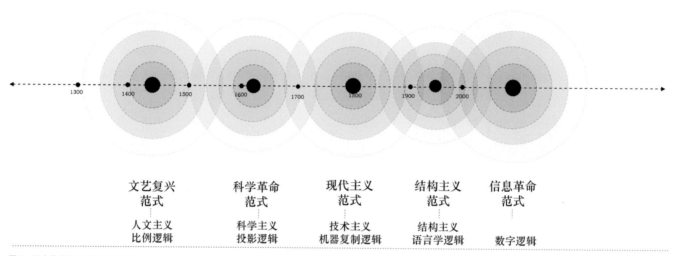

图 2　五个范式知识核心浓度渐变

点在理论家柯林罗对柯布西耶与帕拉提奥的作品分析中已经充分展示了，现代建筑与古典建筑不是完全的决裂，而是有着千丝万缕的联系，有很多共同的、连续的知识；第二，即便同处一个大的历史时期，还存在时间跨度的区别，正如古典建筑学中，古罗马到文艺复兴之间有约 1400 年，14 世纪文艺复兴到 18 世纪末的现代建筑有约 400 年，现代建筑也有约 200 年历史，这些历史时期前后也会出现完全不同或相反的知识范式；第三，即便是在相同时期，建筑学仍然存在不同流派、不同思想、不同主张，现在读者读到的主流历史，是学者们不断整理、筛选的结果，而且对历史的认识一直随着时代在变化和修正；第四，要考虑相同时期不同地点、不同文化的差别，建筑学是解决地方需求的学科，有共

性问题，也有地区文化特殊性问题，各国各地的价值取向不完全相同，这决定了各地对建筑学的定义有差异。这时候，需要来划分作为普遍知识和作为特殊知识的内容。

任何文化都存在主流阐释与非主流阐释，通常出现主层级、次层级、对立级三种局面，建筑学主流阐述的知识和平行的次级知识以及对立的知识。不能简单地以时间来笼统划分建筑学知识，其原理会完全不同，还要考虑不同时期、不同地区的文化影响。另外，时代文化对建筑学的影响也不完全同步，17 世纪科学革命的影响是缓慢体现到建筑上的。建筑家并没有直接把牛顿力学用于建筑的改变，改变是缓慢发生的。

4. 五个范式概述

建筑学发展里，出现了两次明显可以成为知识范式的时间节点，第一次是公元前 1 世纪维特鲁威写作的《建筑十书》，提出了系统的古典建筑知识。第二次是 1671 年成立的法兰西建筑学会以及后来的巴黎理工学院和巴黎美院，它们高度系统化、规范化和教条化了建筑学的知识体系。这两次毫无疑问是建筑学发展历程中最完备、最体系化、影响最深远的知识范式。

古典时期的建筑学知识型里出现了两个范式，其一是 14—16 世纪文艺复兴以"人文主义"为基础的乔奇奥、赛利奥、阿尔伯蒂和帕拉第奥，他们贡献了"比例""透视学""九宫格平面"的概念[7]；其二是 17—19 世纪"科学革命"与启蒙运动时期的布隆代尔、佩罗、迪朗，也包括德昆西、卢吉埃、勒杜、布雷、勒－迪克、舒瓦西，他们的贡献是"画法几何"、"平立剖面图"、"直角坐标"、"网格"作图法、"功能主义"等。[8]

现代时期建筑学知识型中也先后出现两个范式，一个是 19 世纪末至 20 世纪中叶的现代主义范式，另一个是 20 世纪 60 年代开始的结构主义符号学，文化界称为语言学转向，引发了各个领域对现代主义的批判性反思。21 世纪以后，信息革命正在加速改变建筑学，新的范式正在形成。

4.1 文艺复兴范式

回顾建筑学理论的历程，可以看到知识范式的变化。公元前 33 年至公元前 14 年之间，维特鲁威写作《建筑十书》，他被认为（他自己也认为）是有史以来第一位在形式的系统性上覆盖了建筑学全部知识的人。维特鲁威的著作在中世纪得到了一定程度的传播，此时西班牙最重要的中世纪百科全书伊西多尔的《词源学》，引用的是古罗马百科全书。维特鲁威《建筑十书》广泛传播是在 15 世纪，这是最早的建筑学知识范式，也是后来建筑学科学共同体高度认可的知识来源，无须怀疑和讨论的知识起点。

1443 年至 1452 年，阿尔伯蒂写成《论建筑》，15 至 16 世纪的文艺复兴时期理论家乔其奥、赛利奥、巴尔巴罗、维尼奥拉、帕拉第奥等，共同建立起文艺复兴知识范式。不同的是，其中任何一个人的著作与知识体系，未能达到维特鲁威的被认可的高度和统一性，就像阿尔伯蒂在当时并不是唯一有影响力的学者。这种百花齐放的状态导致了文艺复兴的建筑学范式在当时并不十分清晰，未能形成一个强烈的知识共同体，相反，这个共同体认识是在后来的法兰西建筑学会时期形成的。

这一时期的建筑学术语是：比例（proportion）、透视学（perspective）、立面（façade）、再现（representation）等。

4.2 科学革命范式

开普勒、伽利略、牛顿在 17 世纪的发现开启了第一次科学革命的序幕，他们建立了新的"机械法则的宇宙"，旧的宇宙观被打破了，世界是一个有自我运转规律的客观的科学的世界。

17 世纪，法兰西建筑学会在建筑学知识的高度学科化方面做出了巨大贡献，建筑学又一次形成统一的知识范式，深深影响了后面一百年全世界建筑学的发展。1671—1793 年，法兰西皇家建筑学会对古典的综合、总结古罗马与文艺复兴时期的遗产，使建筑学变为系统、规范、可传播、可学习的知识。其中以 F. 布隆代尔 1675—1683 年发表的《建筑学教程》，以及 C. 佩罗 1664—1673 年翻译维特鲁威《建筑十书》为标志。

18 世纪，洛吉耶 1753 年出版了《论建筑》，布雷、勒杜的设计著作，小布隆代尔 1771 年出版的另一本当时最全面的《建筑学教程》，有的人提出一些不同的认识，科学革命的影响开始显现，开启了科学革命影响下的近代范式。

19 世纪，科学革命、理性主义已经深入人心。迪朗 1800 年出版《古代与现代——建筑形式比较大全》，1802 年出版《简明建筑学教程》，作为工科学院教科书一直沿用到 19 世纪中叶，它深刻影响并改变了皇家建筑学院的传统建筑学教育。迪朗对建筑学做了一个重要的简化工作，把形式问题简化为水平问题和垂直问题，水平问题是平面，垂直问题是柱式，也可以说简化为平面图问题和立面问题。而功能问题则简化为类型问题。这些都是因为科学革命带来新方法、新工具。勒·迪克 1850 年发表的《11—16 世纪法国

建筑理论词典》《建筑对话录》，整理了法国哥特建筑的遗产，把 18 世纪开始发展出的"功能主义"讨论继续深入，探讨了功能、结构、技术的综合。A. 舒瓦西 1899 年发表的《建筑历史》，提倡简明的理性建筑。森佩尔 1834 年出版《古典创作的建筑与造型之初评》，以及 1851 年出版《建筑四元素》，他提出反对功能主义，结构材料的艺术建造。A. 瓦格纳 1895 年出版《现代建筑》，开启 20 世纪的建筑宣言。[9] 19 世纪最后 30 年，芝加哥学派成为建筑学的中心。

这一时期建筑学贡献的术语是：构图（composition）、画法几何（descriptive geometry）、投影图（projection）、立面图（elevation）等。

4.3 现代主义范式

20 世纪初，1908 年阿道夫·卢斯发表《装饰就是罪恶》，1923 年柯布西耶发表《走向新建筑》，1925 年设计光明城市，1939 年赖特发表《有机建筑》，1935 年提出"广亩城市"，吉迪翁 1941 年出版《空间、时间与建筑》，界定什么是"现代建筑"，成为最有影响力的现代建筑著作。卢斯的《装饰就是罪恶》与柯布西耶的《走向新建筑》这两部宣言式的著作，开启了现代时期"建筑学知识共同体"的大门，因此可以将之作为现代建筑知识范式的主要学说。现代建筑盛期以德意志制造联盟、包豪斯，以及莱特、柯布西耶、密斯凡德罗、格罗皮乌斯四个现代建筑大师为代表。之前还有早期的欧洲先锋派、俄国构成主义、荷兰风格派、意大利未来主义、

维也纳分离派，代表人物为奥拓·瓦格纳 (Otto Wagner)、约瑟夫·霍夫曼（Joseph Hoffmann）、阿道夫·卢斯（Adolf Loos）等，他们敲开了现代建筑的大门。[10] 盛期之后还有阿尔托、路易斯康。

现代建筑范式贡献了功能主义（functionalism）、工业化生产（industrialism）、自由平面（free plan）、流动空间（free-flowing spaces）、通用空间（universal space）、模度（modular）、拼贴（collage）、透明性（transparency）等术语。

4.4 结构主义范式

1945 年以后，理论界开始总结反思，对单向狂飙猛进的线性现代主义提出修正。20 世纪 60 年代，建筑学界出现了 10 次小组、范·艾克质疑 CIAM 现代主义的理论，以"结构主义"建筑思考代替"功能主义"。"在现代主义的语汇中，空间、形式、设计、结构、秩序这五个词比其他词都重要。"[11] 然而，这不能帮助我们理解知识范式及其潜在机制。

文丘里 1966 年发表《建筑的复杂性与矛盾性》，1972 年发表《向拉斯维加斯学习》；罗西 1966 年发表《城市建筑学》，1973 年发表《理性建筑》；柯林·罗 1978 年发表《拼贴城市》；库哈斯 1978 年发表《疯狂的纽约》。这一时期的著作理论中，"新现代主义""后现代主义"并存，其共同点就是对盛期现代主义的反思、总结和批判，试图弥合现代主义与历史之间的裂痕，寻找调和的共生之道。此时的社会文化状况已经整体进入"后现代文化"时期。

这一时期，类型（types）、符号（signs）、象征（symbol）、指涉（sign）、文本（text）、语言学（language）、结构（structures）和理性主义形态学（morphologies of rationalism）成为关键词。代表人物为阿尔多·罗西、罗伯特·文丘里、柯林·罗、彼得·艾森曼、雷米·库哈斯等。

4.5 信息革命范式

21 世纪以后的计算机信息时代的技术革命，是工业革命之后人类历史上又一次巨大的革命，一个大变革的时代，一切都在改变。这个时代和工业革命初期极其相似，围绕信息与数据的"生产"变成时代的主旋律。和历史上历次技术变革时代的特点一致，技术革命的时候，文化和主体意识会被削弱，退到幕后。胡塞尔的《欧洲科学的危机》讨论的就是科学给人文学科造成的危机。信息时代的建筑学处于巨大的变革中，其范式不可避免地围绕信息技术、数据、计算机、互联网展开。

进入 21 世纪，建筑学的理论知识片段化、离散化，原来的讨论越来越被淡忘，第二代、第三代理论家反复在谈论 20 世纪 70 年代理论家的著作，而没有新的观点提出来，建筑学理论进入停滞期。然而社会发生着巨大变化，信息时代已经来临，而且速度之快，理论的思考已经远远落后于实际的需求。信息时代的范式是否存在，没有新理论出现来统一实践共同体的认识。

什么能代表 21 世纪的建筑学？"数字建筑""人工景

观""图解""地形学"也许是描述 21 世纪初建筑现象较为常见的术语。就像安东尼·维德勒（A. Vidler）在《包裹空间》（*Wraped Space*）开篇所写的："近十年来，折叠（folds）、孢状物（blobs）、网络（nets）、表皮（skins）、图解（diagrams），这些词语描述近十年建筑理论和设计，取代了解构主义的切割（cuts）、断裂（rifts）、错位（faults），这些手法刚刚取代了再以前 (20 世纪 70 年代) 的类型（types）、符号（signs）、结构（structures）和理性主义形态学（morphologies of rationalism）。重读巴塔耶（G. Bataille）和德勒兹（G.L.R. Deleuze），巴勒斯（W. Burroughs）取代吉布森（J. Gibson），齐泽克（S. Zizek）取代德里达（J. Derrida）。形式再现倾向于复杂而弯曲，平滑而交叉，光滑而优美，简洁而图解化。这些词语和技巧来自数码技术。"[12] 建筑领域中，扎哈·哈迪德（Zaha Hadid）、MVRDV、FOA 等建筑师的理论与实践概述了这个时代前半段的特征。

近年来，MIT 媒体实验室、ETH 数字链实验室引领着前沿的研究。参数化（Parametric）、数字建造、人工智能、大数据等新兴技术对建筑设计与城市规划产生深远影响，成为建筑学未来的发展方向。

5. 结语

每个时代都在重新整理和书写过去的知识。信息革命的洪流中，总结过去的知识，为的是看清过往，更好地面对未来。柯布西耶离开我们已经超过半个世纪，现代主义不再是高高在上的灯塔。进入 21 世纪以来，建筑学知识系统里，最后一群系统书写建筑的理论家罗西、文丘里等已经离去，稍晚一些的屈米、艾森曼、库哈斯也没有新的超越他们自己在 20 世纪 70 年代创立的理论，可以说，西方建筑理论已经近 40 年没有产生引起"知识共同体"普遍认可的"知识范式"。或许这是一个必然现象，在技术进步的时代，文化和知识就会受到压制，工业革命、现代主义对人文历史的抑制，和当下信息时代对文化的抑制是相似的现象。新知识范式不会立即出现，它将出现在充分实践的若干年之后。

注释：

1 柏拉图 . 柏拉图全集：第二卷 . 王晓朝译 [M]. 人民出版社，2002：737.

2 罗素 . 人类的知识 [M]. 张金言译 . 商务印书馆 . 2018：510.

3 米歇尔·福柯 . 知识考古学 [M]. 谢强，马月译 . 生活·读书·新知三联书店，2007：214.

4 托马斯·库恩 . 科学革命的结构 [M]. 金吾伦，胡新和译 . 北京大学出版社，2012：8.

5 同上书，第 9 页。

6 引自同上书，第 158 页。

7 Rudolf Wittkower. Architectural Principles in the Age of Humanism[J]. W. W. Norton & Company ，September 17, 1971.

8 Alberto Perez-Gomez. Architecture and the Crisis of Modern Science[M]. The MIT Press; Reprint edition，April 11, 1985.

9 克鲁夫特 . 建筑理论史：从维特鲁威到现在 [M]. 王贵祥译 . 中国建筑

工业出版社，2005.

10 L. 本奈沃洛 . 西方现代建筑史 [M]. 邹德侬等译 . 天津科学技术出版社，1995.

11 A. 福蒂 . 词语与建筑物——现代建筑的语汇 [M]. 李华，武昕，诸葛净等译 . 中国建筑工业出版社，2018：12.

12 Anthony Vidler. Warped Space: Art, Architecture, and Anxiety in Modern Culture[M]. The Mit Press，2001. 序言 .

参考文献：

[1] 米歇尔·福柯 . 词与物：人文知识的考古学 [M]. 莫伟民译 . 上海三联书店，2016.

[2] 米歇尔·福柯 . 知识考古学 [M]. 谢强，马月译 . 生活·读书·新知三联书店，2007.

[3] 托马斯·库恩 . 科学革命的结构 [M]. 金吾伦，胡新和 . 北京大学出版社，2003.

[4] 柏拉图 . 柏拉图全集：第二卷 [M]. 王晓朝译 . 人民出版社，2002.

[5] 罗素 . 人类的知识 [M]. 张金言译 . 商务印书馆，2018.

[6] 汉诺 – 沃尔特·克鲁夫特 . 建筑理论史：从维特鲁威到现在 [M]. 王贵祥译 . 中国建筑工业出版社，2005.

A. 阿德里安·福蒂 . 词语与建筑物——现代建筑的语汇 [M]. 李华，武昕，诸葛净等译 . 中国建筑工业出版社，2018.

[7] 罗伯特·文丘里 . 建筑的复杂性与矛盾性 [M]. 周卜颐译 . 江苏凤凰科学技术出版社，2017.

[8] Marc–Antoine Laugier. An Essay on Architecture[J]. Hennessey & Ingalls, Inc，December 1，2009.

[9] Jean–Nicholas–Louis Durand (Author). Pré cis of the Lectures on Architecture: With Graphic Portion of the Lectures on Architecture (Texts & Documents)[J]. Getty Research Institute; 1 edition，October 12，2000.

[10] Sigfried Giedion. Space, Time and Architecture[M]. Harvard University Press：5 edition，February 28, 2009.

[11] Nicholas Pevsner. A History of Building Types[M]. Thames and Hudson, 1976.

[12] Reyner Banham. Theory and Design in the First Machine Age[M]. The MIT Press, 2 edition，July 25, 1980.

[13] Rudolf Wittkower. Architectural Principles in the Age of Humanism[J]. W. W. Norton & Company，September 17，1971.

[14] Collin Rowe. The Mathematics of the Ideal Villa[M]. MIT Press，1976.

[15] Collin Rowe Fred Koetter. Collage City[M]. MIT Press，1978.

[16] Collin Rowe and Robert Slutzky, Transparency[M]. Birkhauser Press，1997.

[17] Peter Eisenman. Inside Out[M]. Yale University Press，2004.

[18] Aldo Rossi. The Architecture of the City[J]. The MIT Press，Reprint edition，September 13，1984.

[19] Robert Venturi. Complexity and Contradiction in Architecture[J]. The Museum of Modern Art，1966，1977，2002.

[20] Alberto Perez–Gomez. Architecture and the Crisis of Modern Science[M]. The MIT Press，Reprint edition，April 11, 1985.

[21] Anthony Vidler. Warped Space: Art, Architecture, and Anxiety in Modern Culture[M]. The Mit Press，2001.

[22] K. Michael Hays. Oppositions Reader: Selected Essays 1973–1984[M]. Princeton Architectural Press，1 edition，February 1, 1999.

[23] K. Michael Hays. Architecture Theory Since 1968[M]. The MIT Press，1 edition，October 9，1998.

原文刊载于：周凌 . 建筑学的知识型与五种范式概要 [J]. 当代建筑教育——教学思想，2019(1)：44–50.

"设计研究"在建筑教育中的兴起及其当代因应
The Rise of "Design Research" in Architectural Education and Its Contemporary Responses

鲁安东

Lu Andong

摘要

文章尝试在一个历史的视角下对"设计研究"加以审视，将其视作建筑学的第三种实践范式。在 20 世纪从原理到研究的范式转换过程中，设计研究也经历了从科学化到对设计作为"棘手问题"的重新认识。文章认为当代的建筑教育需要将设计理解为一种以整合性、不确定性和创造性为特征的思考形式和论证过程。同时，研究作为一种强有力的、实验性的和系统化的工作方式使设计产生累积性的认识成果。只有回归设计作为一种实践性的人文艺术，才能在设计与研究之间建立面向未来的联系。

关键词

设计研究；建筑教育；设计方法运动；研究型设计课程

Abstract

This paper examines design research from a historical perspective and understands it as the third paradigm of architecture-as-praxis. In the 20th century, during the paradigm shift in architecture from "Principle" to "Research", design research has also changed from the scientification of the discipline to the re-understanding of the "tricky problems". This paper argues that contemporary architectural education should understand design as a form of thinking and a process of argumentation that are characterized by integration, indeterminacy and creativity. Meanwhile, the research provides rigorous, experimental and systematic ways of working that direct design towards the accumulation of knowledge. Only by retuning to design as a practical liberal art, can we build up a future-facing relationship between design and research.

Keywords

Design Research; Architectural Education; Design Method Movement; Research Studio

"建筑教育的主要特征在于它涉及许多类型差异极大的知识。从大学的视角来看，这一特征带来两方面的考虑。如果建筑学需要在大学里占据恰当的位置，如果建筑学的知识需要按照最高的标准进行教学，那么我们有必要在多个学科领域之间，即在艺术与科学之间建立桥梁。此外，大学要求超越对技能和知识片段的学习。大学将期待也应该期待，知识将在原理层面被教学和发展，也即通过理论……研究是理论发展的工具。没有研究，教学将缺乏前沿的方向和思考。"

——莱斯利·马丁爵士（Sir Leslie Martin, 1958）[1]

从很多方面来看，当代建筑教育面临的核心难题之一是"设计"这一带有相当创造性、综合性和实践性的活动与"研究"这一当代知识发展形式之间的含混关系。这一难题发端于20世纪中期，随着建筑学从启蒙运动［例如洛吉耶（M.-A. Laugier）或者布隆代尔］以来形成的理论与实践之间的稳定关系，被现代大学体系下的"科学研究"途径所取代。相较于前者，后者通过科研经费制度、研究评估和研究性学位日益占据主导地位。这一替代（而不是单纯的发展）无疑构成了一种"范式转换"（paradigm shift）。它不仅意味着莱斯利·马丁指出的，建筑教育的目标从技能学习向原理学习的转化，同时也在重新定义建筑学知识的性质，为它开辟出具有实证特征的社会行为、建成环境、节能等新领域，进而根本性地改变了建筑学中知识与实践的关系。

1. 设计方法运动与建筑学的研究转向

在一个更广阔的社会图景下来看，这一"范式转换"源自20世纪50年代对科技进步的乐观主义，[2]并得益于第二次世界大战中形成的研究与大规模生产之间强有力的关联。科学被认为产生了抗生素、小汽车、电视机、人造纤维，并创造了（也将继续创造）更为健康和多彩的生活（图1）。在洋溢着乐观主义的社会共识下，政府和企业加大了研发投入，直至60年代末怀疑论再次占据上风为止。在这一语境下，催生了"设计方法运动"和设计研究的概念。

20世纪60年代的设计方法运动跨越了多个领域，包括工业设计、建筑设计和城市规划，其核心成员同样来自不同领域——机械工程背景的布鲁斯·阿彻（L. Bruce Archer）、工业设计背景的约翰·克里斯托弗·琼斯（John Christopher Jones）、建筑学背景的克里斯托弗·亚历山大（Christopher Alexander）和城市规划背景的霍斯特·里特尔（Horst Rittel）。设计方法运动试图使设计变得更加科学，进而成为一个独立的学术领域。克里斯托弗·琼斯当时是英国曼彻斯特大学科学与技术研究所（UMIST）的讲师，他发起了1962年在伦敦帝国理工学院召开的开创性的"设计方法会议"。[3]尽管一些学者如奈吉尔·克罗斯（Nigel Cross）认为，20世纪20年代的现代主义运动［例如莫霍利·纳吉（László Moholy-Nagy）或柯布西耶（Le Corbusier）］是设计方法运动的先驱，无论如何，1962年

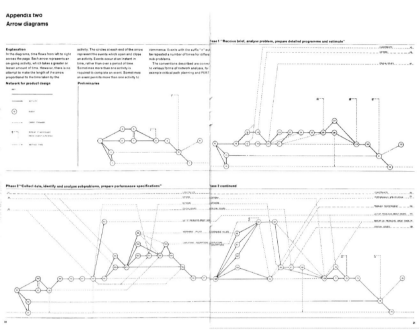

图1　1951年的不列颠节（Festival of Britain），历史学家肯尼斯·O. 摩根（Kenneth O. Morgan）认为，"最重要的是，不列颠节为展示英国科学家和技术工作者的发明创造和智慧提供了一个极好的舞台"。

图2　Bruce Archer, Systematic Method for Designers, *Design* (1965), appendix 2，30-31. 在示意图中，时间流从左向右，不同箭头代表着不同活动，箭头连接着圆圈代表着不同事件。

开始的设计方法运动在设计与研究之间建立了一种新的关系。"设计方法"被视作一种为了得到设计解决方案而建立的系统化的过程，也就是在诊断问题的基础上提供"处方"。在这一观点下，设计的过程或方法可以成为有效的科学研究对象，从而将设计与研究连接起来。

　　1962年的会议之后，英国于1966年成立了设计研究学会（Design Research Society），美国于1967年成立了设计方法小组（Design Methods Group）。1968年创刊的《设计研究》（*Design Studies: The Interdisciplinary*

Journal of Design Research）以及1984年创刊的《设计问题》（*Design Issues*）等重要期刊为这一领域提供了持久的阵地。"设计方法"理论也被诸多知名的设计理论家广泛传播，如克里斯托弗·亚历山大（Christopher Alexander）、巴克敏斯特·富勒（Buckminster Fuller）和赫伯特·西蒙（Herbert Simon）等。

　　这一阶段的设计研究后来被霍斯特·里特尔称为"第一代设计方法"。[4] 它们明显受到了系统论的影响，都试图将各自的设计观点系统化并转化为一种简化的设计方法，其中的代表人物有布鲁斯·阿彻（图2）。阿彻于1964年在英国皇家艺术学院担任设计研究室（Design Research Unit）的负责人，1963—1964年在《设计》（Design）杂志发表了题为《设计师的系统方法》的系列论文，[5] 这些论文于1965年结集出版为同名书籍，并为他的博士论文《设计过程的结构》提供了基础。[6] 另一位对建筑学产生更大影响的是克里斯托弗·亚历山大。他完成于1963年的博士论文《形式综合论》（Notes on the Synthesis of Form），是世界上首篇针对设计研究的博士论文。[7] 亚历山大提出的模式语言（Pattern Language）方法基于信息理论，将设计问题分割为易于解决的小模式。他分析这些模式的相互作用，并通过绘制图解来解决一组模式对应的使用者需求问题。系统化设计方法的热潮同样进入了建筑教育领域，例如1966年在德国乌尔姆设计学院（HfG, Ulm）召开了"设计教学——建筑学中的设计方法"会议，1967年在英国普兹茅斯（Portsmouth）召开了"建筑学中的设计方法"会议。[8]

从20世纪60年代中开始，对科技进步和系统的乐观主义逐渐消解，这反映在以蕾切尔·卡森的《寂静的春天》为代表的批判性著作得到广泛传播上。而1967年可以被视作一个更为直接的转折点，这一年美国和英国政府在科学上的投入增速明显放慢。之后的一段时间里，设计方法运动的部分主要成员的观点发生了急剧的转变，例如克里斯托弗·琼斯和克里斯托弗·亚历山大。克里斯托弗·琼斯在1970年出版了《设计方法：人类未来的种子》[9] 一书并担任了开放

大学的首位设计学教授，又于1971—1973年担任了设计研究学会主席。然而在1974年，他辞去了大学教授职位，回归乡里，开始从事诗歌和写作。同样，克里斯托弗·亚历山大也背离了乐观主义转而质疑设计方法。他在《形式综合论》1971版的新序言中写道："自本书出版以来，围绕着所谓'设计方法'的主要倡导者们发展出了一整个新的学术领域。我对这一事实感到非常遗憾并希望公开地声明，本人反对将设计方法作为一个研究领域，因为我认为将对设计的研究从设计实践中分离出来是荒谬的。"[10]

2. "棘手问题"：对设计研究的质疑

并非所有人都像克里斯托弗·亚历山大那样反对将设计方法作为一个研究领域。然而即使是设计方法的支持者，也普遍认识到设计问题无法简单地通过某种科学系统的方式加以解决。这无疑是设计问题本身的特性导致的。借用卡尔·波普尔（Karl Popper）的术语，霍斯特·里特尔（Horst Rittel）将设计师面对的问题称为"棘手问题"（wicked problems），也就是"一类成因不清的社会系统问题，其中的信息是混乱的，其中有许多价值观互相冲突的客户和决策者，而整个系统的结果是彻底令人迷惑的"[11]。

通过回归设计问题的特性，里特尔对设计方法进行了代际区分。以系统论为基础的第一代设计方法，由科学家或者设计者针对设计过程中发现的问题进行诊断、建立方法并加

以应用，通常采用了简化和抽象的形式，因而其设计的决策过程常常是僵化的且无法适应现实世界的复杂问题。而第二代的"论证型方法"（argumentative methods）则关注问题的塑造，其核心是设计决策过程中的用户参与。参与式设计的成功取决于设计师对使用者价值观的理解以及与社会学和人类学的有效合作。

第二代设计方法的关键差别在于设计问题本身的不确定性（indeterminacy），即设计问题没有确定的条件或者限制。里特尔给出了"棘手问题"的十个特征，[12] 例如第 3 点，棘手问题的解决方式没有对和错，只有优和劣；或第 5 点，每一个棘手问题都有不止一个可能的解释，其解释取决于设计师的世界观（Weltanschauung）等。"棘手问题理论"承认，相关因素的复杂性导致我们无法准确地定义问题本身，因而也就无法用科学研究的方式加以解决。设计无法简单地纳入现有的"研究"范畴，二者之间的矛盾依然存在，正如建筑学家彼得·卡洛林（Peter Caroline）1995 年在其主编的《建筑研究季刊》（*Architectural Research Quarterly*）创刊号的篇首语中指出的：《建筑研究季刊》代表了一种立场，它反对近来对建筑研究的贬低和区别对待的倾向。我们认同这样一种观点：建筑学的知识是一种'整合性的、带有价值的、整体的、与设计密切相关的、用户回应的、创造性的以及完全独特的思考形式'…… 但是在 20 世纪 90 年代的今天，建筑研究和建筑教育正面临威胁。许多被称为研究的工作并非真正的建筑研究，而设计则不被视作研究的一

种形式。研究与实践之间的连接再一次面临危机。"[13]

真正的建筑研究无疑需要立足建筑学知识的独特性质，在此基础上重新理解"设计"与"研究"。设计理论家理查德•布坎南（Richard Buchanan）指出，在整个 20 世纪中，我们对设计的认识一直在改变，"从一个贸易行为，到一个独立的职业，到一个技术研究的领域，而在今天则应被视为一种技术文化的新的人文艺术（Liberal Arts）"[14]。而对于"研究"，法国哲学家布鲁诺·拉图（Bruno Latour）指出它与"科学"概念的差异恰恰在于其实验性、主观性和政治性："科学是确定的；而研究是不确定的。科学被认为是冷的、直接的和脱离的；而研究是温暖的、包容的和有风险的。科学终结了人类对异想天开的争辩；而研究创造争议。科学通过尽可能远离意识形态、激情和情绪的羁绊而产生客观性；而研究作用于它们从而使研究对象变得熟悉。"[15]

3. 设计研究作为建筑学的第三种范式

在迅速地连接或者批判设计与研究之前，我们有必要从一个历史的视角对其加以审视。从更长的历史周期来看，我们无疑仍然处于一个确立于 20 世纪中期的学科范式之内（图 3）。建筑学诞生于文艺复兴时期建立的通过制图（drawing）为核心进行的知识实践模式。这一模式使得"设计"[16] 得以脱离体力劳动而成为一种人文艺术，正如 16 世纪的建筑师和历史学家乔尔乔·瓦萨里（Giorgio Vasari）

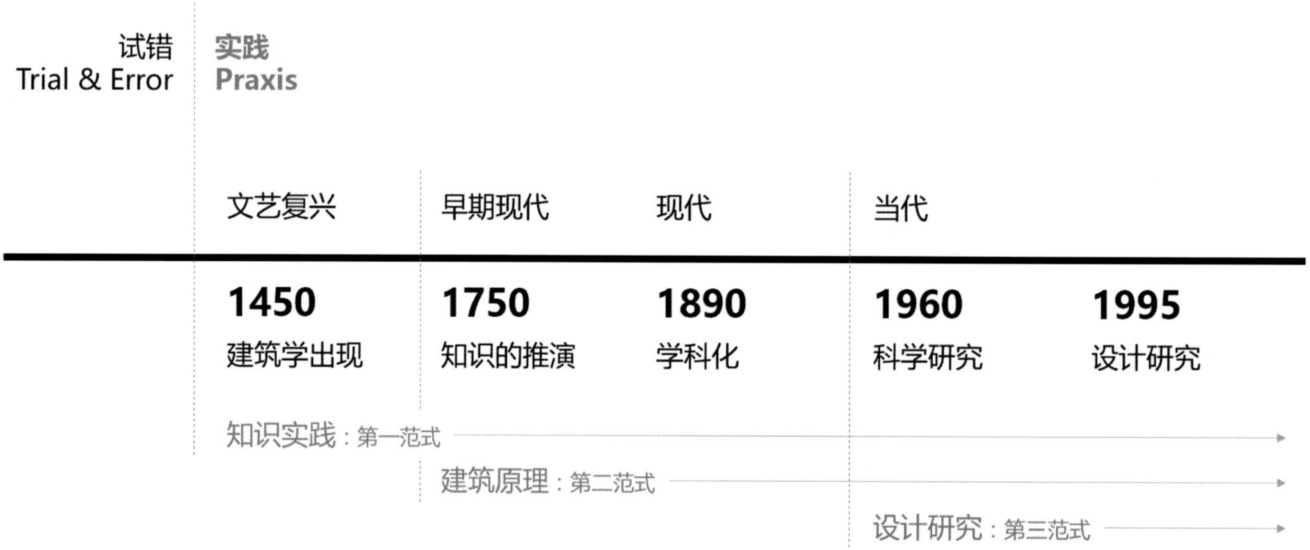

试错 Trial & Error	实践 Praxis			
文艺复兴	早期现代	现代	当代	
1450 建筑学出现	**1750** 知识的推演	**1890** 学科化	**1960** 科学研究	**1995** 设计研究

知识实践：第一范式 ⟶

建筑原理：第二范式 ⟶

设计研究：第三范式 ⟶

图3　建筑学的三个范式：知识实践、建筑原理与设计研究

所说："设计不过是对人智识中的或者心中所想的概念的视觉表达和澄清。"[17] 在这一范式下，人类的建造活动及其经验积累从原始的"试错"形式，转变为一种知识的实践（praxis）。"知识实践"（praxis）有别于"技术劳动"（practice）之处在于它是一个知识被激活和运用的过程，它对应的劳动不再是惯例的、重复的和可复制的，而是包含着反思、批判和创造的可能性。

启蒙运动以来，对于建筑原理的深入认识产生了理论与实践之间基于逻辑演绎的指导关系。例如在新古典主义建筑师和教育家迪朗（J. N. L. Durand）的图解中，通过对自主的（autonomous）建筑原理或深层结构的逻辑推演，为

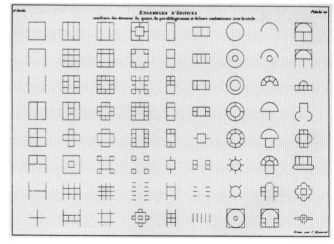

图4　J. N. L. Durand, Table 20 of Précis des leçons d'architecture donnés à l'École polytechnique, 1802/5.

设计提供了近乎无限开放的可能性（图 4）。不同于第一范式所注重的先例分析（及归纳法），第二范式关注普遍性的原理，一种对建筑知识的系统化，进而建构一种建筑设计的科学。正如迪朗的名言，"建筑师应该关注于计划，而不是其他任何东西"。从某种意义上说，这一范式与 20 世纪中期的设计方法思想一脉相承。

然而正如前文所述，这种传统的建筑理论与实践之间的演绎和指导关系，在 20 世纪中期被新的"研究"模式所取代。研究是为了创造新的知识而针对特定问题开展的系统性的探索。从某种意义上说，"设计"与"研究"二者之间若即若离的关系贯穿了当代建筑教育。以《建筑教育学刊》（ Journal of Architectural Education ）为例，自 1947 年创刊号起即关注建筑设计与研究之间的关系，之后在 1971 年、1979 年、1990 年、2001 年、2007 年先后有 5 期特辑探讨这一主题。[18] 尽管设计问题无法通过"科学

研究"的方式来解决，然而"研究"仍然是"在任何文化、任何学术领域，用于创造新的认识和新的知识，或者尝试理解过去、现在或者未来的状态时，最广为接受的机制"[19]。在可见的未来，我们仍然不可避免地处于同一范式之中，"研究"仍将是建筑学知识演进、传播和教育的主要形式。我们需要做的是重新理解设计作为一个不断变化的议题，并基于对设计的理解重新思考研究。

正如《建筑研究季刊》1995 年创刊号中所呼吁的，它或许是在部分地回应之前"科研"模式导致的建筑研究与设计实践的分离，在 20 世纪 90 年代中期再次出现了一个设计研究的热潮。[20-21] 在这个新浪潮中，一方面，"设计"开始从技术研究的对象向人文艺术回归；另一方面，"研究"的形式也发生了极大的变化。认识到设计实践（ praxis ）的整合性、不确定性和创造性特征，研究型设计课程（ research studio ）成为设计研究的一种优选形式（图 5）。[22-24] 与个

图 5 南京大学 2016 年"城市设计"课程，以当代乡村为设计研究对象，成果 2017 年 1 月在上海那行空间展出。当代的乡村场所是城与乡交织融合的日常空间。在这样的交织中潜藏着全新的空间类型，它无法被简单地理解为都市主义或是乡土主义，而是一种中间状态并具有转移、转译和演绎的特征。此次课程以田野调查为基础，通过口述史、参与式观察、图解等方法在大尺度的水陆变迁与小尺度日常空间、在历史记忆与日常生活节奏、在变迁与持久、流动与在地、实在与叙事之间建立对乡村场所的全新认识，进而开展论证性的设计。

人研究相比，研究型设计课程使参与者能够受益于同时开展的多个不同研究视角和研究路径。有别于传统的设计课程，研究型设计课程应该以强有力的、系统化的方法为基础，并且能够产生超越具体任务的原创性的和累积性的认识成果，也即从"服务于设计的研究"（research for design）转变为"通过设计开展的研究"（research by design）。此时的"设计"不再是一种基于决定论的解决方案，而更类似一种探索或者论证的过程，正如理查德·布坎南（Richard Buchanan）富有洞察力的表述："一个设计即一次论证，它体现了设计师的深思熟虑以及他们用新的方式对知识加以整合、使其适应特定的条件和需求的努力。从这个意义上说，设计正成为一种新的实践理性和论证的学科。…… 设计作为思考和论证的力量在于，它突破了语言的和象征性的论证的限制。设计思考中的论证导向符号、物件、行动和思想之间切实的互动和互联。每位设计师的草图、蓝图、表格、图解、三维模型或其他成果都构成了这一论证的证据。"[25]

参考文献：

[1] Martin, Sir Leslie (1958). RIBA Conference on Architectural Education Report by the Chairman, Sir Leslie Martin. http://www.oxfordconference2008.co.uk/1958conference.pdf [accessed 1 May 2017].

[2] Langrish, John. Z. (2016). The Design Methods Movement: From Optimism to Darwinism [J]. Proceedings of DRS 2016, Design Research Society 50th Anniversary Conference. Brighton, UK, 2016：27–30.

[3] Jones, J. C. & Thornley, D. G. (1963). Conference on Design Methods: Papers Presented at the Conference on Systematic and Intuitive Methods in Engineering, Industrial Design, Architecture and Communications, London, September 1962[M]. Oxford University Press，1963.

[4] Rittel, Horst (1972). On the Planning Crisis: Systems Analysis of the "First and Second Generations" [M]// Protzen, J & Harris, D. eds. The Universe of Design: Horst Rittel's Theories of Design and Planning. Routledge，2010.

[5] Archer, L. Bruce (1963). Systematic Method for Designers [J]. Design. April 1963：46–49.

[6] Archer, L. Bruce (1968). The Structure of Design Processes[M]. Doctoral Thesis, Royal College of Art，1968.

[7] Alexander, Christopher (1964). Notes on the Synthesis of Form[M]. Harvard University Press.

[8] Broadbent, G. & Ward, A., eds. (1969). Design Methods in Architecture[M]. Lund Humphries，1969.

[9] Jones, John Christopher (1970). Design Methods: Seeds of Human Futures[M]. New York: John Wiley.

[10] Alexander, Christopher (1971). Notes on the Synthesis of Form[M]. Harvard University Press.

[11] Rittel, Horst & Webber, Melvin M. (1973). Dilemmas in a General Theory of Planning [M]// Policy Sciences，155–169.

[12] 同上。

[13] Caroline, Peter (1995). Launching the Arq [J]. Arq，1(1)：4–5.

[14] Buchanan, Richard (1992). Wicked Problems in Design Thinking[J]. Design Issues，8(2)，5–21: 5.

[15] Latour, Bruno (1998). From the World of Science to the World of Research [J]. Science，no. 5361 (April 1998)：208－209.

[16] Design 来自意大利语 disegno，意为制图，其拉丁语源为 designare，意为标记。

[17] Vasari, Giorgio (1960). Vasari on Technique[M]. Dover，1550/1960：205.

[18] Salomon, David (2011). Experimental Cultures: On the "End" of the Design Thesis and the Rise of the Research Studio [J]. Journal of Architectural Education，65：1, 33–44.

[19] Fraser, Murray. ed. (2013). Design Research in Architecture[M]. Ashgate：1.

[20] Hawkes, Dean (1995). The Centre and the Periphery: Some Reflections on the Nature and Conduct of Architectural Research [J]. Arq，1(1)：8–11.

[21] Yeomans, David (1995). Can design be called research? [J]. Arq，1(1)：12–15.

[22] Parry, Eric (1995). Design Thinking: The Studio as a Laboratory of Architectural Design Research [J]. Arq，1(2)：16–21.

[23] Porter, David (1996). The Last Drawing on the Famous Blackboard—Relating Studio Teaching to Design Research [J]. Arq，1(4)：10–15.

[24] Armstrong, Helen (1999). Design Studios as Research: An Emerging Paradigm for Landscape Architecture [J]. Landscape Review，5(2)：5–25.

[25] Buchanan, Richard (1992). Wicked Problems in Design Thinking [J]. Design Issues，8(2)，5–21.

原文刊载于：鲁安东."设计研究"在建筑教育中的兴起及其当代因应 [J]. 时代建筑，2017(03)：46–49.

《建筑文化研究》（第 1 辑）卷首语
The Preface of the Volume 1 of *Studies of Architecture & Culture*

胡恒
Hu Heng

建筑学是一门古老的学科。从其出生之日起，它就在科学技术、艺术人文等不同的领域里徘徊，寻找自己的位置。这和建筑自身所天然的多重属性直接相关。在物理建造上，建筑依赖于技术、材料等科学知识。在视觉造型上，建筑设计则与艺术创作同源同脉。这一平行、分裂且不断交叉的状况一直延续至今。

尽管建筑在整体学科结构中的位置含糊不定，但是建筑本身的魅力却因此有增无减。一方面，它从文艺复兴开始，就以无可辩驳的物质性（它是宗教世界的现实构成，也是市民社会的精神标志）为基础，建构起一个相对独立的专有知识类型。17 世纪诸如科尔贝（Jean-Baptiste Colbert）所建立的法国皇家建筑科学院之类的机构的出现，使得建筑学的学科主旨开始明确——"建立一个共同而合理的工作标准"。同样，在法国人克洛德·佩罗（Claude Perrault）的

著作的推动下，以建筑形制为核心的设计教学逐步成形。在另一条线上，从文艺复兴时期衍生而来的以旅行指南和普通历史为形式的业余建筑史研究，缓慢步入知识的理性殿堂。两者各居一端，平行发展。经过启蒙运动、工业革命几个历史关节点的催化和融合，迄今为止，这一学科机制在西方世界已经发展得相当完善。其教学、创作、研究各个环节都已充分成熟和系统化。

另一方面，在学科体系之外，建筑和社会生产、知识流通之间的关系也趋于复杂和深入。尤其在 20 世纪初现代运动之下，建筑开始发挥起意识形态的作用——它借助那些意识形态专家们（有政治立场的知识分子建筑师），试图成为对抗资本主义制度的武器。这些建筑师从新兴的建造技术和生活形态着手，努力将建筑纳入进社会生产的新循环系统，并从中挖掘出现代建筑形象和空间理念的时代含义，使之对

个体生活产生影响，进而在可能的条件下，重塑新的、整体的政治图景。进入后工业时代，建筑正反对立的政治分界线渐渐模糊，它的社会内涵消散于无所不在的微观战争之中。这是一种播撒式的战争，战场则是城市（尤其是那些雨后春笋般冒出的超级大都市）。在这些城市中，建筑发挥起全新的作用——它所代表的人类物质扩张心态突破了某个极限点。建筑经典的内核二元组（功能与梦想）失去效应。它不再通过创造纪念碑式的终极梦幻来化解、掩盖、分流社会矛盾（启蒙运动之前），也不是用中性的现代技术实验出某种平民建筑类型，来唤起新的政治意识以呼应时代的巨变（从启蒙运动到现代运动）。它汇聚社会资源的强大磁力将其转化为一种扩散能量，通过全方位尺度的视觉渗透或意识（以及无意识）侵略再造出社会的新日常生活景观。

这一新日常生活景观要规划的不是人的行为，而是人的欲望。对欲望的无底线的细化分类甚或是重新制造，使得建筑跨越了功能与梦想的分界线，成为构造世界的新的基础力量。就此角度而言，建筑绵延数千年的初始使命——创造出某种神圣之物——虽然貌似消失无踪，但是依然存在。正是这一点，使得它成为当代文化讨论不可回避的主题。

一个人所共见的事实是，当代建筑的文化角色比之过去要复杂许多，关于建筑的阐述与讨论的规模也在不断扩大，并且常常超出建筑学的学科范畴。可以说，建筑已经成了多种文化领域积极参与的一个聚合型的焦点空间。

《建筑文化研究》希望能在建筑学内部开辟出一个外向的空间。这一刊物，正如其英文标题（*Studies of Architecture & Culture*，即建筑研究 + 文化研究）所表明的，有着两个目标。其一是将建筑跨学科的复合身份呈现出来；其二是将建筑作为文化研究（在这个词的特定意义上）的对象来进行研究。

在第一个目标中，《建筑文化研究》承担着导引性的作用。它将广泛译介西方建筑学学科五百年来某些具智性魅力的思想。它们虽然不一定占据建筑学学科体制内的核心位置，却是建筑学发展的先遣。因为它们所涉及的问题都不约而同地指向建筑在文化图景下运动的深层动因。正是这一点导致它们每时每刻地关联于其他相邻的知识领域。这些写作分为两个类型：一是古代建筑学者的文本；二是当代学者的研究。前者基于写作者的直觉和对文化问题及时代的敏感。在特定时代之中的智者（比如文艺复兴时期的人文主义者）对专有学科知识的研究，与其对时代的理解从来没有分开过。那些写作由此具有了跨越时间维度的意义。与此同时，《建筑文化研究》也将尽力把当代学者对这类主题的研究一并呈现出来——这就是前面所说的后者（当代学者）的工作。这些写作类型众多，但是其中心是一致的：建筑—知识—人之间亘古不变的密切关联。

虽然这些写作目前只在建筑学领域内为人所知，但是不可否认，它们和其他人文领域共同拥有多样交流的基础。换句话说，它们显示出艺术史、历史学、文学、哲学、语言学、社会学，甚至自然科学和建筑写作之间血脉相通。《建筑文化研究》正是立足于这一建筑学的跨时代特征，希望能将自己作为平台将建筑写作的学科间性，以及这一特性的文化内涵全面地表现出来。

在第二个目标中，《建筑文化研究》希望能够以当代文化理论［文化研究（Culture Studies）］为背景，使建筑成为广义上的文化研究的对象。

文化研究已经成为典范的时代理论。它在其英系的缔造者们［雷蒙·威廉斯（Raymond Williams）等］手中所界定的内容——当代文化、大众文化、边缘文化、文化所蕴涵的权力关系、跨学科的研究方法——无一不与当代建筑研究的状况相应和。尤其是雷蒙·威廉斯在其《文化分析》一文中对文化的重新定义（文化是一种整体的生活方式），以及根据此定义而提出的文化研究的目的（不仅仅是阐发某些伟大思想和艺术作品，而且是阐明某种特殊的生活方式的意义和价值），几乎可以直接转换为当代建筑研究的背景。当然，建筑研究需要和其产生的社会制度和结构结合起来，这不是什么新鲜事。当下的建筑学者为了寻求研究的差异性、生动性和必需的社会责任感，都自觉地将铺陈社会背景和现实结构作为建筑叙事的前提。但是，文化研究所强调的对整体文化生活方式中各种因素之间关系的分析，最终目的在于"去发现作为这些关系复合体的组织的本质"，对于建筑研究却仍有着重要的启示。这意味着，研究建筑、研究建筑在整体文化中的位置，不再仅是为了给建筑的意义阐释建立更多的维度。它的重点有所转移——指向的是一种（或一些）结构

关系。它（它们）对建筑的生产过程起着制约作用。在更为隐秘的层面上，也控制着建筑的设计过程。建筑，是我们深入这一结构的入口。

这一结构就是组构我们现实世界的社会结构。建筑能够成为其中入口，并非因为它们关系多么密切，而在于建筑专业中居于核心位置的设计自治成分。建筑设计技术的革新，总是和其身处的社会结构的变更有着直接关联。所以，研究建筑，就是在研究时代。而研究建筑自治技术，则是在研究时代变革的潜在动因。两者（技术内核突变和社会结构错动）相吻合，意味着我们面临创造只属于这一时代的新知识的大好时机。这是建筑研究的最终职责所在，也是文化研究这一理论模型的功能所在。

要使两者（建筑研究与文化研究）恰当结合，却不是一件容易的事。建筑当下所附带的主题对文化研究者有着强烈的吸引。但是，他们却常常不自觉忽略掉建筑生产过程的专业技术（设计与制造）区域。建筑整体创造过程被腰斩，建筑被独立、假想、局限为世界的某一既成物，或者当下现实符号序列中的一个自然生成的环节——似乎它是从社会结构这块大石头里直接蹦出来的。一个通常的结果是，问题的讨论常常陷入先设的概念类型和问题式漩涡，它停留在建筑和时代主题的单向反射的浅层层面上，而难以深入建筑与时代更为复杂的关系之中。

而且，就文化研究本身来说，自20世纪60年代末以来，其理论和实践也在不断发生变化——目前它已基本涵盖所有

新生的理论模型和行为领域。这也使得它愈加渴望将建筑囊括进来，当然其难度也在增加。《建筑文化研究》认为建筑能够成为文化研究的对象，是因为建筑本身的复合构成与文化研究的庞杂内容之间，一直都存在着立体的密织关联。我们相信，建筑的任一形而下程序（无论多么细微），都与文化问题相关，都与文化问题所涉及的概念有关。《建筑文化研究》将通过各种方式，运用多项具体的案例研究来对这两个领域进行创造性的连接。

这样一本刊物，其形式、宗旨，是在建筑学界还是在文化研究领域首开先河，这并不重要。我们更愿意将它视作一块探索的基地——探索不同类型知识的同构性，探索当下时代的知识创造的可能，探索建筑活动向知识转化（或者反过来）的可能。毋庸置疑，这并非简单之事，因为它们事关极限——学科的、思维的、知识的极限。读者眼前的这本并不太厚的纸质小书，希望收拢起那些以一己之力努力跨越极限的新知识和新行为，将之转化为短暂的永恒。固定的编辑出版周期（一年），就是对这一责任的不断提醒，也是对我们面对困难难免产生逃避意识的监督。

《建筑文化研究》由南京大学建筑学院与南京大学人文社会科学高级研究院联合编辑，面向所有人文学科。每本除了"对话"和"书评"等固定栏目以外，另设2—3个分主题，每本文章篇数为15篇左右。内容中西兼备，中学不只为体，西学也不只为用。这是我们时代的特征，也是本书所秉持的原则。

第一辑的主题为"建构"。这是建筑自治技术的一个重要内容，也是南京大学建筑学院多年来致力于探讨的学术命题与创作方向。本辑收纳了当下国际建筑学界相关的最新研究成果，以及国内语境中对此命题的反应。作为补充，我们还收入两篇经典文献和一些书评文章。

另外，我们的版式参考了有着30余年历史的美国文化批评杂志《十月》（*October*）的风格，当然，我们也希望在精神上延续这个名称的含义。

原文刊载于：丁沃沃，胡恒．建筑文化研究（第1辑）[M]．中央编译出版社，2009．

关于"土木／营造"之"现代性"的思考
Thinking on the "Modernity" of "Tumu / Yingzao"

赵辰

Zhao Chen

摘要：

中国当今的建筑文化已经受到全球的广泛关注，但自近代至今，国际学界对中国建筑文化的认知中依然存在着大量的误解。这一自我认知的"辛苦之路"，还在不断地困扰着我们。以民间建造体系为代表的"土木／营造"，这种被西方学术定义为"民居"或是"无名氏建筑"的建筑形式，应该作为中国文化中建筑的本质被认知。国际建筑理论在"二战"后的发展，得以突破西方古典主义的桎梏，走向"宏大的建筑观"：这反映为对非古典的民间建造体系、聚落、市政建筑等的重视，同时也对非西方文明中的建造体系加以尊重。国际建筑学界的这一理论性突破与社会学、哲学领域对"欧洲中心论"的突破是殊途同归的，甚至是更领先的。但遗憾的是，曾经对国际现代建筑文化产生积极作用的东方"土木／营造"之中所具有的"现代性"，未被中国建筑界充分认知。本文对中日学界对"土木／营造"认知过程的比较研究，将进一步加深我们对这一问题的认识。

关键词：

"土木／营造"；"现代性"；民间建造体系；中国建筑文化；认知

Abstract:

Contemporary Chinese architectural culture has attracted world-wide attention, but from the early modern period to today, there are great misunderstandings in the cognition of the cultrural tradition of Chinese architecture, which is still troubling us as "a hard way of cognition". "Tumu / Yingzao", as the fundamental construction system in Chinese culture, defined as "vernacular" or "anonymous architecture", should be recognized as the essence of Chinese architecture culture. The international architectural theories developed after World War II, leading to "abroad view of architecture", have broken through the confines of the Western Classicism: It is reflected in the emphasis on Non-Classic construction system, settlement, civil construction etc, and the emphasis on the building systems in Non-Western Civilizations. This theoretical breakthrough in architecture actually corresponded to the breakingthrough of "European centralism" in the theories of sociology and philosophy, and even the architectural theory was bit advanced. The pity is that the Chinese architectural academia has never fully realized the "modernity" within eastern "Tumu / Yingzao", which had positively influenced the global modern architectural culture. With the comparison of the cognizing processes of native fundamental construction systems between China and Japan, we may better understand the issue.

Keywords:

"Tumu / Yingzao"; "Modernity"; Fundamental Construction System; Chinese Architectural Culture; Cognition

2011 年底的 11 月与 12 月，我连续出席了两次分别在香港与深圳举行的建筑学术与理论方面的论坛，根据论坛的主题，我主要谈论了中国建筑近百年以来的理论认知问题。即，如何从理论上合理地认知（cognition）我们自己的建筑文化传统。这其中当然意味着，将这近百年以来我们对中国建筑文化传统存在着相当程度上的学术失误进行检讨，我将此形容为"自我认知的辛苦之路"。也正因为此，我本人一直将自己的理论工作定义为对中国建筑文化的重新诠释。

因《建筑师》杂志之邀，我希望将这两次演讲的内容简化成相关的文字发表，以飨读者。然而，这是一件不容易的工作，既由于我谈到的内容比较庞杂而难于在几千字左右的篇章中来叙述，更是由于本人工作繁忙而难于专心写作。经过一番努力而成就的此文，算是粗略之作，望读者多加担待。

1. 百年来中国建筑发展的疑问：文化的现代性

这是一个老生常谈的问题，是中国的知识分子和文化人自近代以来被困扰的持续主题：面对以西方为主体的现代文明，中国的文化传统应如何以对？令中国知识分子痛苦的是，中国文化的现代化必然是以西方化为代价的吗？经过一个世纪以来的探索，今天我们已经能够分清这其中所谓的"中西文化之争"，并不是真正的问题。而中国的文化传统如何走向现代文明，才是真正的问题。只是，以国际化、工业化、

科学、民主等为特征的现代文明，确实是以西方文化为主体而发展起来的。任何一个非西方文明体系要接受现代文明的洗礼，都意味着一定意义上的受西方文化影响或改良。

在中国建筑界，这个问题被反映得更为明显。我们第一代的建筑学者和建筑历史学家们，在他们的时代背景之下，曾经为此做过大量的探索工作，也有过大量的学术争论。[1] 其中，梁思成先生当年曾经提出的"中而新"命题，[2] 就是最为经典的。如果我们将"新"理解成"现代"（modern），而"中"则显然是指"中国文化"的特色。梁先生希望中国的建筑之形式，既能够顺应国际现代文明的先进性，又呈现中国文化传统的审美价值。此命题的核心是，在现代文明的框架下保留中国建筑的特色，或者说是将中国建筑文化引向现代文明。若以当年胡适先生所提出的"多研究些问题，少谈些主义"作为对近代中国知识分子之使命要求来衡量的话，梁思成先生的"中而新"之命题，正点到了中国文化现代化问题的要害。从更大的时空背景来看，早于中国面对此问题的日本，曾经出现"洋材和魂"之命题；还有当年"洋务运动"所提倡的"中学为体，西学为用"，都是与"中而新"的命题有类似性的。但是很显然，"中而新"更准确地点出了"现代性"才是中国文化传统所面临的困惑之实质，而不应是中西文化之争的问题。只是在大部分情况下，由于现代文明是以西方文化为主体的，我们在引进现代文明之时必然是在一定意义上以接受西方文化为代价、为前提的，以至于西方文化在很多情形下代替了现代文明，而与中国文化传统产生冲

突。我们其实都应该清晰地认识到：中国文化真正不能避免的是现代化的过程。尽管这种现代性的文明进程，必然融入相当的西方文化成分，一个多世纪以来，历史可以清楚地向我们证明：中国文化与现代性之间的矛盾才是问题的核心。

中国建筑文化正面对着这一令人困扰的问题，广义来看，具有中国文化传统意义的各种艺术门类都有此类问题，诸如中国的绘画、音乐、戏剧、舞蹈等等，也有一些中国特有的艺术门类，如书法、园林、武术；而相关的还有中医、烹调、风水等，而更深层次的则涉及文字、语言，生活方式、思维方式方面的问题。

然而，建筑设计创作的难度正是在于设计的理念与方法同时呈现。如何在顺应现代建筑原则和体系的前提下，体现中国建筑文化审美情趣？这必然要求建筑师既娴熟地掌握现代建筑设计的基本理念、程序、方法，又要深刻理解中国建筑文化的核心价值，并将之有效地融入。这其中必然有审美价值观念与情趣的理解问题，更有设计方法与建造手段的问题。于是，梁思成先生对中国当代建筑所提出的"中而新"之命题，其困难程度是极大的。梁思成先生本人也为之努力过，从其在建筑创作方面的实质性的案例和措施来看，显然并没有解决好。

有意思的是，一些重要思想家曾对中国文化传统本身的特质与现代性的关联性有过相当有意义的论述。如罗素（Bertrand Russel，1872—1970）先生当年在华生活、讲学并有了自己的观察之后，曾感言道："虽则中国文化之

内过去缺少科学，但从不存在任何敌视科学之意。因此在其普及科学知识的路上不会有如往者欧洲教会之为阻碍的那样。"[3] 他所指的"科学"，显然是现代文明的核心内容，也是中国的现代化发展中所真正的实质内容；他为此也十分看好中国的现代化，并且认为将对世界影响重大。中国近代有特殊思想见地的人物——辜鸿铭（1857—1928），曾经言及"真正的中国人具有成人的头脑和孩子的心灵"，并有另一位哲人梁漱溟（1893—1988）诠释成：中国文化作为"人类文化之早熟"，"具有孩童般的天真纯朴和成年人的成熟老练"。[4] 笔者以为，他们所涉及的其实是中华文化之实质要素——人本精神问题。那么，什么才是真正符合中华文化之人本精神的建筑学呢？

2. 以民间建造体系为特征的"土木/营造"，作为中国建筑文化的本源

正是出于对以梁思成等第一代中国建筑理论家所建立的中国建筑学术体系未能解决好此问题而不满，我长期以来思考，在中国建筑文化传统中是否存在与现代性有所契合的因素？这意味着有两个方面的问题需要去探求：一是中国建筑传统的基本内涵；二是西方现代建筑的基本内涵。

从其他学科，尤其是社会科学领域的研究突破可以给我们足够的启发。看似由西方先导发展的国际现代文明，其实大量吸取和包容了世界各个文明体系中的精华。或者说，非

西方文明与西方文明共同孕育了国际现代文明。我们所公认的西方（欧洲为主体）现代文明发展之前提条件中，有地理大发现、宗教改革、文艺复兴等事件，越来越多的研究成果向我们证明这些前提条件中有相当多其他文明对西方的作用，尤其是以"郑和下西洋"、阿拉伯人的海上商务活动为代表的欧亚文化交流，为后来在欧洲发生现代文明体系发展产生过极其重要的历史作用。自 20 世纪 70、80 年代起，先有李约瑟（Joseph Needham，1900—1995）先生意义深远的划时代研究[5]，他关于西方的现代物理学与东方的哲学之思想上的互动的研究[6] 也十分具有代表性和说服力；随后又有柯文（Paul A. Cohen，1934—）[7]、萨义德（Edward W. Said，1935—2003）[8] 等学者的突出贡献，乃至近年，以弗兰克（Andre Gunder Frank，1929—2005）[9]、沃勒斯坦（Immanuel Wallerstein，1930—）[10] 等为代表的国际社会科学界的研究进展更是迅猛。这些社会科学领域的新思想都在一定意义上不断突破了"欧洲中心论"。联系当下的以中国及亚洲其他几个国家为代表的国际新兴经济社会力量，大有改写国际现代发展历史的趋势。这样的社会文化思想的突破，应该对世界的建筑历史（作为文明发展史的重要组成）有极大启发，如广义的现代文明由国际文明体系来共同构建之情形类似，现代建筑文化显然也不应该是西方（欧洲）文明的专利。我们不能想象，突破了"欧洲中心论"的国际社会科学在重写世界文明的近代发展史，而世界建筑的现代史难道还能保持原来的"欧洲中心论"之论调？

在建筑学术领域，也已存在相当多学者的论述，它们试图将西方的现代建筑发展与东方的思想、文化发生关联。这其中有一个基本事实是，现代主义的建筑大师们，无一例外地都十分欣赏中国、日本及东方的传统建筑和艺术，并且都在思想上相当地主动吸取与借鉴。[11] 在经过大量阅读、思考和实践的尝试之后，我越来越清楚地认识到，作为我们建筑文化本源的中国建筑传统的"土木/营造"，正是实质性地反映中华文化之人本精神的所在，也是与现代文明可直接沟通的意义所在。

本文中的"土木/营造"，既作为中国建筑文化传统之本源，又作为引向现代文明的中国建筑文化之基本价值取向。其实，建筑（architecture）在中国传统文化中能真正对应的概念，应该就是"土木"和"营造"。

"土木"，正是以中国传统建筑最基本的两种建筑材料——"土"和"木"，合成的建造业之定义。梁思成曾言道："从中国传统沿用的'土木之功'这一词句作为一切建造工程的概括名称可以看出，土与木是中国建筑自古以来采用的主要材料。"[12] 很清楚地点明了以土木为建筑材料的建造功业，正是可对应西方的建筑学的。笔者以为，这正深刻地反映了中国建筑文化传统的人本精神，因为这两种取自自然的建造材料，实际上也是全人类共同的基本和原始的建造用材。无独有偶地，19 世纪末的英国重要建筑历史学家弗莱彻（Bannist F. Fletcher），也在他的研究中得出这个结论："土与木，所有建材之根源。"[13] 虽然，这位建筑历史学家的主要论断都是以西方的古典主义（classicism）风格论为主导的，并且还因"建筑之树"而引起非西方文明体系的建筑学者之不满。[14] 他所得出的这一看法却是很有价值的，从一个侧面证明了"土"和"木"在西方建筑历史中的原始和基本性。显然，在国际的多数文明区域，这种原始而基本的建筑材料在后来的文明进程之中随着加工水平的提高而演变了，石材和砖成为其进程中的一个主要的方向。而中国建筑文化传统在数千年发展的历史中则保持和延续了这种基本性，恰恰证明了中国文化的人本精神之特质。正如我们的饮食之使用筷子、语言之单音节发音、文字之象形，以及艺术与宗教之世俗性等等。然而，在当今世界的生态与可持续发展的要求下，"土"与"木"又成为最为生态的建材而受到全世界的重视，这也有如梁漱溟所说的"人类文化之早熟"之现象。

"营造"，则更为清晰地表示了为建造而从事的经营之道，或者为建造之艺术。这本来在西方（欧洲）的文明体系中也是基本内容，而在建造的艺术之基础上发展而确立的一种综合艺术——建筑学（architecture），更多地源自地中海沿岸的拉丁文明之城邦文化。在欧洲其他文化，尤其是德意志文化中，就是以与中国传统的"营造"类似的"建造艺术"（baukunst）而清楚地存在。因此，德国在 19 世纪走向资本主义和工业化时期，出现如何确立德国的建筑（architektur）风格问题之讨论[15]。而现代主义的建筑与实用艺术发展的早期，正是以从"建造"和"工艺"中重新发展出适合现代文明社会需求的新建筑、新产品为基本的倾

向，也就是"手工艺运动"（arts &. crafts）所代表的特征。作为现代建筑学术之标志的包豪斯（Bauhaus），其德文原意正是"建造房屋"这么明了、清晰。自现代建筑发展以来，建筑学越来越脱离原来古典主义美学限定的所谓"造型艺术"（fine arts）之形式范畴，而自身的建造规律越来越得到施展。当今所谓"建构"（tectonic）理论的发展，实际上也是因应了这种发展的趋势。而"建构"就是强调以建造为主体的建筑美学体系，正所谓"建造的诗学"（poetics of construction）[16] 的含义所在。近年来，国际建筑历史学界正在发展以"建造史"（construction history）替代"建筑史"（history of architecture）的趋势[17]。笔者以为，这种将建筑史从已被风格论污染得难以清洗的艺术史范畴中逐步脱离，而与工程史进一步结合的发展趋势，对于如中国以及非西方文明体系的传统建筑文化来讲，是有建设性意义的[18]。

作为中国建筑文化传统之本源的"土木 / 营造"，是完全可以在国际的现代建筑文化中找到契合因素的，就在如同其他学科中我们可以看到的现代科学与中国文化传统之契合。或者说，以西方文化为主体的现代建筑，正是从古典主义狭窄艺术体系的建筑学向更人本的建筑文化方向发展，向本来就人本主义的中国建筑文化传统在本质意义上靠拢。我们以此得到，中国建筑文化传统中的"土木 / 营造"，实际呈现给我们一种与国际现代文明有一致性的特性，这是笔者对中国建筑文化传统中"土木 / 营造"之"现代性"的认知。

而将"土木／营造"作为建筑文化的主体来讨论，实际上就将焦点聚合在民间建筑的主体上。重要的现代建筑理论家赛维（Bruno Zevi, 1918—2000）曾经精辟地论述道："现代历史是以无名氏建筑为中心的。"[19] 从中国建筑文化传统来看，由于"土木／营造"体现在所有的建筑类型之中，所以，皇家与贵族之外的民间建筑会因此而得到平等的或更为重视的视角。甚至，我们可以进一步地认识到，"土木／营造"其实更充分地体现在民间建造体系中。

可惜的是，我们中国的建筑学者（尤其是理论工作者），长期以来却未能把中国建筑传统中真正有价值的因素诠释清楚。从中国建筑学术的发展来看，这种以民间建造体系为代表的"土木／营造"，被我们认知的过程是漫长而曲折的。这可以被看作一条辛苦的认知之路，事实上今天依然还未被人们很好地认清，其中的误解和误导是十分深重的，需要我们大量的重新诠释工作。

3. 以民间建造体系为特征的"土木／营造"，曲折的被认知过程

通常已经被我们习惯性地称呼为"民居"的民间建造体系传统，事实上是中国建筑文化的主体。中国文化并不存在西方文化中的古典主义（classic）与无名氏（anonymous）的艺术区别之定义，只有官式与民间的差别。且这种差别不是对立的，而是以级差（grading）的方式而成一整体系的。[20] 中国的文化历史中从来不具备培养古典主义这种对立于民间艺术的土壤，相反，我们所具备的从民间到皇家完全成体系的艺术传统，更有"民贵君轻"和"礼失而求诸野"的政治、文化传统。中国的历史中有众多的如"徽戏进京"而成就的京剧，各地民间美味佳肴进京而成就的"御膳房"，更有"香山帮"的进京而成就的最高等级皇家建筑——紫禁城，所谓"样式雷"也不过是民间工匠的优秀代表而已。无数历史事实都可以证明，民间的艺术和文化从来就是中国艺术与文化的真正渊源。在笔者看来，"土木／营造"这种中国建筑学传统的核心价值，正存在于民间的建造体系之中，而不存在于受到过多形制限制的官式与皇家建筑之中。

至今为止，我们的建筑理论体系，尤其是"中国建筑史"和相关的中国建筑研究领域，基本上还是以梁思成为代表的中国第一代建筑历史学家建立的内容为核心的。起始于20世纪30年代，以"营造学社"为主要代表的中国建筑历史研究，正是由于民族主义的"新史学"要求，以达到与西方古典主义建筑体系抗衡的目的，注重以官式的古典建筑作为中国建筑文化传统代表，以符合西方的古典主义美学标准。于是，中国历史上强势的大一统朝廷之唐朝成为最为理想的历史时代，顺应西方古典主义美学之"时代风格"（zeitgeist），唐朝的宫殿、庙宇作为实物，宋代的《营造法式》作为文本，成为正统中国建筑传统中的官式风格之代表而被重点研究。[21]

正因为此，事情的另一面恰恰是，以民居为代表的中国

建筑文化之"土木／营造"传统，被他们明显地轻视了。仔细研究梁思成先生对中国建筑文化传统的认知，可以看到，他本人对此传统是有比较清楚的认识的。[22] 但是，他显然受西方古典主义美学的价值体系的局限，再加之他以民族主义的"新史学"为学术目的，导致他没有将这种原本应该成为我们文化传统本源的"土木／营造"特征的民间建造，作为他的学术研究主体。

以至于第一代中国建筑历史学家的精英们，首次对民间的建造体系产生学术的兴趣和相对正式的研究，正是在抗战期间被迫向西南地区的迁徙之中。最为明显的是，刘敦桢先生在"营造学社"撤离至昆明的途中，经家乡湖南新宁停留时对自家老宅的测绘研究；[23] 刘致平先生抗战期间先对云南"一颗印"民居的研究，后又对四川一代民居的大量调研。[24] 这正是笔者以为一种悲剧性的情节，这群中国建筑界的真正学术精英，只在逃难的过程之中，才被迫接受这种民间建造体系，以至于有了首次与中国建筑文化传统之真正本质的认知性邂逅。[25] 时至二十年后的 50 年代，在思想认识改变的基础上，刘敦桢先生显然对此有所反思："大约从对日抗战起，在西南诸省看见许多住宅的平面布置很灵活自由，外观和内部装饰也没有固定格局，感觉以往只注意宫殿、陵寝、庙宇而忘却广大人民的住宅建筑是一件错误的事情。"[26] 在适应当时政治形势的情形之下，以刘敦桢为首的南京建筑研究所，首先展开了大量的民居调研，《中国住宅概论》《徽州民居》等都是其研究成果。北京建筑研究所

的傅熹年先生等也做了相当多的调研，《浙江民居》等也成为其成果反映。

对于这种民间建造体系的学术兴趣，显然更直接地来自建筑设计的创作实践。早在 1938 年，"营造学社"撤离北京抵达昆明时期，林徽因先生应邀设计创作了云南大学的女生宿舍楼——映秋院。该建筑的设计明显地运用了民间建筑的廊道、望楼，并组成院落。[27] 陈植先生在 1956 年设计的上海虹口公园鲁迅纪念馆，首先运用了江南民居的造型与构图，产生了十分清新的艺术表达力。联系当时政治与学术的气候，以民居为"风格"成为潮流。甚至，有人将传统民居称之为"创作的源泉"。

与大陆相隔海峡的台湾在 20 世纪 60 至 80 年代，也同样开始了对民间建造体系的认知与实践：汉宝德先生引介了当时国际先进的建筑理论观念与方法，开始重新审视中国建筑文化传统，对民间的建造体系与园林的美学加以重视。[28] 笔者以为，加深了与国际建筑学理论相沟通前提下的中国建筑认知问题，其意义是极其深远的。而由贝聿铭（1917—）、张肇康（1922—1992）、陈其宽（1921—2007）共同设计的台湾东海大学校园，秉承当时重视"无名氏建筑"（anonymous architecture）的国际现代主义思潮，采用中国民间建造体系的院落布局和造型，结合现代建筑的结构与构造手段，产生了具有划时代意义的中国现代建筑创作。

4. 基于国际视野的"土木/营造"之"现代性"讨论

如果我们突破国人自我的习惯视野局限，就应该不难看到：对于中国建筑的诠释，其实存在于西方学者与建筑师进入中国文化环境的过程中，更有意思的是，这反映了其他们对于中国民间建造体系的认知，以及对中国建筑的理解。中国巨大的疆域，使得西方人进入中国的过程都有着自然的由边缘（广东、福建沿海）至中心（北京及中原地区）的漫长过程，如同利玛窦（Matteo Ricci，1552—1610）当年由广东、南昌、南京最后至北京一路学习中国语言的情形极其类似。同样，在与中央政府和官方打了足够的交道之后，西方传教活动也依然存在不少与民间直接沟通的渠道。西方的建筑师和学者们对于中国建筑的了解过程，也同样经历了由民间、地方到官式、皇家的过程。时至20世纪20—30年代，墨菲（Henry Killam Morphy，1877—1954）通过对故宫等明清遗留皇家建筑的研究，掌握了清官式建筑的外观造型之构图、比例等规律，有能力模仿其造型特征而设计作品，其中包括燕京大学（University of Peiking）、南京金陵女大（Ginling College）[29]，因此得到了如朱启钤、梁思成等中国建筑之"文人士大夫"阶层的认可。[30] 于是，墨菲所提倡的"中国建筑文艺复兴"之官式风格，成为新建筑的技术和功能加中国外观的正统模式。根据"首都计划"和当时国民政府的政令，"中国固有式"风格成为政府建筑的范式，而墨菲的弟子吕彦直设计的南京中山陵和广州中山纪念堂，成为其中的典范。

然而，西方学者与建筑师对中国建造体系的认知并没就此结束。结合在传教理念上的不同，西方建筑师对此的探索一直未有停息。从近些年的近代建筑研究成果中可以看到，有两位以传教建筑为主要创作的荷兰建筑师格里森（Dom Adelbert Gresnigt，1877—1965）和丹麦建筑师艾术华（Johannas Prip Moller，1889—1943）特别值得关注。这两位建筑师都身兼传教士与建筑师双重身份，在华的活动时间下至20世纪40年代。尽管当时墨菲已经成为在华西方建筑师的成功坐标，但显然他们的探索依然遵循着自己的良知和独立的思考。在深入中国民间的宗教建筑文化研究之时，他们深刻体会到，巧妙地结合自然环境的民间建造体系才是中国建筑的核心价值所在。并且，他们都试图将这种认知运用到他们在中国设计、策划的教会建筑中去。

格里森曾言之："中国寺院和大自然的关系如同孩子依附母亲那般亲密，从宗教建筑与自然的协调而言，中国建筑所达到的境界是其他民族的建筑不可超越的。"[31] 这种认知显然是很不错的，他同时也认识到："其实早期的中国建筑并不是那种体积庞大的宫殿建筑，也没有宫殿建筑那种柱列和壮丽的屋顶。宫殿建筑只是反映了中国建筑演变过程的某些后期特征。"[32] 笔者以为，这些文字表明格里森显然已经认识到了中国建筑文化的"民为本，君为末"之事实。艾术华的贡献更是意义深远的，他早期在东北沈阳承担的一些民宅项目中，就"充分挖掘地域特征与文化，在设计中结合当地居民的生活习惯和审美标准"[33]。他在随后又花费多年时间，深入研究了中国南方的寺庙建筑后，对中国这种与自然浑然一体的民间建造体系产生了一种深刻认知："中国的工匠以一种近乎完美的方式将建筑融入了其所处的环境之中。"[34] 在他于 1931 年至 1939 年设计建造的香港基督教丛林道风山中，"以他的愿景，将道风山基督教丛林设计为朴实真诚的中国风格"[35]。笔者以为，艾术华所提倡的"朴实真诚的中国风格"，正是来自他对中国民间建造体系的深入认知，而显然有异于墨菲所提倡的正统官式风格。

西方建筑师对此的探索经历，虽然在中国大陆的 20 世纪 50 至 70 年代，因对外封闭而受到局限，但至尼克松访华之后，中国对外交流开始松动，一批欧洲的有探索精神的建筑学者纷纷又重新加入对中国建筑的考察，从而又有了相当的发展。其中有代表性的是瑞士建筑理论家布拉瑟（Werner Blaser，1924—），在 20 世纪 70 年代后期抵达中国大陆之后，并在大量考察了中国以及日本的民间建造体系以及园林之后，出版了多部反映东方建筑与现代建筑的内在思想关联性的著作。[36] 他在重点讨论现代建筑大师密斯（Mies van de Rohe, 1886—1969）与东方建筑的关系的书中明确指出："有些表达东方智慧的思想神奇地激励着我们，而一些建筑的理念正是形成于这些思想，并且我们可以从西方的哲学和建筑理论中找到可对应的思路，在没有直接的相互影响下却明显地和谐。因此，典型的人类思想是超越一切障碍的。"[37] 显然，布拉瑟在此表达的正是本文的主题，

由西方（欧洲）原发的现代文明思想，其实是可以在中国（东方）传统的文化之中找到某种渊源的。

结语：桂离宫的启示

西方建筑师在这方面的探索，曾经较为充分地反映在国际建筑界对以桂离宫（Katsura）为代表的日本传统建造体系的诠释过程，最为充分地展示了这种关联性。日本京都的桂离宫，作为江户时代（1603—1867）的皇家离宫，能够较为准确地反映东方民族所青睐的美好居住环境之别墅及园林，也正是典型的"土木 / 营造"之作品。虽然是皇家的建筑，却全然没有符合西方古典主义建筑原则，即永久性（permanent）、纪念性（monumentality）以及壮观艺术（grand Art）;而是完全采用了民间的建造体系，木构、草顶。于是，早期的日本建筑历史学家如伊东忠太（Ito Chuta, 1867—1954）在其两卷本《日本建筑的研究》中只是因小堀远洲（Enshu Kobori，1579—1647）设计的园林建筑，而仅以两行文字提到。[38] 然而，当现代主义建筑师及理论家陶特（Bruno Taut，1880—1938）于 20 世纪 30 年代抵达日本时，关注到了这一对于现代建筑思想来讲具有特殊意义的历史文化遗产。[39] 与陶特有合作和交流的日本现代建筑师吉田铁郎（Tetsuro Yoshida，1894—1956），在陶特的鼓励之后所作的《日本的居住建筑》[40] 一书，首次向西方详细介绍了桂离宫。以至于后来有现代主义大师柯布

西耶和格罗皮乌斯（Walt Groupies，1883—1969）纷纷驾到，而格罗皮乌斯的访问使得桂离宫的意义产生巨大的变化：格罗皮乌斯认为桂离宫几乎可以完美地表达他所主张的现代主义建筑的多项原则与要素，诸如"自由平面""轻质结构""模数化的单元组合"等等，于是他与丹下健三（Kenzo Tange，1913—2005）等一起完成了那本对桂离宫进行现代主义重新定义的著名作品《桂离宫：日本建筑的传统与创造》[41]。这本书连同其时在美国兴起的对"无名氏建筑"之研究浪潮[42]，对于整个国际建筑界突破古典主义建筑传统之观念的桎梏产生了重大的作用。当然，以桂离宫为代表的国际建筑界的"现代性"讨论，也直接地对日本建筑界起到很好的扭转观念的作用，使得日本建筑学术界对传统建造体系之"现代性"有了十分积极的认知。

这段对国际建筑学术来讲极其重要的历史，是改变狭窄建筑观，走向宏大建筑学观念的标志。其实，这种宏大建筑学术观念在拓展对无名氏建筑认知的同时，也拓展了对东方及非西方建筑的认知。可惜的是，出于历史原因，当时中国大陆正处于与国际学术基本隔绝的状态，导致中国的建筑学术界一直不太清楚这种重要的国际建筑学术的发展。乃至今日，依然没能很好地理解国际视野中的"现代性"讨论与中国建筑文化传统的认知的关系。尽管我们并不缺少对"民居"的研究，却仅以保护"乡土"文化为认知水平，在理论思想意义上似乎与工业革命初期英国人的怀旧、恋乡情结并无异处，与国际的建筑学术体系依然是各说各的。笔者以为，这正是我们认知"辛路"的未尽之处。

与日本相比，我们的认知"辛路"显得更长，也许是我们深重的历史文化背景而导致的"包袱"。笔者所希望的是，随着中国建筑大踏步地走向世界，全世界都极其关注中国的建筑发展之今日，我们的学术体系需要尽快地结束这条"辛苦之路"，我们的学术体系需要对原本存在于中国文化传统的"土木／营造"之中的"现代性"，有更彻底而合理的认知。

注释：

1 由于将"现代文明"与西方化雷同化，在 20 世纪 50、60 年代的中国大陆，曾经将现代性作为西方资本主义的象征，乃至一起被批判。

2 梁思成先生在 1958 年谈到当时北京人民大会堂等"十大建筑"的设计思想问题时，提出了"中而新、西而新、中而古、西而古"四种风格类型，并认为"中而新"为上，而"西而古"为下。今天来看，依然是对中国建筑学术发展很有意义的艺术评论。见张镈：《我的建筑创作道路》，中国建筑工业出版社，1991。

3 罗素 . 中国问题（The Problem of China）[M]. 秦悦译 . 学林出版社，1996.

4 梁漱溟 . 中国文化要义 [M]. 学林出版社，1987.

5 李约瑟 . 中国科学技术史 [M]. 科学出版社，1990.（Joseph Needham: Science and Civilization in China, Cambridge, 1971.）

6 卡普拉（Fritjof Capra，1939— ）. 西方现代物理学与东方神秘主义 [M]// 灌耕编译 . 走向未来丛书 . 四川人民出版社，1984.（Fritjof Capra, *The Tao of Physics: An Exploration of the Parallels Between Modern Physics and Eastern Mysticism*, Shambhala Publications of Berkeley, California, 1975.）

7 柯文 . 在中国发现历史——中国中心观在美国的兴起 [M]. 林同奇译 .

中华书局，1989.

8 萨义德 . 东方学 [M]. 王宇根译 . 生活·读书·新知三联书店，1999.

9 弗兰克 . 白银资本——重视经济全球化中的东方 [M]. 刘北成译 . 中央编译出版社，2000.

10 沃勒斯坦 . 现代世界体系 [M]. 罗荣渠等译 . 高等教育出版社，1998.

11 关于现代建筑思潮中的中国哲学思想的影响，台湾成功大学孙全文教授当年的博士论文研究是这方面比较全面的论述，可惜该文除了德文之外没有其他文种的出版物面世。Sun Chuanwen. *Der Einfluss des chinesischen Konzeptes auf die moderne Architektur Herausgegeben*, vom Institut für Grundladernen Architektur und Entwerfen (IGMA) Universität Stuttgart，1982.

12 梁思成 . 中国建筑绪论 [M]// 梁思成文选 . 中国建筑工业出版社，1984：第四卷，340.

13 费莱切尔在 1896 年写的《建筑的材料影响》一文中，在诚恳而深入地分析了埃及、西亚、希腊、罗马等主要历史风格建筑中的材料之后，他归纳出了木材（wood）和泥土（mud）是影响这些主要历史建筑风格的材料根源。Banister Flight Fletcher："The Influence of Material on Architecture"，1896.

14 赵辰 . 从"建筑之树"到"文化之河" [M]// 立面的误会 . 生活·读书·新知三联书店，2007.

15 朱涛 . 细读亨瑞奇·胡布希的论著——"我们应该建造什么风格？"[M]// 丁沃沃,胡恒主编 . 建筑文化研究（第一辑）. 中央编译出版社，2009：241-259.

16 Kenneth Frampton. Studies in Tectonic Cultures[M]. The MIT Press，1995. 中译本：肯尼思·弗莱普顿 . 建构文化研究 [M]. 王骏阳译 . 中国建筑工业出版社，2007.

17 "国际建造史大会"（International Congress of Construction History），从 2006 年在西班牙马德里创立，2012 年第四届会议在巴黎举行。笔者作为亚洲代表，成为其学术委员会委员。

18 赵辰 . 从"民族主义风格"到"地域主义建构" [C]// 可持续的地域构筑文化两岸学术研讨会论文集 . 台湾东海大学，2008.4.

19 Bruno Zevi. Modern history has centered its attention on anonymous architecture[J]. Encyclopedia of World Art，15 vols，McGrew-Hill 1958-68.

20 笔者曾经对此有过这样的讨论："西方建筑文明史中的古典建筑与民居及原生建筑是零和一的对立关系，而中国建筑文明史中的从民居到官衙，再到寺庙和帝王宫殿，都反映的是一和九的级数关系。"见赵辰 . 从"建筑之树"到"文化之河" [M]// 立面的误会 . 生活·读书·新知三联书店，2007.

21 梁思成先生的一生所研究的中国建筑历史内容和主题众多，但显然以唐宋建筑为主体。其中，发现唐佛光寺大殿和关于宋代的《营造法式》大木作的研究成果成为他的最重要成就可以证明。

22 梁思成先生曾言："中国的营造（Building）是一种高水平的'有机'结构。它是从远古时期土生土长出来的……" 梁思成 . 前言 [M]// 图像中国建筑史 . 百花文艺出版社，2001.

23 刘敦桢 . 图 81，湖南新宁县城区刘宅平面（著者调查）[M]// 中国住宅概论 . 中国建筑工业出版社，1957.

24 刘致平 . 中国建筑类型及结构 [M]. 中国建筑工业出版社，1957；中国居住建筑简史——城市、住宅、园林：附四川住宅建筑 [M]. 中国建筑工业出版社，2000.

25 费慰梅先生曾经写道："然而，从北京到昆明穿越一千五百英里的内地乡村，晚上就宿在村里，在艰苦和疲累的条件下的旅行打开了研究人员的眼界，使他们认识到中国民居在建筑学上的特殊重要性。这种住所的特色、它们同住户生活方式的关系以及它们在中国各个不同地区的变化，忽然一下子变得显而易见而有意思了。" 费慰梅 . 梁思成与林徽因，一对探索中国建筑史的伴侣 [M]. 中国文联出版社，1997. (Wilma Fairbank: *Liang and Lin, Partners in Exploring China's Architectural Past*, University of Pennsylvania Press, Philadelphia, 1994.)

26 刘敦桢 . 前言 [M]// 中国住宅概论 . 中国建筑工业出版社，1957.

27 见本人所作的林徽因研究。赵辰 . 作为中国建筑学术先行者的林徽因 [M]// 立面的误会 . 生活·读书·新知三联书店，2007/11.

28 汉宝德 . 明清建筑二论 [M]. 境与象出版社，1982.

29 Jeffrey William Cody： "Henry K. Murphy, An American Architect in China, 1914–1935". Ph. D. Cornell University，1989.

30 梁思成 . 建筑设计参考图集·序 [M]// 梁思成文集第二卷 . 中国建筑工业出版社，1984.

31 格里森 . 中国的建筑艺术 [J]// 华中建筑 . 1997.4.

32 同上。

33 Tobias Faber. A Danish Architect in China[M].，1994.

34 见艾术华以江苏句容宝华山慧居寺为主要研究对象的成果——《中原佛寺考》一书（Johannas Prip Moller. Chinese Buddhist Monasteries[M]. Hong Kong University Press，1982.）。关于艾术华的研究兴趣，笔者与何培炳教授共享，并有十分有益的交流，在此特别感谢。

35 香港沙田道风山基督教丛林建筑铭牌："To the memory of the architect Johannas Prip Moller: Who had the vision of a Christian Centre in genuine Chinese style and drew the designs of the Buildings at Tao Fong Shan"（1931—1939）。

36 布拉瑟（Werner Blaser, 1924—）著有大量建筑著作，主要的研究内容关于几大主题。东方建筑：中国、日本；现代建筑：密斯、安藤忠雄、皮亚诺等；而 1996 年出版的《密斯，西方遇到东方》一书更是明确地讨论密斯的现代建筑设计思想中与中国、日本建筑及哲学之关系的著作，见 Werner Blaser: Mies van de Rohe, West Meet East, Birkhäuser Verlag, Basel, 1996。

37 "Some thoughts that secretively inspire us as an expression of Far Eastern wisdom, and some of the architectural ideas shaped by these thoughts, find a comparable echo in Western philosophy and architectural theory, without a direct mutual influence being discernible–the harmony, therefore, of archetypal human thought surmounting all barriers." Werner Blaser: Mies van de Rohe, West Meet East, Birkhäuser Verlag, Basel, 1996.

38 伊东忠太 . 日本建筑の研究 [M]. 龙吟社，1942.

39 陶特正是因逃离法西斯的迫害而离开包豪斯及德国，至日本避难，因他所具有的强烈现代建筑与文化观念意识而产生对日本的民间建造体系特殊的兴趣，其著作《日本的住宅和民众》（House and People of Japan, Das japanische Haus und sein Leben, 1937），十分透彻地反映了他的视角和思想观念，成为具有文化人类学特殊意义的作品。

40 该书于 1935 年在德国首版：Das japanische Wohnhaus, 1935。

41 Walter Gropius. Kenzo Tange, Yasuhiro Ishimoto: Katsura: Tradition and Creation of Japanese Architecture，1960.

42 鲁道夫斯基的关于"没有建筑师的建筑"之展览，在格罗皮乌斯、丹下健三等重要现代建筑师的支持下，得以于 1964 年在纽约现代艺术博物馆（MOMA）成功展出而产生重大影响。Bernard Rudofsky. Architecture Without Architects: A Short Introduction to Non–Pedigreed Architecture[M]，1964. 中译本：伯纳德·鲁道夫斯基 . 没有建筑师的建筑：简明非正统建筑导论 [M]. 高军译，邹德侬审校 . 天津大学出版社，2011.

原文刊载于：赵辰 . 关于"土木／营造"之"现代性"的思考 [J]. 建筑师，2012(04)：17–22.

形式分析的谱系与类型——建筑分析的三种方法
The Genealogy and Typology of Formal Analysis—Three Approaches of Architectural Analysis

周凌

Zhou Ling

摘要：

形式分析是建筑形式理论的重要内容，本文介绍了形式分析中常用的几种方法，即结构分析、象征分析、文本分析的起源与发展，文章比较了其分析对象、分析目的与适用范围的不同，目的在于为建筑形式分析与解读建立一个方法论基础。

关键词：

建筑形式理论；结构分析；象征分析；文本分析

Abstract:

Formal analysis is an important concept in the theory of architectural form. After introducing a few methods in formal analysis, which are analysis of structure, analysis of symbol and analysis of text, this essay compares the differences among them, and hopes the argument can make some contribution to the development of the theory of architectural form.

Keywords:

Theory of Architectural Form; Analysis of Structure; Analysis of Symbol; Analysis of Text

形式分析与建构分析是建筑作品分析的两种重要方法，是典例研究（case study）的两大核心构成。平时我们想去研究一个建筑师，或者解析一个建筑案例，但是常常不知道从何开始，用何种方法开始。我们如何面对素材和材料？或者说，面对一堆具体材料，我们如何入手？形式理论研究要进行，首先需要有一个研究方法，并且在此方法上建立一个理论参照系统，形成一个描述的语境，在这个语境中才能展开阐述和论证，否则建筑理论只能成为个人感受的表达或想象的片段。

形式分析方法在艺术史研究领域有很悠久的历史，建筑形式分析常常是艺术史分析的一个重要部分。古典时期艺术与建筑合而为一，绘画、雕刻、建筑统称三大造型艺术，建筑学作为一门总体艺术，整合了各种造型艺术的特点，因此，很多著名艺术史著作中都包含大量建筑分析的内容。[1] 即便在当代，艺术史也是建筑评论与作品分析的基础。要研究建筑的视觉、形式、观念等主题，将不可避免地涉及艺术史的领域。因此，形式分析的首要工作便是——借助艺术史与建筑史等学科的既有成果，整理出一套分析方法，建立"分析的类型学"。下文尝试梳理形式分析理论的起源、发展与类型的大致轮廓，希望这条简化的线索能为建筑形式分析提供一个讨论的平台，为其理论化建立初步的基础。

1. 谱系

康德哲学中的知、情、意三种心灵能力的分析，为

后来德语国家的艺术史研究开启了三个基本流派，即形式论、理念论和感觉论。赫尔巴特（Johann Friedrich Herbart，1776—1841）[2] 继承了康德的形式论，下传到齐美尔曼（R. Zimmermann，1824—1898）[3]，再传到费德勒（Konrad Fiedler，1841—1895）[4]、希尔德勃兰特（Adolf von Hildebrand，1847—1921）[5] 的纯视觉理论，最后由李格尔（Alois Riegl，1858—1905）[6] 和沃尔夫林（Heinrich Wolfflin，1864—1945）[7] 具体化为现代艺术批评的理论。理念论的代表是瓦尔堡（Aby Warburg，1866—1929）[8]，他开创图像学研究方法，下传给潘诺夫斯基（Erwin Panofsky，1892—1968）[9] 和维特科夫尔（Rudolf Wittkower，1901—1971）[10] 等，后来被贡布里希、阿恩海姆等部分继承发展，成为艺术史研究中最为重要的方法之一。感觉论的代表是沃林格（Wilhelm Worringer，1881—1965）[11]，其理论中的"抽象"与"移情"也成为后来在艺术品论中广泛使用的概念。[12]（图 1—5）

艺术史中的三个批评流派，在包括建筑批评在内的更为

图 1 李格尔　　　　图 2 沃尔夫林　　　　图 3 瓦尔堡

图 4　潘诺夫斯基　　　图 5　维特科夫尔　　　图 6　森佩尔

不再现其他象征意义，其代表人物是罗兰·巴特（也包含德里达的文本解读）等。三种方法中，前二者来自艺术史流派，后一者则是一种来自哲学与文论的相对较晚的分析方法，与传统艺术史无直接关联。

2. 类型

2.1 结构分析

广泛的文艺批评领域，产生了相当大的影响。其中，前者关心形式自身的规律，发展出了以"知"（知识、理性）为基础的结构分析方法，后两者关心形式之外的意义，发展出以"意"（意义）为基础的图像学（象征分析）方法。到了 20 世纪下半叶，后结构主义的"文本分析"也进入艺术史研究中，成为一种新的分析方法。

　　因此，在具体的艺术品形式分析中，可以把方法总结为主要三种。第一，结构分析。结构分析主要借助几何学、数学、形态学等方法来揭示艺术品中的形态学问题，尽量使形式分析科学化，其特点是关注形式秩序，以及形而上学方面美学问题，其代表人物为沃尔夫林、李格尔等。第二，象征分析。象征分析主要借助图像学、符号学方法来阐释艺术品的含义（meaning），其特点是分析艺术品的意义，与社会、哲学、技术、文化相关，其代表人物是瓦尔堡、潘诺夫斯基等。第三，文本分析。文本分析主要借助语言学、后结构主义解释学方法揭示和模拟结构意味，其特点是关心指示（sign），

结构分析在艺术史中常被称为"形式分析"（为避免术语混淆，本文用"结构分析"代替艺术史中的"形式分析"），在艺术史研究中指的是对艺术作品本身特性的研究。19 世纪 70 年代产生于法国的"为艺术而艺术"的理论对形式主义道路的开辟和纯视觉理论的建立有着重要影响。在创作和研究中，当时的潮流反叛以往对题材和内容的倚重，转向形式问题。其主要倾向是强调艺术自律性，排斥探讨社会变革、宗教、伦理、经济，以及陈述故事等外部因素对艺术风格的制约，这正是西方现代艺术开端的时期。这个理论由德国哲学家赫尔巴特开启，由艺术理论家费德勒和画家马勒（Emile Male，1862—1954）、雕塑家希尔德勃兰特共同发展起来，最后在李格尔和沃尔夫林的艺术史著作中发展成熟。费德勒、李格尔、沃尔夫林（也包括布克哈特）等人形成了一个新的历史思想学派，后来被称为"艺术科学学派"。这个学派对艺术史的批评和以前其他派别截然不同的是，它试图排除对整体的价值判断。例如，不再争论拜占庭艺术与哥特艺术的

优劣，而是用不同的观察方式理解它们各自的价值。

沃尔夫林是"形式主义"结构分析的代表人物，其理论扎根于对具体艺术作品形式特点的敏锐观察。研究的重点是艺术品的形式结构特征，譬如线条与块面、平面与深度、封闭与开放、清晰与模糊等抽象概念。沃尔夫林认为，艺术研究最重要的是艺术作品的形态——形式本身。他的著作把艺术史当作风格史研究，不讨论影响艺术作品的外部力量。沃尔夫林研究艺术的方法的特点在于技术、理性和情感的完美结合，字里行间充满灵感的火花。而李格尔引进了一个目的论概念"艺术意志"（kunstwollen），他认为艺术形式的变化来自艺术形式本身的冲动，这标志着艺术史研究从关注艺术作品的外在力量转向注意艺术家个人的创造性活动本身。他反对森佩尔（Gottfried Semper，1803—1879）（图 6）的美学唯物主义思想。森佩尔的观念是，历史是一个渐进的、连续的、进步式的发展过程，这是当时在达尔文进化论影响下的一种普遍的线性进化论（linear evolutionary theory）。沃尔夫林与李格尔最大的区别在于他不是对风格的历史演变作哲学式的论证，而从实证的立场出发，通过对具体作品的分析引申到对时代风格的界定，从而设定一部美术史的整体框架。

沃尔夫林对建筑的分析包含了对文艺复兴与巴洛克的视觉特点比较，比如，文艺复兴有正面性，巴洛克回避正面性，巴洛克强调深度，透视都是沿着侧面（进深方向）展开；文艺复兴的美和绝对可视性是完全一致的，巴洛克原则上避免

自身完全展现；文艺复兴的视觉是清晰的，巴洛克的视觉是模糊的；平面短透视，等等。沃尔夫林关注的对象都是艺术品中那些潜在的本质（nature）和本性。

沃尔夫林在分析中经常使用一种结构分析方法，用正方形、对角线等图形关系来分解艺术作品，实际上这种方法早在 19 世纪 70 年代就被奥古斯特·蒂尔舍（August Thiersch）创造出来（图 7）。随后在 1889 年，沃尔夫林采纳了这一理论，发表了他使用蒂尔舍的方法对希腊和文艺复兴建筑立面所做的分析（图 8）。这一方法对建筑学研究影响很大，后来的鲁道夫·维特科夫尔（图 10）与柯林·罗（Collin Rowe，1929—1999）（图 11）等人的建筑分析，很多时候采用了结构分析方法，甚至像《理想别墅的数学分析》[13] 这样的著名文章，主要采用的就是这种方法。

1945—1947 年，柯林·罗跟随当时在伦敦瓦尔堡学院任教的鲁道夫·维特科夫尔学习，受到系统的历史知识和方法方面的训练，获得敏锐的洞察力和评论能力。在《理想别墅的数学分析》中，柯林·罗用几何方法分析现代建筑，开始了用结构分析方法来分析现代建筑形式的道路。他的老师维特科夫尔针对文艺复兴建筑的分析方法，被柯林·罗改造之后运用在一系列分析现代建筑作品的著作中，形成广泛的影响，这些著作直接影响了后来海杜克和霍伊斯利等任教的得克萨斯建筑学院的教学，成为 20 世纪 70 年代美国诸多高校建筑教育的理论支撑之一。

总体来说，结构分析的解释方法建立在一个经验的假设

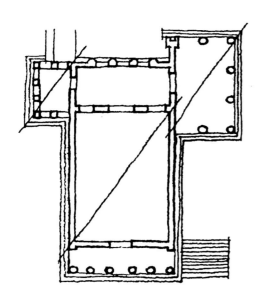

图 7　奥古斯特·蒂尔舍的比例分析

图 8　沃尔夫林《艺术风格学》封面

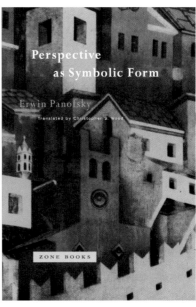

图 9　潘诺夫斯基《作为象征形式的透视法》封面

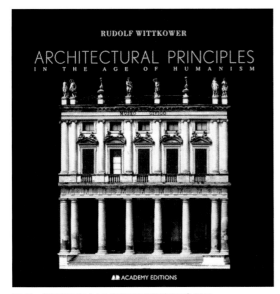

图 10　维特科夫尔《人文主义时期的建筑原则》封面

图 11　柯林·罗《理想别墅的数学分析》封面

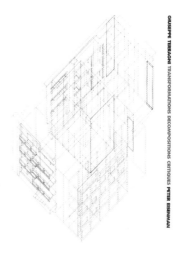

图 12　艾森曼《特拉尼：转换，分解和批评》封面

之上，即一个建筑具有明确的特质，等着人们去观察和欣赏。根据图像（image）的相似性，将建筑贴上风格的标签，每种风格都具有一定的特征。比如说，从风格上区分理性主义建筑、表现主义建筑、立体主义和国际风格等。结构分析不关注假设的前提，既不借助心理学、社会学这样的科学方法，也不借助还原、悬置这些现象学方法，他们更多地假设一个"先在性"（anteriority），用"当下性"（present）去和这种"先在性"对比，得出一些继承发展的前因后果等结论。所以，结构分析切断了艺术品与社会之间的联系，但没有切断艺术品与历史的联系。

2.2 象征分析

象征分析以瓦尔堡学派最为著名，代表人物为瓦尔堡及其传人潘诺夫斯基和维特科夫尔等。象征分析采用图像志（iconography）与图像学（iconology）方法（图 9）。

图像志方法来源于艺术史，最早用于研究肖像画，后来被瓦尔堡、潘诺夫斯基，也包括后来的贡布里希等引入心理学与格式塔心理学，成为艺术史中研究艺术作品的重要方法。iconography 这一英文词出现在 17 世纪，源于中古拉丁文 iconographia 和希腊文 eikonographia。图像学则由瓦尔堡在 1912 年新造的德文词 ikonologisch 英译而来。实际上，早在 19 世纪下半叶，法国人马勒已经提出过图像学这一概念。图像学最初被看作历史科学的一个附属部门，它在很大程度上局限于纯文献价值的研究。第一次世界大战期间，

图像学在美国发展成为一个重要的学科。20 世纪 30 年代，图像学在欧美国家进一步发展，探索到更深层的内容。由汉堡移迁伦敦的瓦尔堡研究所成为图像学研究中心。瓦尔堡研究所的学者们发表了一系列图像学论著，其中最有影响的是埃德加·温德（Edgar Wind）的《文艺复兴时代的异教神秘》。

瓦尔堡及其追随者潘诺夫斯基反对沃尔夫林所坚持的艺术史主要是风格史的观点，他们相信艺术史必须引进其他学科，因为艺术史是文化史（kulturgeschichet）的一部分，必须将艺术作品置于他们时代的上下文（context）中来阐述。图像学致力于辨别作品的深层意义或内容——它的观念上的或象征的意义，它研究的是"形式与内容在传统冲撞中的相互作用"。比如，潘诺夫斯基分析了绘画《最后的晚餐》是怎样揭示出"一个国家、时期、阶级、宗教信念和哲学主张的基本立场"的。潘诺夫斯基在《视觉艺术的意义》一书中认为，图像学对美术作品的解释须分三个层次。1. 解释图像的自然意义，即识别作品中作为人、动物和植物等自然物象的线条与色彩、形状与形态，把作品解释为有意味的特定的形式体系。2. 发现和解释艺术图像的传统意义。例如，确切地指出画面上的人物、花朵象征着美德，13 个人围坐桌前描写基督及其门徒在进行最后的晚餐等。3. 解释作品的内在意义或内容，这是更深一层的解释。一个国家或一个时代的政治、经济、社会状况、宗教、哲学，通过艺术家的手笔凝聚在艺术作品中，成为作品的本质意义和内容，即潘诺夫斯基所谓的象征意义。

现代图像学的研究领域非常广泛，其重点归纳起来至少有3个（基本是潘诺夫斯基"三个层次"理论的发展）：1. 解释作品的本质内容，即潘诺夫斯基所说的象征意义；2. 考察西方美术中的古典传统，古典母题在艺术发展中的延续和变化；3. 考察一个母题在形式和意义上的变化。现代图像学者经常把图像学与形式分析、社会学、心理学和精神分析等其他艺术史研究方法结合起来对美术作品进行考察。与其他学科的交叉是现代图像学的一个特征。

图像学也适用于建筑。对建筑的内容——它的形式、结构与它的作用（包括它的象征意义）之间的关系的研究，叫作建筑图像学。建筑图像学较之传统的工程技术建筑史或者形式分析建筑史研究更加复杂。欧美现代学者把传统的方法、形式分析方法与社会学方法结合起来解释建筑的内容。他们的研究极大地更新了人们关于建筑史的观念。

建筑学中的象征分析不同于结构分析。结构分析寻找形式秩序，如序列、围合、比例（如柱子间距、墙体长度的关系、虚实部分的比例、局部整体的关系）。而象征分析关注传统意味，意味分析在隐喻中展开：立面像脸面，烟囱像脊柱等等。

象征分析采用图像学方法，是符号学的、象征性的，认为建筑图像体现了某种隐喻的、象征的意义。这可以类比语言学中的语义学。这种肖像式的阅读预想了一个传统的观念，即建筑像一个什么东西。比如柯布西耶的朗香教堂，有人能把它比喻成一双手、一艘轮船或一对相拥的母子。因此，象征分析特别注重立面分析，他们认为立面中包含了很多文化、习俗的经验材料，分析立面（facade），就是解读这些文化意味。

20世纪40、50年代，维特科夫尔在《人文主义时期的建筑原理》[14]中用几何方法分析文艺复兴建筑，开拓了用数学方法来分析古典建筑形式意义的道路。维特科夫尔从瓦尔堡那学习到这种分析方法，下传给柯林·罗，再传给彼得·艾森曼，师徒几代人，虽然各有不同侧重点，但都在自己的时代对建筑学研究做出了重要贡献。维特科夫尔认为文艺复兴时期的建筑是对"某些特定意义"的图解，所以建筑的各种要素，如平面、立面、剖面等都包含这些意义。对这些建筑的解读，即"阅读"密码是维特科夫尔克的重要贡献。他应用图像学和格式塔心理学概念解读文艺复兴建筑的平面立面和内部空间，借助解读帮助读者了解形式的线索或者建筑的基本思想。从平面、墙体和剖面来解读建筑空间是维特科夫尔的重要发明，是洞察和理解空间和形体的新方法。

2.3 文本分析

文本分析起源于结构主义与后结构主义哲学。雅克·德里达（Jacques Derrida，1930—2004）的解构主义，罗兰·巴特关于"引人写作之文"的论述，米歇尔·福柯关于知识考古学、权力网络和全景敞视主义等观点，都是文本分析理论的源头。当然，还有雅克·拉康（Jacaueo Lacan，1901—1983）与理查德·罗蒂（Richard Rorty，1931—）等人的影响。文本分析也借用了20世纪末的语言学、文学成就，体现了从"语义学"到"语法学"的转向。

文本分析不同于象征分析。象征是隐喻：它们关注传统意义，是再现其他实体的实体。文本分析揭示的"意义"是结构意义，不是隐喻意义。结构意义是非再现性的。指示是文本的，是非形式、非隐喻的。指示是一套自我指涉（self—referential）的符号系统。例如，密斯的混凝土乡村住宅就是楼板不在场的指示。那条窄缝提示的是在场与不在场之间的差异，既不是形式的，也不是象征的元素，它是文本元素。这样，文本必须从结构、象征、文本的冲突系统中梳理出来。

建筑文本分析中，与其说建筑与艺术和美学关系密切，不如说建筑更接近语言。将建筑学和语言学类比，在 60、70 年代有一个潮流。萨默森（John Summerson）写过古典建筑语言，布鲁诺·塞维写过现代建筑语言。文本分析方法把建筑的构造元素——梁、柱、墙，也就是形式上的线、面、体等元素，看成句法中的"单元"，通过组合、转换、分解等手段来形成新的"句子和文本"，探讨建筑形式的生成法则。文本分析的焦点集中在纯粹形式的生成机制上，因而撇开了建筑的结构、构造、材料、色彩等物质性的方面。

文本分析将建筑从社会环境的脉络里抽离出来，置于真空之中。即主张建筑（客体）是自治的，或者至少在形式上是自治的。文本分析几乎完全拒绝建筑的象征性含义，譬如特拉尼的法西斯宫，可以不理会贴在它上面的理性主义或法西斯主义的标签。文本分析的分析方法，实际上要脱离等级的、统一的、因果的、进步的建筑历史理论，不追求一种肯定的、进步式的、最终性的唯一的叙述。相反，对一个建筑的阅读可以是临时的、错综的、偶然性的。这种批判性文本式阅读不同于以往的传统方法——社会的、美学的、历史的、功能的。

20 世纪 70、80 年代，彼得·艾森曼（Peter Eisenman）借用罗兰·巴特的文艺理论，开始用"文本分析"（textual analysis）方法解读现代建筑和当代建筑现象。艾森曼早年跟随柯林·罗学习，在 20 世纪 60 年代的博士论文里，他就用形式分析方法，加入语言学理论，详尽分析了意大利理性主义建筑师特拉尼的两个建筑（图 12）[15]。艾森曼用乔姆斯基语言学的术语区分了柯布西耶和特拉尼的建筑，他认为柯布西耶的建筑仍然保留了用图像学、语义学创造新意义的方法，而特拉尼的建筑则揭示了建筑语法学的层面。这种转移代表了学界对建筑的永恒美学品质的关注转向了对以概念关系为标志特征的关注，而这种概念关系是形式配置的基础，并使任一特殊形式配置成为可能。后来，他把形式研究从一种"分析方法"扩展为一种"设计方法"，设计了著名的 1—10 号卡纸板系列住宅，进而形成独特的"形式操作"策略。90 年代，艾森曼的学生克雷格·林恩（Greg Lynn）等人结合当代信息数码技术，用计算机进行"形式操作"，生成建筑形式，发展出动态形式和孢状物（Blobs）理论。近十年来，这种研究已经在国际上颇有影响。

艾森曼部分地继承了柯林·罗的形式分析，又结合语言学的研究成果，形成了自己的研究方法。艾森曼观察的对象其实还是形式，尤其是立面的形式。他认为立面上的各种连接和开口组成了一套标记（marks）和符号（notations）。这些连接和开口的转换近似于语言的句法学操作，艾森曼要把这种具体的建筑形式当作一个文本阅读，分析建筑怎样转换，也就是怎样来造句的。艾森曼虽然得益于柯林·罗的形式主义分析方法，但是他认为这种方法本身仅仅是描述性的，只是一种智力体操练习。美国理论家罗伯特·索默尔（R. E. Somol）认为，"艾森曼的贡献在于他的论述悬置在结构主义基础之上，其重点在表面上轻微地转移，最终破坏了战后语境下美国形式主义将现代主义体制化的方法。换言之，艾森曼的论述将'形式主义'这一术语适度变形，并将之与俄国形式主义所有的'用语言工作'这一更富有争议性的概念关联起来。这一转变代替了新批评派、格林伯格、柯林·罗等盎格鲁－美国人的形式主义中艺术化的美学倾向"[16]。

建筑文本分析离不开语言学，语言学隐喻进入建筑以前，现代建筑并没有建立起精确的描述系统。一方面，由于传统建筑学不像语言，有确定的能指所指关系，因而不能成为精确的指示系统。另一方面，语言系统以前被认为是固定的指示系统，有确定的能指所指关系。因而建筑学从未接近语言学。解构理论提出语言的不确定性，质疑能指所指的一一对应，开始动摇了语言指示的严密性。这样，解构理论的出现，使建筑学和语言学产生了衔接的可能。

3. 关系

总体来说，结构分析关心的是形式（form），象征分析关心的是意义（meaning），文本分析关心的是指示（sign，常翻译为"符号"，本文译为"指示"，以区别于象征分析中的符号）。

结构分析作为一种"原理论"必然与其他理论相排斥，否则其自身的存在价值就是虚伪的，至少是可疑的，但作为一种方法却能够与其他方法混合使用。所以，几种分析之中，结构分析是最基础的，并且其他两种分析都会借用结构分析的手段，并以之为基础。结构分析排斥象征分析，而象征分析并不排斥结构分析。象征分析离不开结构分析，象征分析的第一个步骤就是结构分析。因为任何艺术品的研究离不开艺术品自身的基本形态。结构分析者试图把艺术史的工作等同于科学研究，采用严谨缜密的态度，客观地揭示艺术品的本体，是最接近科学研究的方法。所以，结构分析是一种基础方法，其他两种分析都依赖和建立在它的基础之上。如同象征分析的代表潘诺夫斯基早年就认识到的那样，艺术品的形态是艺术史研究中最重要的部分。

建筑领域使用的形式分析通常都是综合性的，只是侧重点有所不同。比如，在以结构分析为主的研究中，也会加入图像学方法、社会学方法等，而在以象征分析为主的研究中，不可避免地首先进行结构分析。因为建筑是一种特殊的艺术形式，是一门实用艺术，社会、文化、技术等因素都会影响建筑的最终形式。

柯林·罗《理想别墅的数学分析》主要分析建筑平面和立面中的抽象形式的几何关系，没有太多涉及立面风格的文化意义。特别是在分析平面图时，多数时候采用的是结构分析法。因此，柯林·罗在很大程度上是一个"形式主义"者，他自己也认识到他采用的是沃尔夫林式的分析方法。然而，柯林·罗的分析方法不只是结构分析，他的分析时而是结构的，时而是象征的，他有一个很重要的认识，即认为建筑的美包含有经验的美和本质的美两种，建筑平面代表了几何秩序的本质美，立面代表经验美。所以他综合使用了这两种方法，用结构分析来分析平面，用象征分析来分析立面。在一篇专门分析立面的文章里，他用现代建筑"浅平立面"与文艺复兴装饰性立面的比较，揭示了现代建筑虽然抽象，但也有特定的意义。

鲁道夫·维特科夫尔的《人文主义时期的建筑原理》基本上是采用象征分析的图像学研究，维特科夫尔从瓦尔堡那学习到这种分析方法。他认为建筑平面、立面、剖面图中都含有一定的文化意义，它们与当时的音乐、美术等都有密切的联系，他要挖掘这些含义。所以可以认为，维特科夫尔的研究方法具有典型的象征分析的特征。

艾森曼部分地继承了柯林·罗的形式分析，又结合当代语言学的研究成果，形成了自己的文本分析方法。他反对象征分析，认为象征分析是再现其他实体的实体，是再现性的。而文本分析是模拟语言的结构，是非再现性的，揭示的是结构的意义，而非隐喻的意义。文本分析关心的是"语法"，而非"语义"。艾森曼不排斥结构分析，而且他的基础工作就是大量的结构分析。

综上所述，艺术史和建筑分析密切相关，但本文只是选取了和艺术史关系密切的以及与建筑分析相关的一些人物与观点，不能代表全部，只是描述了形式分析的某一条线索的大致轮廓。

注释：

1 艺术史与建筑理论密不可分，许多著名的建筑理论家和建筑历史教授大都有坚实的艺术史基础，如老一代的佩夫斯纳（N. Pevsner），他写的《美术学院的历史》本身就是一部艺术史著作，在艺术史领域有重要影响。其他如美国著名理论家约瑟夫·里克沃特（Joseph Rykwert）、戴维·莱瑟巴罗（David Leatherbarrow），以及新一代的如安东尼·维德勒（Anthony Vidler）、麦克·海伊斯（Michael Hays）等，其理论框架主要借鉴艺术史的系统。

2 赫尔巴特（Johann Friedrich Herbart，1776—1841），德国心理学家、美学家。

3 齐美尔曼（R. Zimmermann，1824—1898），奥地利美学家。

4 费德勒（Konrad Fiedler，1841—1895），德国艺术史学家，被称为"艺术学之父"。

5 希尔德勃兰特（Adolf von Hildebrand，1847—1921），德国雕塑家，主要著作有《造型艺术中的形式问题》。

6 李格尔（Alois Riegl，1858—1905），奥地利艺术史学家，主要著作有《罗马晚期的工艺美术》等。

7 沃尔夫林（Heinrich Wolfflin，1864—1945），瑞士艺术史学家，主要著作有《艺术风格学——美术史的观念》《古典艺术——意大利文艺复兴艺术导论》等。

8 瓦尔堡（Aby Warburg，1866—1929），德国艺术史学家，主要著作有《记忆女神》等。

9 潘诺夫斯基（Erwin Panofsky，1892—1968），德国艺术史学家，主要著作有《图像学研究》《视觉艺术中的意义》等。

10 维特科夫尔（Rudolf Wittkower，1901—1971），德国艺术史学家，主要著作有《人文主义时期的建筑学原理》等。

11 沃林格（Wilhelm Worringer，1881—1965），德国艺术史学家，主要著作有《抽象与移情》《哥特形式论》等。

12 近年来国内已陆续翻译出版了一些重要的艺术史著作，如沃尔夫林的《艺术风格学——美术史的观念》《古典艺术——意大利文艺复兴艺术导论》、李格尔的《罗马晚期的工艺美术》、瓦萨里的《著名画家、雕塑家、建筑家传》、沃林格的《哥特形式论》；以及早些时候的沃林格的《抽象与移情》、贡布里希的《艺术与幻觉》《艺术发展史》《象征的图像》、阿恩海姆的《视觉思维》等。这些基础文献初步建立起艺术史研究的大致轮廓。

13 Collin Rowe. The Mathematics of the Ideal Villa and Other Essays[M]. MIT Press，1987：16.

14 Rudolf wittkower. Architectural Principles in the Age of Humanism[M]. W. W. Norton& Company，Inc，1971：§4.

15 艾森曼博士论文以《现代建筑的形式基础》（"The Formal Basis of Modern Architecture"）为题，当时没有发表，其中部分内容经过调整后在 2003 年以《特拉尼：转换，分解和批评》（*Giuseppe Terragni: Transformations, Decompositions, Critiques*）为题出版，完整的博士论文于 2007 年出版面世。

16 Peter Eisenman. Diagram Diaries. N.Y[M]. Universe Publishing，1999：36–43.

原文刊载于：周凌. 形式分析的谱系与类型——建筑分析的三种方法 [J]. 建筑师，2008(04)：73–78.

新工科建设背景下的建筑技术教育思考
Some Thoughts on Architectural Technology Teaching under the Background of Emerging Engineering Education

吴蔚

Wu Wei

摘要：

近两年来，南京大学一直在积极推进新工科建设。然而对于建筑学本科教育而言，如何在新工科背景下定位人才培养目标，寻找通识教育、工程教育、实践教育与实验教学之间的联系和平衡点，一直是建筑教育界争论的热点话题。本文以建筑技术课程的建设为出发点，通过比较南京大学与香港中文大学在课程设置、教材以及与设计课相结合等几个方面，探讨新工科建设背景下的建筑技术课程改革的发展方向。

关键词：

新工科建设；建筑技术；比较研究

Abstract:

Nanjing University has been promoting the emerging engineering education in the last two years. However, what is the direction for architectural education in the context of emerging engineering education? In particular, how to build a connection and find a balance among general education, engineering education, practical education and experimental teaching is a hot topic for all architectural educators. From views of curriculum setting, teaching materials and relationship with design studio, this paper compares the similarities and differences of building technology teaching between the Chinese University of Hong Kong and Nanjing University. The purpose of this paper is to provide useful references for improving our architectural education under the background of the emerging engineering education.

Keywords:

Emerging Engineering Construction; Architectural Technology; Comparative Study

1. 前言

自 2017 年起，教育部开始推进新工科建设，先后形成了"复旦共识""天大行动"和"北京指南"，共同探讨新工科的内涵特征、新工科建设与发展的路径选择[1]。在这种背景下，如何定位建筑学的人才培养目标，将通识教育、工程教育、实践教育与实验教学有机结合起来，培养科学基础好、综合素质高的创新型人才是建筑教育界共同探讨的热点话题。南京大学作为一个综合性大学，更是利用学科综合优势，积极推动建筑学教育与其他理工科互通融合，鼓励建筑学科的创新与发展。

近些年来，随着人们对绿色节能技术与建筑可持续发展日益重视，作为培养未来建筑师的摇篮，大学建筑教育在灌输技术理论知识和绿色建筑设计理念方面责无旁贷。然而，传统建筑学专业以设计为主导的教学模式，往往重艺术、轻技术，重形态分析、轻客观量化。尽管我国高校建筑学系近些年来一直倡导绿色和可持续建筑教育，但建筑技术课程在内容上偏重技术理论知识，枯燥深奥，与建筑实践联系较少，建筑技术课程改革亟待进行并面临诸多挑战。本文以建筑技术课程的建设为出发点，通过比较南京大学与香港中文大学在课程设置、教材以及与设计课相结合等几个方面，探讨在新工科建设背景下的建筑技术教学与设计的理论与实践共融之路，并通过推动建筑技术教学的改革，为新工科建设背景下的建筑学教育提供一些新思路。

2. 教学比较

香港中文大学（以下简称中大）是一所综合性大学，一直都积极探索和致力于培养综合型和创新型人才，比如设置大学通识教育，鼓励学生跨学科选修课程，在建筑学教育上采用的是理论与实践相结合的道路，这些都对我们的新工科建设有一些借鉴意义。以下是从课程设置、教师与教材，以及与设计课程结合程度这三个方面，比较香港中文大学和南京大学建筑学系在建筑技术教学上的异同。

表 1　南京大学、香港中文大学建筑技术相关课程比较（2016—2017 学年）

学年	南京大学	香港中文大学
一年级	通识教育	通识教育
二年级	1. 理论力学 2. 数字技术	1. 建筑技术 I：建筑材料与施工
三年级	1. 建筑技术一：结构、构造和施工 2. 建筑技术二：声、光、热（建筑物理） 3. 建筑技术三：水、暖、电（建筑设备）	1. 数字技术 2. 建筑技术 II：建筑结构 3. 建筑技术 III：建筑环境技术（类似中国大陆高校的建筑物理） 4. 设计课：建筑环境与节能设计
四年级	1. 建筑节能与绿色建筑（选修） 2.BIM 技术运用（选修课）	1. 建筑系统整合（类似中国大陆高校的建筑设备，综合性更强） 2. 设计课：包含结构、防火、设备系统的整体设计

2.1 课程设置

表 1 罗列了香港中文大学与南京大学建筑学（以下简称南大）专业教学计划中与建筑技术相关的理论和设计课程。尽管课程名称不同，但传统建筑学教育中的建筑技术课程如建筑结构和构造，建筑物理（建筑声、光、热），建筑设备（建筑给水、暖通空调、电器设备、防火），以及新兴的技术课程如数字技术，两所大学都有涵盖和设置。但二者在教学

内容、形式和时间安排上有着明显不同，各有侧重。如南大建筑技术理论课程主要安排在大学三年级，而中大则较均匀地分布在二至四年级。

总体而言，南京大学建筑学系学生在四年中需要必修的理论课程要远远多于中大的学生，如香港中大建筑的专业必修课程为 11 门，而南大为 17 门。但在对建筑技术知识的重视程度上，中大则远高于南大，其建筑技术相关课程（包括设计课）占总专业必修课程学分的 47%，而南大仅占 19%。即使不包括与建筑技术相关的设计课，南大建筑技术必修课程也仅占总专业必修理论课程的 30%，而中大为 45%。

相较于香港中大，南京大学在教学内容上更偏向基础理论知识。如用"理论力学"代替建筑专业的"结构力学"课程，将建筑结构和构造、施工压缩到一门课程里面。香港中大建筑系则沿用英国传统建筑教学系统，所有建筑技术理论课程如"建筑材料和结构""建筑构造""建筑环境技术"（类似内地的"建筑物理"和"建筑节能"综合课程）以及"建筑体系整合"（类似内地的"建筑设备"课程）都有设置。在教学内容上，香港中大的技术理论课程更倾向于建筑实践知识。

2.2 教材和教师比较

南大建筑技术课程受中国大学传统理论教学影响，基本上都采用相应的统一教材。如南大"建筑技术三——水、暖、电"课程采用的是中国建筑学专业指导委员会推荐的普通高等教育土建学科专业"十一五"规划教材《建筑设备》。采用统一教材可以保证各个学校所教授的课程内容的统一，能基本达到中国大陆建筑专业的业内统一标准和要求，但缺点是教师的发挥余地不大。特别是对于没有建筑设计背景的教师，在不经过割舍的情况下，很难将与设计相关的知识补充入课堂学习中。而香港中大则沿用西方大学传统，各门课都没有相应教材。由于没有教材，学生对基本知识和理念的掌握程度完全受任课老师的影响。如授课老师主要研究和关注建筑光学领域，其讲授内容可能会更偏重相关方面的理论和知识。但也正因为发挥余地大，授课教师一般都十分注重将新知识、新技术以及其新研究成果介绍给学生。

香港中大教师在教授 1—2 门技术课程的同时，都会指导相关的设计课，如中大三年级第二学期的"建筑环境技术"课程，其授课老师也会参与到同时开设的"建筑环境与节能"的设计课中，其技术理论课的内容或多或少会受到设计课的影响。而南大则传承中国建筑教育特点，建筑技术教师仅教授相关课程，教学内容与作业自成体系，很少或完全不参与建筑设计课，因而老师很难将技术理论整合到建筑设计之中。这也是内地建筑学学生普遍不重视建筑技术理论课的原因之一。

2.3 与设计课结合程度

南京大学采用的是内地传统建筑教育的设计课程，即设计课的命题往往针对某种类别的建筑进行设计，如住宅、商业综合体或高层建筑等，与建筑技术理论课毫无联系。

香港中大建筑系则无论在教学内容还是在课程安排上，其技术理论课程与建筑设计课程都有着紧密联系。中大建筑学四年中一共有六门设计课，其中有两门与建筑技术课程直接相关，如中大建筑学三年级的"建筑环境与节能设计"课程，以及四年级的包含结构、防火、设备系统的整体设计课程。还有一门则与建筑技术间接相关，如二年级的"建筑空间设计"，与同时教授的"建筑结构"有着紧密联系。

在课程时间安排上，中大也十分重视技术理论课与设计课相整合。一般会将理论课程和相同专题的设计课安排在同一学年或同一学期，实现这种授课、设计、再授课和再设计的循环往复过程，让理论到设计的整合反复出现在学习中，并贯穿始终。

即使是设计课评图，香港中大也会要求有一位建筑技术课教师（一般也是设计课教师）参与，此外还会邀请一些校外工程实践人员。他们会根据自己的专业背景提出相应问题，进行综合评分。通过专家的点评，学生会对建筑技术问题有一个较全面的了解；而建筑技术专项的设计评分，会让学生对设计中所牵涉的建筑技术问题有着充分的重视。

3. 讨论与思考

通过对香港中文大学和南京大学在建筑技术教学上的比较，我们可以看出香港中大建筑继承了英美建筑教育特色，重视建筑技术与设计的整合，强调在设计中吸收理论知识。尽管内地高校在教学体制、师资背景、硬件配备上存在着不同，但香港中大的一些教学方法还是值得我们借鉴和参考：

（1）在传统的建筑设计课程中增添建筑技术分项题目。如在住宅设计题目中增加节能和可持续能源利用的要求。这迫使学生在掌握相关理论知识的基础上，学习利用一个或几个设计解决一个专业技术问题，从而将技术理论知识与设计整合起来。

（2）在课程设置上，可以将建筑技术理论课程和有着建筑技术分项题目的设计课安排在一起。通过理论与实践的交叉式教学，引导学生将技术理论知识融入自己的设计之中。

建筑设计与建筑技术的整合是目前现代建筑教育的发展趋势之一，也是新工科建设的根本。笔者认为，只有真正做到重视建筑技术教育，从根本上打破我国传统建筑教育体系中技术理论与设计之间的壁垒，做到二者的有机整合，才可以培养理论与实践相结合的综合性新型人才。

4. 结语

新工科专业，主要指针对新兴产业的专业，以互联网和工业智能为核心，包括大数据、云计算、人工智能、区块链、虚拟现实、智能科学与技术等相关工科专业 [2]。由于受到传统营造观念和欧洲学院派的双重影响，我国传统的建筑院校往往出现重道轻器、重艺轻技的现象，很难跟上新技术、新科技的发展[3]。加之我国大部分建筑学系还都采用传统的线性教学模式，建筑设计和技术课泾渭分明，以课堂授课为主的建筑技术课程，偏重技术基础理论知识，与建筑实践联系薄弱，或者二者完全相互脱节[4]。

然而，面对全球能源危机和气候恶化，可持续建筑无疑是未来的发展方向。掌握日新月异的现代建筑技术，让技术和设计更紧密地整合，是实现新工科建设下建筑学发展的必经之路。本文通过比较宁港两地在建筑技术教学领域上的异同，探讨在新工科建设背景改革建筑技术教学的可行性措施，为我国建筑教育提供一些新思路。

参考文献：

[1] 钟登华. 新工科建设的内涵与行动 [J]. 高等工程教育研究，2017(03)：1–6.

[2] 陆国栋，李拓宇. 新工科建设与发展的路径思考 [J]. 高等工程教育研究，2017(3)：20–26.

[3] 黄靖、徐燊、刘晖. 建筑设计与建筑技术的整合——英美建筑教育的举例剖析及其启示 [J]. 新建筑，2014（01）：144–147.

[4] 吴蔚. 改革建筑学专业的建筑技术课之浅见——以"建筑设备"教改为例 [J]. 南方建筑，2015（02）：62–67.

原文刊载于：吴蔚. 新工科建设背景下的建筑技术教育思考 [C]// 2019年中国高等学校建筑教育学术研讨会论文集. 中国建筑工业出版社，2019：221–223.

二、体系

规范性目标下的特色教学体系——南京大学建筑设计与理论研究生教育

Distinguished Teaching System under the Goal of Normalization—The Postgraduate Education of Architectural Design and Theory in Nanjing University

丁沃沃

Ding Wowo

摘要：

今天的建筑学研究生教育仍然属于职业教育的范畴，故必须通过国务院制定的职业教育评估标准，这就意味着一方面建筑学教育有了已经成形的基本目标，形成了教学体系的规范性特质；另一方面，建筑教育的特色是建筑教学质量的重要方面，教育的特色主要反映在教学体系的特色上。南京大学建筑系依托综合性大学的优势，根据研究生生源的特点，探索自己的有特色的建筑学研究生教学体系。

关键词：

职业教育；教学体系；特色

Abstract:

The postgraduate education of architecture still belongs to the category of vocational education. It must pass the assessment standards of vocational education stipulated by the State Council, which means on the one hand, the postgraduate education of architecture has set the basic goal and formed the teaching system's trait of normalization. On the other hand, the distinguished features of architectural education are important aspects of architectural teaching quality. The teaching aspect is mainly reflected in the features of the teaching system. According to the characteristics of the graduate students, the Department of Architure of Nanjing University explores its own distinguished postgraduate teaching system of architecture.

Keywords:

Vocational Education; Teaching System; Distinguished Features

南京大学建筑学院（原南京大学建筑研究所）自2000年成立以来，一直以培养建筑学专业硕士研究生为主要工作。通过七年的实践，不断地修正和完善，综合性、研究型和国际化构成了南京大学建筑学建筑设计与理论研究生教育的基本平台，基于这个平台构筑了教学体系的特色。

根据国务院学位办为建筑学建筑设计与理论研究生教育的定位，建筑设计与理论研究生的教育仍然属于职业教育的范畴，也就是说教育的总目标非常明确。教育是一个过程，教学体系是完成教育目标的载体，自成立伊始，我们就对教学体系的设置进行了深入的讨论。我们认为教学体系的设立应该根据我们的生源状况、地域条件和学校资源，在国家总目标的指导下高质量地完成研究生教育的全过程。由于各个学校的这三项条件都不尽相同，就会形成不同的教学体系，这也就从根本上奠定了各校教学体系特色的基础。就南京大学的建筑学教育而言，一方面，以前我们没有本科专业，因而我们的生源来自全国各个院校，没有统一的知识主体；另一方面，南京大学是文理综合性大学，工科尤其是土木学科的基础较为薄弱，这是建筑学科的不利条件，然而我们的人文学科非常强大，这又是建筑学发展的有利条件。所以在南京大学这样的以文理科为基础的综合性大学内办建筑学，本身就是对单一工科办建筑学的补充和挑战。因此，依托南京大学的综合优势，走特色办学之路是南京大学建筑学的生存基础。

1. 建构宽平台，因材施教，保证质量

出于对研究生综合素质的考虑，结合目前我国现行教育的状况以及社会对研究生教育的期望，我们构筑了建筑教育的宽平台。容许相关专业本科毕业生和本专业同等学力的考生报考南大，不仅仅是为社会服务，也能建构研究生的综合学习环境。

首先，把关入学考试，保证宽平台生源的质量。为保证质量，我们在考题设置上做了特殊的安排，以笔试考查考生的基础知识和基本专业知识。"中西建筑史"的考卷不仅是考查历史知识，更重要的是考查学生的思维能力；"建筑设计原理"不仅是设计概念，而且包括建筑的构造和结构等方面的知识，这样就可以接纳一部分有结构专业背景且对建筑学有兴趣的学生。几年的实践证明，我们试题的设置是成功的，既可以对非建筑学本科的其他考生开放，也可以保证生源质量。与此同时，我们把设计考试改为面试内容之一，可以加强对考生设计能力的监控作用。通过层层把关，使得真正有一定基础和潜力的非建筑学专业的学生能够加入建筑研究生的行列里。

其次，优化培养方案，我们参考国际做法，增加选修课种类，因材施教，以完善对每一个个体的培养计划。我们认真地分析了生源结构，将其大致分为四种：已获得建筑学学士的学位的学生、已获得工学学士的学位且经过五年制训练的学生、已获得工学学士的学位且经过四年制训练的学生，

以及相关专业如城市规划、土木结构和环境艺术的本科毕业的学生。经初步统计，五年来我们所招收的研究生来源学校情况和比例为：通过评估学校的考生占 67%，尚未评估五年制学校的考生占 30.4%，相关专业及同等学力占 2.6%，我们的课程安排必须适应各种情况。

对于前两者来说，他们所受的本科教育已经完成了职业教育的基本内容，对他们的教育目标是提高教育。对于第三种来说，他们缺少的是职业教育课程和建筑实践，基于我院的产、学、研三位结合的平台，学院下属设计院为研究生提供了非常好的演练场所，建筑师职业教育直接由设计院的总工程师来负责。从用人单位的反馈意见看，我院的硕士研究生的质量是好的。对于第四种来说，他们还需进一步加强设计训练，因此，我们的三大设计课程[1]起到了非常重要的作用，是保证南京大学建筑学硕士质量的重要方法，研究生们普遍反映很好，认为这样的设计训练使他们受益匪浅。

2. 培养综合型的建筑学人才

首先，我们根据南京大学的优势，将建筑学专业置身于中国整体建筑市场和社会需求的大环境之中去思考，进而培养国家和市场需要的综合型专业技术人才。具体地说，随着建筑业的发展和成熟，整个行业开始对建筑师职业有了更为全面的诠释和更高的要求，即建筑师不仅仅是设计师，而且需要更宽广的视野，既要具有专业技能，又要能够应对市场

全球化的挑战。在新的形势下，建筑师不仅是具体建筑的设计师，而且是建筑行业的综合型的规划及设计人才。

其次，随着城市化进程的加速，城市各种问题的显现和新技术的不断涌现，建筑师的知识背景远远超出了单一的建筑形式或与艺术相关的问题和内容。为能在复杂的人文社会与城市物质环境中正确运用自己的专业技能，不仅建筑师自身的人文知识背景显得越来越重要，而且其对科技进步成果的把握和运用也非常重要。

为此，基于对南京大学整体学科优势的研究，我们在设定了建筑学基本课程的基础上，大大加强了与建筑相关的综合知识内容，跨学科选课并且在基本学分上加以控制，并设立了选修通识的基本框架，这成为我们课程特色的重要组成部分。几年来，研究生的学习内容涉及南大 9 个学科的近50 门课程，直接相关的有城市资源学科，间接相关的有中文、历史、哲学、社会学、政治、新闻学等，以及基础学科如美术研究、外国语，为具有建筑学工科本科背景的研究生们打下了坚实的人文以及综合素质的基础（表 1）。

3. 培养研究型的建筑设计人才

虽然建筑学硕士研究生教育仍属于职业教育的范畴，但是硕士和建筑学本科生最大的不同是研究能力的提高，在今后的自我进步和发展中能够有更大的上升空间，为建筑事业发挥更大的作用。为理清思路，我们回顾了我国建筑学研究

表 1　跨学科选修课程

城资系	社区理论研究（3）、景观生态学（3）、地理信息学（3）、城市发展理论（3）、规划理论与实践（3）、土地评价原理与方法（2）、城市设计研究（3）、城市环境规划（3）、房地产开发与管理研究（2）、城市结构形态规划研究（2）、环境规划与评价（2）、城市规划思想史（3）
历史系	当代中国研究（3）、当代台湾研究（3）、中国近现代社会生活史（3）、南京城市史（2）、中国近代经济史研究（3）、国内外当代中国史研究述评（3）、殖民地与半殖民地研究（3）、先秦社会历史文化（2）、科学思想史（3）、文化人类学与近代中国研究（3）、明清史专题（3）、20 世纪中国民族主义建构（3）
美术研究院	美术考古（2）、宗教艺术（3）
社会学系	文化人类学与近代中国研究（3）、中国人社会行为分析（3）、当代西方社会学理论名著选读（2）
外国语学院	英国文学（2）、翻译通论（3）
新闻传播学院	广播电视新闻专题（3）、传播学研究（3）、新闻采访专题（3）、媒介伦理学（3）
哲学系	中国传统哲学与决策管理（3）、西方近代哲学研究（3）、哲学逻辑研究（3）、中国佛教伦理思想（3）、西方哲学基本问题研讨（3）、人本主义哲学研究（3）、哲学动态与评论（3）、儒家思想研究（3）、马克思主义与经济哲学（3）、道家概论（3）、文化研究（3）、法国哲学研究（3）、科学决策方法论（3）、唯识学研究（3）、犹太教与世界文明（3）
政治系	政府投资项目评估与决策（2）、投资项目经济评价（2）
中文系	中国传统文化和思想（3）、西方美学研究（3）、现代派研究（3）、西方文学与中国现当代文学比较研究（3）、现代汉语学（3）、影视史论（3）、宗教与文化（3）、戏剧艺术研究（3）

注：括号内的数字指该课程学分数。

表 2　学位理论课程

必修课	当代建筑理论 中国传统建筑设计理论 城市理论发展史 计算机辅助建筑设计 现代建筑设计基础理论 现代建筑设计方法论 材料与建造 建筑设计与实践——建筑师执业教育基础
选修课	建筑类型学 中国建构文化（木构）研究 可持续发展与生态建筑 中国近现代建筑 建筑理论论坛 建筑体系整合 城市管理与策略 现代建筑结构观念的形成 建筑与视觉艺术 建筑文献阅读 城市史专题 景观规划进展 GIS 基础与应用

生教育的历史，我国自 50 年代开始就有了建筑学研究生教育，"文革"后恢复招生以来，研究生教育有了前所未有的发展。然而我们将国内现行的大多数建筑学研究生教育模式和国际尤其是欧美国家的培养方式做了认真的对比和分析，认为其中差距仍然很大，尤其在对学生研究能力的培养方面我们明显不足，直接体现在理论课开设严重不足。

为此，我们首先在培养方案上加强了建筑学理论的设置，在课程设置上增多了理论课的门类，同时尽可能地多开理论选修课，为研究生们打开了相关的知识大门（表 2）。开阔研究生眼界，弥补本科教育中建筑理论教育的不足，和国际先进国家建筑学整体教育接轨不仅是我国建筑教育的发展方

向，也是南京大学自身的定位。

其次，我们还开设了建筑论坛，邀请国内外著名学者和有创意的建筑师到南大讲学，构筑了宽泛的学术平台，从办学到现在从未间断，举办各类讲座共 100 多次，平均每年 14 次左右。

最后，我们重视毕业论文，提倡、鼓励论文研究与其他学科相结合并严格把握质量。重视论文质量是南京大学一贯的传统（图 1）。

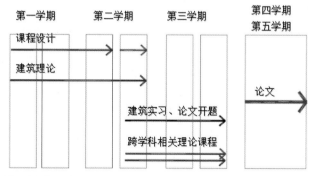

图 1　课程体系框图

从第一届开始，我们就重视研究生毕业论文的开题工作，六年来我们坚持组织开题评议组，统一开题时间，确保研究周期。在论文写作中坚持规范化写作，并在评审中严把论文质量。

4. 培养国际化的职业建筑师

随着建筑市场的开放，我国的建筑师不得不面临来自国外建筑师的挑战，建筑师国际化是必然趋势。此外，我们认为国际化并不能等同于国际交流，为此我们从制定培养方案入手，在三个层面上分别进行。

首先，核心课程框架国际化：我国通常的培养模式和欧美建筑研究生教育最大的不同是建筑设计以结合实际为主，

课程训练比较少。我们从一开始就改变了这种通常的做法，设置了以设计课为主的核心课程体系，在课题设置和教学方式上均设法和国际接轨。这样做就使得研究生能够接触研究型的建筑设计，转换思维方式，提高设计能力。

其次，部分理论课程国际化：建筑学理论教育一直是我国建筑教育的弱项，而且在西方研究框架中的建筑理论比我们的要强得多。我们认为一手信息的输入比转译更为重要，为此，我们在理论选修课中直接聘请国外相关教授来南大授课，每年 2—3 人 / 次。这种做法使得研究生可以直接体会国外的理论教学的深度，同时也增强了研究生的外语能力，几年下来，研究生的理论素养和外语水平有了显著的提高（图 2）。

最后，学习交流国际化：研究生和国际学生的直接对话

图 2　部分教学场景　　　　　　　　　　　　　　　　　　图 3　部分国际交流工作坊纪实

是国际化培养目标的重要组成部分，我们为研究生们提供了大量的出国交流机会和出国学习机会，每年都有学生出国，进行两周至半年的学习交流。同时我们也接受国外学生来南大学习或短期交流，加深了研究生们对西方建筑教育的理解（图3）。

通过以上三个层面的训练，研究生们能够较好地把握国际化的内涵，使其在今后的职业生涯中更好地发挥效用。

综上所述，几年来南京大学建筑学院的研究生教育依托南京大学的优势，基于高素质的学术团队，逐步形成了综合性、研究型、国际化的办学特色，并建构了有特色的宽平台、因材施教的培养模式。

注释：

1 三大设计课程是南京大学建筑学院的核心课程，分别是：基础设计、概念设计和建构设计。

原文刊载于：丁沃沃.规范性目标下的特色教学体系——南京大学建筑设计与理论研究生教育 [J]. 新建筑，2007(06):11-13.

南京大学建筑学教育的基本框架和课程体系概述
The Framework and Curriculum System of Architecture Education in Nanjing University

周凌 / 丁沃沃

Zhou Ling / Ding Wowo

摘要：

本文介绍了南京大学建筑学教育的基本框架、教育思路和教学特色，并重点阐述了课程体系设置的内容。南京大学建筑学专业借鉴了国际一流院校建筑学教育的培养模式，建立了本硕贯通的教学体制，形成了学术型、应用型和复合型三类人才的培养模式。南京大学课程体系的设置对传统建筑教学内容和方法进行了全面的改革，形成了以空间为核心、以建造为特色、注重设计能力培养的设计课程新体系。

关键词：

南京大学；建筑学；通识教育；基本框架；课程体系；教学特色

Abstract:

This paper introduces the basic framework and characteristics of architectural education in Nanjing University, focusing on elaborating the content of the curriculum system. After comparing the different modes of the best architecture institutions in the world, the School of Architecture of Nanjing University has established a framework of teaching system, and constructed three types of talents cultivation: academic type, technical type and complex type. Beyond the traditional architectural teaching system, the School of Architecture has formed a new design curriculum system, taking the space and construction as cores and focusing on design abilities.

Keywords:

Nanjing University; Architecture; General Education; Basic Framework; Curriculum System; Teaching Features

1. 办学历史

2000 年，南京大学成立了建筑研究所，同年 9 月，研究所正式招收首届建筑设计及其理论专业硕士生。2006 年，南京大学在建筑研究所的基础上成立建筑学院。2007 年，建筑学院通过建筑学硕士研究生教育评估，获建筑学硕士学位授权，同年 9 月开始招收本科生。2010 年，建筑学院和本校地理与海洋科学学院的城市与区域规划系合并，组建成立南京大学建筑与城市规划学院，下设建筑系和城市规划与设计系。目前建筑学科拥有建筑设计及其理论二级学科博士点，建筑学一级学科硕士点，以及建筑与土木工程领域工程硕士点。

2. 学科发展现状与办学目标

南京大学建筑学专业虽起步较晚，但在办学之初，就将"借鉴国外一流大学建筑学办学模式、紧密结合中国特色"作为办学理念。经过近 15 年的努力，已初步摸索出一套既与国际一流建筑学教育体系接轨、又在当代中国切实可行的培养模式。该模式在我国建筑教育中率先开启了建筑学通识教育和本硕贯通培养之先河，即"2（通识）+2（专业）+2（研究生）"模式。目前，南京大学建筑学专业已经初步建立起从本科到硕士的连续贯通的完整教学体系。在这个体系中，建筑学专业的基础教学在南京大学"三三制"教改体系中统一安排，让学生在大学低年级接受宽基础的通识教育，此举与国际一流大学建筑学专业实施的教学计划与课程设置相同或相似。在"三三制"教改体系中的通识教育基础上，进一步实施分类培养和分阶段培养方案。而建筑学专业研究生教育业已通过国家专业教育评估，获得了建筑学硕士授予权，为建筑学高水平专业学位教育提供了保障。此外，目前教育部实施的专业硕士学位政策也鼓励贯彻建筑学专业本硕贯通培养计划，从而为这一体系提供了有力的导向。

南京大学建筑学专业在这一模式和体系上所进行的深入研究和大胆探索，得到了一些经验和成果。自 2007 年起，这一体系已经过了 8 年的实践，第一届学生已经完成整个本硕贯通教学流程。从教学成果、学生质量、社会反馈等各方面来看，这一体系已初步表现出了旺盛的生命力。这为南京大学建筑学专业进一步深入开展建筑学专业综合改革的探索打下了最重要的体制基础，最大限度地避免了在改革中可能出现的理念重构、学制调整、框架重建乃至队伍重组等问题。

建筑学专业注重学术型、应用型和复合型三类人才的培养。对于不同的类型的人才有不同的培养层次或学位相对应，将学术型人才培养定位在博士学位上，将应用型人才培养定位在建筑学硕士学位上，并且根据社会和学科发展的需要，在硕士学位阶段培养复合型人才。总体来说，以宽基础的本科教育应对各类型高层次人才的培养，既能满足国家和地方建设对高层次专业人才的需要，又能在学科前沿研究方面和国际一流大学开展合作。

3. 和国际上的比较

除了与学校层面的教学体制改革同步，我们还充分考虑建筑学专业教育的特点，南京大学建筑学教育的目标是瞄准国际一流的建筑学院和建筑系，建立与国际同步的建筑教育体制和体系，教学质量达到国际上较高水平。

建筑学专业教育分为两个层次，培养的学生获取建筑学学士和建筑学硕士两个不同层次的专业学位，分别应对不同的社会需求。国外著名建筑院系大多把培养目标定位在培养建筑领域的高端人才，以美国为例：全美排名前列的著名建筑院校基本上不设本科，如哈佛大学和哥伦比亚大学只有建筑学的研究生教育；或者采取通识本科教育和研究生的专业学位教育相结合的模式，如麻省理工学院、普林斯顿大学、耶鲁大学、宾夕法尼亚大学等。麻省理工学院的建筑教育明确了建筑学的本科学位是普通工学学位，如果需要专业学位，就要继续深造，通过研究生阶段的学习获得建筑学硕士专业学位。美国大学的建筑学本科教学模式以前也是以5年制为主，21世纪以来，美国的研究型大学为了应对社会发展的需要，对建筑学本科教育进行了改革，由专业教育转为通识教育＋专业培养，将专业深造的过程放入研究生教育。这样做的优势在于，利用通识教育夯实优秀人才知识的深度和广度，应对未来变化对专业转型带来的挑战，而专业教育在其研究生阶段完成，此时学生已经比较成熟，以广博的

学识为基础，更加有利于他们对专业知识的理解。欧洲的一流大学建筑学教育也分为两种类型：一类是以英国为代表的建筑学教育模式，另一类是以德国为代表的建筑学教育模式。前者和美国一流大学相类似，而后者的建筑学教育传统就是本硕连读，建筑学教育的直接出口就是研究生。

南京大学建筑学科在办学之初，充分研究分析过国际上建筑学办学的类型和发展趋势，决定建立本科研究生"4+2（3）"的本硕贯通模式，本科阶段4年，以工学学位毕业，硕士阶段2—3年，以建筑学硕士毕业。建筑学职业教育的最终目标是在硕士、博士阶段完成的。

4. 课程体系介绍

在南京大学建筑学课程设置方面，我们既要考虑南京大学通识教育的需要，又要考虑建筑学职业教育和评估的要求。因此，在通识教育的层面上，建筑学本科学制采用"2+2"模式，即2年通识课程加2年专业课程。为了满足职业教育评估要求，在一年级通识课程中加入造型基础课（相当于过去建筑系美术课的内容），在二年级增加"学科通识"类课程，如建筑设计基础课程，因此专业教育其实是3年。研究生分为学术型和专业型，学术型硕士学制3年，以论文的形式毕业；专业型硕士学制2.5年，以毕业设计的方式毕业（图1—3）。

由于篇幅限制，下面重点介绍本科阶段的一些课程，以

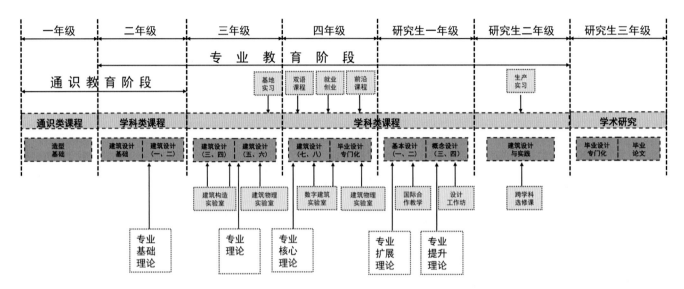

图 1　建筑设计课程及相关课程关系

图 2　本科常规建筑设计课程纲要

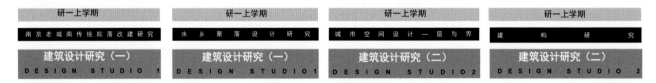

图 3　研究生常规建筑设计课程纲要

反映南大建筑系的教学特色。

　　一年级美术基础由南京大学建筑学院的老师和南京艺术学院的美术老师共同教学，分为美术和建筑两部分内容，美术训练由南京艺术学院的老师指导，在该校完成，建筑

训练由南京大学建筑学院的老师指导。造型基础课包括三个作业：作业一"动作装置"要求学生设计一个装置，改变人与场地环境的关系，目的是使学生通过对身体动作的精确分析和有目标的干预，初步认识身体、尺度与环境的

相互影响；作业二"折纸空间"要求学生利用折叠纸板创造一个复合空间，并通过轴测图和拼贴图，使学生初步掌握二维到三维的转化、分析和体验的转化。作业三"覆盖结构"要求学生建造一个覆盖大尺度空间做展示用途的结构。目的在于使学生初步理解支撑体系和围护体系，通过对力的关系的分析，感受结构美和空间美。整个课程希望综合学生的分析和感受能力，为今后对空间和造型的训练建立正确的基本认识（图4—7）。

图4 美术训练

图5 作业一"动作装置"示例

图6 作业二"折纸空间"示例

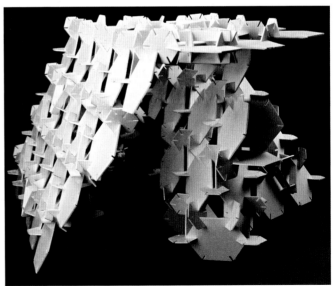

图7 作业三"覆盖结构"示例

二年级上学期"建筑设计基础课程"是建筑学专业本科
生的专业通识基础课程。本课程的任务一方面让新生从专业
的角度认知与实体建筑相关的基本知识，如主要建筑构件与
材料、基本构造原理、空间尺度、建筑环境等知识，另一方
面使学生通过学习运用建筑学的专业表达方法，如平立剖面
图、轴测图、实体与计算机模型等来更好地掌握建筑基本知
识。教学通过认知建筑、认知图示、认知环境等环节建立起
学生在这两方面的思维联系，为今后深入的专业学习奠定基
础（图8—11）。

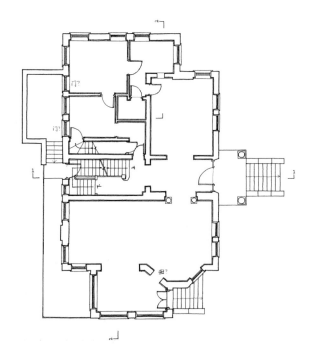

图9 建筑平面测绘

图8 建筑立面测绘

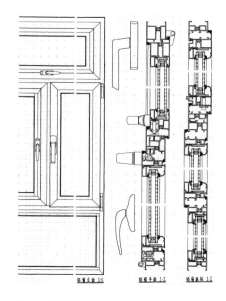

图10 窗构造测绘

图 11　手工实体模型制作

　　二年级下学期"界面限定下的空间组织训练"是在学生掌握了基本的建筑专业知识与表达技巧之后进行的第一个建筑设计训练。学生需要综合运用在建筑设计基础课程中学习的知识点来推进设计，初步体验用建筑的形式语言组织空间、进行设计操作。课程也希望学生在设计学习开始之初就关注场地条件与建筑生成之间的紧密关系。在初次设计时，学生对各种设计要素的提取和组织能力是十分有限的，因此教案需要进行简化、抽象与限定。本训练首先将真实场地环境限定为垂面和坡面两种基本的空间界面条件，各用一个设计练习加以训练。"建筑设计（一）"强调竖向界面的限定，"建筑设计（二）"强调坡地斜平面的界面限定；在形式语言上，

要求学生用体块和片墙两种基本的形式去填充和划分场地空间，在"建筑设计（一）"中，要求学生在统一场地以两种形式语言分别做两个方案，"建筑设计（二）"则可以综合运用体块和片墙（图 12—15）。

　　三年级上学期有两个设计课程——"建筑设计（三）"和"建筑设计（四）"。"建筑设计（三）"以"材"为主题，关注最基本的建造问题，使学生在学习设计的初始阶段就知道房子是如何建造起来的，深入认识形成建筑的基本条件（结构、材料、构造原理及其应用方法），同时课程也面对场地、环境和功能问题。课程训练的核心是结构、材料、场地，在学习组织功能与场地的同时，强化认识建筑结构、建筑构件、建筑围护等实体要素。"建筑设计（四）"以"空间"为主题，学习建筑空间组织的技巧和方法，训练空间的效果与表达。空间问题是建筑学的基本问题，课题基于复杂空间组织的训练和学习，要求学生从空间秩序入手，安排大空间与小空间，独立空间与重复空间，区分公共与私密空间、服务与被服务空间、开放与封闭空间。训练的重点是空间组织，包括空间的秩序、空间的内与外、空间的质感及其构成等。课程以模型为手段辅助推敲，设计分体积、空间、结构、围合等，最终形成一个完整的设计（图 16—19）。

　　三年级下学期的两个设计课程——"建筑设计（五）"和"建筑设计（六）"，分别训练学生对复杂建筑的功能和流线组织的能力，以及大跨度的结构、声学、视线问题（图 20—23）。

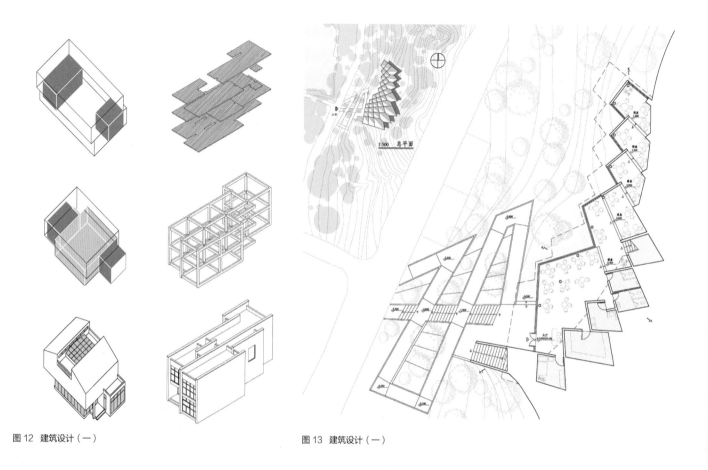

图 12 建筑设计（一）

图 13 建筑设计（一）

图 14 建筑设计（二）

图 15 建筑设计（二）

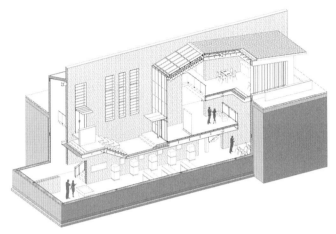

图 16 建筑设计（三）

图 17 建筑设计（三）

大学生活动中心设计

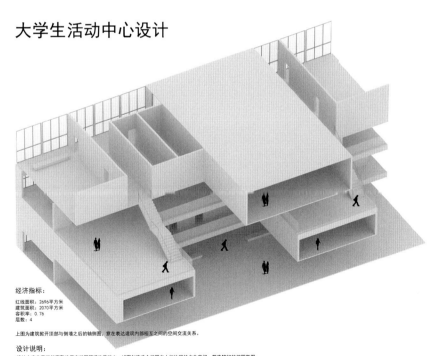

经济指标：

红线面积：2696平方米
建筑面积：2070平方米
容积率：0.76
层数：4

上图为建筑掀开顶部与侧墙之后的轴侧图，意在表达建筑内部相互之间的空间交流关系。

设计说明：
　　设计方案在尽可能不影响原有校园环境的基础上，试图创造适合校园内人们休憩的户外空间，营造较好的校园氛围。
　　在设计概念上，试图通过大小不同的管状空间来代表生活中人们所需要的各种大小空间，通过管状空间的相互交叠来实现空间的相互渗透和交流。

图 18 建筑设计（四）

图 19 建筑设计（四）

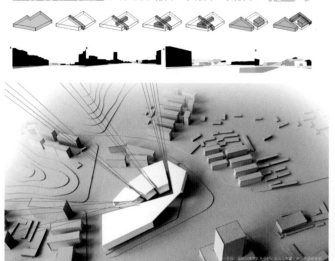

图 20　建筑设计（五）

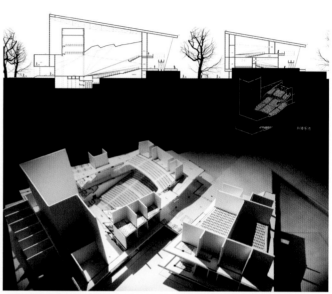

图 21　建筑设计（五）

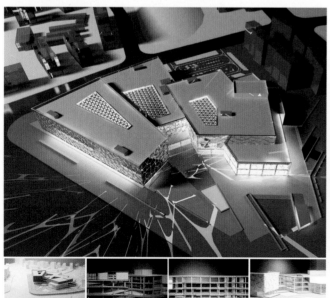

图 22　建筑设计（六）

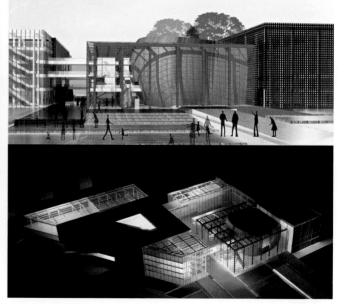

图 23　建筑设计（六）

四年级上学期的两个设计课程——"建筑设计（七）"和"建筑设计（八）"，前者以"高层建筑"为主题，涉及城市、空间、形体、结构、设备、材料、消防等内容，比较复杂与综合。课题采取贴近真实实践的视角，教学重点与目标是帮助学生理解、消化涉及的各方面知识，提高综合运用并创造性解决问题的技能（图24—25）。后者是城市设计，着重训练学生对于空间场所的创造能力，使他们熟练掌握城市设计的方法，熟悉从宏观整体层面处理不同尺度空间

问题，并有效地进行图纸表达。教学重点在于使学生通过分析，理解城市交通、城市设施在城市体系中的作用（图26—27）。

四年级下学期是毕业设计及专门化，两个方向的题目分别针对读研和不读研的同学，继续读研的同学选择专门化主题（数字化建造、建筑节能等），由在相应领域有所专长的教师担任导师。不继续读研的学生完成毕业设计，由设计教师担任指导，完成16张A1幅面的图纸。毕业设计题目要

图24 建筑设计（七）

图25 建筑设计（七）

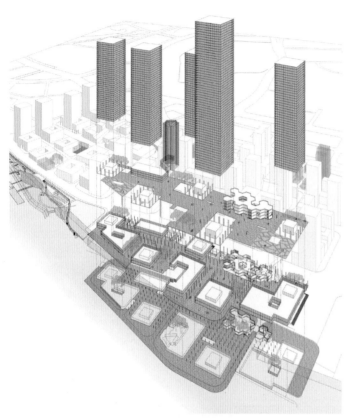

图 26　建筑设计（八）

图 27　建筑设计（八）

求具有综合性和足够设计深度（图 28—29）。

　　研究生教学是专业教育的提高阶段。研究生的知识体系中，既要有很强的专业性和规范性，又要有很强的创造性和开拓性，这是建筑设计学科的特点。在学制方面，总体课程设置有一定的特点：研究生进入学校第一学年不分导师，统一授课，统一完成设计课的课程教育，避免学生较早进入导师工作室，带来知识取向单一化、知识结构不完整的弊病；第二学年进行设计实践，可选择在校内或校外相关共建基地实习，通过一年的实践，达到建筑学专业教育所需要的实践技能；第三年进行毕业论文或者毕业设计，通过课程教育—实践—毕业设计（或毕业论文）的过程，循序渐进地完成研究生的专业教育，达到建筑学学位评估提出的要求。

图 28 毕业设计

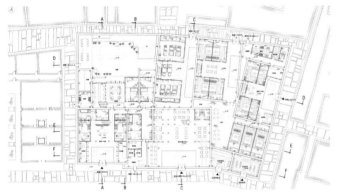

图 29 毕业设计

在设计课课程体系设置方面，学院做出了一定的探索，既强调研究生的基本技能训练，又重视创造性思维开拓。在研究生一年级集中开设研究生设计课，完成两个阶段的设计课程：第一个阶段可选"基本设计""概念设计"两者之一，分别锻炼学生的基本技能和概念思维方法；第二个阶段可选"建构设计""城市设计"两者之一，分别起到深化实践技能、开拓创造性视野的作用。 设计课第一阶段"建筑设计研究（一）"，时间 9 周（研究生一年级上学期），同时开设两个课

题：基本设计研究（Basic Design），解决功能、空间、场地、建造等基本问题，深化学生对建筑设计过程与设计方法的基本认识与理解；概念设计研究（Conceptual Design），研究建筑空间创意的方法（图 30—31）。设计课第二阶段："建筑设计研究（二）"，时间 9 周（研究生一年级上学期）。同时开设两个课题：建构设计研究（Tectonic Design），深化学生对符合建造意义结构与构造的设计过程与设计方法的认识与理解；城市设计研究（Urban Design），研究城市空间形态创意的方法。两个阶段分别提供 4 位教师各自命题的工作坊（Studio），分属两大课题类。其中有 1—2 位外聘教师的工作坊，题目根据每次的实际情况归属不同课题。通过两个阶段的学习，研究生提高了设计的技能，也获得了一

图 30 建筑设计研究 -1

图 31　建筑设计研究 -1

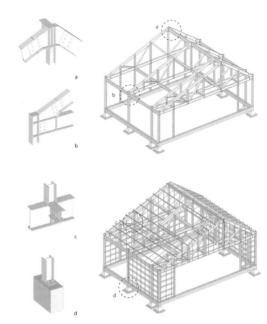

图 32　建筑设计研究 -2

定的知识积累，掌握了一定的研究方法，为下一个阶段的学习奠定了基础（图 32—33 ）。

　　此外，每年春季学期末开设四个国际工作营或联合教学，请国际著名院校教师或者建筑师任教，为期 1—4 周，丰富了课程的结构和层次，开阔了学生的视野。总之，以建筑学理论框架串接多元化设计课模块，不仅有利于研究生认知整体的知识框架，而且多元化的建筑设计课程设计训练模块为提高学生的设计能力提供了保障。

　　建筑教育是一个长期的过程，需要很长时间和周期才能显示其成果。建筑学专业课程设置也是一个错综复杂的综合的课题，尤其是在解决通识教育和专业教育的矛盾方面，仍需要持续关注和探索。

原文刊载于：周凌，丁沃沃 . 南京大学建筑学教育的基本框架和课程体系概述 [J]. 城市建筑，2015(16)：83-86.

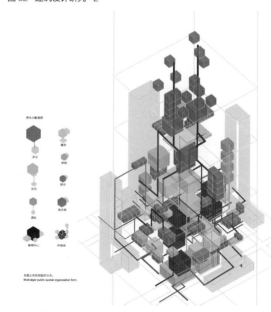

图 33　建筑设计研究 -2

"苏黎世模型"——瑞士 ETH-Z 建筑设计基础教学的思路与方法
The "Zurich Model"—Approaches and Methods of Preliminary Architectural Design Teaching in ETH-Z, Switzerland

吉国华

Ji Guohua

摘要：

"苏黎世模型"是瑞士 ETH-Z 沿用十余年的建筑基础教学体系，其风格严谨，过程井然，有效地培养了学生基本的建筑知识和技能，是一种非常成功的建筑设计基础教学方法。本文介绍它的教学思想及过程、方法，希望对我国当前的建筑教育改革提供参考。

关键词：

基础教育；现代主义；形式；过程；练习；媒介

Abstract:

The "Zurich model" is the preliminary architectural teaching system that has been used in ETH-Z for more than ten years. It has a rigorous style and a well-organized process, effectively developing the students' basic architectural knowledge and skills. It is thus a very successful teaching method of preliminary architectural design teaching. This paper introduces its teaching ideas, processes and methods, hoping to provide a reference for the current architectural education reform in China.

Keywords:

Preliminary Education; Modernism; Form; Process; Practice; Media

1. 历史简介

20 世纪 50 年代的美国建筑教育正处于传统的巴黎美术学院模式向包豪斯模式转换的时期，而得州大学的一批后来被称为 "Texas Rangers"（得克萨斯骑警，当时的一部电影名）的青年人进行了一场后来被认为 "史无前例" 的教学试验，他们对包豪斯基础教学中的偶然性和随意性提出批评，并对格罗皮乌斯主持的哈佛大学建筑教学中回避形式问题的教条提出不同意见，认为现代建筑教育的核心是空间教育，并展开了对现代主义建筑的形式研究，力图建立一个与传统的巴黎美术学院体系相媲美的、以现代主义建筑教育为目标的新学院派。

"Texas Rangers" 中的一名主要成员，瑞士人 B. 赫斯利（Bernhard Hoesli) 于 1959 年返回母校 ETH-Z (Eidgenoessische Technische Hochschule Zuerich，苏黎世瑞士联邦高等理工大学），把他在美国的理想与经验引入这个以严谨的职业建筑师训练而著称的学府，从而把这个当时仍禁锢于传统的建筑系带到了现代建筑教育的最前沿。从 20 年代起，ETH-Z 从一年级起即以建筑项目设计为教学手段。赫斯利到 ETH-Z 后，负责一年级的教学，他创立并发展了其建筑入门的建筑教学模式——"Grundkurs"，将一年级的建筑课程结构分为三门相互作用的课程：建筑设计、构造、绘画与图形设计。其教学目的有四个方面：1. 基本表现方法的训练，如绘图和模型制作；2. 空间意识和空间思维的培养；3. 建筑师及建筑设计的工作方法入门；4. 建筑材料和构造的认知。赫斯利负责 ETH-Z 的基础设计教学直到 1981 年，取得了良好的教学成果，其教学思想与方法对欧洲和美国的建筑教育均产生了巨大影响。

在赫斯利时期负责构造教学的 H. 克莱默（Herbert Kramel）后来负责一年级教学，他同时肩负了建筑设计与构造这两门课程。1985 年起，在继承赫斯利的教学体系的基础上，他将两门课合而为一，进一步将建筑设计初步课程发展成一个以瑞士当代的建筑实践为基础、以建立整体的建筑观为主要目标的、以建筑空间发展为主线的结构有序的基础教学体系，即 "苏黎世（教学）模型"(Zurich Model)。

苏黎世模型的教学方法在 ETH-Z 一直实施至 1996 年，即克莱默临近退休，共十余年，其风格严谨，过程井然，有效地培养了学生基本的建筑知识和技能，是一种非常成功的建筑设计基础教学方法。其成果多次在欧美巡回展览，具有广泛的影响，克莱默的一些助教先后在欧美等地的大学开展设计基础教学，继续发展其教学思想。克莱默也一直负责 ETH-Z 与东南大学的交流，一批东大的年轻教师在 ETH-Z 进修后回到母校，其教学思想与方法正影响着东南大学建筑系日益深化的教学改革。

2. "苏黎世模型" 图解

"苏黎世模型" 表达了一种建筑基础教育的基本体系。

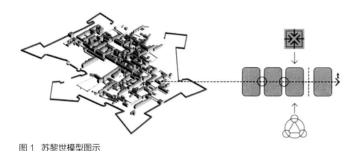

图1 苏黎世模型图示

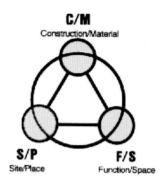

图2

它确定了课程的结构,即教学的内容和程序,同时,引入参照环境这一概念。它的建立基于 ETH-Z 的教育框架,并在教学过程和其理论基础之间建立了明确的联系。图 1 为苏黎世模型的图解。

2.1 教育模型

一所学校的建筑教育体系取决于四个方面:1. 学校的教育方针;2. 教师的素质;3. 学生的情况;4. 教学的实际内容。虽然教学内容和课程结构是最实质的东西,但前三个方面扮演着十分重要的角色,是它们决定了教学内容以及教学过程的组织。这三个方面再加上外部建筑及相关行业所构成的职业气候,组成了教育模型的四个相互作用的部分,它们是建立教学体系的先决条件。因此,教学过程和方法应适时调整以适应教师、学生和环境等的需求与能力变化,对一些新的手段如计算机辅助建筑设计都应及时地引用。

2.2 理论基础

理论基础表述了对建筑形式的认识与理解。建筑设计的

基础包含可变与不变的要素,其不变的要素构成了建筑学的基本原则,在各个时期,这些原则被一些由文化因素决定的可变要素重新注释。建筑理论涉及这两方面,提供了基本的框架以指导建筑设计,理论基础自然也是建筑教育的一个重要问题。"苏黎世模型"教学体系以现代主义 (Modern Movement) 理论为理论基础,图 2 表达了其对现代主义理论的基本理解,认为建筑形式是功能 / 空间、构造 / 材料和基地 / 场所互相作用的结果。在教学过程中,这三对概念通过精心安排的练习加以强调,使学生建立对这些概念及相互关系的理解,并以此为基础,进一步掌握并理解诸如系统、比例等等其他的建筑概念。

2.3 操作模型

操作模型是指根据时间安排的课程结构以及相关事件与资源的组织,使学生获得并增进知识技能。课程的设定是根据理论基础来安排的,基于功能 / 空间、构造 / 材料和基地 /

场所及其互相作用来评价的建筑形式生成方法是教学的主要内容。一年级的教学一般分为由浅入深的三到四个阶段，学生在建筑训练中对每一对形式生成要素的理解都得到发展，并增加相应的知识、经验、技能和方法及处理三者之间的关系的能力，为以后的进一步学习打下基础。

2.4 参照环境

建筑有一个基本特性就是它有一个"根"，即它总发生于某个特定的环境，环境的自身特点对建筑形成了限定。源于生物学的格言"形式进化于限定"将达尔文思想引入了建筑学。参照环境为建筑设计提供了物质限定。为保证教学目的和过程基本构想的实现，参照环境必须仔细选择。"苏黎世模型"十分强调整体的建筑观，所有的设计题目都有同一的环境，分为若干个设计作业，每一个设计既是环境影响的结果，同时又是下一个设计的环境要素组成，使学生在设计过程中总能关注环境的作用，并关注建筑对环境的影响。

3. "苏黎世模型"基本思想

3.1 建筑教育的目标与现代主义

克莱默认为，由于目标和方向的迷失，当今的建筑走向了自我表现的行为模式，这助长了文化和环境的破坏，而建筑师和建筑教育难辞其咎。这种情况是与现代主义的目标背道而驰的。现代主义力求为 20 世纪建立一种宝贵的人文文

化和社会，并因此将科学发现应用于建筑学，为建筑学建立理性基础是现代主义运动的目标和使命。为了跟上未来的步伐，现代主义从历史中走出，英雄崇拜及对"大师"的膜拜被抛弃，格罗皮乌斯主张协作、反对个人灵感的观念被广泛接受。然而进入后现代时期以后，历史被重新接受并随之堕落为形式的"超市"，走向了追求明星和超级明星之路。这种发展在建筑学和建筑教育中留下了深刻的烙印。教学初始，就使学生信仰自我认同和自我表现的设计模式，这种教育遗忘了音乐家与大师的区别，遗忘了音乐家是创造和支撑大师所建立情感的音乐文化的实质。教育的任务是培养音乐家，而大师只是特例。当代建筑教育的目标是创造理性的基础，使建筑学能够建立在使科学和技术重新合为一体的理性原则之上。

3.2 基础教育的方向

建筑基础教育的任务是什么？根据不同的文化背景和学校的历史，答案会有所不同。在学院派的教育中，视建筑为艺术的观点常很盛行，于是常常依靠教师去创造条件、课题和练习来激发学生进入这未知的领域。而视建筑为职业的观点清楚地限定了职业的传统、要求和技术，这是建筑教育的另一思路。依此观点，教师需发展建筑课程和相关活动来引导学生的职业入门，教学的路子不是挖掘潜力而是教、授和引导，对、错是此方法的一部分，教学和效果紧密联系。第三种思路是视建筑为训练，这样，学习的尝试、洞察力、知识、

方法和经验的逐步积累成为教学的目的。这种思路的教学过程基于复杂程度的加深而不是知识的累加。还有第四种观点，认为基础教育是科学工作的入门，搜寻和研究主导了教与学的方法，学的过程具高度个人化特征，教只是指导性的。思维方法和研究方法的训练在教育中的重要性超过教育内容。

关于选择哪种方法，孤立来看只是个人喜好问题。然而，每一种方法有各自不同的效果，各种方法都有排他性，不同的路将导向不同的目标，应根据时间、地点、学校的历史、教学的状况和文化环境决定教学手段。可以将以上各种方法的不同部分结合为一个统一的形式，来切合学校的教育目标。对"苏黎世模型"而言，重点是建筑职业和建筑训练，视建筑为艺术和科学研究的概念放在了次要位置，使学生在第一年的学习中掌握基本和关键的建筑知识和技能，可以事半功倍。

3.3 教学目标

一年级的初学者大多没有任何专业知识背景。建筑基础教学的目的是引导他们进入建筑设计专业领域，让他们能够掌握建筑设计的工作方法。基础教学同时力图发展学生的评价体系，使之能对自己的设计进行评判，为他们建立自身的知识体系提供引导。如同学习语言，学生必须学会建筑的词汇和符号，为进一步学习打下基础。在教学过程中，学生需建立如环境、基地、空间、系统、体量、比例等等概念，学会评价方法和操作方法，理解多层次的空间概念，内部和外部、公共和私密、单体和单元组合的相互作用，掌握现代建筑的基本形式构成方法。

从某种意义上讲，媒介 (media) 即信息，或换句话说，媒介即方法，而且建筑学理论基础的不同也使媒介随之变化。绘图是建筑的思维和设计视觉化的手段，同时是传递信息的表达手段，模型在建筑设计和教育中具有重要地位，计算机辅助设计、计算机模型具有巨大潜力，新的媒介将带来新的设计方法的改变。建筑基础教学应使学生懂得媒介和方法的关系，选择适当的图形工具去检查和解决相应的问题。画图、模型制作、设计方案的视觉化、表现技能等等都是学生应掌握的技能。同时，学生还须懂得"比例"的重要性，因绘图的比例对应于信息的深度，即问题的深度。

3.4 关于"练习"与"方案"

"苏黎世模型"继承"Texas Rangers"及赫斯利的基础教学的思路，即相对于建筑类型 (Building Types)，建筑的问题类型 (Problem Types) 构成了设计的基础，基础设计是设计原理，同时也是基本职业传统的教授。"苏黎世模型"是一种"问题类型"的教育方法，其教学过程和内容的设定是要将一系列针对建筑问题的练习组合起来，并在不同阶段限定一定的范围和复杂程度，而不是试图设计一个建筑的方案。于是其学习的过程比结果更加重要。"苏黎世模型"并不专注于答案而更加关注学生必须考虑的问题的内容，其设计练习在学生面对的问题内容方面，根据他们能够使用的时间进行了严格的限定。在"苏黎世模型"中，教学过程和职业设计过程的区别非常明显，与职业设计过程不同，学生作为初学者面对建筑问题，因为他们没有一定的概念和实际技能，练习的最终结果并不构成设计的解答，而是为更好地理解建筑问题打下基础。

3.5 关于形式

建筑物或建筑子系统是按层级组织的大系统的一部分，因为元素是相互作用的，秩序和组织关系非常重要。从建筑的角度来看，建筑是"进化"而不是"发明"来的。建筑形式只能通过"限定"而进化，因此可以认为建筑的最终形式是过程的结果状态。建筑形式的最终状态是一种物理构造或"建造形式"。建筑形式的进化之路和它的建造过程是直接联系的。以上的理解加上对现代主义理论的基本理解，即认为建筑形式是功能/空间、构造/材料和基地/场所互相作用的结果，为教学中的建筑问题提供了基本的逻辑。

4. 教学过程

"苏黎世模型"所选题目一般为含有几种功能的复合体，分为三到四个阶段，逐步培养学生的设计能力。如前所述，教案目的并非要学生设计出完善的建筑方案，而是为教学目的设置一个框架，通过一系列的设计题目，为各种建筑问题的学习提供相应和限定的范围，通过建筑设计的练习，掌握基本的知识和技能。在基本教学框架下，实际的操作过程根据每年的实际情况可进行调整。

例如在1984—1985年度的教学中，题目为软件工程师的住区，分为入口（阶段一）、居住单元（阶段二）和实验室（阶段三）。阶段一的教学目的是建筑空间入门，并强调设计和构造方法的关系。阶段二的重点为功能组织，上楼问题和保温问题提供了一定的设计复杂性，并在砖木结构的基础上增加了钢结构问题，同时，阶段一的结果在基地环境方面的影响也是这个阶段要面临的问题。阶段三是一个公共空间设计，须考虑不同大小和高度的空间组合。同时提出建筑的"意义"问题，介绍给学生建筑与历史和符号的关系。

在每一阶段，学生面对的问题类型和复杂程度都有严格的控制，使学生解决问题的能力相应提高，使学习的过程渐进而连续。前一阶段的输出作为后一阶段的输入，使学生及时巩固已有的经验和知识，而不至于学后就忘。

"苏黎世（教学）模型"的每年操作都有严格的计划，ETH-Z的一年级每周有两天的设计课程，其计划落实到每一天的内容中，学生须按日完成练习，相关的讲课也在同时进行。

下面是1995—1996年度的基础教学实例。这一年度的教学以意大利的"理想城市"萨比奥内塔（Sabbioneta）为参照环境，过程分为四个阶段，前三个阶段的设计内容为一家城市旅馆，分别为居住单元、服务管理和俱乐部设计，第四个阶段为小剧场设计。

阶段一

首先，以教师给定的基地环境、旅馆的功能体块作为设计的开始点，学生需对基地进行分析，安排总体功能并组织体块和空间，以手工或计算机模型为手段完成总体设计，进

行图底关系、分区、控制线的分析，理解基本的环境、空间概念。然后是居住单元的设计。学生按要求制作一个代表用地的 6m×15m 三面围合的底板，两个 3m×6m×3m 的居室的框架、一个 3m×1.5m×3m 的卫生间实体、两个

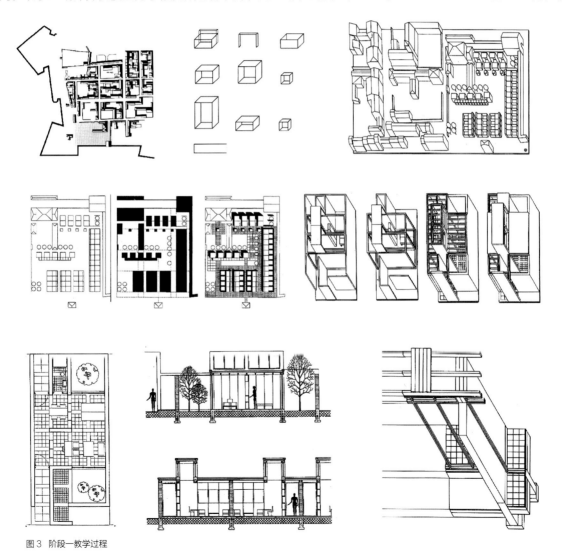

图3 阶段一教学过程

3m×1.5m×1.5m 的天窗和共 9m 长的矮墙，以及相应的家具来进行设计。空间组织、功能组织、对空间限定要素的理解是其要点，构造的设计强调了材料、结构和构造与形式的关系，单元之间的组合所产生的功能和形式问题强调了部分与整体的关系。平面、剖面和模型等是建筑设计的主要媒介（图 3）。

阶段二

以阶段一的结果为出发点，此阶段的内容为服务管理部分的设计（图 4）。其功能相对复杂，包括接待、酒吧和多层办公。学生根据教师提供的功能泡泡图，对此部分的体块重新组合，再对内部空间进行分隔和围合，并进一步对构造和材料进行设计。此阶段的目的是进一步理解前一阶段有关功能、空间限定、构造等新建概念，并讨论空间和体积之间的关系，强调材料和构造方法，形式、外观和建筑表情的相互关系，以及建筑、构件和细部的关系。在模型、平面的设计和表现手段上又加入了立面、透视等方法。

阶段三

在前两个阶段中，学生关于建筑形式是功能 / 空间、构造 / 材料、基地 / 场所的相互作用的结果的概念已经建立，通过限定要素的组织来创造形式的方法也运用于不同的复杂程度，学生也研究了不同层面（体积、空间、构件）问题的组织和解决方法。阶段三的重点是组织原理，要素按功能要求组织成组，形成基本类型，继而组合为更大的系统（图 5）。另外，"屋顶"作为一个问题类型提出，屋顶的元素组织形成了具有建筑形象化意义的一种模式。

俱乐部的功能按活动内容分为四个单元。首先，体块转化为"框架"和"载体"，每一个单元由一个控制性的框架和若干包含功能的载体组成。学生需对每一单元的进行组织，然后将它们组合在一起，集合体转化为空间簇。结构化的空间组织是设计的要点，教给学生统一与变化相互作用的思维方法。

阶段四

前三个阶段的内容和时间安排都有严格的限定，教授学生基本的建筑概念和方法，而第四个阶段非常自由，让学生应用学到的知识来独自进行设计，进一步巩固已有的知识并检验自己的学习成果。这个阶段，学生自己选择基地、具体内容、设计过程和表现方法。

5. 总结

"苏黎世模型"建立于当时学界对建筑学和建筑教育宏观问题的思考之上，具有明确的思想；它从系统的角度确定了基础教育的目标和任务，理论严谨；在操作层面，它围绕教学目标，将 Studio 教学、授课以及调研等其他相关事件紧密结合，计划严密，具有很强的针对性和可操作性；它是

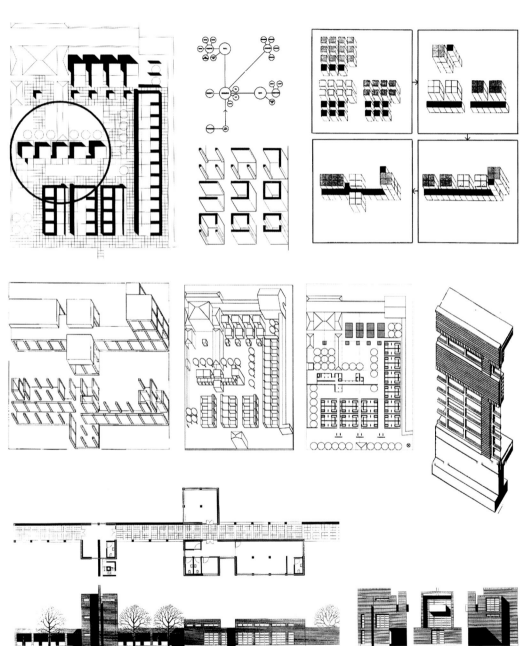

图4　阶段二教学过程

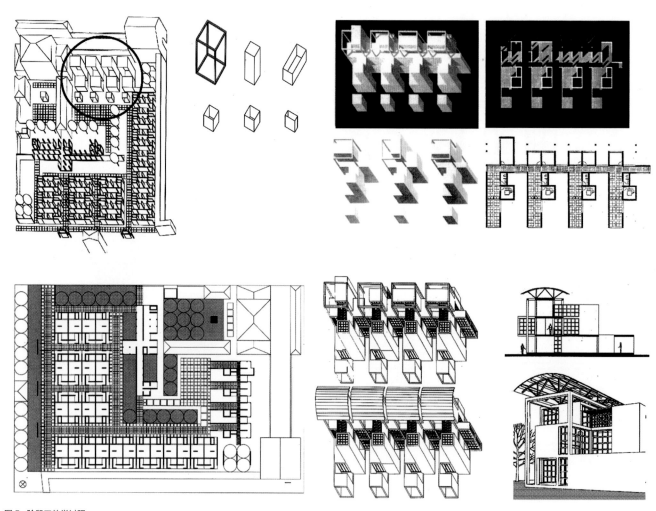

图5 阶段三教学过程

一种注重过程的教育体系，具有鲜明的理性特色。当前，我国的建筑教育处于改革之中，出现了许多新的尝试，也引出了相关的争论，素质教育、创造性培养成为当今的热门话题。"苏黎世模型"不仅仅是一个成功的基础教学范例，它系统的思维方法和严谨的教学过程对我们进一步探讨建筑教育有关问题具有重要的启示作用。

参考文献：

[1] Kramel H. Die Lehre Als Program [J]. ETH-Zuerich Institut gta，1986.

[2] Mceowen C. Building an Operational Base[J]. ETH-Zuerich，Postgraduate Program on Design Education，1993-1994.

[3] Kramel H. A Structural Approach to Basic Architectural Design[J]. ETH-Zuerich，1996.

[4] Kramel H. Basic Design and Design Basics[J]. ETH-Zuerich，1996.

[5] Kramel H. Structure,Organization and Form in Basic Architectural Design[J]. ETH-Zuerich，1996.

[6] 顾大庆. 设计基础教学改革的心路历程 [M]// 东南大学建筑系成立七十周年纪念专集. 建工出版社，1997：217-218.

原文刊载于：吉国华. "苏黎世模型"——瑞士 ETH-Z 建筑设计基础教学的思路与方法 [J]. 建筑师，2000(09)：77-81.

建筑设计教学中的木构建造实验
Wooden Construction Experiments in Architectural Design Studio

冯金龙 / 赵辰 / 周凌

Feng Jinlong / Zhao Chen / Zhou Ling

摘要:

本文简要介绍了南京大学建筑研究所研究生设计教学中的木构建造实验和教学思想。

关键词:

木构建造；设计教学；建筑教育

Abstract:

This article gives a brief introduction to the wooden construction experiments in architectural design studio and makes an account of ideals in the architectural education at the School of Architecture at Nanjing University.

Keywords:

Wooden Construction; Design Studio; Architectural Education

关于建造问题的研究和实践是任何一个成熟和完整的建筑教学体系都不可缺少的环节，许多国际上重要的建筑与设计学院均十分重视建造问题的研究和实践，将足尺模型、砖工、木工、混凝土工程等建造工艺作为研究对象和媒介引入建筑设计教学。因此，从建造活动和制造工艺本身出发来研究建筑问题，将它纳入设计教学已逐渐成为一种学术传统。

木材是最主要的建筑材料之一，其独特的结构、构造形式和建造方式是研究建筑基本问题的一个重要组成部分。对木构建筑的研究在建筑设计教学中理应成为重要的教学主题。木材具有便于获取和易于加工、回收的特性，亦是建筑设计教学理想的建造实验材料，适于以此作为操作对象和研究媒介进行木构建筑的模拟建造和真实建造。

对建筑的认识不仅仅是自上而下的，来自先前的理论和书本，也可以通过建造实践，从基本的材料和建造逻辑中，从自身的实践认知中总结关于设计和建筑的思维方式和相应的建筑形式语言。南京大学建筑研究所近年来的研究生教育强调对学生创新精神与务实能力的培养，关注于建筑的基本问题，采用理论与实践相结合的教学模式进行建构教学实验，将建造实践作为设计教学的重要组成内容。

木构建筑研究是系列化的建构教学实验的一项专题研究。一方面，此项研究通过理论课程、文献阅读建立起学生关于木构建筑的知识背景平台，使学生掌握了解当今木构建筑的材料加工技术、建筑构造和结构技术发展的最新成果，建立正确的木构建筑认识和评价方法；另一方面，对材料实际的操作是认知和理解木构建筑建造问题最直接有效的方法，学生通过实际建造，在多个层面上对木构建筑的材料、构造和结构等进行研究，从材料和建造的逻辑中获得关于解决实际问题的工作方式和思维模式，积累设计的形式语言。学生直接面对材料，体会在图纸上不可能遇到的各种操作问题，此时已不是从图面设计的角度思考建造问题，而是一个解决实际问题的过程。建造实践与模型研究又有所不同，尽管都是对实际材料的操作，但建造是人与建筑多层面互动的过程，其尺度的真实让人对材料、时空有着全面的感受，建造的过程包含了更为丰富和完整的个人体验。

实际建造和建筑的使用功能、场地环境和施工技术等密切相关，实施建造的过程非常复杂，在设计教学中无法而且没必要完全真实地还原实际建造的方方面面，而应是针对研究的主题选取并抽象出重要的要素来进行专题研究以及专门化训练，局部模拟实际建造或"准"建造，从局部到整体，从单一到综合，从单元到系统多层面展开。

根据现有的教学设施条件教学，运用限定与开放的教学策略实现既定的设计教学目标。

1. 空间尺度的限定与空间使用功能的开放

建造的空间尺度规定为 $2.4m \times 2.4m \times 2.4m$，这个 $24m^3$ 空间的使用方式由学生自定，显然，不同的空间使用功能会有不同的空间分隔、围护以及开启方式。

2. 结构材料的限定与非结构围护体材料的开放

规定结构用材为木材，可用梁柱的材料断面尺寸为

28mm×95mm、45mm×95mm、70mm×70mm 截面方木。

非结构围护体材料可根据空间的使用功能和围护的方式选择任何可操作的材料，如木板、木条、纸板、PVC 板、角钢等。

3. 结构形式的限定与构造方式的开放

规定木构框架、螺栓连接，由于规定的结构用材断面尺寸偏小，建造时必须采用分解组合的方式形成组合柱或组合梁以满足结构受力的要求。组合柱和组合梁的连接形式有多种可能性，使梁柱连接构造单元呈现丰富的多样性，学生根据设计的需要进行选择。

4. 造价的限定与建造过程的开放

对除结构用材以外的所有工程造价进行控制，从建材市场的调研开始，各类材料的价格、建造过程中的材料使用量，甚至材料运输的费用均需在掌控之中，进行相应的取舍以平衡建筑造价。由于实际建造过程中，诸多复杂因素相互交织，需要不断摸索积累经验，在各个不同的建造阶段根据不同情况灵活调整原来的设计方案，使其从理想状态的图纸走向现实的可操作性的实物。

这里介绍的是 2004—2005 年度南京大学建筑研究所建构设计教学的过程和内容。作为实验性的初步探索，它是师生共同探讨和研究的一个过程，这种设计教学没有固定的模式和预设的结果，教案设置尚有很多的不足有待改造，我们在今后将会继续深化木构建造的实验（特别感谢芬兰木业为南大木构建造实验提供了所有的结构用材）。

原文刊载于：冯金龙，赵辰，周凌 . 建筑设计教学中的木构建造实验 [J]. 世界建筑，2005(08)：40-44.

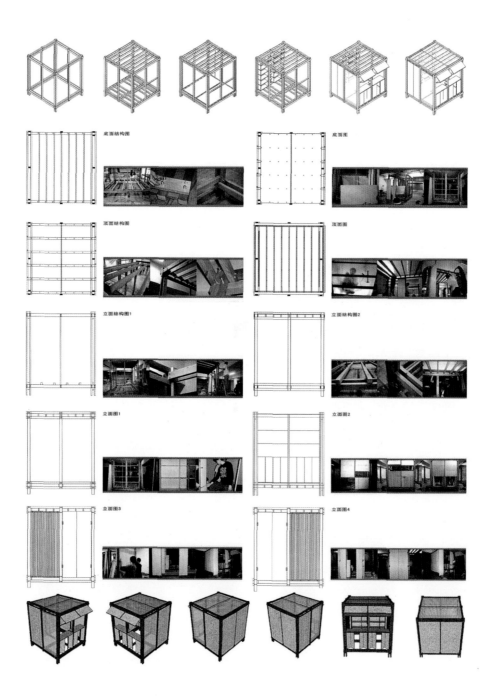

底面结构图

底面图

顶面结构图

顶面图

立面结构图1

立面结构图2

立面图1

立面图2

立面图3

立面图4

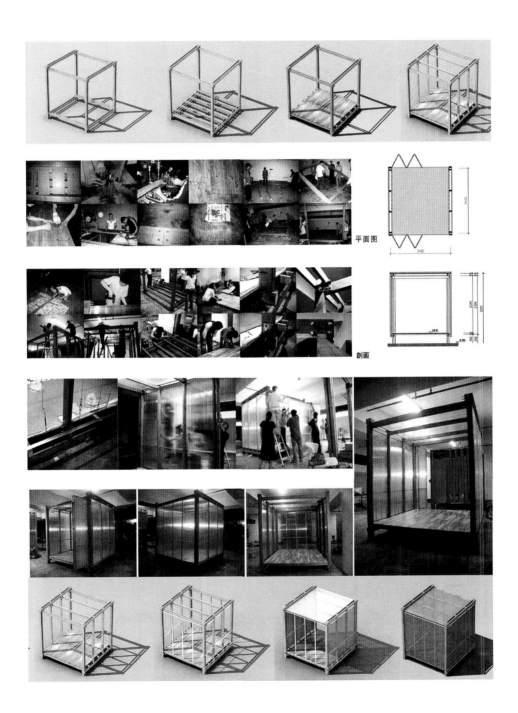

平面图

剖面

面向建造的数字化设计教学探索
A Teaching Exploration of Construction-Oriented Digital Design

吉国华 / 陈中高

Ji Guohua / Chen Zhonggao

摘要：

建筑数字技术迅猛发展，大大地延伸了建筑设计方法的操作范畴，同时也促使设计过程和建造过程的高度整合。本文介绍了南京大学建筑学本科毕业设计小组的数字化教学实践，课程将建造作为数字化设计的出发点和目标，通过一系列任务，引导学生从对建造本身的认识到基于建造原型的数字化设计表达，再到结合材料、构造及数控加工的真实搭建，以实现对学生面向建造的数字化设计思维能力的培养。

关键词：

建筑教学；数字设计；数字建造；建筑找形

Abstract:

With rapid development, digital technology not only greatly extends the scope of architectural design methods, but also integrates the design process with the construction process. This paper introduces the digital teaching for architectural graduates at the School of Architecutre of Nanjing University, which sets construction as the original and final purpose. Through a series of assignments, it leads students from the understanding of construction itself to an expression for digital design, and then to the actual consturcion, aiming to improve their perception of construction-oriented digital design.

Keywords:

Architectural Teaching; Digital Design; Digital Construction; Architectural Form-Finding

数字技术为建筑设计的生成、分析和建造提供了有力的工具，大大拓展了建筑形式的创新可能性，同时也促使设计过程和建造过程的高度整合[1]。但数字化设计技术在造型方面的便利，使人易陷入片面强调造型、过分关注形式的误区，而忽略了建造作为建筑本原的重要性。基于此，南京大学 2017 届建筑学本科生的毕业设计尝试面向建造的数字化设计教学探索，以实体建造为核心，引导学生理解数字化设计需要自然地和建造逻辑建立关联，进而对建筑数字技术的本质进行更全面和清晰的思考。

1. 数字化设计与建造相关教学

自 20 世纪 90 年代起，建筑数字技术得到迅猛发展[2]。在其影响下，欧美的一些建筑院校开始在常规教学中引入基于数字技术的建筑设计课程，并从 3 个方面展开相应的数字化教学与研究。1）面向新形式的设计建造，较具代表性的有英国建筑联盟学院（AA）设计研究实验室（Design Research Lab）致力于利用数字技术对建筑原型的形式生成探索[3]、美国康奈尔大学开设的关注几何形式衍变可能性的数字化设计课程[4]。2）基于新技术的设计建造，例如瑞士苏黎世联邦理工学院（ETH）的格拉马齐奥和科勒（Gramazio Kohler Research）研究小组探索与挖掘诸如机械臂、3D 打印等数字建造所激发的设计潜力[5]、美国麻省理工学院（MIT）的媒体实验室（Media Lab）围绕科技、

设计、人与社会展开的跨学科交叉研究[6]，以及荷兰代尔夫特大学 Hyperbody 工作室以数字平台作为设计手段进行的实验性建筑研究[7]。3）应用新材料的设计建造，其中有一定延续性的有德国斯图特大学运算设计学院（ICD）基于复杂纤维的材料结构来开创的新的建筑形式语言[8]、哈佛大学设计学院材料研究小组（Map+S）通过陶瓷材料的系统研究对建筑应用的可能性进行尝试与探索[9]。

近年来，国内也有不少建筑院校积极参与数字化设计与建造的相关教学。清华大学建筑学院从 2004 年起开设了关注于算法生形的"非线性建筑设计课"[10]，东南大学建筑学院则从 2006 年开始探索建筑生成设计在建筑学本科教育上的可能性[11]，同济大学建筑与城市规划学院则尝试将数字工具与数字建造引入本科三年级的设计课程之中[12]。此外，每年国内高校通过开展不同的数字化设计与建造工作营，使相关教学迅速缩小了与欧美高校之间的差距。

当今，数字化设计、建造相关教学与研究的大规模开展给当代建筑学带来了诸多较有意义的探索，主要体现在两个方面：一方面，它扩大了建筑从设计到建造的创作路径与实现手段，促使两者的互相关联和高度整合；另一方面，它充分显示了建造之于设计所充当的限定与创造的双重角色，能为常规技术、新技术以及新材料等在不同制约条件之下的建筑设计带来更多可能性。在这一背景下，2017 年南京大学毕业设计教学更加注重建筑数字技术下设计建造自身具有的关联性，强调建造的逻辑如何表达设计的理念。

2. 教学背景与课程设置

自 2012 年起，南京大学建筑学的本科毕业设计一直在探索数字化设计与建造的教学研究，并开展了一系列专题化的教学实践，包括研究参数化生成结构形态的张拉整体结构与互承结构专题，探讨不同数控建造工具应用的数控机床（CNC）、3D 打印与机械臂建造等专题[13]。在此基础上，2017 年南京大学本科毕业设计的数字化教学则尝试不再限制某种设计主题或数控建造工具，而是回归到建造这一建筑学的基本命题上，更加强调从数字化的角度认知与建造实践相关的基本知识，让学生在灵活运用新的数字化工具进行设计的基础上，将设计重点放在建造合理性引导的空间形式和建构形式上，从而将建造作为数字化设计建构的一种出发点。

本次课程以"休息亭"为主题，要求参与的 9 位同学自由寻找校园内的一块场地，放置与场所契合的 3m×3m×3m 的构筑物，并规定每位同学需单独完成相关的阶段作业及最终实物搭建，以体验和完成从数字化设计到数字化建造的全过程。整个课程以讨论为教学手段，以模型为研究媒介，希望在形式生成与建造验证这一往复的过程中，引导学生逐步形成关联设计与建造过程的协同思维模式，以建立寻求物质逻辑合理性的主动思考。

3. 教学组织

整个教学以建造为核心进行展开，主要包含前后连接的 3 个训练环节：1）从设计到建造层面对案例进行分析与模拟，引导学生体会形体生成与建造逻辑之间的内在关联，提炼案例的建造原型；2）基于场地调研，学生以 1:10 比例的模型作为建造验证的媒介，完成从建造原型到数字化表达的设计研究；3）基于真实材料的实践操作，完成 1:1 比例的数控加工与实体搭建。在这 3 个环节中，前一个环节的结果可作为后一个环节的输入，这样有助于引导学生循序渐进地掌握数字化设计与建造之间的转换，并在各个阶段探讨相应的建造问题（图 1）。

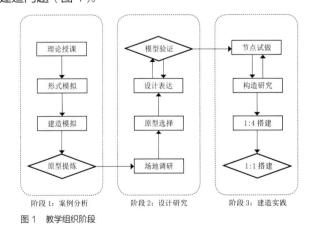

阶段 1：案例分析　　阶段 2：设计研究　　阶段 3：建造实践
图 1　教学组织阶段

3.1 案例分析：从设计到建造（1—3 周）

本课程第一阶段的训练核心是通过对案例的学习重新审视数字技术，发现数字化设计与建造之间隐藏的关联性。基于以往的教学经验，该阶段直接让学生对所选案例进行综合的分析与学习，因此有别于首先以数字化软件知识讲解的常规授课模式。它不仅要求学生分析案例形体的生成逻辑后得以在计算机中实现，同时要求学生通过 1:10 比例的模型搭建，提炼案例的建造原型，以理解设计与建造之间的关联性。这一阶段的目的在于帮助学生初步掌握数字化设计的相关思维方式，重点是引导学生建立设计—建造两者之间的互动思维。此外，针对学生并未深入接触过数字化设计及相关工具这一背景，该阶段可以帮助学生掌握编程原理、几何工具、算法机制等数字化设计基础原理。

3.2 设计研究：从原型到设计（4—9 周）

本课程第二阶段的训练核心是基于设计与建造关联性的设计研究，它要求学生面对实际场地，基于建造原型，把材料、节点、力学逻辑等作为设计的出发点，并考虑如场地、功能、空间等典型的建筑设计限定要求，创造出新的数字化方案。这一阶段中，如何强调与贯彻建造这一核心概念是关键问题。因此，本课程在要求学生形体设计的同时，还需要基于 1:10 比例的模型推敲来完善解决方案。这种研究既包括对材料、结构、构造的自身合理性研究，也包括对它们所能产生的设计表现力研究。因而在研究过程中，学生既要设计又要建造，在设计的时候，他们除了进行形体生成的数字化设计，同时需要思考针对这一特定形式如何进行物质构建，并不断通过模型来验证建造的合理性；而在模型验证的时候，

他们又要通过材料操作与节点设计，思考这一特定建造逻辑赋予形式表达的可能性，从而对设计进行反馈并完善。

3.3 建造实践：从材料到构造（10—12 周）

本课程第三阶段的训练核心是实体搭建，基于物质性的操作与体验，进一步加深学生对形式生成逻辑的认知、对建造原型的理解以及对构造的精准把控。这一阶段分为 3 个步骤。1）节点试做，通过 1:4 比例节点的实体搭建以对建造进行深入研究与改进，重点是让学生直面材料，尽管在设计研究阶段已初步确定材料类型及其节点，但当比例由 1:10 变为 1:4 时，这一改变意味着仍需对材料性能与建造方法进行探索。2）1:4 比例的整体搭建，目的是让学生以此验证设计的整体建造性能。3）1:1 比例的实际搭建，学生通过对材料的机械加工与手工操作，在切身体验中得以解决真实的建造问题，这使得设计在建造过程中得以延续，而不再仅仅是一种绘图技能的训练。在这一过程中，学生对待材料的加工方式、节点设计、搭建顺序等设计思考均会反映到建筑形体的外在表达上，且更为直观。

4. 作业实例

4.1 几何重构壳体

罗晓东的毕业设计研究了面向建造的复杂建筑形体的几何重构问题（图 2）。当下，复杂建筑形体涉及的材料尺寸、

嵌板类型、曲面加工等建造问题，已成为数字化建筑的重要议题，这也是"建筑几何学"（Architectural Geometry）这一专业研究领域的核心课题[14]。几何重构是指利用可建造的平面单元拟合原始的复杂几何形态，重构出便于真实建造的近似形体，以便于加工与搭建。

该设计的场地在学校的一片树林中，首先通过树木的相对位置建立参数化关系，并利用 Kangraoo 软件生成符合受力要求的壳体形式。接下来，基于几何重构获取双曲面的平面单元嵌板，这一操作分为 3 个步骤。1）基于 UV 曲线重新参数化划分曲面，获取相应曲线的交点。2）基于材料加工的限制条件，包括所需材料的尺寸、加工工具的工作区直径等，优化 UV 曲线的划分参数。3）基于 UV 曲线的交点生成正切平面，获得相邻正切平面生成的平面四边形嵌板单元。另外，对于设计中生成的盒体单元则采用 Python 编程语言来展开，以此确定每个单元以平面的形式存在而便于数控加工。在最终 1:4 比例的构筑物搭建中，以 2mm 厚的密度纤维板为材料，共由 53 块平面单元折叠组成，整个构筑物全部由 CNC 加工切割完成。

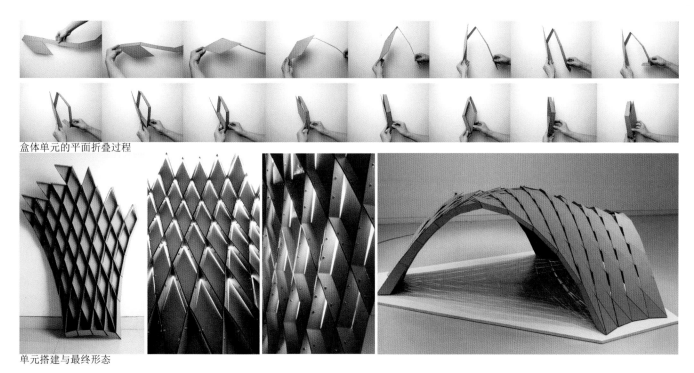

盒体单元的平面折叠过程

单元搭建与最终形态

图 2　罗晓东同学作业

4.2 弹性弯曲拱

基于木结构材料的特性，章太雷同学利用弹性线方程，对构筑物形体进行了计算性生成，从而使弹性材料的预制弯曲成为可能（图3）。该设计的建造原型是由两两榫卯咬合的规则木质条板构成，其中弯曲部分承受压力，水平部分承受拉力，从而形成稳定的结构模型。有别于生成形式后弯曲材料的通常做法，这一原型是精确地预先计算生成，即把"基

于材料性能的几何行为"[15]作为形式生成的起点。

因此，设计的重点在于如何精确地计算这一预先弯曲的几何形式。针对这一问题，首先，在对不同材料进行大量弯曲变形的物理实验后，章同学最终选择常见的密度纤维板以便加工，然后依据这一材料的物理特征参数进行曲线的数值计算，形成了一系列的几何图解。而对于弹性直杆的弯曲变形计算，该设计研究采用欧拉（Euler）提出的弹性线方程，

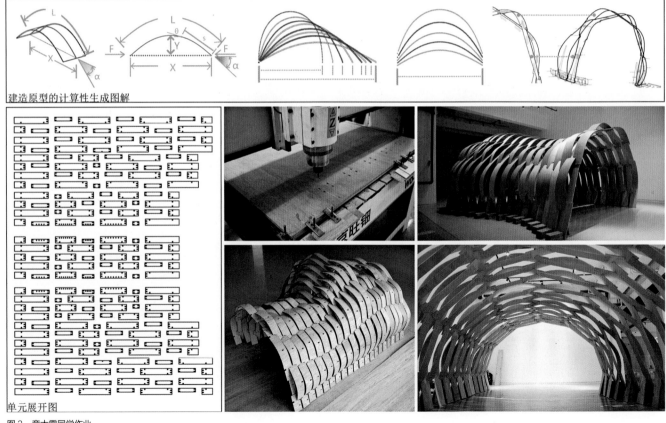

建造原型的计算性生成图解

单元展开图

图3　章太雷同学作业

即在设定弹性材料固定一端的情形下，对于它在集中外力作用下的平衡状态曲线，可通过建立弹性线方程进行几何特征的描述，包括材料的弹性模量、特定横截面对中心轴的惯性矩以及两两咬合点的位置等参数，这使得基于材料特性的几何操作引导了构筑物形体的生成逻辑。最终在 1:1 比例的实体建造中，整个构筑物的 217 块单元模型由计算机生成后交付木工数控机床完成零件切割，单元之间采用榫卯拼接，并完全凭借材料本身的几何弯曲行为保持平衡。

4.3 机械臂编织张拉整体结构

该作业自始至终贯穿着非常明确的思路，曹舒琪同学经过第一阶段对所选案例的分析与模拟后，在接下来的设计研究中，依然延续了机械臂这一数字化建造方式。整个设计以张拉整体结构作为组成单元，它以受拉的索与受压的杆件构成，最终希望通过机械臂编织受拉索而达到单元与整体的结构稳定（图 4）。

作为一种高精度与高效率的加工工具，机器臂已经广为人知，它能通过把实体的建造逻辑转换成可识别的动作参数，以实现设计与建造的一体化。在这作业中，主要存在着两方面的难点：一是机械臂工具端的设计与制作，二是编织过程中机械臂加工路径的获取。针对第一个问题，结合 PLA 材料的三维打印，曹舒琪设计并制作了框架形式的机械臂工具端，以此作为张拉结构的杆件单元，同时通过相互交叉的十字形螺杆来加强编织过程中的结构稳固性。此外，面对编织过程中透明尼龙纤维线的回绕问题，则是采用 25W 功率的阻尼器以控制出线的力度。而对于加工路径的模拟与生成而言，关键在于在机械臂加工范围内如何避免路径之间的碰撞。为此，曹舒琪还编写了 VB 语言程序来进行路径的碰撞

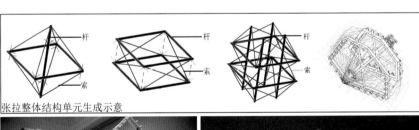

张拉整体结构单元生成示意

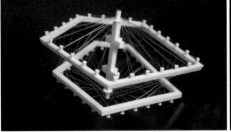
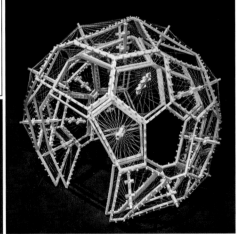

图 4　曹舒琪同学作业

检测，从而将建造原型的几何形式精确地转化为机器人的动作参数，实现了从几何形式到机械臂建造一体化的转换。最终所有的加工指令都依据机械臂动作参数进行了数字化，并通过机器臂转动工具端来实现线的编织，全部 346 个编织路径都利用机械臂实现了精确而高效率的数字化建造。

5. 讨论与反思

5.1 几何的建构

从近几年南京大学数字化设计与建造的教学实践来看，在数字时代的今天，除了跨学科知识的教授之外，对数字化几何设计思维能力的培养同样是当前建筑教育的重要议题。究其原因，在数字技术的推动下，建筑的形式系统已被发展整合为设计模型的几何呈现，这不仅推动了学界对几何学与建筑学关联性的重新审视，同时，基于这一设计条件下，依赖于计算机技术，几何学可综合考虑建筑空间、环境、材料和声、光、热、风等物理性能，并贯穿从设计到建造的各个环节，从而以合理、高效的几何途径实现全新的建筑形式。

5.2 反思

本课程的教学实验显示了建造作为数字化设计教学目标的巨大潜力，它能以更加具体、高效的方式让我们直面数字技术引发的设计思维转变，其不仅仅体现于形式生成的逻辑方法，更在于建筑学正走向设计与建造的体系整合。本课程

同样显示了数字建造可以很好地结合对建筑本体问题的思考，而这一思考的结果反过来也促进了学生对建筑形式的感知与其设计能力的培养。与此同时，尽管此次教学设定以建造原型作为设计研究的起点，试图引导学生将注意力集中在设计与建造的关系上，但在学生对建造原型这一概念相对陌生的情形下，随着形式复杂度的逐渐提高，学生还是更容易陷入对形式美学的追求，而忽略了建造方面的问题，从而导致形式逻辑和构造合理两者不一致。因此，对于如何在数字化设计过程中贯彻建造原型的问题仍有待在未来继续研讨与改进。

参考文献：

[1]Kolarevic B. Architecture in the Digital Age: Design and Manufacturing[M]. Taylor& Francis，2005.

[2]Carpo M. The Digital Turn in Architecture 1992-2012[M]. Wiley，2012.

[3]http: //drl. aaschool. ac. uk/.

[4]http: //aap. cornell. edu/academics/architecture.

[5]http: //gramaziokohler. arch. ethz. ch/.

[6]https: //www. media. mit. edu/research/?filter=groups.

[7]http: //www. hyperbody. nl/.

[8]http: //icd. uni-stuttgart. de/.

[9]http: //research. gsd. harvard. edu/maps/.

[10] 徐卫国 . 参数化设计与算法生形 [J]. 世界建筑，2011(6)：110-111.

[11] 李飚，李荣 . 建筑生成设计方法教学实践 [J]. 建筑学报，2009(3)：6-99.

[12] 袁烽 , 张立名 . 从图解到建造——本科三年级"未来博物馆"课程设计教学总结与思考 [J]. 时代建筑，2016(1)：142-147.

[13] 童滋雨 , 钟华颖 . 毕业设计专题化——数字设计与建造教学方法研究 [C]//13 年全国建筑教育学术研讨会论文集 . 北京：中国建筑工业出版社 ，511-514.

[14] Pottmann H, Eigensatz M，Vaxman A，Wallner J. Architectural Geometry[J].Computers&Graphics，2015(6)：145-164.

[15] Pottmann H，Eigensatz M，Vaxman A，etal. Architectural Geometry [J]. Computers&Graphics，2015 (6)：145-164.

原文刊载于：吉国华，陈中高 . 面向建造的数字化设计教学探索 [M]//. 吉国华，童滋雨 . 数字·文化——2017 全国建筑院系建筑数字技术教学研讨会暨 DADA 2017 数字建筑国际学术研讨会论文集 . 中国建筑工业出版社，2017.

设计的原则
The Principles of Design

张雷

Zhang Lei

一方面，建筑是一项几乎可以和我们今天社会里所有物质与非物质的元素发生关系的复杂的工作，另一方面，它又可以被抽象到最基本的空间围合状态，来面对它所必须解决的基本的适用问题，帮助我们在这个纷乱的世界里建立起某种视觉秩序。曾经作为建筑师设计过自用住宅的哲学家维特根斯坦将建筑与哲学两者都视为一项立足自身的工程，立足于自身的阐释，立足于自己观照事物的方式。但是，他认为建筑显然更难一些，"哲学比起建筑中碰到的困难，根本就算不了什么"。

我们生活在这样一个高速发展的社会，面对的是过度膨胀的都市、日益复杂的生活和丰富多彩的视觉素材，构筑自身认知事物的框架，建立设计要素取舍的准则是正确的认识与解决问题的有效途径。设计的目标是建立某种秩序，它不是指建立完美的秩序，而是一种双重的规划，即

在混乱与秩序中找到平衡。在任何条件下，用最合理、最直接的空间组织和建造方式去解决问题，以普通的材料和通用的方法去回应复杂的适用要求，从普通的素材中发掘具有表现力的组织关系，都是设计所应该关注的基本原则。而这更应该成为因应今天中国社会快速成长中大规模建设要求的适用的工作策略，也有利于人类有限的资源的合理利用和配置。建筑师的工作基础也许可以不包括伟大的设计思想和设计哲学，但不能没有回应其工作环境的设计原则，设计原则既要符合基本的道德范畴，同时也是具体场景中可供操作的工作方法，它更鼓励实践过程中现实状况的批判性诠释。

通过直接而合理的空间组织和建造方式来满足复杂的适用要求是人类初民基本的生存技能，也是我们所一直仰慕并借鉴的那些没有建筑师的建筑的生成要诀。建筑学职业化教

育的目的应该是帮助我们在策略上和技术上合理地解决变得更加复杂了的使用要求，而不是鼓励大家将朴实的建造行为贴上时尚的标签，或者是在原本真实的营造中增加大量本质上与建筑无关的情节，刻意渲染复杂的空间场景。事物的存在与否如果对感知毫无影响的话，就不会是整体里的有机成分，正如马蒂斯所认为的"画里头没用的东西都是有害的"。形式的认知过程实际上是空间原型结合具体场景的还原过程，即首先从历史模型形式的抽象中获取原型，然后再结合特定场景还原到具体的形式。在这一抽象—还原的操作过程中，时间是透明的，它将过去、现在和将来联系在了一起，它对过去的历史性抽象，是建立在当前的把握和未来的臆断基础之上的，而结合具体场景的还原其场所本身就沉积了历史性的要素。赫兹博格在很多年前就指出：我们其实不能创造纯粹意义上的"新"的东西，只是重新评价已经存在的意向，以便使它们能适应新的环境。形式还原过程中排除多余的因素一直是理性地应对建筑问题的关键，而更重要的认识还在于形式生成的基本动力应该也完全有能力来自建筑本身。回到本源意味着重新组织建筑最为基本的需要。建筑来自对最基本条件所限定的问题的直率回答。

以普通的材料和通用的方法回应复杂的要求，从平常的素材中发现具有表现力的组织关系是基本设计原则的深化，其工作基础是扬弃我们对事物既定的成见，从而将思考的主体从自缚的状态下解放出来，重新审视基本的空间物质性的问题，并通过自然而充满生命的材料及适合的建造方式的选择，对今天浮华的建筑表象进行批判性的重构。于是，我们再一次认识到现代建筑的启示并不只是空间革命那么简单，只是建构文化延绵的历史是建造经验自然而然的积淀，不如20世纪初空间的解放发生得那么显著。缜密的分析总是在敏锐的直觉之后才起作用，必须引起注意的是，物质产品不断丰富的商品社会所编织的虚幻的视觉表象，正在诱使我们丧失对基本事物的本质性直觉与判断力。工作原则的确立在这个意义上显得尤为迫切。

康德曾经指出，问题不是人类缺乏理性，而是人类缺乏运用自己理性的勇气。启蒙要求人类在一切事情上都有公共地运用自己理性的自由。人类之主体性和自律的表达不在于他理解到什么是真理，而在于他能够对历史和现实进行批判性的反思，就启蒙提示的人类与历史和现实之间的批判性反思关系而言，它代表了一种态度，一种精神气质，一种理性的思想和行为方式。今天的中国建筑需要理性的启蒙！

原文刊载于：张雷．设计的原则 [J]. 建筑百家言——青年建筑师的声音，2003：145-146.

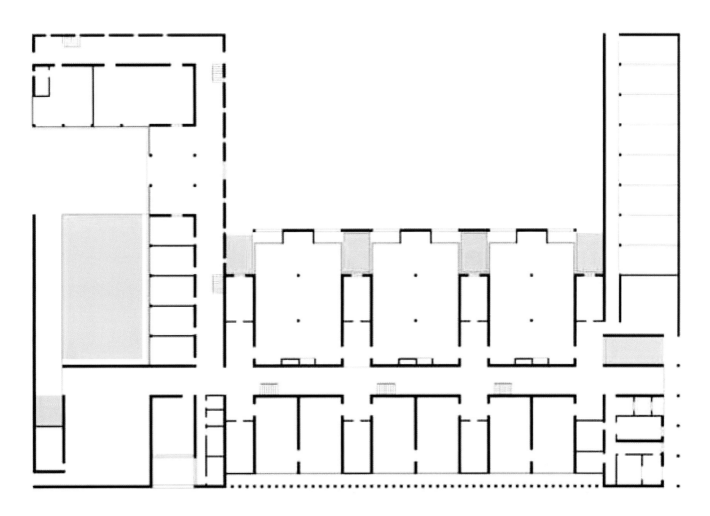

附图：国家遗传工程小鼠资源库实验办公楼底层平面

基本空间的组织
Buildup of Elementary Space

张雷

Zhang Lei

摘要：

文章以基本空间这一概念为线索，分析了作者的两个设计作品，最后提出了两种理解建筑形式问题的基本策略。

关键词：

 基本空间；原型；空间围合；秩序

Abstract:

According to the concept of elementary space, the author analyses two of his design projects and puts forward two basic strategies to understand the formal approach of architecture.

Keywords:

Elementary Space; Prototype; Spatial Definition; Discipline

几乎所有的建筑最终所表现的是各种因素交互作用下的状态，建筑师对于建筑问题的理解与分析也会针对各自不同的特点进行，有一种理解建筑的方法便是假设没有外在的约束条件，空间的基本原型便能得以显现，如果以此作为衡量作用条件变化的尺度，也就能够理解与诠释建筑复杂的生成过程。在 18 世纪的法国，启蒙主义的建筑师洛吉耶 (M. A. Laugier) 已经开始思考这一问题，他将森林中的茅棚——由四根树干支起树叶做成的屋顶看作建筑生成的空间原型，并据此认为其后发展出来的各种类型的建筑均是这一原型在特定场景下的不同的表现形式。在这一抽象中，以树干和树叶分别作为支撑和围护的必要条件表达了空间的物质属性，而构件在水平与竖直方向最基本的限定则定义了作为发展原型的基本空间，陆吉尔的暗示还在于只有必要的构件才是真正美的，如那些承受屋顶压力的树干，以及树干所巧妙地支起的树叶的屋顶。于是，形式认知过程中排除多余的因素也同时成为建筑问题的关键。物质不断积累着的商品社会正诱使我们丧失对基本空间的本质性直觉与判断力，也容易使我们失去通过基本空间解决具体问题来满足建筑要求的乐趣和动力。

当我们要建造房屋时，我们可以使用的手段不过是划出适当大小的空间将它隔开并加以维护，一切建筑都是由这种需要产生的，建筑师使用的职业性的操作工具本质上是基本空间及其在特定使用要求和外在条件作用下的一些表现形式。图一表达了空间在竖直方向基本的限定方式，

图 1

如果再加上水平覆盖面的变化，将会产生更多丰富的组合关系，看起来我们手上已经握有了看似简单却变化无穷的空间魔方，一种存在于基本结构关系中的多样性呈现在我们面前。而这样一种引领我们走向自由的纯形式逻辑的空间语言，是在消除了所有与建筑无直接关系的一切动机和要求之后实现的。

长江三角洲研究中心办公楼（简称办公小楼）是一幢位于南京大学校园教学区边缘的建筑，两层楼加起来不到 300 平方米，使用要求为六间办公室加一间大会议室（图 2）。

空间划分是在适合使用要求的几何格网上进行的，这一过程首先关心的是建筑和周围环境的互动关系，并且希望通过物化的方式，表达基本空间这一概念在不同尺度的建筑内容上作用的可能性与结果（图 3a）：

办公小楼几乎是在学校教学区的边缘，同时其西侧基本

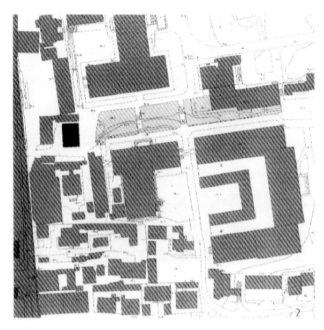

图2

上也是南京的建筑物尽量避免的朝向；

北侧 1 米以外是规划中要拆除而实际上还将存在很久的一层旧房；

南面是采光通风最好的朝向，建筑物入口的方向也在这一侧；

东面面向校园内的公共绿地，草地上有不少大树。

内部使用房间的围合在概念上强化建筑与周围环境的互动逻辑（图 3b）：

底层是两间朝南的办公室，一间朝东的大会议室；

二层是不同朝向及围合方式的四间同样大小的办公室；

丁字形的交通空间南侧是入口，东面是休息空间，西面拟安排楼梯。

在竖直方向完成概念性的围合后，水平覆盖需要进行相应的考虑（图 3c）：

丁字形的交通空间南侧入口扩大为两层高度；

丁字形的交通空间东侧休息局部扩大为两层高度；

丁字形的交通空间二层顶面抬高，走廊上方为侧高窗。

结合环境、竖直及水平围合三方面的概念性与结构性构思，从使用的角度考虑空间具体的围合方式（图 3d）：

东侧根据建筑的结构形式和空间尺度，增加系列砖柱；

东侧窗内侧、南侧大玻璃外侧增加木格栅，满足使用者对于这一校园边缘的房子的安全性要求；

楼梯平台下面增加卫生间，以方便使用；

平台与西侧外墙面之间留出 60cm 安放空调外机；

二层走廊南北侧均后退，南面形成主入口，北面安放空

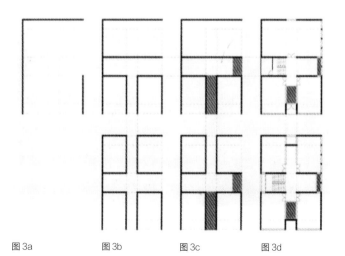

图 3a　　　　图 3b　　　　图 3c　　　　图 3d

调外机；

　　二层交通空间东西两端与外墙距离之间，四个办公室均在侧墙开窗；

　　因为有侧高窗，走廊两侧办公室面对走廊采用磨砂玻璃，同时也解决了二层西北面办公室的采光问题。

　　设计过程的记述基本上在适用的网格上操作，似乎暗示了秩序在这一过程中的重要性。秩序是哲学思考的主体，也是我们认知周围环境的一把尺子，K. L. 波普尔在其《客观知识》一书中指出："我先是在动物和儿童身上，后来又在成人身上观察到一种对规律性的强烈需求——这种需求促使他们去探索各种各样的规律。"格式塔学派也坚持，简单假设的能力是学不会的，而这种能力是我们学到知识的唯一条件。混乱与秩序之间的对照唤醒了我们的直觉，使我们倾向于认为对秩序感的需求是与生俱来的，只是当你偏离秩序的轨迹而走向混乱，才会相信这是一个无法被证伪的假设。秩序感与几何关系之间内在的联系似乎也是不言而喻的。欧几里得几何在把有感觉的人按特定的可测量的尺寸予以定型的工作中，是与希腊人对空间的敏感性连在一起的。伴随着现代物理学的革命、欧几里得几何学的衰亡，空间被看作能随一个移动的参考点移动的东西。而用几何尺度来度量基本空间，可以认为是将人的因素带入了这一讨论。

　　像办公小楼这样的小房子似乎能够用基本空间的假设来诠释建筑空间的整体组织与演进过程。而对于南京大学学生活动中心，更好的阅读方法相信来自基本空间概念面对不同使用要求时不同的表现方式，而水平覆盖在这一过程中扮演了重要的角色。

　　学生活动中心被要求建在两幢研究生公寓之间，并且由于日照及防火间距，它们必须和研究生公寓下面三层的相邻的房间连起来（图4）。

　　由于南北两面和学生公寓相连，西面的校内主干道是公寓和活动中心的入口通道，风冷热泵被放置在东面外墙上，外面用百页进行遮挡。为防止活动中心对宿舍的干扰，东面基本上不开窗（图5）。

　　水平覆盖面是另一个相度上对空间性质起实质性影响的要素，设计根据不同的空间属性，通过四个带形天窗的设置，与其关联的不同性质的使用空间发生积极的关系（图6）：

　　天窗一的作用首先是在结构上和概念上划分内外，天窗西侧的带形空间是校园和活动中心之间的过渡，而东侧意味着活动的开始（图7）；

　　天窗二给中庭的深处带来了出人意料的光影效果，四季更替、晨光晚霞都会在对面的白墙上留下印记，它和天窗一起自然地标示了活动中心中庭的起始（图8）；

　　天窗三首先是对东侧封闭的外立面的功能性补偿，一楼的多功能活动室和二楼的报告厅均通过天窗三获得了和外界的联系，同时也由于天窗三的设置，活动中心地上部分两个主要的功能性房间开始变得优雅起来（图9）；

　　天窗四是专门为楼梯间设计的，是四周封闭的楼梯间

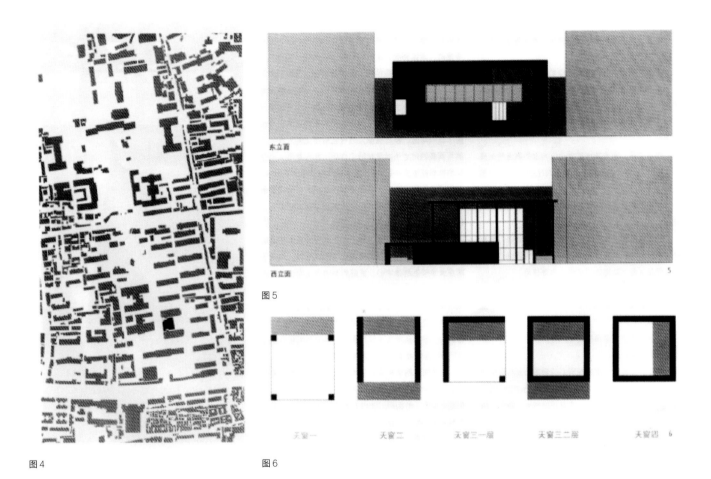

图 4

图 5

图 6

唯一的开口，到顶的白墙是天光可靠的背景，从天窗二到天窗四所形成的空间节奏，组成了活动中心主要的交通动线（图 10 ）。

　　学生活动中心通过安排以天窗为主题的局部场景，使得单纯而率直的总体关系蕴含了合乎逻辑的戏剧性，相互串接的不同的叙事细节，也暗示了整体的空间脉络，基本空间所

表现的潜在的感染力，使我们完全有理由相信建筑的美的表现力只能够来自建筑本身。

　　洛吉耶以树干和树叶分别作为支撑和围护的必要条件表达的基本空间的物质属性始终萦绕在我的脑海里，在我看来有两种基本的策略可以帮助我们理解复杂的形式生成问题：一是通过表现空间围合要素的建造过程、材料与方法来强化

图 7   图 8

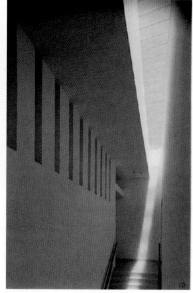

图 9   图 10

空间的物质属性；而另一种途径就像上面两个设计表现的那样，以空间围合要素非物质性的均一姿态，将人们的建筑体验由基本空间的围合要素引领到耐人寻味的建筑空间本身。而不论是哪一种选择，在形式的认知过程中排除多余的因素将始终是我们长期而艰巨的工作准则。

参考文献：

[1] 张雷 . 基本的建筑问题 [J] 书城 . 2002（5）： 60-61.
[2]E.H. 贡布里希 . 秩序感 [M]. 范景中，杨思梁，徐一维译 . 湖南科学技术出版社，2015.

原文刊载于：张雷 . 基本空间的组织 [J]. 时代建筑，2002（9）：82-87.

关于南京大学建筑学本科二年级第一学期建筑史教学的思考与构想

Ideas on the Teaching of Architectural History for the First Term of the Second Year of Undergraduate Study in Architecture at Nanjing University

王骏阳

Wang Junyang

　　自从建筑学作为一门学科产生之后，建筑史在大部分时间都是建筑师教育不可分割的组成部分。其实，即使在建筑学科出现之前，向前人学习也一直是建筑这门技艺得以传承和发展的重要途径之一。然而这种情况在格罗皮乌斯创办的包豪斯建筑教育中发生了改变。进入建筑教育领域之前，格罗皮乌斯因 1911 年的法古斯工厂（Faguswerk）和 1914 年的德意志制造联盟科隆展览会建筑的设计而声名鹊起。我们的建筑史教材通常比较强调这两个建筑"突破旧传统，创造新建筑"的方面，[1] 其实它们也有不少古典特征，比如法古斯工厂立面上凹进处理的列柱感或者科隆展览会建筑的轴线对称（办公楼）和准山花立面（机械馆）。尽管如此，在格罗皮乌斯 1922 年提出的包豪斯教学结构中，建筑史课程完全不见踪影，取而代之的是对形式构成、材料使用、制造工艺、空间关系的训练。格罗皮乌斯认为，建筑史教学有害

无益，只会妨碍人们直面当下的社会和技术要求和创新能力。

　　格罗皮乌斯设计的包豪斯校舍于 1925—1926 年设计建成，这或许标志着包豪斯建筑教育体系的胜利。不过即使在包豪斯如日中天的年代，世界的大多数建筑院校仍然将建筑史教学作为建筑教育的基本内容之一。这种情况不仅延续至今，而且在学科结构中，"建筑历史与理论"仍然占据着重要的核心地位。在我看来，对建筑学教育而言，今天的问题不在于是否要有建筑史课程——尽管"数字化"时代的年轻学子在这个问题上会有这样或那样的困惑——而在于建筑史如何教。当然，建筑史如何教又与为什么要有历史课相关，它不仅需要说明诸如"数字化"时代为何仍然需要学习建筑史的问题，而且需要为建筑史教学设定更为明确的目标和新的任务。

　　在美国建筑史学家考斯托夫（Spiro Kostof）那里，建

筑史教学的目的是展现建筑及其产生的文化和社会语境。"建筑史学家应该讲述的是建筑曾经如何，而不是应该如何。我们对曾经发生的历史没有支配权。我们的责任是换位思考，理解发生了什么以及因何发生。"[2] 对于致力于"全球建筑史"（a global history of architecture）的学者来说，最重要的是使欧美以外的建筑获得在建筑历史中应有的地位，同时将它们与西方建筑史融合在一起，从而形成人类建筑发展的全球视野。[3]

与这些努力不同，笔者在南京大学建筑学本科二年级第一学期建筑史教学中更愿意尝试的，首先是将建筑史教学与建筑学导论进行某种结合，更准确地说是从历史的角度加强学生对建筑学的基本认知。我相信，这样做更适合本课程具体的授课对象，也就是南大本科二年级第一学期的学生，他们在大一的通识教育之后，开始进入更为专业的建筑学教育。换言之，这门二年级第一学期的建筑史课程既不能继续成为此前通识教育喜闻乐见的"建筑修养"或者"艺术审美"——比如"建筑是凝固的音乐"或者"音乐是流动的建筑"之类的"文化浪漫主义"认知，也不应该仅仅是此后诸多建筑史课程中的一门，而应该具有某种建筑学专业启蒙的性质。在教学内容方面，它不仅需要历时的（diachronical）建筑史线索，而且需要共时的（synchronical）的理论化议题。所谓"共时"既需要在教学过程中将古代与当下结合起来——事实上，南大这门历史课的名称是"外国建筑史（古代）"，也需要超越一般通史教学从古代到现代的时间线索，通过历史现象讲解建筑学的理论议题。我相信，这不仅有助于避免将古代作为一个孤立于当下的历史现象——尽管这样做也许会在一定程度上有悖考斯托夫的原则，或者用罗小未的话来说，有将"建筑历史"变成"历史建筑"[4] 之嫌——而且有助于提升学生们学习建筑史的兴趣。当然，由于课时的限制，这样做不可避免地导致通史内容的压缩，以便为理论议题创造课时空间。

其次，但也许更为重要的，中国建筑学中的建筑史教学历来实行中外建筑史分家的模式，由此形成中外建筑史各自不同的教学内容，以及知识形态和话语范式的迥异。本课程试图对这一状况做出某种程度的改变。不用说，任何这类努力的目的都不是越俎代庖。本课程的主体仍然是外国建筑史，更准确地说是西方建筑史。它既不试图出于任何"政治正确"的目的而展现面面俱到的"全球视野"，尽管"西方"以外的"外国"理所当然会成为课程的组成部分，但也绝无可能包揽中建史的内容。本课程试图尝试的只是尽可能把中国建筑的内容——无论是古代、近现代还是当代——融合在外国/西方建筑史的教学之中，展现彼此的联系和相互关系，从而为二年级下学期开始的中国建筑史学习提供一个更为充分的建筑学视野。

本课程为专业选修课，2学分，每周2学时，总共16讲、32学时。由于学期时间长短及节假日（国庆黄金周）调休情况不同，上课时间有可能是16—18周不等。这意味着在超过16周的情况下，教师需要对有些讲课内容进行拓展，使其变成两讲。这在实际操作中完全可能，因为对于既定讲课内容来说，现有的总学时其实远远不够。

十六讲具体内容如下：

第一讲：走出"建筑"与"建物"的悖论

第二讲：人类居住的起源与演变

第三讲：文明冲突与融合中的西亚和伊斯兰建筑

第四讲：古希腊与古罗马建筑

第五讲：拜占庭、罗马风与哥特建筑

第六讲：文艺复兴建筑及其手法主义和巴洛克建筑后续

第七讲：建筑学科的形成

第八讲：现代建筑

第九讲：密斯、柯布、路斯与现代建筑的三种呈现

第十讲：勒·柯布西耶，"走向新建筑"还是"走向一种建筑"？

第十一讲：后现代建筑

第十二讲：日本建筑

第十三讲：建筑与结构

第十四讲：建造史、建构文化与数字化建筑

第十五讲：装饰的问题

第十六讲：自主的建筑学与接纳的建筑学

很显然，在这样的教学结构中，传统外国建筑史／西方建筑史的通史内容被大大压缩，为的是给理论主题的建筑史讲解留出空间，而且在这些"通史"的课程内容中还有一个"建筑学科的形成"的主题，它取代了通常由 17—19 世纪建筑占据的位置。这样做既是换一个角度讲解 17—19 世纪的建筑，也是为加强学生对学科自身历史的认识。这样的认识在以往的建筑史教学中一直被忽视，本课程试图弥补这一不足。

同样显而易见的是，课程中没有专门一讲涉及中国建筑史，这有待于二年级下学期开始的中国建筑史课程。如果说本课程的愿望是打破外建史与中建史看似理所当然的界限，那么它这样做的方式并不是将自己变成中国建筑史课程，而是在可能的结合点上将中国建筑史的内容融合在具体的讲课内容之中。由于学时的限制，拉美建筑也未能成为专门的一讲，这多少有些遗憾，因为拉美的现代化进程和现代建筑发展的经验中确实有许多值得我们了解和反思的地方。本课程能做的也许是如同处理中建史内容一样，在具体教课内容尤其是理论主题部分寻求与南美洲建筑的结合点。也许，笔者正在撰写的以讲课素材为基础的讲义著作可以突破课时限制，在十六讲之外增加更多内容和主题。

本科建筑史教学的考核方式通常是闭卷考试，本课程也不例外。为便于学生掌握讲课内容的要点，每节课后均会发给同学与讲课内容相应的复习练习题。根据闭卷考试题的类型，复习练习题分为填充题、名词解释和问答题。同时，复习题作业的完成情况也作为评定学生平时成绩的依据。

综上所述，本课程是建筑学专业本科建筑史教学的一次改革尝试。

注释：

1 罗小未 . 外国近现代建筑史（第二版）[M]. 中国建筑工业出版社，
2004：67 .

2 Spiro Kostof. A History of Architecture: Settings and Rituals[M]. Oxford
University Press, 1995：16.

3 凯瑟琳·詹姆斯 – 柴克拉柏蒂 . 1400 年以来的建筑———部集于全球
视野的建筑史教科书 [M]. 贺艳飞译 . 广西师范大学出版社，2017.

4 罗小未 . 谈同济西方建筑史教学的路程 [M]// 罗小未文集 . 同济大学出
版社，2015： 171–172 .

南京大学外国建筑史教学经验谈
On Nanjing University's Experience in Teaching Foreign Architectural History

胡恒

Hu Heng

建筑史课程与建筑设计课程的关系，一直都是本科教学的一个问题。一般来说，建筑史教学中有大量内容与对作品的讲解相关，尤其是现代建筑部分，这无疑与建筑设计课程有颇多关联。在涉及柯布西耶、密斯，以及当代的建筑作品的时候，这些知识对于设计的重要性更加突出。在较新版本的《近现代外国建筑史》教材中，编辑组加入大量的库哈斯、安藤忠雄以及瑞士与西班牙建筑师的新旧作品，其意义也在于此。可以说，在某种程度上，建筑史教学是设计课程的辅助。

在南京大学的外国建筑史教学中，建筑史课程与设计课程之间有一种主动的分离。它不需要为建筑设计提供历史知识。它是一个关于独立知识系统的讲解机制。这种独立性产生于两个原因：

第一，建筑设计课程已成独立架构。互联网的繁荣和书籍杂志刊物的普及，使得学生对建筑设计的历史知识的获得相当便捷。而对当下建筑设计的全球动向和资讯的掌握，学生的渠道更为宽广。并且南京大学建筑设计教学的体制经过多年实验，已渐趋完善。各个因素加在一起，使得建筑设计课程的体系基本自主。相对应地，建筑设计课程已不再需要建筑史课程作知识支援，两者之间传统的主辅关系解体。这无疑取消掉了建筑史课程旧有的责任与合法性，动摇了其存在的基础，给建筑史教学带来危机。

第二，建筑史课程本身亦有独立架构的可能。建筑史教学的危机，也是迫使我们重新思考其学科定位、核心价值、知识构成、教学模式等一系列的问题的一个机会。外国建筑史和中国建筑史不同。中国建筑史是一种主观的知识，因为对它的讲解和学习，是伴随着自身的体验来进行的，并且这一知识的传统为我们祖先所创造和流传，更使得它内在于我们的主体。所以，无论是学习或是进一步的研究，它对我们而言并无本质上的距离，只在于有无介入的必要和介入深度的问题。相反，外国建筑史是一种客观的知识。它离我们遥远又陌生。我们既无法对建筑本体获得足够多的身体感知，也对产生它们的社会背景与文化根源知之甚少。这种距离感，确实已经威胁到外国建筑史教学的根基，但这也是使该知识形式在课堂上彻底客观化的契机。

客观化的方式为：确定建筑史的文化特征，将建筑史归还到文化史范畴；确立人（建筑大师）对建筑史的意义——他们的作品序列构成独立完整的历史段落。前者划定了教学的大范围（第一学期的课程）；后者划定教学的小区间（第二学期的课程）。两个课程建构起建筑史教学的核心价值——文化对建筑的滋养，以及人对于建筑的意义。

我们第一学期的"通史教学"是将建筑放置在文化整体性里来考虑的。虽然讲解的段落按历史时间而定——希腊、罗马、中世纪、文艺复兴、巴洛克、新古典主义……但是，我们并非依照建筑风格的分类来展开，而是按照不同时期的综合文化特点来为建筑寻找相应的位置。比如希腊时期，我们的讲解重点不在于神庙的形制与柱式，而是在于地理形态、文明冲突、宗教生活、文学与雕塑艺术等多种文化要素与自然要素的多向作用。正是在这个综合作用的氛围中，神庙的雕塑观念的指向、形制的流变才显现出一种必然性与合理性。再比如古罗马时期，希腊时期的讲解重点全然有变。在此，决定建筑空间类型变化（转向内空间的塑造）的因素是罗马诸任皇帝个体趣味的差异、罗马式"天下观"的成形、罗马

与埃及两种文化的交互作用、市民娱乐生活的兴起、城市尺度。文化的整体性是"通史教学"的基本平台，它将客观知识——文明的冲突、地理环境、大事件、日常生活与艺术、材料与技术——编织成一张宽大厚重的网，使建筑能够恰当地落在一个具体且坚实的基础上。

"通史教学"将建筑的专业性分解为若干文化要素的共同决定论。对这些要素的掌握无需复杂的专业准备。它们具有某种普遍性，并且容易理解，可以轻易唤起学生的共鸣。通过教学和学习，学生会留下一个意识：建筑并非抽象图示的进化或者纯技术的表现，而是文明的产物，是多种社会因素共同作用的结果。它的专业性体现在与特定时代、特定环境的不可分割的紧密联系中。这亦使之成为可理解之物，而非艺术形式的某种神秘衍生过程。

这一学期也是南京大学学生初次正式接触建筑的学期（第一年是全校的通识课程），外国建筑史课程希望给建筑铺展开为一个广阔的世界，而不仅仅是一项专业技能的演变过程。

第二学期的课程（个案研究教学）是"通史教学"的后续阶段。在通史课中，文化的整体作用是主基调，人（建筑师）的形象不是很重要。这里谈及的建筑大多是著名的，从希腊神庙到罗马浴场，再到哥特大教堂，皆是如此。在个案教学阶段中，人的意义是主导性的。也即，这门课的主题是建筑师——16周（一周2课时）的课程，分为16个单元，1—2个单元讲解一个建筑师，课程所讲解的一半为文艺复兴时

期的建筑师，一半为现代主义建筑师。

在我看来，盛产建筑师的时代以意大利文艺复兴时期与第二次世界大战前后最有代表性。在这两个时代中，建筑大师以星群的方式出现，这是天才爆炸的时代。建筑师以个人的名义推动建筑史的发展，改变建筑文化的走向，同时也创造了建筑学学科的价值内核与基础。所以，尽管这两个时期的长度有限（前者约 200 年，后者约 50 年），但理所当然是我们教学的重点。

我们选取的文艺复兴建筑师为布鲁内莱斯基、阿尔伯蒂、伯拉孟特、米开朗琪罗、罗马诺、桑索维诺、帕拉第奥，现代主义建筑师为高迪、赖特、密斯、柯布西耶、海杜克、路易·康。这些建筑师的作品，我们并非挑选几个代表作来做简略介绍，而是尽力在课程中铺陈其全部的作品。这种全景式的作品描述很烦琐。比如布鲁内莱斯基的作品，我们既要详细讲解佛罗伦萨主教堂的穹顶、育婴堂、拜奇礼拜堂（这是教材里有的），还需谈及他在佛罗伦萨设计的两个较大的教堂（圣洛伦佐教堂和圣灵教堂）、大教堂的采光亭、圣玛利亚·德·安杰利教堂方案、归尔甫宫、剧场装置设计，尤其是最后几个并不太重要的作品，它们没有出现在教材中，一般的历史书也甚少强调，但是它们都是课程讲解的不可缺少的对象。

全景式的描述的作用有两个方面。一方面，它们可以让学生领会到，作为一个建筑大师，在其一生中能有多少作为——他们的努力都在建筑上深深刻下自己的名字。尽管在

希腊神庙、哥特教堂上都有建筑师的名字留下来，但是建筑师要成为有丰满形象与独立社会意义的个体，则要在文艺复兴时期才得以慢慢成形。并且他们的社会地位的提高和相关的理论著作的不断面世，也使得建筑师作为一门职业与建筑作为一门学科在此出现。学生以独立个体的形式进入学习之中，学习对象以"人"为中心，这可以建立非常有质感的参考系——这是一种伴随终身的潜移默化。

另一方面，在全景讲解中，可以展开多种重要的主题。这些主题在建筑大师身上同时出现，但是它们朝向不同的方向，在其他建筑师的作品中得到不同程度的延续和深化，关于这些主题的阐述，也是文艺复兴建筑史教学的重点。它可以帮助学生将不同的建筑之间的联系建立起来。文艺复兴建筑史就是很多线索、网络、系统的不同层面的叠加。比如布鲁内莱斯基的几个不太显眼的作品，它们虽然在艺术成就方面不如那些更为著名的作品，但是都涉及文艺复兴时期的重要建筑主题。

安杰利教堂方案虽然只有方案留下来，但是它是第一次对教堂的集中式形制所做的尝试，在稍后的阿尔伯蒂、伯拉孟特、米开朗琪罗的教堂建筑中，该实验都有着不同的推进。可以说，罗马宗教建筑的主要形制如何转换到基督教教堂建筑中这一文艺复兴建筑师都面临的重大建筑命题，在布鲁内莱斯基的这个未完成的方案里首先开展，其作为开端的意义毋庸置疑。

归尔甫宫虽然在设计上并无多少出彩之处，但是它也是

一种重要建筑类型（府邸建筑）的开端。在米开罗佐的美第奇府邸、阿尔伯蒂的鲁切莱府邸、罗塞蒂的斯特罗奇府邸中，都能看到归尔甫宫开辟的道路。另外，这些佛罗伦萨的府邸建筑与当地的银行家族关系密切。归尔甫宫的意义还在于我们对建筑师与赞助人之间的关系的理解，这些关系是建筑师作为个体的人与社会联系的体现。通过对这些人与人之间的关系的认知，学生对这些府邸建筑的形式的特点、差异的理解自然会有章可循。

剧场装置设计，是布鲁内莱斯基的一个计划。它没有图纸和模型留下来，其信息只在瓦萨里的《名人传》中有一段较为细致的描述。关于这个剧场设计虽然信息极为缺乏，但是它亦有特殊的意义。和安杰利教堂、归尔甫宫一样，这是文艺复兴的一种建筑形制——舞台设计——的一个重要的开端，该形制是建筑的公共空间开始成为建筑师创作对象的象征。在经过塞利奥的《建筑七书》等著作的过渡之后，它在文艺复兴的最后一位大师帕拉第奥的奥林匹亚剧场的设计中达到顶峰。

以上几个主题（集中式教堂、府邸建筑、建筑师与赞助人、剧场设计）都集中在布鲁内莱斯基一人身上。全景式讲解可以通过一个点来展开多种重要的主题方向。这既可以加强学

生对"人"的认识（以及各个文艺复兴建筑师之间的传承关系），也可以让学生对涉及的诸多建筑主题都有所了解。

　　由于这些个案建筑师的作品分量都相当大——在文艺复兴的最后个案帕拉第奥那里，由于其作品实在太多（分维琴查时期、小住宅系列、威尼斯的教堂三部分），尽数展开需要花费 3 次课程的时间。所以，在这学期的有限的 32 个课时中如何分配不同建筑师的份额，也是需要斟酌的问题。

　　原文刊载于：胡恒. 南京大学外国建筑史教学经验谈 [M]// 南京大学建筑与城市规划学院建筑系教学年鉴. 2011-2012，2012(12).

通识教育背景下建筑系本科设计课程设置的探索
Exploration of Undergraduate Design Curriculum in the Department of Architecture under the Background of Liberal Education

周凌 / 丁沃沃

Zhou Ling / Ding Wowo

摘要：

本文介绍了南京大学建筑与城市规划学院建筑系本科建筑设计课教学改革的思路和举措，探讨了通识教育体系下建筑学专业教育的关键问题，讨论了四年制本科建筑设计课课程设置的一些核心问题。

关键词：

通识教育；本科设计课；课程设置

Abstract:

This paper introduces the ideas and measures of the teaching reform of the undergraduate design curriculum in the Department of Architecture, School of Architecture and Urban Planning, Nanjing University. It probes into the key issues of the professional architectural education under the system of liberal education, and discusses some core issues in curriculum setting of the four-year undergraduate courses of architectural design.

Keywords:

Liberal Education; Undergraduate Design Course; Curriculum Setting

1. 背景：培养什么样的人才

目前，我国的建筑学教育虽然套用了国际上通行的专业学位教育概念，但是在模式上并没有完全对应，主要存在三大问题：①建筑学专业学位重复设置，本科和硕士没有明确分工，导致硕士专业学位的学制过长，浪费教育资源；②就研究型大学而言，由于本科以专业学位为出口，不得不压缩通识知识的教授时间而过早进入专业训练，使得学生后续发展空间受到限制；该现状直接导致了本学科高层次研究型人才的缺乏，造成建筑学的研究和创新落后于国家高端需求；③同样由于通识知识的匮乏，学生的学术视野较窄，远远不能满足整体建筑行业对人才能力多样化的需求，更不能满足国家未来发展的新要求。

为解决上述问题，南京大学建筑学院在 2007 年开始进行建筑教育模式的改革和创新，在理念、方法和操作措施方面进行了研究与探索，主要有以下几方面：

（1）建筑学通识教育和专业教育相结合的新模式。该模式既满足学科发展对高层次人才的需求，又满足了建筑行业对不同类型高层次人才的需要。参照国际一流大学的专业定位，将建筑学专业教育的出口放在研究生层面，本科以通识教育为基础，即 4（本科）+2 或 3（研究生）模式（获建筑学硕士学位）。基于该模式，建筑教育的目标可以由培养专业设计人才而上升到宽基础、善创新、高层次、国际化、引领整个建筑行业的高级人才。

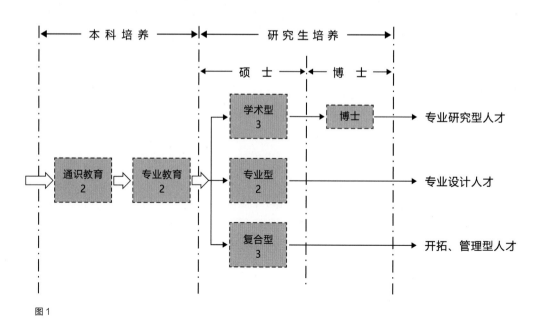

图1

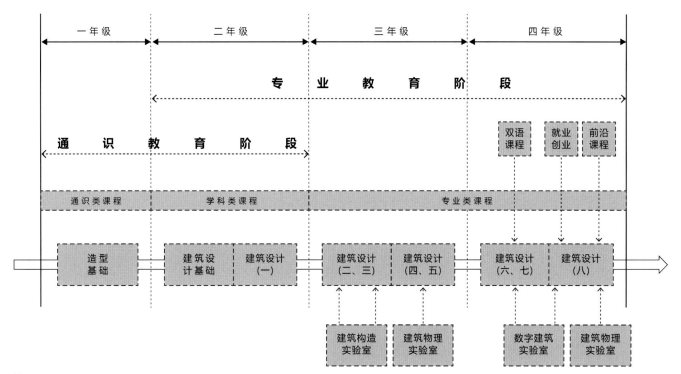

图2

（2）建筑学本、硕分类贯通的复合性教学框架。该教学框架分为文理美通识、专业通识、专业提高三大阶段，并以建筑设计为主轴，突出了专业特色。教学框架又分了三个层次，分别对应：建筑学行业专门人才（复合型）、建筑设计专业高层次人才（专业型）、建筑学科研究型高层次人才（研究型）。基于该框架，将通识教育、专业教育、专业提升和学术培养的分类教育理念落到了实处（图1）。

（3）以培养目标为导向、以知识类别为模块的课程体系。通过模块化课程的组织来实现不同人才培养路径，可以概括为：一条主干（设计课主干）、四个模块、多项选择。即学术型人才——通识模块＋专业模块＋研究型模块；专业型人才——通识模块＋专业模块＋研究型模块；复合型人才——通识模块＋专业模块＋跨学科知识模块（图2）。

南京大学建筑教育的目标是培养建筑学高端人才，既要培养建筑设计的顶尖人才，也要培养建筑理论研究的顶尖人才，还要培养行业开发与管理的顶尖人才。但不管是"应用型"从事建筑设计工作，还是"学术型"从事建筑理论、科学技术的研究工作，抑或是"复合型"从事建筑行业的开发与管理工作，首先都需要对建筑设计有比较深入的了解，需要有很强的设计能力、创造能力与表达能力，也需要对建筑学整个学科有更深的理解。

2. 比较：国内外现状与趋势简述

2.1 国际现状

国外高水平的四年制建筑学本科的建筑设计课，以美国和欧洲的院校为代表。美国麻省理工学院采用四年制本科，第一年为新生建筑学课程，以研讨课（seminar）的形式上课，设计课从二年级开始，二、三年级加上四年级上学期，共五个学期的建筑设计课，学制与南京大学建筑学专业目前设计课程时间相同。这也是我院采用四年制本科体系中设计课程教学的一个重要参照。

瑞士苏黎世工大学制为三年（高中为 3+1）。由于其通识教学在高中的一年中完成，所以其实际上相当于四年制本科。瑞士苏黎世工大设计课共六个学期，课时逐年递增，一年级设计课每周 6 学时，第二年设计课每周 10 学时，第三年设计课每周 16 学时。同样，也是在六学期内完成建筑设计课教学。

这两个学校代表新的教学体系，与我院目前实行的学制和教学体系十分接近，也代表了国际上建筑教育的某种新方向。

2.2 国内现状

我国建筑学专业自 1927 年成立以来，"建筑设计课"作为主要专业课，教学模式主要来自第一代留学美国的杨廷宝等人，他们带来了美国当时普遍实行的最早来自巴黎美院的"图房"制，即师傅带徒弟的教学模式。这是多年来全世界建筑学专业建筑设计课最普遍采用的方式。这种方式重视绘图和图纸表达，而相对轻视技术建造，教学按照类型进行，不断重复，综合训练。国内最早成立的建筑院校普遍采用此方式，这种方式一直延续到现在。

20 世纪 90 年代开始，国内高水平的建筑学专业普遍实行五年制本科，这种与注册职业建筑师制度和职业教育体系相关的学制，强调的是建筑学专业的职业教育，设计课程相应延长，加入了实习等环节，但建筑设计课的内容和教学方法并没有改变，还是沿用巴黎美院的体系。因此，建筑设计课从中国近代建筑学诞生以来，其教学方式一直没有真正改变过。比如，国内最早获得教育部"建筑设计重点学科"的两所院校——清华大学"建筑设计专业"与东南大学"建筑设计专业"，均一直采用传统的教学体系，建筑设计课教学主要为以类型主导、强调综合训练的方式。

2.3 发展趋势

21 世纪以来，在教育部"全国高等学校建筑学专业指导委员会"以及部分高校建筑学院的积极推动下，国内高水平的建筑院校如清华大学、同济大学开始实行四年制本科建筑学专业。清华大学部分实施四年制本科，设计课教学正在进行探索。同济大学 2010 年开始实施四年制模式，设计课程也在改革当中。在这一系列四年制改革中，也包含南京大学建筑与城市规划学院，其建筑学专业自 2007 年开始招收四年制本科生以来，一直致力于探索设计课的全面改革。南大建筑学科经过对国际著名建筑学高校人才培养模式的调研，加上与国内建筑学专业教学计划的比较，发掘出一套与国际接轨的人才培养方案。南京大学建筑学科将设计课教学设置在南京大学通识教育体系的框架下，利用综合性院校文理科优势，同时参照国际上一些著名高校的设计课程设置，在此方面做出了积极的尝试。

3. 创新：建筑设计课模块化设置

在以往多数中国高校建筑学五年制本科课程中，一年级开始教授美术课与设计基础课，二年级开始教授建筑设计课，之后建筑设计课程贯穿 5 年。而南京大学通识教育体系中，前一、二年级以通识教育为主，专业课很少，三、四年级才开始有完整的建筑设计课，故此，学制缩短后建筑设计课如何保证质量就成为一个不可回避的重要问题。通识教育背景下，四年制建筑学专业本科的核心课程"建筑设计课"是重中之重，这也是培养研究型人才、创建研究型大学，以及培养高端专业人才、创建高水平大学的重要环节之一。建筑设计课程设置成功与否，关系到通识教育和四年制建筑学专业

本科的学制设置是否成功。

作为全国第一个建立在通识教育体系下的建筑学四年制本科专业，在此体系下的建筑设计课，必然要压缩设计课时间，调整教学方向，使教学计划更加紧凑、更加集约，教学目标更加精准。因此，南京大学建筑与城市规划学院把建筑学专业核心课程压缩为"设计基础Ⅰ—Ⅱ"（一年级）、"建筑设计基础Ⅰ—Ⅱ"（二年级）与"建筑设计Ⅲ—Ⅳ"（三、四年级）三大课程，其他课程设置均以此三大设计课为核心设置。具体举措为：

第一，以"设计基础Ⅰ—Ⅱ"代替"美术课"。以往建筑教育以素描、色彩（水彩或水粉）等传统美术课为主，训练学生观察、表达以及艺术修养，常常需要很长时间。现在以一门"设计基础"代替美术课，以现代设计教育思想代替传统美术，训练学生的抽象与表达能力，同时培养观察表达能力，切入重点。

第二，以"建筑设计基础Ⅰ—Ⅱ"代替"建筑制图课"。以往建筑制图训练目标单一，不关注建筑本身构成，不涉及学生对城市和建筑的理解。现在的"建筑设计基础课"以认知为基础，通过认知建筑、认知图示、认知环境、认知设计几个环节，强调认识建筑本身物质构成，以及它在环境中的意义，它不仅是一门制图课，还强调从理解建筑物与建筑环境、城市环境开始来学习建筑。

第三，以"建筑设计Ⅲ—Ⅳ"完成以往需要四年时间的全部设计课程。以高度提炼的核心建筑问题为中心，组织六

个设计题目。"建筑设计Ⅰ"解决材料与建造问题,"建筑设计Ⅱ"解决空间与表现问题,"建筑设计Ⅲ"解决商业综合建筑的流线与功能问题,"建筑设计Ⅳ"解决小区规划与住宅设计这个大量性问题,"建筑设计Ⅴ"解决城市设计问题,"建筑设计Ⅵ"解决高层建筑的规范和技术问题。

第四,专业课程设置围绕设计课展开,建筑原理、建筑技术课紧密结合设计课内容与进度,测绘、工地实习等利用假期进行。在上课时间安排方面,设计课以及配套专业课集中在周二、周三,相对比较集中,学生有比较完整的时间进行设计和讨论。设计课程通过一系列高度集约化、体系化的设置,从建筑学基本问题出发,以材料—建造、空间—环境、结构—技术等为线索,递进式贯穿六个设计题目,涵盖了建筑设计中最重要的一些基本内容。在设计课上,学生不仅能学习建筑设计技能,还能学习相关技术与人文知识,更能训练创造性和扩展性思维。

4. 实践意义

"建筑设计课"模块课程将成为南大建筑学的核心课程,同时成为中国最早探索通识教育与建筑学结合的建筑设计课程。学生将通过课程训练掌握更加全面、实用的知识和技能。该课程从知识传递、技能训练、创造力培养三个方面出发培养学生,改变了以往建筑设计课做不同建筑类型重复训练时只注重技能训练,而不注重知识传递与创造力培养的模式。

"建筑设计课"培养的人才将在各层次、类型内均达到一定的质量。学术型人才培养为具有深厚基础与艰深学术研究能力的硕士与博士生输送人才,将胜任高等院校或政府中的科研及高管工作;专业型人才培养为建筑学硕士生输送人才,将能胜任未来社会的建筑与城市重大工程的设计及研究工作;而复合型人才培养则具有不同学科的知识技能交叉、复合的特色,适合为社会多种重要职位提供特殊人才。希望毕业生能以扎实的基本功、出色的研究能力和分析能力、管理能力,获得行业内的高度认可。

在南京大学建筑学人才培养分类、贯通、创新模式的条件下,南京大学建筑学科将实现在中国的建筑学教育领域中的宽基础、多层次、多类型的贯通式的人才培养,完成各类毕业生覆盖学术型、应用型和复合型的多种社会需求,从而促进中国建筑学教育的多元性和跨越性发展。

原文刊载于:周凌,丁沃沃. 通识教育背景下建筑系本科设计课程的探索 [M]// 中国建筑教育:2012 全国建筑教育学术研讨会论文集,2012(9).

引入建构的构造课教学——南京大学建筑与城规学院构造课教学浅释

Introducing Tectonics in Architectural Courses on Construction — Teaching Construction in the School of Architecture and Urban Planning of Nanjing University

傅筱

Fu Xiao

摘要：

本文探讨了将建构原理引入构造课的教学尝试，从而改变了构造课以纯技术原理为主的授知模式。论文重点从构造课教学评价标准、构造课知识架构以及构造教学体系化等方面展开具体论述，以期为同行提供参考。

关键词：

构造课教学评价标准；建构；构造课知识架构；构造教学体系

Abstract:

This paper discusses the application of tectonics introduced in architectural courses on construction, which has changed the teaching model of construction courses. Three elements of such courses are elaborated: evaluation criteria, knowledge structure and teaching system .

Keywords:

Evaluation Criteria of Construction Courses; Tectonics; Knowledge Structure of Construction Courses; Teaching System

在我国建筑学教育中，构造课很像是给学生开设的"中药铺"，内容繁杂，难上难学，但究竟难在哪里？如何改观？南大建筑与城市规划学院教学组对此进行了深入的思考和实践，尝试从构造课教学评价标准、构造课知识架构以及构造教学体系化等方面进行探索。通过近几年来的教学实践，取得了较好的教学效果，借此机会，浅释成文，以飨同行。

在阐述南大的构造课教学之前，有必要讨论一个关键问题，那就是在建筑学教育中该如何定位构造课。定位的不同，必然带来教学观和教学方式方法的差异。回顾构造课在我国建筑学教育中的定位，基本上可以从两个角度来检视。第一个角度是教研室体系划分方式，构造课基本上都是划归技术教研室。第二个角度是构造教材编写。我国通行的构造教材均以详述各种技术做法为主。由此可见，构造课在建筑学中被看作纯技术课程。与建筑设计相关课程相比，纯技术课程历来是学生逃课的首选，枯燥的技术原理让学生生厌，庞杂的技术细节让学生无所适从。如何让构造课生动而不枯燥、系统而不庞杂，我们认为解决问题的关键是构造课的合理定位。换言之，就是必须将构造课纳入建筑学范畴，而不只是工程技术范畴。因此，我们进行了将建构（Tectonic）引入构造教学的尝试。建构作为一种联系建筑学与工程学的实践操作理论和方法，将让我们以更为全面的视角来看待构造教学，构造将源于技术而超越技术，从纯技术视野进入建筑学的视野，这必然会带来构造教学相应的改变。

1. 构造课教学评价标准的改变

1.1 原理课与设计课之分

在教学时，构造课教师经常会被问及："学生上完你的构造课，为何很多大样还是不会画？"这类问题反映出构造课的评价是以实用性和技术性为标准的，如不仔细甄别，似乎并无不妥。然而，构造课实为原理课，如同住宅设计原理课一样，原理课强调理论认知，设计课强调动手实践，二者教学内容及目标虽有关联，却也差异甚大。如果以设计课的标准来衡量构造课，教师容易掉进职业技巧训练的陷阱，既担心学生对某个具体节点技术的掌握程度，又担心是否遗漏了某个知识点的灌输。相反，如果以原理课的标准来衡量构造课，教师授知的重点将是从庞杂的技术细节中有意识地进行筛选，并将之合理串联，从而加强学生对构造整体性原理的认知。

1.2 技术原理与建构原理

事实上，让原理课去承担实训目的是高校构造课的授知误区，更何况构造职业技巧的掌握远非几十节课程就能解决之事，由此，南大的构造课明确定位为"原理课"，但是对于"原理"二字的理解却与以往不同。在南大的构造课中有两种描述原理的关键词组，关键词组一是自然力、材料、构件和连接；关键词组二是沿革、意图、语言和表达。前者属于纯粹的技术范畴，而后者属于建筑学范畴。对原

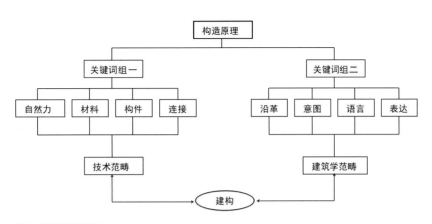

图 1 构造原理关键词

理进行区分，其理论基础就是"建构"。关键词组一包含的技术原理是构造课必须面对的基本问题，关键词组二所包含的内容则是对基本问题的升华，其概念接近于建构中"建造的诗学"之意，与纯粹的"技术原理"相对应，我们也可以姑且称之为"建构原理"以便行文（图 1）。

通过原理课与设计课之分，技术原理与建构原理之分，我们将构造课的评估标准从技术实训与理论认知的纠缠中廓清，教师可以将精力从职业技巧实训中解放出来，在有限的课时内教会学生技术原理分析能力。而建构理论的引入，则让学生理解构造技术原理与设计的关联关系，以及如何在设计中运用构造进行表达，所以，当面对上述提问，我们完全可以这样回答："学生虽然画得不太好，但是他知道不是所有的大样都值得去表达！"

2. 构造课知识架构的改变

2.1 当前我国构造课知识架构的状况

将建构理念引入构造课，除了产生评价标准的变化之外，必然带来构造课知识架构的改变。所谓构造课知识架构，是指教师将构造知识点以何种组成方式传授给学生，而学生经过课程学习后又将获得怎样的构造知识认知结构。我国高校构造课的知识构架从各种通行教材上可见其貌。构造教材通常分为上下两册，上册一般是建筑构件部分，包括从基础至屋顶的所有建筑构件；下册一般以专题形式或者以特种构造形式呈现，一般包括装修构造、声学构造、大跨构造等等。显然，其知识架构是以具体知识点汇集而成的，就单论其中的技术原理，也是分散于章节之中，系统性较弱。比如防水，在屋顶、地下室、外墙都会涉及，那它们之间的共同原理又

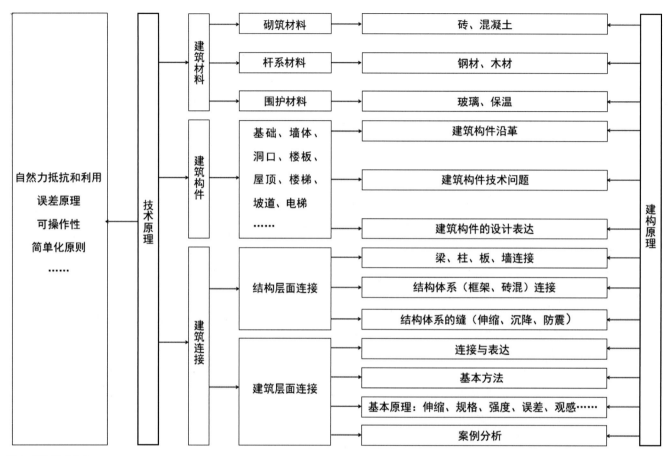

图2　构造课知识架构

是什么？有无相关的统一阐述？在此，我们无意评价通行教材之得失，因为教材一旦通行，必然顾及各方，难编也难有特色，但其中的知识架构却是一目了然的。

2.2 引入建构的构造课知识架构

当我们引入建构理念之后，构造课的知识架构就由单一

的技术线路变成技术结合建构两条线路。毋庸置疑，技术原理是构造课的基本问题，是学生必须面对和充分掌握的，因此技术原理仍然是主线，而建构原理是对技术原理的升华，因此是辅线（图2）。技术原理这一主线包含了建筑材料、建筑构件、建筑连接三大部分。其中建筑材料包含三个内容：砌筑材料、杆系材料、围护材料；建筑构件包含基础、墙体、

洞口、楼板、屋顶、楼梯、坡道、电梯；建筑连接包含结构层面连接和建筑层面连接两个部分。从技术原理架构中可以明显地看出建构思想的影响。知识架构编排打破了以建筑构件分类的单一方式，引入了材料和连接两大知识点，并且在讲授过程中是按照授材料、构件、连接的顺序进行的。

（1）材料作为相对独立的知识点引入

长期以来，我们对建筑构造的理解都局限在构件之间的关系，而忽略材料。事实上，从建构的角度而言，设计可以通过合理处理建筑材料、构件和细部等，从而塑造空间与形态，最终升华为诗意的表达。而材料如同建筑构件一样，既是一个工程技术问题，又可成为直接的设计表达。所以，构

造课知识架构包含材料应是情理之中的事。我们借鉴建构的理念，将材料分为了砌筑材料（砖、混凝土）、杆系材料（钢、木）、围护材料（玻璃、保温）三大类别。如此分类，将建筑材料与建造方式、受力原理、建筑物理联系在一起，并在讲授中有意识地将材料技术与设计表达相关联，从而将材料纳入建筑学的范围，而非单纯讲授材料学。

（2）建筑构件技术原理编排受建构思想的影响

虽然教学沿袭了传统的从基础至屋顶的构件分类方式，但是在具体构件的编排中包含了构件沿革、构件技术、构件与设计表达三个内容。这样的编排是以技术为核心的，向上以历史沿革为引导，让学生了解构件之来源，向下以设计为

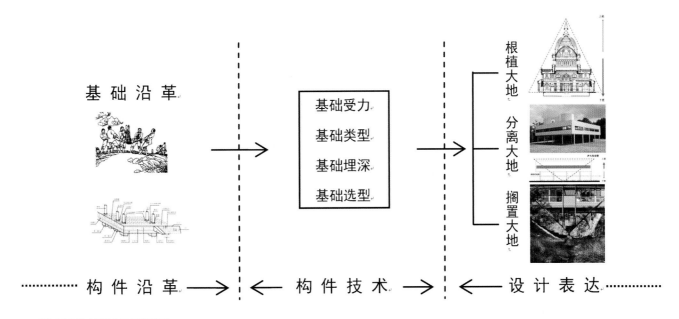

图3　以基础为例的建筑构件技术原理编排

依托，让学生明白技术之用途，其中建构思想的影响是显而易见的。例如在基础的讲解中，从古代的夯土基础一直沿述至今天的桩基础，然后再具体讲解基础的力学、类型、埋深和选型，最后以案例的方式讲解基础与大地的关系，从而让学生形成完整的构件知识结构认知（图3）。

（3）将连接原理引入构造课

稍有经验的建筑师都会发现连接是构造的基本原理之一，连接存在于体系之间、构件之间、材料之间，连接不仅是技术性原理，而且是具有表现性的方法。然而在构造课堂上却鲜有教师将其独立出来专题讲授。究其原因是传统的知识架构限制了连接原理的集中讲授，连接原理散落于各章节之中，难以系统化和条理化。我们将连接原理独立成章，从结构层面入手，一直深入建筑层面的连接原理。结构层面包含梁、板、柱、墙连接以及结构体系的缝（伸缩、沉降和抗震），建筑层面包含连接的基本原则和方式方法，以及连接与设计表达的关系。

（4）建构原理并非构造课的专题讲授内容，而是作为一种认知构造的方法

具体而言，建构原理在以下几个方面影响着南大构造课的教学。首先，如前文所述，建构的思想直接影响了构造技术知识架构的编排。其次，在建筑材料和构件的讲解中引入了沿革的视角。沿革分为两个方面，一是技术沿革，也即技术自身的来龙去脉，例如砖从远古至今的发展历程；二是设计沿革，也即人们（设计者）使用砖的历程。关于沿革的讲

解所占课时比例并不多，但不可或缺，其目的一方面是引起学生的兴趣，更重要的是让学生建立构造是设计语言而非纯技术的观念，构造可以被善加运用而成为建筑语言，从而升华成设计的表达。再次，强化案例教学法引入。案例选取不只是构造做法、工地实景照片，而且包含基于意图表达的设计案例。这一环节十分重要，它让学生兴趣浓厚，并直观地理解了构造技术如何上升为设计意图的表达，甚至是"诗意的建造"（图4）。

2.3 知识架构的整体性把握

所谓知识架构的整体性把握是指在庞杂技术细节中，教师可归纳出一些主要的技术原理来统领技术细节。这些主要技术原理包括"自然力的抵抗和利用、误差原理、可操作性以及简单化原则"等等。例如，自然力的抵抗和利用原则是指几乎所有的构造处理都包含了对自然力的反映，对待自然力不仅仅是抵抗，也可以是利用，如抵抗雨水的构造、抵抗侧推力的构造等等（图5）。把握这样的原理将帮助学生读懂构造大样，培养自我判断构造对错的能力。但由于篇幅所限，在此不能一一展开论述，这几个整体性技术原理是判断构造设计的基本标尺之一，教师在分析构造时如能将它们贯穿进去，将让学生建立起构造的技术理性思维，较之让学生能够描摹一个复杂的变形缝大样来说，其意义不言而喻。

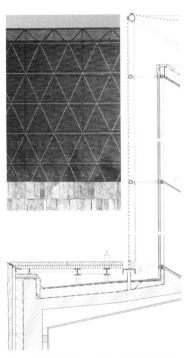

图4　案例教学的引入（在慕尼黑犹太教堂设计中，建筑师巧妙地设计了内置金属压顶，让石材砌筑在顶部仍然保持浑厚粗犷的气质，从而与半透明的金属网形成轻者愈轻，重者愈重的对比。建筑师熟练地运用构造处理，增强了设计意图的表达）

图5　建筑师对侧推力的巧妙利用：路易·康将弧形砖拱与混凝土过梁结合，洞口跨度由砖拱形成，而砖拱的侧推力由混凝土过梁抵消，从而使柱子不再承受侧推力，柱子在立面上显得轻盈而典雅，建筑的现代性由此增强

3. 构造教学体系的改变

构造教学在南大建筑学教育中有着十分重要的地位，但是这个重要性不只是由传统的建筑构造课来担纲的，而且依托于一个体系化的构造教学。南大的建筑学教育是"2+2+2"的体系[1]，从本科至研究生是一个连贯的教学过程，每个阶段均贯穿了不同形式的构造教学，并在教案和教师安排上具有一定的连贯性和相关性（图6）。

在第一个"2"模式阶段（本科1—2年级），学生将对建筑基本构件进行认知学习，例如在窗构件的学习中，学生首先实际测量1∶1的木、铝窗模型，然后将其转换为1∶5的徒手大样图纸，这是从物到图的过程（图7）。接下来，学生将根据8个常用的外墙饰面做法大样图纸，制作纸质的1∶2构造模型，这是从图到物的过程（图8）。通过从物到图

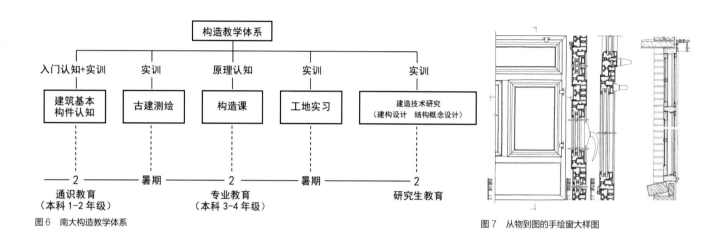

图6　南大构造教学体系

图7　从物到图的手绘窗大样图

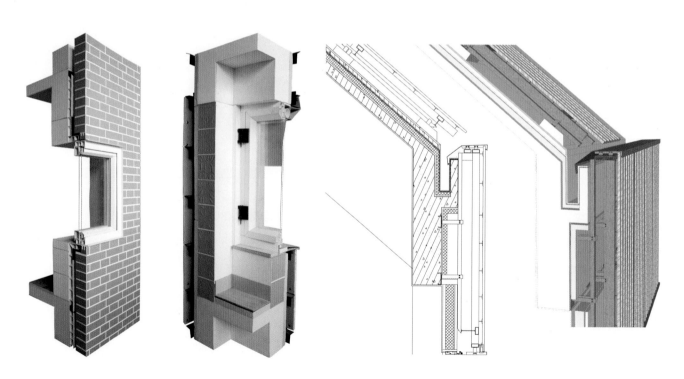

图8　从图到物的窗实体模型制作

图9　工地实习学生作业

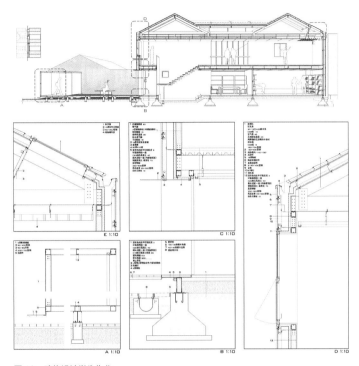

图 10　建构设计学生作业

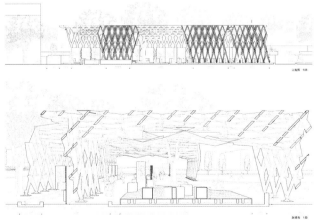

图 11　结构概念设计学生作业

再从图到物的双向训练，初涉建筑的学生可以较为直观地体会到受力、材料、连接、形式之间的关联关系，为进一步的构造学习打下认知基础[2]。在第一个"2"阶段结束，学生将接受严格的古建筑测绘训练，古建筑测绘训练由经验丰富的教师担任，其目的是通过测绘进一步让学生了解传统建筑构造知识，而非单纯的测绘记录。

在第二个"2"模式阶段（本科3—4年级），学生将学习"构造原理"以及"工地实习"两门课程。南大的工地实习并非简单的工地参观，而是将其视作一次重要的构造设计训练，并将其作为构造原理课教学效果的中期检验。工地实习除了要求学生提交传统的实习报告之外，还要求学生根据现场的观察，绘制1∶20的工地建筑的外墙构造大样。在绘制过程中，教师只给学生1∶100的建筑图纸，要求学生根据观察和构造课学到的构造原理自己设计出与建筑立面一致的构造大样。在实习过程中，教师进行设计辅导，并组织实习答辩（图9）。此外，在每次本科设计课中，学生均被要求绘制1∶20以上的构造大样，这也加强了构造教学体系化的建立。

在第三个"2"模式阶段（研究生阶段），学生将选修"建造技术研究"课程，该课程包含两门子课程，一是建构设计，二是结构概念设计。建构设计主要是通过设计训练学生对设计概念与构造技术的关联性认识（图10）。结构概念设计主要在学习结构基本知识的基础上，掌握结构与功能、结构与空间、结构与建造的关联关系[3]。研究生建造技术研究课程

虽然难度较高，但前面的结构、构造课程训练为其打下了较好的基础，反之，建造技术研究课程也是对前面的教学效果的一次有效检验（图11）。

通过体系化的构造教学，可以达到以下几个教学效果。首先，连续不断的构造理论、构造实训的学习，加强了学生的构造意识，即构造等同于场地、空间、功能、结构、形体，是组成一个建筑必需的基本要素之一，这从本科第一个课程设计题目"材"的训练就可见一斑；其次，每个课程的教学效果都应有其相应的理性评价，体系化的构造教学从根本上解决了构造课的评价标准问题，其教学效果完全可放在构造教学体系中去检验，比如，工地实习、本科课程设计以及研究生的建造技术研究等课程既是构造技术实训，同时也是对原理课的有效检验；最后，构造教学体系的建立，促进了不同课程之间的合作与交流，课程之间的协作性和连贯性得到了加强。

4. 结语

虽然南大的建筑学教育办学时间不长，但也省去了一些包袱，可以较为自由地思考一些问题。总体而言，南大建筑构造课主要从三个方面进行了探索。首先，最为重要的探索是在整体教学框架中强化了构造教学体系的建立，构造将伴随学生整个在校学习的过程，其目的让学生通过构造知识的不断学习，增强一种从建造本质上理解设计的意识；其次，

在评价标准上划清了原理课与设计课的区别，让构造原理课回归理论认知的范畴，而将绘制构造大样的实训技能放到了工地实习、课程设计、建造技术研究等课程之中；最后，将建构理念引入构造原理课，由此改变了传统构造课的知识架构，由传统的单一的构造技术讲解变成构造技术结合设计的讲解。构造原理课知识架构在一定程度上借鉴了 ETH 的教学，但在教学方法以及具体内容编排上却有较大的不同，由于篇幅所限，难以展开论述。

值得一提的是，当建构引入构造教学之后，任课教师的选择及其知识结构也将发生改变，成熟的建筑职业素养、良好的建筑学理论素养、丰富的教学经验都将成为任课教师的必要知识结构，这将打破构造课只重视教师对于构造技术知识的掌握能力而忽视教师的综合能力的传统标准。事实上，放眼国际，这样的选择标准已是基本的准则。综上，南大所做的努力，如能为同行提供一定参考或就此能得到同行的关注与批评，从而促进南大构造教学的进一步反思与改进，甚是幸事。

注释：

1 从 2007 年起，南大建筑学在原有研究生教育基础上，探索与国际接轨的整体化教学体系，开始实行"2+2+2"的本硕贯通的建筑学教育模式，以探索一条宽基础（通识教育）、强主干（专业教育）、多分支（就业出口多元化）的树形教学之路。
2 详细内容请参见：丁沃沃，刘铨，冷天 . 建筑设计基础 [M]. 北京：中国建筑工业出版社，2014：88-91 .

3 结构概念设计课程由毕业于东京工业大学的郭屹民老师指导，同时郭屹民老师还配合该课程主讲结构理论认知。

原文刊载于：傅筱 . 引入建构的构造课教学——南京大学建筑与城规学院构造课教学浅释 [J]. 建筑学报，2015(05)：12-16.

城市更新视角下的建筑设计基础教学探讨

The Exploration of the Architectural Design Basic Teaching under the Perspective of Urban Regeneration

冷天

Leng Tian

摘要：

为更好地结合城市更新这一社会热点问题，南京大学建筑与城市规划学院尝试将城市更新的视角引入本科建筑设计基础教学之中。教案围绕认知图示和设计操作两个层面展开，促使学生在课程设计中接触、反思并尝试应对城市形态和环境问题，以探索建筑设计基础教学的新思路。

关键词：

城市更新；建筑设计；图示分析；设计操作

Abstract:

The School of Architecture and Urban Planning of Nanjing University is trying to introduce the concept of "Urban Regeneration" to its architectural design basic teaching system. The teaching plan is developed around two aspects—the graphic analysis and the design operation. The courses encourage students to contact, reflect and try to deal with the urban form and the city environment. Therefore, a new exploration of architectural design basic teaching is proposed.

Keywords:

Urban Regeneration；Architectural Design；Graphic Analysis；Design Operation

随着中国近年来快速的城市化进程，"城市更新"(urban regeneration) 的概念在学术界引起了愈发广泛的讨论，其多元化且具综合性的内容，超越了功能空间、材料构造、场地地形等传统建筑设计所关注的范畴，成为当今建筑设计和理论中的焦点问题。南京大学建筑与城市规划学院的建筑学教育在"拓宽基础、分流培养"的基本方针指导下，确立了以两年本科通识教育为基础，两年专业教育为主干，两年专业硕士教育为出口的特色人才培养模式。而这种模式也要求在教案设置和课程展开上，应结合国际建筑理论与学术的发展趋势，并紧密配合中国社会发展而产生的各种建筑和城市问题。因此，为更好地结合现实建筑设计问题，我们尝试将城市更新的视角引入本科建筑设计基础教学之中。本文从认知图示和设计操作两个层面展开，探讨如何在城市更新视角下探索建筑设计基础教学的新思路。

背景：将城市更新视角引入设计基础教学的意义

建筑设计基础教学面对的是刚刚踏入建筑学专业接受教育的初学者，其教学目的包括教会学生专业地理解建筑设计的基本任务，理解建筑本体及其周边的环境，以及使学生掌握建筑设计操作和实践的相关技能等。对于初学者来说，建筑设计的主要内涵除了建筑外观形象、内部空间限定和细部节点构造之外，在哪里建造，场地周边所处的城市又有哪些限制或机遇，是建筑产生的重要初始条件。因为在大部分情况下，建筑环境所暗示的各种对建筑生成的制约条件，也是确立建筑设计的外观形象、内部空间和建筑策略的重要基础，同时这些策略是否能够很好地应对这些制约条件，也是评判建筑设计优劣的重要标准。无论从世界范围还是从我国现实来看，人口向城市集聚的趋势是显著和短时间难以逆转的，在可预见的未来，大部分人口都将工作、生活在城市之中，相关的建筑活动也将大多发生于此，城市势必将成为大部分建筑设计的基础环境条件。基于上述考虑，为了在建筑设计基础教学中树立一个全面的建筑观，根据时代发展的需要，我们将城市形态和环境知识融入建筑设计基础知识体系之中，以扩充建筑学的内涵。

为使学生能够更全面地了解城市形态和环境，我们引入了城市更新的概念。城市更新是一种将城市中已经不适应现代化城市社会生活的地区做必要的、有计划的改建活动，其目的是对城市中某一衰落的区域进行拆迁、改造、投资和建设，以全新的城市功能替换功能性衰败的物质空间，使之重新发展和繁荣。自 20 世纪 90 年代以来，城市更新的概念逐渐成为学术界关注的焦点问题。相比较于较早的"城市再生"(urban renewal) 概念，城市更新的内容更多元化且具综合性，这个过程通过一系列多元的更新途径实施，诸如保护、修复、再利用以及再开发等。社会对这个概念的理解已经从单纯对城市物质环境的改善，发展到对城市整体环境的提升。在建筑设计基础教学中，引入城市更新的视角去面对城市问题，不仅可以更为全面地发现与认知建筑所处的城市形态与环境，还能够促使学生积极主动地尝试运用设计操作的手段去回应与解决发现的城市问题。

城市化是 21 世纪中国城市发展的主题，而中国城市更新过程中所面临矛盾的复杂程度、城市化任务的艰巨性，都是任何西方国家都未曾经历的。这种情况要求我国必须探索出符合国情的城市更新方法和策略，从城市化战略高度认识城市的更新改造问题。此外，城市更新的方式可分为再开发 (redevelopment)、整治改善 (rehabilitation) 及保护 (conservation) 三种，其对象主体大部分都是具体的建筑物，城市更新对于建筑来说就是更新建筑。作为培养未来建筑师、规划师和相关专业技术人员的高等学校建筑院系，将城市更新的视角引入建筑设计基础课程教学，促使学生在课程设计中接触、反思并尝试应对城市形态、环境和城市问题，不仅具有一定的可操作性，也是高校建筑教育机构对现实社会问题的一种积极的回应。从某种现实意义上讲，很大一部分城市更新实践是通过具体的建筑更新手段加以实现的，因此，上述的教学探索便具有了一定的理论和现实意义。

认知：以图示分析的方法引导本科学生认知城市环境

在建筑设计基础教学中引入城市更新的视角，第一步便是引导学生去认知城市环境。城市的物质环境总是在一定的尺度范围内以某种较为稳定的空间形式表现出来，称为城市形态。城市形态一般包含几个基本物质要素：地形地貌、街

道（及其划分的街区）、地块、建筑物，这些物质要素在不同的外界条件、组织规则影响下，会生成丰富多变的城市形态。此外，城市建筑都坐落在特定的地块 (plot) 之上，这些地块又从属于不同的街块 (block)，四周围绕着城市道路。另一个概念就是城市外部空间，它的不同类型、界面、质感、功能、尺度、层次和标识物等，都是城市环境的重要组成部分。

认知城市环境，除了实地踏勘之外，最为直接和有效的手段便是各种类型的图示分析。我们选择了三块有代表性的城市片区（城市历史街区、现代街区、商业中心区）作为样本，把学生分组（3—4 人），合作完成训练。

1. 城市街道空间环境认知：阅读城市原始资料（电子地形图、航拍图和卫星照片等），学习现场实地调研和照片记录的方法。根据原始资料与实地调研在电脑中建立三维城市模型。在不同片区中各选择一条至少带有一个道路交叉口且不短于 300m 的城市道路。沿道路每隔 20m 设定一个调研点进行拍照，记录街景（采用同样的焦距），同时利用电脑三维模型获取同视角场景用于分析研究。绘制并分析街景照片中可见的建筑界面。按照拍照点在三维模型场景中求取并分析街道横断面。记录道路断面的功能划分与沿街立面。比较不同城市片区的可见界面、街道断面尺度和比例变化、道路功能、眼界界面，绘制能表达其异同的图示和比较分析图。

2. 地块与建筑类型认知：在不同片区各选择一个典型的沿街转角地块进行调研分析，画出调研地块的区位图，分析地块所在街廓的地块划分特征（尺度、形状、数量等）及其

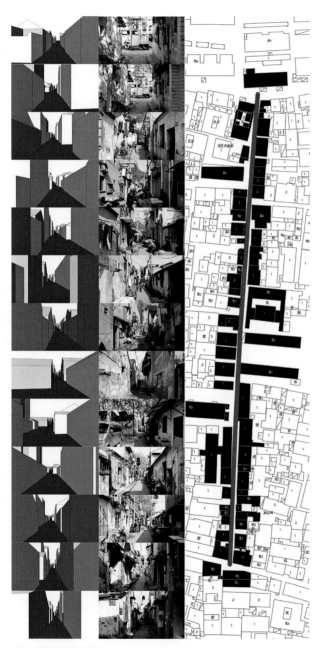

图 1　图示分析课程作业

与街道的关系。通过平面图与剖面图，画出地块及其建筑的功能布局，分析其与城市开放空间特别是街道空间的关系。对地块形状、尺度与地块内建筑形状、尺度的关系进行分析，计算地块的密度、容积率、高度指标，并研究其他可能表述其关系的方法。通过平面图与剖面图，画出地块及其建筑的交通流线组织分析图，包括水平交通和垂直交通，人行、车行流线与出入口、停车场，分析其与城市开放空间特别是道路及其他基础设施的关系。

　　通过这次训练，学生的成果包括三维电脑模型，各种图示分析（区位图、功能布局、形体尺度、交通分析、街巷空间照片分析等），最后按小组整合成为具有一定版式的纸质文本，以及一份 PPT 汇报文件，达到了教案设置预期的效果（图 1）。

设计：以设计操作的手段在建筑更新中应对城市环境

　　在建筑设计基础教学中引入城市更新的视角，第二步便是引导学生通过自己的设计操作，在具体的建筑更新案例中，去应对特定的城市环境。

　　城市更新包括两个方面的内容：一方面是对客观存在实体（建筑物等硬件）的改造；另一方面是对各种生态环境、空间环境、文化环境、视觉环境、游憩环境等的改造与延续。在建筑设计的层面，能够产生实际影响的主要在前一个方面。我们的教案选址于南京城南门西片区，该片区作为南京市保留不多的城市历史街区，其中的大部分建筑物、公共服务设施、市政设施等已经全面老化，除了建筑更新（重建），很多要素无法通过其他方式重新适应当今的城市生活。这种不适应，不仅降低了居民的生活品质，甚至会阻碍正常的经济活动和城市的进一步发展。因此，我们在教案中选取了多个具有代表性的小型地块（200m² 以下），假定将其上原有的建筑物全部拆除，设置一个全新的功能业态（老城精品店），交给学生进行设计操作的训练。要求学生结合新的功能要求，合理组织内外部空间，结合整个街区的历史现实情况，考虑合理的使用方案。建筑物的流线和规模、公共活动空间的保留和设置、街道的拓宽和新建、停车场地的设置以及城市空间景观等，都应结合城市历史街区的特殊情况统一考虑。学生应利用前一阶段的图示分析认知的城市调研成果，包括该地块自身和相邻地块的情况，强调外部环境的延续和历史街区传统风貌的保存。

这个任务是一次历时八周的标准课程设计训练，设计操作的分阶段重点如下：

1. 建筑形体与外部空间：学生需要在现有条件和周边环境的基础上，对场地内的建筑、道路、绿化等要素进行合理配置，考虑城市历史街区的特殊风貌的合理延续，使建筑形体与外部空间形成一个有机整体，并使基地的利用达到最佳状态。

2. 场地设计：首先，进行合理的功能分区和用地布局，布置建筑的基本平面关系，确定划分建筑形体和外部空间的垂直界面；其次，组织合理的内外部交通流线，设置各种出入口，为交通流出足够缓冲空间；再次，根据景观朝向和日照对基本平面关系进行调整；最后，对场地按其自然情况和使用要求进行竖向设计。

3. 功能与流线：按照应满足的实际使用要求调整建筑物内外部空间，满足私密性、开放性、可变通性的要求，仔细对待辅助功能的设计问题，保持主要功能空间的灵活性。根据不同的行为方式把各种空间组织起来，通过流线来划分和连接不同功能空间。

4. 结构与空间：建筑的结构虽然形成了空间的第一次划分，但结构并不等同于空间。在城市历史街区，可以通过框架结构实现规整的结构体系，但框架结构划分后的空间仍然是开敞的，可以通过悬挑等特殊结构处理，重新界定室内外空间的墙体，实现对城市历史街区外部空间的应对与呼应。

在这次训练中，学生的成果包括各技术性图纸（平立剖面图、总平面图、大样图）、技术经济指标、表达设计意图和设计过程的分析图（体块分析、内外部空间分析、功能分析、流线分析等），形成带有版式的图版并进行公开答辩，达到了教案设置预期的效果（图2）。

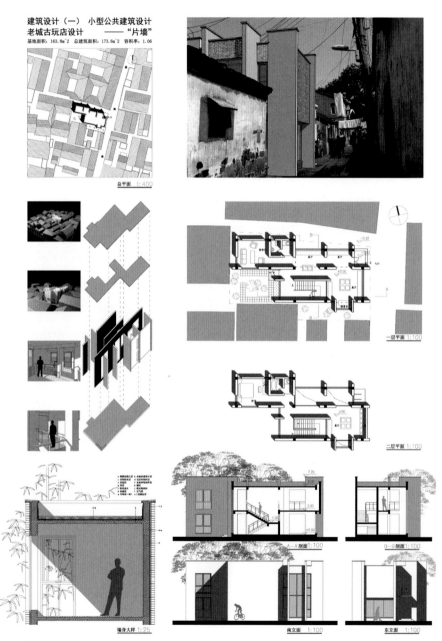

图2　设计操作课程作业

参考文献:

[1] 丁沃沃，刘铨，冷天 . 建筑设计基础 [M]. 北京，中国建筑工业出版社，2014.

原文刊载于：冷天 . 城市更新视角下的建筑设计基础教学探讨 [M]//2015 全国建筑教育学术研讨会论文集 . 2015.

设计研究作为一种启发式实践——与谢菲尔德大学联合教学中的思考
Design Research as a Heuristic Practice—Reflections on the Joint Teaching with the University of Sheffield

窦平平

Dou Pingping

摘要：

本文首先探究了设计研究的争议性，继而引出设计研究的真正意义及其代际更迭过程。其次，以作者亲身参与的谢菲尔德大学课程作为案例，阐述如何利用设计教学培养研究思维，使设计者具备自主进行启发式行动的能力。最后，展望建筑学的新趋势，以及设计研究在其中不可替代的作用。

关键词：

设计研究；设计方法；谢菲尔德大学；启发式实践

Abstract:

This paper first investigates into the controversy of design research, and then leads to its true value and developmental process. Secondly, a studio work from Sheffield University is examined to illustrate how studio teaching nurtures research thinking and heuristic practice. Finally, the study highlights that in the new trends of architecture, design research has an irreplaceable impact.

Keywords:

Design Research; Design Method; Sheffield University; Heuristic Practice

"研究"活动常常与高校和科研机构联系起来，而另一类在很大程度上被低估的研究，是以操作为导向、与建筑师们紧密关联的设计研究。设计活动是在有限的时间周期内面向未来的，而相对稳定的学术"知识"形式很难被直接应用到设计这种推断性的过程中。相对于知识（knowledge），设计的过程更像是一种动态的认知（knowing）。动态的知识创造只能在设计的过程中获得，也只能在设计的成果中交流[1]。如果研究中能够产生"设计师式"的知识，反馈到设计和建造之中，将对建成环境的质量和长效运转起到积极作用。因此，设计研究对优秀的建筑师是十分重要的——在实践中解决问题，在过程中产生新的知识，新的知识再次融入建筑形体。

1. 设计研究的三个迷思

然而"设计研究"是一个富有争议的话题，有些学者认为研究可以通过设计实践获得，而另一些则认为研究只能通过传统的学术形式进行[2]。

迷思一：建筑学就是建筑。第一种迷思认为建筑学的知识形式完全不同于其他学科，所以一般的研究定义和程式不适用于建筑学。设计过程被认为是天才式（genius）的，超越了解释和分析的范畴。相应地，建筑学科被认为是自治式（autonomy）的，研究方法论对其并不适用。于是建筑学在自己的术语体系里繁衍，知识的基础愈加碎片化，在大学科体系中愈加边缘化，也因此丧失对社会的责任感。

迷思二：建筑学不是建筑。建筑学涉及的领域从人文学科延展到科学学科，每个部分都相应地与其他学科关联，于是这种迷思认为建筑学的研究必须依赖其他学科的权威知识，从而获得认识论上的可靠性。当然这是受到了研究机制和基金的影响，很多相关学科被纳入了建筑学研究的接受范畴，也因此稀释了建筑学研究自身的智识稠度。

迷思三：设计和建造就是研究。这种迷思认为建筑学知识终究还是存在于建成物之中的，并认为每一个建成物都是独一无二的，由此认为，设计和建造的过程中会自然而然产生新的知识。然而尽管建筑学的知识在相当程度上存在于建成的物质体中，但也存在于其他很多方面，比如诉诸实施的过程、认知、再现、使用。建筑学超越建筑物而存在，建筑研究也因此需要涵盖这些拓展的领域。

2. 设计研究的三个代际

理查德·福克（Richard Fouqué）在 2001 年欧洲建筑教育联盟设计研究国际会议上提出"设计研究的真正意义"时指出："科学研究试图解释世界，设计研究则试图探索和改变世界，并且还希望以此获得关于人类如何分析和探索世界并使之形成文化之过程的知识。"[3] 按照设计研究的发展历程，我们可以将其大致分为三个代际[4]。

第一代设计研究：20 世纪 60 年代，以系统化分析形成科学化的设计方法（design method）是主要模式，试图将设计过程分解和设定为一系列形式模块的系统化合成。

第二代设计研究：20 世纪 70 年代，面对第二次世界大战后出现的社会和经济问题，基于解决复杂设计问题和满足使用者需求的考虑，设计过程被看作"问题—解决"（problem-solving）和"决定—执行"（decision-operation）的行动。

第三代设计研究：20 世纪 80 年代之后，设计研究逐渐转向了对"设计过程"和"设计思考"本身的关注，将其视作"反思性实践"(reflective practice)和"启发式行动"（heuristic activity）。布莱恩·劳森（Bryan Lawson）指出，个体的创造性可以把设计从科学研究中解放出来，同时设计研究也将设计从"问题—解决"范式中解放出来，指向具有更广泛潜能的批判性方法 [5]。

3. 一个案例

本文选取笔者在英国谢菲尔德大学任设计导师教学和交流期间的一份学生作业为案例，借助作业的发展过程阐述如何利用设计教学培养研究思维，进而使设计者具备自主进行启发式行动的能力。硕士设计课程主题："落脚城市"（Arrival City）。课程主持：约翰·桑普森（John Sampson）。学生姓名：汉娜·佩达（Hannah Pether）。设计研究题目："界：多个世界的家园"（The Threshold: Home of Many Worlds）。课程以对某种空间现象的主动探索作为目标，该作业自行选定的主题是"领域"，关注对空间领域的感知、界定和营造，以积极应对当代城市的碎片化和瞬时性所带来的问题。作业的整个发展过程可以分解为四个阶段，前三个阶段都可以被认为是研究，最后一个阶段才开始传统意义上的设计。

第一阶段，对主题的选取和相关概念的明晰。"领域"作为主题，一方面来自其对作者本人的空间经验和兴趣，另一方面也来自相关理论知识的学习和积累，如卡尔维诺、波德莱尔、本杰明等的经典著作。主题确定之后便是以其为核心，向相关概念和子概念进行拓展。作者的关注范围是城市尺度，因此将"领域"细分为五个层级：一是城市，作为文化性领域；二是街道，作为社会性领域；三是建筑，作为物质性领域；四是身体，作为经验性领域；五是时间，作为暂时性领域。

第二阶段，纵向梳理与横向分析。一方面从历史视角对主题进行纵向梳理和认识，另一方面采用合适的方法，对各个层级分别进行解读、横向比较和类型分析。在对文化性领域的研究上，作者采用了文献研究和城市形态图示分析方法。通过这些分析，作者敏锐体察到了领域的界限在不同情况下的细微差别，比如在纪念性空间和日常空间之间存在着有形界限，而在新建建筑与历史建筑之间存在着无形界限（图 1）。在对社会性领域的研究上，作者采用了文献研究与人类学认知相结合的方法（图 2）。在对物质性领域的研究上，采用了空间图示分析。在对经验性和时间性领域的研究上，作者则采用大量的参与式观察，以影像作为媒介记录（图3）。可以看到在主题的引领下，杂乱纷呈的空间现象既可以被系统化地分门别类，更可以获得不同于以往的新解读（图4）。在这一阶段，分析既是对过往的、现有的空间模型的认识和梳理，也是对未来的、提倡的空间模型的展望（图5）。因此，分析是带有强烈的主观意愿，以对空间真实的存在和使用方式进行探索和做出改变。

第三阶段，自行选取基地，对研究主题进行回应。这是从认识逐渐指向空间操作的过程，包含对空间形态细微差异的区分（图6），对空间形式、材料构成与行为模式的关联性的把握（图7），以及将理论阅读转译为空间语言（图8）。自行选择项目基地也是一个重要的研究过程。如果说建筑设计本质上就是对城市的改进，那么自行选取基地就是发现所处的城市哪里需要被改进、哪里可能被提升的过程。发现与设想本身就是设计过程重要的部分。

第四阶段，从策略到建构，给出设计提案。作者选择了对一栋既有的建筑进行改造（图9），将过渡性空间的丰富化作为设计策略，在其研究的五个层面进行具体操作。可以看到设计者对身体与时间的现象学认知体现在了对建筑细节富有触感的把握和设计中（图10）。作业的主题是领域的界定与营造，因此这些细部的层叠和建构与其说是方案的末节，不如说正是方案的核心（图11）。

4. 结语

建筑实践的新任务，是基于对既有空间的再认识、基于人与空间真实关系的理解进行操作。对空间潜力的想象与其物质营造同样重要，而启发式的研究行动将更好地导向富有创造力的实践。建筑实践的焦点正从本体向多元转变，从将建筑物本体视为唯一核心关注点，拓展到关注与建成环境相关的诸多方面[6]。同时建筑研究正从经典式向体系化转变，从只关注经典案例、领域和方法这些具有特定性的研究，转向内容更为宽泛、更加具有过程导向性的研究[7]。因此设计研究在这个现实向知识进行转化的过程中具有不可替代的作用。

参考文献：

[1] Fraser,M. Design Research in Architecture: An Overview[M]. Surrey: Ashgate Publishing Limited，2013.

[2] Royal Institute of British Architects. Architectural Research: Three Myths and One Model[R]. London: Royal Institute of British Architects，2014.

[3] Fouqué，R. On the True Meaning of Research by Design ［M］// Anja Langenhuizen, Marieke van Ouwerkert, Jürgen Rosemann (eds.) Research by Design International Conference proceedings B, Delft: Delft University Press，2000.

[4] Bayazit, N. Investigating Design: A Review of Forty Years of

Design Research[J]. Design Issues，2004，20(1)：18.

[5] Royal Institute of British Architects. Architects and Research-Based Knowledge: A Literature Review[R]. London: Royal Institute of British Architects，2014.

[6] Royal Institute of British Architects. Architects and Research-Based Knowledge: A Literature Review[R]. London: Royal Institute of British Architects， 2014.

[7] Royal Institute of British Architects. How Architects Use Research: Case Studies from Practice[R].London: Royal Institute of British Architects，2014.

原文刊载于：窦平平．设计研究作为一种启发式实践 [J]. 城市建筑，2017（10）.

图 1　城市形态演化进程中的领域变化

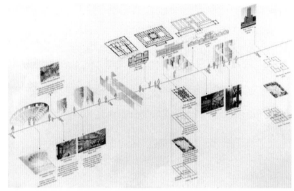

图 4　领域限定的历史演化

图 2　领域与领域的限定

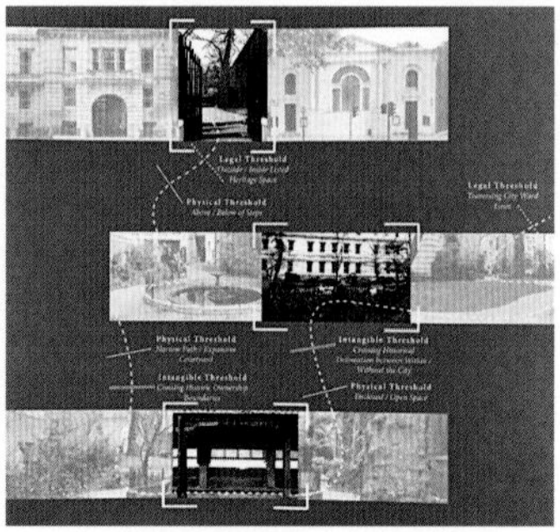

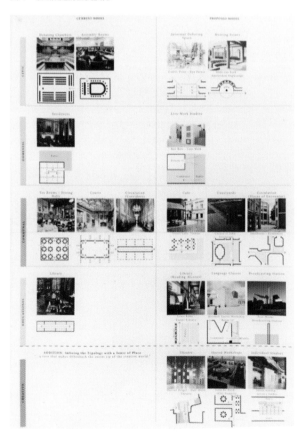

图 3　以影像作为参与式观察的媒介

图 5　领域限定的类型

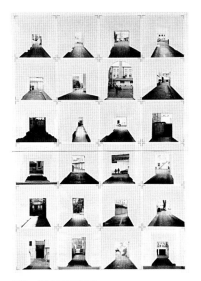

图 6　领域开端的类型

图 7　领域开端与空间形式、材料构成的关系

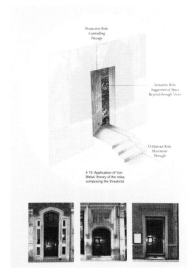

图 8　原型归纳：领域开端

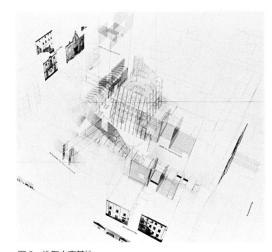

图 9　选取方案基地

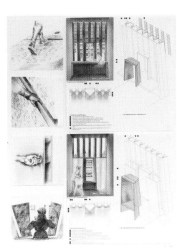

图 10　方案设计：空间关系与材料细节

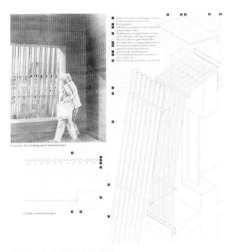

图 11　方案设计：细节建构

从"类型"到"问题"——南京大学建筑系本科三年级"建筑设计"课程的组织思路

From Type to Problem — System of the Architecture Design Course for the Undergraduate Students of Grade 3 in the Department of Architecture of NJU

华晓宁

Hua Xiaoning

摘要:

在南京大学建筑系本科"4 + 2"人才培养体制中,本科三年级"建筑设计"课程体系改变了以往基于"典型类型"和反复训练的教学思路,以"问题"为核心组织教学。从"基本建造""空间操作"到"城市建筑""城市住区",具体的设计课题成为一系列问题的载体,建构了一个紧凑、高效、严密的教学体系。

关键词:

类型;问题;建筑设计;教学

Abstract:

Different from the normal ideas based on the "typical type" and repetitional training, the Architecture Design course for the undergraduate students of grade 3 use "problem" as the kernel to organize the teaching in the "4+2" system of talent training in the Department of Architecture of Nanjing University. From "Basic construction", "Spatial Operation" to "Urban Architecture" and "Urban Residence", the design projects and programs act as the carrier of a series of problems, resulting in a compact, highly efficient and rigorous teaching system.

Keywords:

Type; Problem; Architecture Design; Teaching

"建筑设计"是我国建筑学本科教育的核心课程。通过这一兼具理论性与实践性的课程，学生得以初步学习和掌握他们未来职业实践所需的相关理论知识，并通过课程设计这一实践活动，初步体验和掌握他们未来职业实践所需的基本设计技能，培养分析问题和解决问题的正确思维方法，并训练和激发创造能力。

在我国大多数建筑系的"建筑设计"课程教学体系中，占主流地位的是以"类型"为核心的教学组织思路。在整个本科阶段，"建筑设计"课程的课题选择、任务书编制都试图让学生了解并尝试若干典型建筑类型的基本设计要点和方法，如住宅建筑、商业建筑、图书馆建筑、影剧院建筑、旅馆建筑等等。通过这些不同类型建筑的设计训练，我们试图使学生能够获得比较全面的建筑设计训练，并在毕业后能够尽快适应职业实践对他们的要求。

应该承认，在相当长的时间内，这种以"类型"为核心的教学体系取得了一定的成果，培养出了许多合格的建筑设计人才。然而，随着时代的发展，这种教学组织思路也越来越显露出许多问题与不足。

一方面，建筑的"类型"始终是一个难于言说和穷尽的对象，它处在不断的发展变化之中。随着社会结构、社会生活及其需求的深刻变化，新的建筑形态和类型不断涌现。以"类型"为核心的教学组织思路终究是一种被动而后卫的策略。在这样的体系下训练出来的学生往往会显得思维僵化，看问题的视野不够开阔，应变能力不足，较难主动积极地适应千变万化的市场需求。

另一方面，在不同类型的建筑设计训练中，尽管从低年级到高年级，我们在任务的复杂度上往往会做有意识的递进和深化安排，但学生在每一个类型的设计训练中所面临的主要任务和问题其实大同小异，教学和训练的内容也大致相似。不同年级的设计课程教学往往是问题不断重复的过程。所以这样的教学思路与组织方式其实是相当低效的，和传统的作坊式、师徒式教学没有本质差异。

如果说，在建筑学传统的5年制本科教学周期中，由于建筑设计课时相对充足，以"类型"为核心的教学思路和教学组织尚能使学生从不断的反复训练中熟能生巧的话，在南京大学建筑系正在进行的"4+2"或"1+3+2"教学体制改革中，这种传统的教学思路就显得难以适应。

南京大学建筑系正在进行的"4+2"或"1+3+2"教学体制改革，参照当前国际一流大学建筑学科的成功经验，以一年的宽基础本科通识教育、三年的本科专业教育、两年的研究生教育构成整体的建筑学人才培养计划。这一与国际接轨的培养计划所面临的主要挑战就是在三年的本科专业教育过程中，真正全面而深入的"建筑设计"课程教学与训练是从本科三年级开始的。相对于传统的教学体系，本科阶段的"建筑设计"课程课时相对较少（尽管传统意义上的"本科"并非南京大学建筑系主要的人才出口），学生所完成的设计训练题目也比较有限。从三年级到四年级，除去四年级下学期学生进行毕业设计，"建筑设计"课程的设计课题只有六个。

很显然，想要在这六个课程设计题目中沿袭传统上以"类型"为核心、以问题的重复训练为基本手段的教学组织思路是不现实的。

在这样的情况下，我们果断舍弃了传统的"类型"核心，转而以"问题"作为组织教学的核心。将学生在未来职业实践中将要面临和解决的主要问题做科学而全面的整理，将其按照从易到难、从简单到复杂、从个体到群体、从建筑到城市的基本指导思想，安排到"建筑设计"课程的每一个设计题目中。每一个课程设计的题目及其具体的设计任务只是载体，它承载着学生通过这个课题需要学习处理和解决的一系列问题。这一系列问题相互关联，具有同一个主题，统领这一个课题的教学。而整个贯穿三、四年级的"建筑设计"课程，每个课程设计承载的问题或"主题"则是环环相扣、层层推进的，构成一个清晰、严密的体系。

目前南京大学建筑系本科三年级"建筑设计"课程的教学，正是在这样一个体系中展开的。

具体来看，三年级上学期"建筑设计"课程的两个课题，其主题分别是"基本建造"和"空间操作"。

在"建筑设计（一）"中，作为问题载体的设计题目是小型建筑的设计。在目前已经完成的三轮教学进程中，每年的具体设计内容都有所微调。2009—2010学年的设计题目是"乡村小住宅翻建设计"，2010—2011学年的设计题目是"乡村小住宅客房扩建"，2011—2012学年的设计题目是"家庭旅馆加建"，建筑面积均为100—200平方米。然而不管具体的设计任务如何调整，教学的核心目标都是基于建筑秩序与空间、构件与建造问题，希望学生通过此设计课题学习建筑元素的组织方法，赋予真实材料并且转化为真实构造。教学过程中强调秩序与功能、构件与空间、支撑与围护。训练核心是秩序、构件、建造。

"建筑设计（二）"的主题是"空间操作"，而作为其载体的设计题目是中型公共建筑设计。在已经完成的三轮教学进程中具体的设计任务都是"大学生活动中心设计"，建筑面积为2500—3000平方米，但设计场地、功能要求等则每年都有所微调。"大学生活动中心设计"是一个功能限制相对宽松的设计任务。在这个设计题目中，教师将空间具体化为不同大小、性质的单元，要求学生运用反复、聚散、序列、对比、贯穿等多样化的操作方法和策略来进行空间的限定和组织，例如安排大空间与小空间、独立空间与重复空间，区分公共与私密空间、服务与被服务空间、开放与封闭空间，研究空间的秩序、空间的内外、空间的构成、空间的质感等等，充分发挥学生在空间操作方面的想象力和创造力。而教师的具体教学策略以及最终的评价标准也以这一主题为主要导向。

另外，在这一学期，与"建筑设计"课程的这两个主题相呼应，开设了"公共建筑设计原理"和"建筑构造"课程。在课程内容、课程进度等方面，这两门理论课程都与同时期展开的"建筑设计"密切配合，很好地支持了"建筑设计"课程的教学。

到了三年级下学期，"建筑设计"课程所承载的问题进一步复杂和综合化，逐渐从简单功能走向复杂功能，从简单场地走向复杂场地，从建筑单体走向群体组合。这既是上一学期建筑设计课程的自然推进，也是与四年级"建筑设计"课程"城市设计"主题的重要衔接。

三年级下学期"建筑设计（三）"的主题是"城市建筑"，其载体是大型公共建筑设计。在目前已完成的两轮教学进程中的具体设计任务是"社区商业中心设计"，建筑规模为20000平方米左右。这一设计题目所要解决的问题主要有两方面。其一是建筑对于城市复杂场地的回应，要求学生分析较为复杂的城市环境，对外部限定条件做出积极合理的回应；理解城市建筑实体与城市外部空间的相互界定，将建筑实体与空间融入城市物质空间系统；初步了解城市公共空间的空间行为特征，学习创造积极而富有活力的公共空间。其二是对建筑内复杂功能和流线的组织，要求学生学习使用平面化和立体化的多种方法，合理组织建筑内外不同类型的流线，并组织建筑内部较为复杂的功能布局与空间分化。

这一设计课题的场地位于南京主城，周边条件较为复杂，处在城市主干道、商业区与居住区的交界点上，并有地铁站、公交站等交通节点，地块的每个边界性质、定位都各不相同、各有特点。在任务书的编制过程中，我们突破了传统的建筑设计课题任务书，只关注建筑内部空间和功能的设计要求的做法，首先要求学生创造出场地上的外部公共开放空间（亦即城市空间）系统，然后才关注建筑内部空间。而在建筑内部空间的创造和组织过程中也始终强调与外部公共开放空间的互动及整合，凸显"城市建筑"的主题。教学过程中要求学生以场地和流线为启动点，通过仔细的场地调研分析，由外而内，内外互动，以行为生成流线，以流线带动功能。

三年级下学期"建筑设计（四）"的主题是"城市住区"，其载体是小区规划与住宅设计，用地规模为6万平方米左右，建筑总面积为10万平方米左右。这一设计题目的设定初看起来比较类型化，围绕着学生未来职业实践中最重要的部分之一——住宅设计展开。但更重要的是，一方面，它是学生将设计对象从单体扩展到建筑群体的重要环节，学生将初步接触到群体规划的一系列相关知识和问题。而相较于学生在四年级将要面临的"城市设计"课题而言，小区规划又相对比较单纯，基本上是相似单元的组合，易于理解和上手。因而这一课题除了其类型意义之外，在以"问题"为核心的建筑设计课程体系中，它也具有重要的地位。另一方面，这一设计课题还与本学期的"建筑物理""建筑设备"课程密切配合，承载了将建筑技术设备系统和主被动的环境控制技术、节能与绿色建筑技术整合入建筑设计的重要任务，试图使学生通过这一课题，建立起对建筑技术和绿色节能策略的重视，并对以其为出发点的设计思路与策略有一个基本认识。

这一设计课题的场地选择也经过仔细推敲，其位置和上一个设计课题"社区商业中心设计"的用地直接毗邻，学生必须仔细思考和研究两者的相互关系和整合的可能性，从而进一步凸显"城市"主题。在教学过程中，甚至有学生主动突破任务书，将小区的空间系统与更大范围的城市空间肌理整合起来，大胆地做了开放式小区、城市街巷引入小区内部的尝试，令我们相当欣慰，因为这正是我们在教学中强化"城市"主题的收获。

总之，在南京大学建筑系这样一个以"问题"为核心的"建筑设计"课程教学体系中，三年级学生在完成了二年级"建筑设计基础"的学习后，能够很快地适应真正的专业设计课教学，能够在这一体系中循序渐进，在一个较短的周期内完成从单体到群体、从简单到复杂的设计训练，对这一过程中涉及的一系列问题、原理有一个清晰的、体系化的认识和了解，逐步培养出正确的分析问题、解决问题的思路和方法，并初步尝试运用基本的设计原理来应对多样化的设计要求。从已经基本完成的三个教学轮次来看，这一体系取得了初步的成功。未来我们将进一步完善这一以"问题"为核心和导向的"建筑设计"课程体系，使其更加成熟。

原文刊载于：华晓宁. 从"类型"到"问题"——南京大学建筑系三年级"建筑设计"课程的组织思路 [M]// 中国建筑教育：2012 全国建筑教育学术研讨会论文集. 2012(09).

从指令型设计走向研究型设计——南京大学建筑系本科三年级下学期"建筑设计"课程改革探索

From Commanded Design to Researchful Design—Curriculum Reform Exploration on the Architectural Design Course of Grade 3 in the Department of Architecture of NJU

华晓宁

Hua Xiaoning

摘要：

我国社会经济的发展要求建筑师的角色从指令的执行者转向具有独立精神的主动研究和创新者，建筑学专业教育也应当相应从指令性教学走向研究性教学。南京大学建筑系本科三年级下学期的"建筑设计"课程在这方面做了初步的探索和尝试。通过开放式任务书、研究分阶段融入设计、研究性教学成果等措施，学生初步理解了研究对于建筑师未来职业实践的价值，初步理解了研究与设计相互依存、相互促进的关系，增强了研究意识和研究能力。

关键词：

建筑设计课程；研究性教学；课程改革

Abstract:

With the development of society and economics in China, the roles of architects have evolved from executors of commands to researchers and innovators with independent spirits. So professional education of architecture has changed correspondingly from the command-oriented mode to the research-oriented mode. In the Department of Architecture of NJU, there are some initiatory attempts in the Architectural Design course for grade-3 students, including open design brief, fusion of research and design in different phases and researchful proposal. Thus, the students can understood the values of research to architects' professional practice, and the close relationship of interdependency and mutual promotion between research and design. Students' awareness and ability of research are thus developed.

Keywords:

Architectural Design Course; Researchful Education; Curriculum Reform

1. 建筑师角色的转变对专业教学模式改革的要求

我国长期以来的建筑职业实践体系基本上是一个指令型的"输入/输出"系统，建筑师在其中大多扮演一个相对被动的操作者角色，习惯于从决策方、投资方、管理方领受任务甚至是指令，通过操作与综合，将任务或指令转化为设计成果（图1）。在这样一个指令型的职业实践系统中，建筑师的职业角色是较为被动、后卫甚至弱势的。唯其如此，对于建筑师职业状态的抱怨在近年来尤为屡见不鲜。在这样的职业模式指导下，长期以来，建筑设计课程的教学也多为指令型教学，偏重于对建筑设计实践技能的训练，以满足社会对大量技能型人才的需求。在这种"师徒式""工匠式"的教学体系中，学生习惯于在教师的详尽指导下训练各种操作手法与技巧，而对于手法背后的目标引领以及目标与手段的统一性缺乏思考。即使教师反复强调"分析问题，解决问题"，但并没有强调去主动"发现问题"，依然改变不了学生的依赖性和被动性，这种现状突出表现为学生的独立思考能力不够，对社会问题缺乏深刻理解，甚至缺乏深入了解和研究的意愿，真正能够满足社会需求、解决社会问题的创新能

力很弱。正如庄惟敏指出的："我们对建筑师职业教育的断层，让不少建筑学毕业的学生变成了设计院所的绘图工。作为西方定义中的职业建筑师，四大自由职业者之一，在我国却在画图，沦为业主的鼠标。这使得我国的建筑师在国际同行的眼中，只能是一名建筑图纸设计人员。"[1]

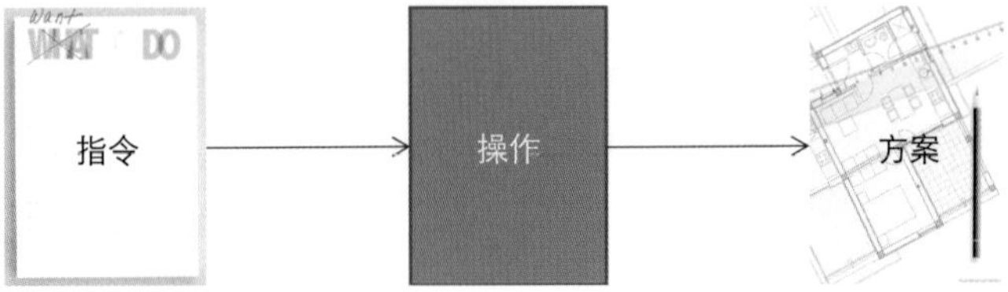

近年来随着我国社会与经济的不断发展，建筑师的角色也在发生着深刻的变化。在国际建协（UIA）所制定的建筑师职业实践国际标准中，建筑师的职业实践横跨设计前期与建筑策划、方案设计、项目管理、分包发包流程、使用后评价等极为宽广的领域。[2] 在很多城市与建筑发展计划中，建筑师所扮演的角色除了传统上的空间组织者、形象创造者和不同工种的协调者之外，越来越成为一个资源的统筹者和整合者，乃至一个发展计划的构想者和引领者，需要运用自己的专业知识，通过专业视角的深入研究，提出可操作的、可持续的愿景，并有能力解决实践中不断涌现的各种复杂问题（图2）。这就给当前我国的建筑学专业教育提出了新的目标：一方面需要拓宽学生的知识基础，另一方面需要着力培养学

图1

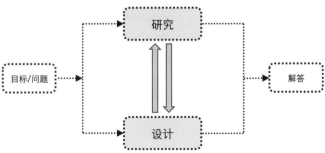

图2

生对社会的洞察力、对专业的研究和创造能力，突出以学生为主体的思维模式训练，将教学过程转换成问题引领知识获取、研究引领学习的过程。这样才能有效应对未来的挑战，满足社会对建筑学专业人才新的要求。

2. 南大建筑系对建筑设计课程研究型教学的探索

南京大学建筑系近年来在培养建筑学创新型卓越人才的目标引领下，广泛开展了研究引领的建筑学专业课程教学改革探索，将学生研究能力的培养贯穿到专业教育的各个环节。在此背景下，笔者在建筑学本科三年级下学期的"建筑设计"课程中尝试强化设计课程的研究性，力图使这一专业核心课程不仅仅是基于实训的"指令式"教学，而且能够逐渐向"研究型"课程转化，希望学生一方面通过"建筑设计"课程的研究性教学，逐渐理解将主动发现问题和主动研究问题作为推动设计的驱动力，另一方面则能够将设计作为研究问题的一种工具和手段。两者相辅相成，促进学生专业能力和专业素养的全面提高。

在南大建筑本科教学体系中，三年级下学期的"建筑设计"课程题目是"大型公共建筑设计"。这一课题上承二年级和三年级上学期的"小型公共建筑设计""中型公共建筑设计"课程，下接四年级的"高层建筑设计""城市设计"课程，具有重要的承上启下意义和较强的综合性、复杂性，适合成为研究型教学的载体，而课题本身也需要学生进行研

究性学习才能更好地掌握教学内容、完成教学目标。学生在二年级和三年级上学期的设计课程中业已完成了"形式与语言""材料与建造""空间与场所"等专题训练，初步掌握了一些专业知识与技能，这也为研究型教学的开展打下了一定的基础。

近年来，教学组始终关注"城市建筑"这一主题，引导学生深入思考和理解建筑与城市环境的关系，并训练在复杂环境中综合分析和解决建筑问题的能力。课题以"实与空""内与外""层与流""轴与界""公共性""日常性"为关键词，其设计载体一般选择城市环境中的多功能综合体建筑。2017年春季学期，我们选择了"社区中心"作为课程设计的对象与载体，要求学生在一个当今中国城市中大量可见的、建于20世纪80、90年代的普通高密度城市住区中心的场址上发展出一个服务于周边城市居民的社区综合服务和文化活动中心，并借此改变、提升和活化这一区域的城市空间质量和城市公共生活。

探索"建筑设计"课程从指令型设计走向研究型设计、从指令式教学走向研究性教学的改变，其关键在于引导和诱发学生的主动性，为学生的自主学习和研究探索创造空间。为此，教学组在本学期的教学中尝试了以下几个措施：

2.1 开放式的设计目标和任务书

在建筑学本科"建筑设计"课程中，以往惯常的做法是教师为学生准备一个非常详尽、巨细无遗的任务书，详细规

定了学生在设计课程中所要完成的设计任务和需要组织的功能空间，学生在这样一份"指令集"的指挥下完成设计训练，久而久之对"任务书"产生了强烈的依赖性，失去了独立思考、分析和判断的能力。这种依赖性在某种程度上甚至会形成一种思维定式，影响到学生未来的职业生涯。

而在本学期的教学中，教学组尝试改变这种做法，从设计任务底层就给学生更大的空间。教案将设计任务分为规定动作和自选动作两部分。针对社区中心这一任务目标，任务书限定的必需功能空间仅占总建筑面积的 1/4（包括多功能厅、羽毛球馆、展厅、政务大厅和社区菜场），剩余的3/4 建筑面积的空间计划需要学生通过研究来自行确定。学生需要在对任务、对象、场地进行全面调查、分析和研究的基础上，基于专业视角提出未来发展愿景，并形成空间计划（program）。开放式的任务书鼓励学生思维的多样性和创造性，但要求必须建立在详尽、充分和可信的设计前期研究基础上。

2.2 研究全面融入不同设计阶段

建筑设计本身是一个从总体到局部、从概念到策略、逐渐深入推进的过程，相应地，"建筑设计"课程也参照设计本身的阶段性来组织和开展教学。为了更好地在教学中融入和落实研究性，教学组将以往一学期要求学生完成的两个不同设计课题融合为一，整合成一个用时 16 周的长设计，并进一步向课堂外的时间拓展，在时间上保证研究型教学得以深入进行。整个教学进程分成寒假预研、设计前期研究、设计研究三个阶段，根据不同阶段的目标融入不同的研究性教学方法与内容（图 3）。

图3

寒假预研：

在现有整体培养体系和总学时的框架下，南大建筑系三年级下学期的"建筑设计"课程事实上从三年级上学期结束后的寒假即已开始。教师在寒假开始前给学生布置预研任务，要求学生利用寒假开展城市建筑主题的预研。预研包含两个主要内容：城市物质空间形态分析和城市空间行为注记。这两个预研内容来自教学组对"城市建筑"这一主题的理解：城市中的建筑需要对城市做出两方面的回应，一是物质空间形态层面，二是城市空间所承载和激发的城市动态和城市生活。

城市物质空间形态分析要求学生在城市中选择一个街区，对街区中的建筑、外部空间以及城市关系进行研究分析。城市空间行为注记则要求学生用一天时间观察一个城市场所，用照片记录场所中不同的人群在不同时间所发生的不同类型的行为和行动，用平面图标示出行为在空间中发生的位置。

寒假预研的成果启发学生对于城市环境和城市生活的关注和理解，寒假预研中所实践的分析和研究方法则将成为后续研究中有力的工具。

设计前期研究：

以"前期研究"而非"阅读任务书"作为设计课程正式教学的出发点，有助于进一步向学生强调研究对于设计的重要性和引领作用。设计前期研究的目的在于理清脉络、把握现状、发现问题、了解需求、提出愿景、制定目标。教学组将设计前期研究细化为四个部分：任务研究、对象研究、场地研究和案例研究（图4）。

任务研究引导学生关注课程设定的设计问题的由来、发展、现状和未来趋势，使学生获得对相关问题的初步把握和了解。对象研究引导学生聚焦所将要面向、涉及和服务的对象（亦即特定的城市人群），通过调研、访谈、观察等手段研究对象的特征、生活状态与需求。场地研究引导学生关注特定的城市场址，要求学生运用各种专业手段（注记、图纸、

影像等）记录、分析场地的现状、动态、条件、限制与潜力，在此过程中，学生不仅要将研究的视角和范围局限在场地本身，而且必须拓展到比场地大一个尺度量级的范围。案例研究要求学生对类似条件、类似场地的相关优秀案例进行深入研究分析，总结其设计策略，获得可供参照和借鉴的经验。

上述研究要求学生一方面发现、归纳和总结城市场址现状的条件、存在的问题和蕴含的潜力；另一方面要求学生基于专业的角度，提出富有创造力和前瞻性的愿景。这两者互为表里，都将成为后续研究和设计的依据和源头。在"问题"和"愿景"的基础上，学生进一步发展出属于自己的空间计划（program）和最初的空间策略（strategy），并由此展开下一阶段的设计研究。

设计研究：

在设计研究阶段，学生面临的主要挑战和困难在于处理设计能力训练与研究能力培养的关系，将两者有机整合。本学期教学组尝试的做法是在学生设计推进的不同阶段，结合设计中需要处理的问题和对学生设计能力的训练目标，设定一系列较小的研究专题。引导学生以设计过程作为研究的手段，同时让研究内容和成果促进设计，成为学生设计推进的驱动力。每一个研究专题亦即一个设计问题，引导学生对问题展开研究，包括分析设计问题涉及的影响要素（factor），发现要素相互作用和影响的机制（mechanism），归纳解决策略的类型（type），从而获得解决问题的一种或若干种可能性（possibility）。这些可能性借由设计过程（design

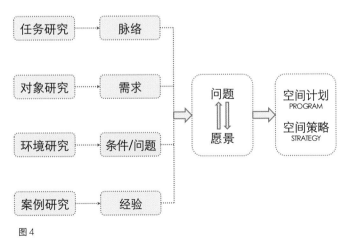

图4

process）得以展现，要求学生根据不同情况进行不同的处理。一种方式是将可能性进行效能评价（performance evaluation），并根据评价结果，按照相关机制进行优化（optimize），形成"验证—优化"的迭代循环，直至获得特定条件下的最优解。另一种方式是对多种可能性进行效能比选，根据比选结果，或选择其中一种可能性继续发展，或将不同可能性进行整合（integration）（图5）。在此过程中，学生自主研讨和自主优化在教学过程中的分量大大增加，在某种程度上替代了传统的教师改图。

　　此外，教学组还尝试运用了类似翻转课堂等教学法，安排高年级学有专长、对某一领域有较为深入研究的学生进行专题讲座，借此提高学生的学习积极性（图6）。

图6

2.3 研究性的教学成果

　　对教师教学和学生课程学习成果的要求和评价标准，是控制和引导教学进程的重要手段。基于研究性教学的引领，教学组对"建筑设计"课程传统的教学成果形式和要求进行了拓展，不仅仅要求学生提供设计图纸，还要求每位学生提交研究报告。研究报告包括了寒假预研、设计前期和设计过程中的研究内容，集中反映了学生对于"城市建筑"及其内涵的一系列主题/问题的理解。其形式除了文字、分析图之外，还包括影像等新型媒介。研究性的教学成果要求保证了研究型教学的效果和质量，也提高了学生学习的主动性和积极性。

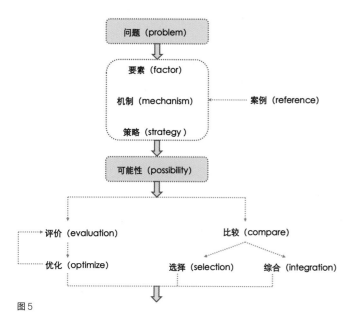
图5

3. 结语

　　"建筑设计"系列课程是建筑学专业教育最重要的核心课程。这一课程系列贯穿专业教育始终，长久以来教学模式几近稳定固化，但近年来正在日益发生深刻的变革。正如鲁安东指出的：研究型设计课程正日益成为设计研究的一种优选形式。研究型设计课程使参与者能够受益于同时开展的多个不同研究视角和研究路径。有别于传统的设计课程，研究型设计课程以强有力的、系统化的方法为基础，并且能够产生超越具体任务的原创性和累积性认识成果。此时的"设计"不再是一种基于决定论的解决方案，而更是一种探索或者论证的过程。[3]

　　建筑学本科三年级的学生正处在专业学习的关键阶段。在这一阶段所接收的专业能力、专业素养和专业思维的教育，将深刻影响他们未来的职业生涯。尽管囿于他们所掌握的专业知识和技能的限制，以及社会经验和阅历的局限，学生在这一阶段的研究深度、广度和成果可能并不尽如人意，但重要的是他们初步理解了研究、独立思考和创新对于建筑师未来职业实践的价值，初步理解了研究与设计的相互依存、相互促进的关系，这对他们未来的成长将会产生极为重要的积极影响。

参考文献：

[1] 张际达. 国际规则之下中国建筑师向何处去 [J]. 中国建设报，2011（01）.
[2] 庄惟敏. 建筑师职业实践与国际建协职业实践委员会[J]. 建筑创作，2010（01）.
[3] 鲁安东. "设计研究"在建筑教育中的兴起及其当代因应 [J]. 时代建筑，2017（05）.

　　原文刊载于：华晓宁. 从指令型设计走向研究型设计——南大建筑三年级下学期"建筑设计"课程改革探索 [M]//2017全国建筑教育学术研讨会论文集. 2017.

技术与艺术，孰轻孰重？ ——绿色建筑设计在建筑技术教学中的应用研究
How to Balance Technology and Art？ —A Study of Applying Green Design in Building Technology Courses

吴蔚

Wu Wei

摘要：
传统建筑学专业以设计为主导的教学模式，往往重艺术、轻技术，重形态分析、轻客观量化，这与当今社会倡导建筑节能和可持续发展背道而驰。笔者尝试挑战传统的建筑教学模式，从技术理论教学中引入绿色建筑设计，并在绿色设计中强调计算机能耗模拟技术等一系列量化分析手段。然而，笔者发现在以建筑技术理论为主导的绿色建筑设计中，学生往往重技术而轻艺术，特别是过分注重计算机能耗模拟分析，反而忽略建筑设计这一根本。论文分析了造成这种问题的主观和客观原因，以期实现技术与艺术更好的结合。

关键词：
建筑技术；教学改革；绿色设计；理论教学

Abstract:
The Architectural education traditionally emphasizes the artistic aspects of design, while building technology and quantitative analysis are given less weight. But in recent years, these latter areas of expertise have become increasingly vital to sustainable architectural praxis. The author attempts to challenge the traditional architectural education, using as a case study the application of green architectural design in building technology courses in the Department of Architecture, Nanjing University. This paper introduces an experimental form of building technology education, emphasizing green architectural design and—especially—computer energy simulation. The author finds that most architectural students go too far in the case study, focusing almost exclusively on energy simulation and analysis, and largely ignoring issues of design and artistic creativity. The author analyses possible reasons for this result, hoping to engage both educators and practitioners in a lively discourse on teaching technology in order to better educate the next generation of architects in China.

Keywords:
Building Technology; Education Reform; Green Design; Theory Teaching

1. 引言

绿色建筑无疑是未来建筑发展的一个重要趋势。然而，我国传统的以建筑设计为主导的建筑教学中，都会偏重建筑的艺术性，忽视技术性，重主观分析，轻客观量化。[1][2] 这就造成建筑师对技术的漠视和生疏，在设计实践中，建筑设计构思与绿色技术策略脱节；即使是那些做了些绿色设计的方案，也很少进行量化分析。众所周知，缺乏数据支持的绿色设计很难做到真正的节能。此外，一些建筑师虽然采用了计算机能耗模拟分析，但对数值分析结果知之甚少，无法将分析与设计相关联。[3] 如果不正视这些问题，这些绿色建筑设计就会陷入对形式的操弄和对概念的把玩中，走向"伪绿色"和"反生态"。[4]

作为培养未来建筑师的摇篮，大学建筑教育在培养学生的技术理论知识和绿色建筑设计理念方面责无旁贷。尽管我国高校建筑学系近些年来一直倡导绿色和可持续建筑教育，但我国大部分建筑学专业采用传统的线性教学模式，[5] 即将建筑技术理论和建筑设计分成泾渭分明的两条线，建筑技术课程在内容上偏重技术理论知识，枯燥深奥，与建筑实践联系较少，而在师资配备上往往选择纯技术背景的教师，由于不具备建筑设计背景，这些教师很少能将技术理论与建筑设计结合讲解，就更别提让学生将所学的技术理论应用到建筑设计之中。[6][7]

笔者自 2010 年起在南京大学建筑与城市规划学院教授建筑学三年级本科的"建筑技术"课程。为改变当前现状，笔者改变传统建筑教学以设计为主导的模式，尝试从建筑技术理论教学中引入绿色建筑设计，并在设计中强调计算机能耗模拟技术等一系列量化分析手段。笔者的教改无疑让建筑学学生更为重视技术理论和绿色建筑理念，却出现了很多问题，即学生往往过分重视理论和量化分析，忘记了建筑设计这一根本。论文分析造成这些问题的主、客观原因，并希望以此为戒，可以引导和促进我国建筑技术课程的全面改革和创新。

2. 教学调整

笔者所教授的"建筑技术"课程有两门——"建筑技术 II—建筑声、光、热"和"建筑技术 III—建筑设备"，这两门都为技术核心课。前者为建筑学传统的"建筑物理"，主要学习建筑热工、光学、声学中的概念和原理，以及一些基本的节能知识。后者为"建筑设备"课程，主要介绍建筑给排水系统、采暖通风与空气调节系统、电气工程的基本理论、知识和技能。这两门课的主要特点是技术理论性强，学科跨度大，知识点多，涉及面广。为了使这两门课程更能适合当代绿色和可持续建筑发展，笔者在教学内容上做了以下调整和修改：

（1）除基础技术理论教学外，笔者介绍了大量的优秀绿色建筑设计。比如笔者以伦佐·皮亚诺所设计的 Tjibaou 文化中心来讲解如何利用当地气候特点来进行被动节能设计。在讲解建筑如何适应干热和湿热这两种不同气候特点时，以不同地域的当地民居为着眼点，从整体规划到单体建筑的设计案例来分析如何通过设计来应对不同的环境。

（2）强调主动和被动节能设计的有机结合。被动节能设计强调的是建筑对气候和自然环境的适应，特别是在减少甚至是不依赖主动能有设备的情况下，通过建筑设计手段来创造较为舒适的建筑物理环境，这对于建筑学学生尤为重要。但同时随着建筑技术的发展，也不可能忽视建筑设备在建筑设计中所占的地位。笔者以雷纳·班汉姆（Reyner Banham）的《和谐环境的建筑》（*Architecture of the Well-tempered Environment*）一书为基点，[8] 讲解现代建筑技术如何影响和改变现代建筑设计和理念，帮助学生认识在重视被动节能设计的同时，也要兼顾主动建筑节能设计。

（3）注重大建筑环境的整体可持续发展。美国绿色建筑委员会（U. S. Green Building Council）建立并推行的 LEED 评估体系（Leadership in Energy and Environmental Design），对城市生态和基地的自然保护非常重视，特别是建筑节水和水循环利用方面，但相关知识在我国建筑学教育中却相对薄弱，仅在建筑设备教材中介绍了一些设备节水和中水处理的基础理论知识，对于如何利用规划和设计来综合考虑雨水收集、废水利用等则完全没有涉及。为了增强这方面的知识，笔者引入了与建筑与景观设计最为密切的 LID 技术（Low Impact Development），它是 20

世纪 90 年代末发展起的暴雨管理和面源污染处理技术，和传统的技术如湿地、滞留塘、草沟等不同的是，LID 技术是通过分散的小规模的源头控制来达到对暴雨所产生的径流和污染的控制，使开发地区尽量接近自然的水文循环 [9]。LID 技术所涵盖的内容包括：都市自然排水系、雨水花园、生态滞留草沟、绿色街道、可渗透路面、生态屋顶、雨水再生系统等。为了保证与时俱进，笔者将与 LID 相关的网站，如介绍最新技术的 LID 中心以及以上内容都一一提供给学生。[10]

（4）强化量化分析的意识和手段。我国绿色建筑节能设计面临的另一个重大问题是缺乏量化分析，而真正的绿色设计需要客观数据的支持，只有对其绿色设计进行定量评价，才能具有可信性与科学性。为加强量化分析手段，笔者将 Autodesk 公司的 Ecotect 这一能耗模拟软件引入建筑技术课程中。Ecotect 具有较全面的整体环境分析手段，可以对建筑物的朝向、立面、空间划分等具有较大的决定作用。根据以往经验，笔者在教授过程中会一再强调计算机模拟软件的优劣，以及如何解读模拟结果。

此外，笔者还组织学生进行实地参观和测量，邀请校外专家进行专题讲座，组织各种绿色设计竞赛等一系列方式来加深和拓宽学生对绿色建筑理念的认识。

3. 绿色设计

为了让建筑技术理论更好地与建筑设计相结合，笔者取消了与设计课脱节的作业和理论知识考试，而是布置了一个既有建筑的绿色节能改造设计的作业。选择既有建筑可以让学生掌握建筑技术的实践知识，而专项设计不仅可以节省设计时间，还能使设计课题更具有针对性。

既有建筑的绿色节能改造设计分成两部分。首先是实地考察该建筑的现状，学生以小组为单位选择一个中型公共建筑，实地测量和评估该建筑的声、光、热物理环境现状，此外还要求学生去调查建筑的用水量、照明和设备用电量等能耗信息。在此基础上，就是针对该建筑进行绿色节能改造设计。设计要求是在可以不改造室内平面布局和建筑物整体结构的情况下，根据当地地理、气候特点，进行可持续再利用改造，如增加遮阳、绿色屋面（屋顶花园）、垂直绿化、被动和主动太阳能利用、雨水回收及再利用、固体垃圾分类处理等。为配合课程需要，设计还要求学生研究一些基础的节能设计手段，如改变既有建筑的窗墙比、增加遮阳、利用自然通风等，或改善建筑围护结构的保温隔热性能等手法，进行节能优化设计。尽管设计要求学生利用计算机能耗模拟技术等手段，定量研究不同的绿化节能设计手段，并进行方案优化比较，但也说明如果某些绿色节能设计较难进行定量分析，可采用概念设计，但需要有设计详图和一定的文字进行补充说明。

笔者希望以建筑技术理论为主导的绿色建筑设计，可以改变建筑系学生重艺术而轻技术，重形态分析而轻客观量化的问题。然而两年的教改实验结果令人失望，学生的绿色设计走向另一个极端。尽管也有一些优秀的绿色设计出现（图1），但大部分学生在绿色节能改造设计中过分看重技术和客观量化分析，反而忽略建筑设计这一根本，图2为一个典型的学生作业。笔者发现很多学生将主要时间和精力集中在计算机能耗模拟分析上，在节能设计上，大部分学生倾向于利用技术手段，如采用先进的建筑保温隔热材料来减少建筑的能耗。尽管笔者在今年增加了强制性被动节能设计要求，但很多学生往往采用一些如增加遮阳设计、减少窗墙比等简单的设计措施，真正好的绿色设计很少见。此外，就是深入设计问题，如在课程中介绍了 LID 技术后，很多学生都想到收集雨水，但大部分只是简单地设计了一个雨水收集池，却没有人能做进一步的考虑，包括如何处理收集来的雨水以及与周围环境相配合等。

4. 分析与讨论

表 1 是笔者对 2014、2015 年度 65 名南大建筑学系三年级学生的绿色节能改造设计的分析总结。从表 1 可以看出，大部分学生虽然掌握了建筑节能相关的理论和知识，却没有很好地运用于建筑设计中。从分析中可以发现，有70% 的学生虽然提出了一些绿色节能概念，但有半数停步在简单的绿色节能概念运用上，有些对绿色节能改造设计做了尝试，但不知道如何深化自己的设计。一般而言，设计能力较强的学生在作业中表现得较好，无论是在绿色和节能设

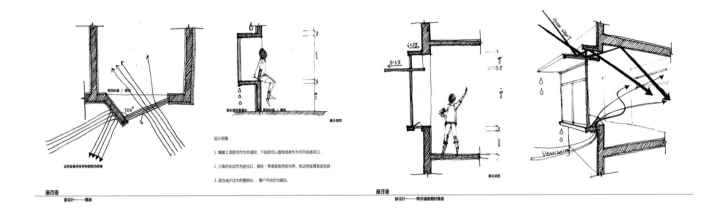

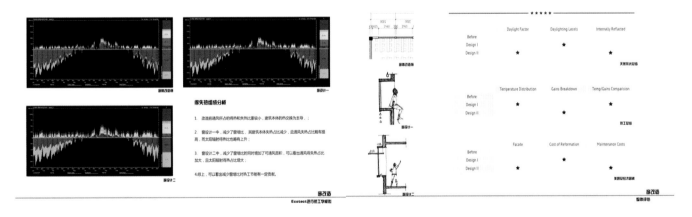

图 1　较好的设计案例（学生设计）

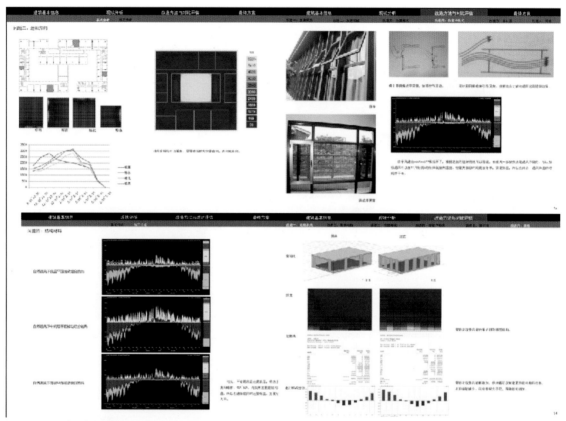

图2　典型设计案例（学生设计）

表1　学生绿色改造节能设计结果分析（作者自绘）

学生（百分比）	分析
6%	1）较好完成基础的节能改造设计并进行量化分析（课程基础要求）2）有较好的绿色节能设计思想，并进行深化设计和分析
38%	1）较好完成基础的节能改造设计并进行量化分析（课程基础要求）2）提出一些绿色概念和策略，较少的节能改造设计，完全没有深化
26%	1）完成基础的节能改造设计并进行量化分析（课程基础要求）2）仅照搬照抄一些绿色概念，完全没有设计
15%	1）完成基础的节能改造设计并进行量化分析（课程基础要求）2）完全没有绿色节能概念和设计
15%	1）没有完成基础节能改造设计2）量化分析（课程基础要求）3）完全没有绿色节能概念和设计

计创意，还是深化设计的能力、图面表达上等都略胜一筹。

课程设计的结果不尽如人意存在着很多主观和客观原因，与普通的建筑设计课程相比，主要包括：

（1）教学内容和方式的差异性。我国建筑学专业采用了传统的线性教学模式，不仅使建筑技术理论课程与建筑设计课相脱节，也导致二者无论在教学内容还是在方式上都有着本质的不同。我国技术理论课程的教学方式以老师授课为主，课堂时间既无法留给学生做设计，老师也无法指导设计。而建筑设计课程则是以学生自己动手做设计为主，老师的课堂时间主要是在旁进行讲解和修改。此外，教学内容的侧重点也不同，例如以绿色设计为主题的建筑设计课通常也是以建筑设计为主，绿色为辅，更多地强调建筑设计的合理性和艺术性。尽管笔者在技术理论课中大量引入和强调了绿色设计实践，但课程内容的侧重点还是基础理论和专业技术知识，因而从建筑技术理论课中引入的建筑设计，课程内容侧重点本身会给学生带来以技术为主的指向作用，因而学生在设计中自然而然会更强调技术。

（2）设计命题的差异性。传统的建筑设计课程，特别是本科教学中的建筑设计课的命题往往针对某种类别的建筑进行设计，如学校、宾馆或商业综合体等。而本次课程设计则是问题化命题，即通过一个或几个设计解决一个专业问题，这要求学生通过设计问题来学习相应的专业技术知识，再将知识融入自己的设计之中。但学生显然还不是很适应这种工作模式和思维方式。特别是选择既有建筑进行节能设计改造，

学生更觉得具有一定的局限性，因而限制了一些学生的设计构思。

（3）需要进一步探讨数字技术教学。无论是建筑设计课程还是技术课程都面对着同样的问题，日新月异的数字化技术是一把双刃剑，一方面它是一个功能强大的设计辅助手段，但另一方面更重要的是，必须让学生认识到数字技术本身的局限性以及它仅仅作为工具的特性。[11] 尤其是当前的能耗模拟软件往往都对先进设备和新材料进行更有效能的模拟，如将窗更换成 LOW-E 玻璃，其节能效果要远远高于一些复杂而需要深入考虑的被动节能设计，学生就更倾向于简单而效果相对较好的节能设计手段。此外，学生在学了计算机能耗模拟软件后，往往会将多种能耗模拟分析结果作为设计主体。尽管笔者一直在做这方面的教学探索，但收效甚微。由此可见，将数字化技术较好地应用到建筑设计创作或量化分析上，需要一套从理论、方法到技术的完整教育体系，而这一新体系的建立可能需要很长时间的艰苦探索。

5. 结语

如何将建筑技术与艺术完美融合，一直是当前业界探讨的问题。绿色节能建筑不是技术的自然生成，也不是对形式和概念的把玩。建筑设计是基本要素，技术是不可缺少的手段，二者需要有机融合。笔者的教学探索表明，建筑技术类课程需要一个全面的改革，传统的课堂教学无法完全满足培

养绿色建筑设计人才的需要，笔者建议教学改革可以从以下三方面做起：

（1）打破我国传统专业教师和设计教师之间的壁垒。在这里可以借鉴香港大学的教学体制，即设计教师在教授设计课时，同时必须开设 1—2 门专业课（建筑技术、历史、理论均可），从教师结构上创造专业课与设计课的结合环境，这样学生在学习设计知识的同时，也会学到专业教师所侧重的专业技术知识。[12]

（2）打破建筑技术课和设计课程在教学上的壁垒。改革我国传统建筑学的线性教学结构，采用技术课程与建筑设计课程的交叉式教学，通过合理的设计课程安排，引导学生加强技术理论学习。

（3）打破建筑技术课和设计课程在作业和评分上的壁垒。取消建筑技术课程的作业，而是结合设计课程的某个设计题目，通过给出的不同技术问题进行分项、分段设计和评分，而学生最终设计成果中包括相关课题的分项成果。

笔者认为，只有让学生在设计中有掌握技术理论知识的需求，在掌握理论知识后有用到设计中的动力，才是做好绿色设计的关键。失败是成功之母，希望业内同行以此为鉴，共同探索建筑技术课程的全面教学改革，为我国培养出一代适合资源节约型、环境友好型社会，可持续发展的设计人才。

参考文献：

[1] 周铁军，王松．当前生态节能建筑的语境—建筑师的困惑 [J]. 时代建筑，2008（2）.

[2] 傅佳锋，管凯雄．从技术到艺术——托马斯·赫尔佐格和伦佐·皮亚诺建筑技术观的比较 [J]. 华中建筑，2012(2).

[3] 吴蔚，董姝婧．建筑技术课程中能耗模拟软件 Ecotect 教学探讨 [J]. 建筑学报，2012（S2）.

[4] 李保峰．"生态建筑"的思与行 [J]. 新建筑，2001(5).

[5] 徐峰，张国强，解明镜．以建筑节能为目标的集成化设计方法与流程 [J]. 建筑学报，2009(11).

[6] 金熙，沈守云，高波．量化思维在绿色建筑设计教学中的应用研究 [J]. 中南林业科技大学学报（社会科学版），2012(3).

[7] 吴蔚．改革建筑学专业的建筑技术课之浅见 ——以"建筑设备"教改为例 [J]. 南方建筑，2015(2).

[8] Reyner Banham. Architecture of the Well-tempered Environment[M]. Architectural Press，1969.

[9] 关于 Low-impact development 的定义，见: https: //en. wikipedia. org/wiki/Low-impact_development，网络摘录时间 2015 年 9 月。

[10] Low-impact development Center 是一个发展和宣扬 LID 技术的非营利组织。网址: http: //www. lowimpactdevelopment. org/。

[11] 李建成，王朔，杨海英．数字化建筑设计教学的探讨 [J]. 南方建筑，2009(2).

[12] 宋德首，刘少瑜．沪港建筑技术教学比较研究 [J]. 同济大学学报（社会科学版），1999，10(4).

原文刊载于：吴蔚．技术与艺术，孰轻孰重？——绿色建筑设计在建筑技术教学中的应用研究 [J]. 南方建筑，2016(05)：124-127.

"建筑环境学"教学过程中对学生科研能力培养的探索
The Prospect of the Research Training in the Teaching of "Built Environment"

郜志

Gao Zhi

摘要：

南京大学"建筑环境学"的硕士研究生课程涵盖了传统意义上的"建筑环境学"并涉及城市尺度上的"城市物理环境学"，主要关注建筑/城市、外部环境以及室内环境与人的关系。为提高教学的有效性，课程尝试了将基础理论知识与研究专题相结合的教学方式，希望调动学生的学习积极性，并培养其科研创新能力。本文从教材精读、科技文献检索与阅读、研究课题的逐层深入等方面详细探讨了教学实践中存在的问题，并为在教学活动中提升学生的科学研究和创新能力积累了宝贵的经验。

关键词：

建筑环境学；城市物理环境；科研能力培养

Abstract:

The course of "Built Environment" on graduate level in Nanjing University is composed of traditional "Built Envirorunent" and "Urban Physical Environment". It concentrates on the relationships of Building/City with outdoor environment, indoor environment and humans. In order to improve teaching effectiveness, the fundamental knowledge and research projects are integrated in the course. The issues in the course of intensive textbook reading, literature review and research projects are explored in details. Valuable experiences are available in training students' scientific research and innovation capabilities.

Keywords:

Built Environment; Urban Physical Environment; Cultivation of Scientific Research Ability

南京大学建筑与城市规划学院于 2013 年春季开始开设了"建筑环境学"硕士研究生课程。该课程涵盖传统意义上的"建筑环境学"并涉及城市尺度上的"城市物理环境学",主要关注建筑 / 城市、外部环境以及室内环境与人的关系,内容覆盖热学、流体力学、物理学、生物学、气象学、心理学、生理学、卫生学等学科知识。目前主要的授课对象为建筑技术方向(必修)与建筑设计、城市设计方向(选修)的一年级硕士研究生。由于该课程涉及室内空气品质与污染的内容,2014 年春季也有生命科学学院等其他学院的研究生选修此课。

1. 课程安排

为提高教学的有效性,我们尝试将课程安排分为"建筑环境学"基础理论知识的授课及建筑环境专题研究,以调动学生学习的积极性。"建筑环境学"是一门 18 学时(1 学分)的课程,按照基础理论授课、专题选题、PPT 讲解与答辩,论文提交等几个步骤进行课程安排。需要指出的是,第 9 周末需提交论文初稿,经意见反馈后于第 18 周提交终稿。基础理论的教学与开放式研究课题的具体安排如下:

1.1 基础理论教学

该课程的主要任务是使学生掌握建筑环境的基本概念,学习建筑与城市热湿环境、风环境和空气质量环境的基础知

识。学生通过课程教学熟悉建筑环境与城市微气候等理论,并了解人体对热湿环境的反应,掌握建筑环境学的实际应用和最新研究进展,并为建筑能源和环境系统的测量与模拟打下坚实的基础。基础理论的授课包括如下内容:

建筑环境、城市物理环境、太阳辐射

建筑热湿环境、冷负荷与热负荷计算原理与方法、城市热湿环境

人体对稳态和动态热湿环境的反应及数学模型、室内室外热舒适性、热环境与劳动效率

建筑自然通风与机械通风、城市风环境、室内室外风环境的评价指标

室内空气品质、城市大气质量、空气质量对人的影响及评价方法、污染控制方法

建筑与城市声光环境基础

建筑与城市环境测试技术

1.2 开放式研究专题

"建筑环境学"课程开设在硕士研究生一年级的第二学期,处于硕士学位论文开题之前非常重要的学习和过渡阶段。课程教学的目的不仅仅是给学生传授建筑环境的基础理论知识,更希望通过这门课程培养学生的科研能力,为其今后学位论文的开展打下坚实的基础。为此,课程结合课程理论及学科研究热点,专门设计了一些研究专题供学生们选择和尝

试，以进行专门性研究（见表1）。研究专题是开放性质的，学生还可以根据自己的兴趣或未来学位论文的方向自行确立专题题目。

2. 教学实践讨论

"建筑环境学"是建筑环境与设备专业一门重要的专业基础课。南京大学建筑技术科学专业成立的时间不长，大部分建筑技术专业的学生之前的专业背景为建筑设计方向。这为课程的教学带来巨大的挑战，但同样也是教学研究的一次重大机遇。填鸭式的教学事倍功半，学生的主观能动性需要激发，故本课程尝试采用将基础理论知识与研究专题相结合的教学方式，希望调动学生的学习积极性，并培养其科学研究能力。

2.1 教材精读

虽然"建筑环境学"课程对培养学生的科研能力进行了

积极的探索，但需要引起注意的是，基础理论的教学依然是本课程的核心目的，不能舍本逐末。而学生对基础理论的掌握，仍然需要以对教科书的精读为主要手段。为调动学生的精读积极性与有效性，教师会在课堂上对学生进行类似以下问题的提问：

计算夏季的冷负荷能否采用日平均温差的稳态算法？

环境空气温度、平均辐射温度和操作温度的关系是什么？

空气龄、残留时间和驻留时间的关系是什么？

……

"建筑环境学"的教学一直贯穿于加深学生对建筑与城市的"舒适性、健康、节能、对环境影响及经济性能"等方面的综合认识，并强调室内室外关系的考量，比如舒适性和通风等室内外评价指标、室内外污染物传播规律等。

2.2 科技文献检索与阅读

对学生科研能力的培养首先依然应建立在对教材的掌握

表1　"建筑环境学"开放式研究专题列表

建筑环境与节能技术	风环境及空气质量	城市微气候	人体对热湿环境的反应
太阳能一体化技术	通风效率的指标： 从室内到室外	城市微气候模拟软件	室内与室外热舒适性指标评价
太阳能集热墙 太阳能烟囱	室内外空气质量的国家和行业标准比较	CFD用于室外环境计算时的计算区域	热环境与劳动效率
双层皮幕墙	室内外污染物（悬浮颗粒、臭氧）的传输关系	CFD模拟技术的准确性分析	
Low-e 玻璃	生物气溶胶特性研究	植物及树冠、车辆的模拟方法	
光伏发电技术	空气净化器杀菌技术	多孔介质方法模拟城市微气候	
垂直绿化与屋顶绿化技术	空气净化器效率		
雨水回收系统	紫外灯杀菌技术		
奥运场馆、世博园等临时建筑的环境评价	绿色植物净化空气效果		

之上，其次需增强阅读文献的能力，并采用科学合理的流程。比如对于某项绿色建筑技术，要厘清它的来龙去脉，就需要结合教材和文献检索，比如：该项技术国际国内应用情况，不同气候区、不同地区的使用情况，最早使用情况，最成功案例，失败案例及失败的主要原因，对环境的影响，技术评价的现有计算方法及已有软件等。

文献的检索与阅读是科研工作必备的能力之一，在此以是否有"扬灰层"（"扬尘层"）问题为例来说明如何提高学生文献阅读与分析能力。从 2003 年起，网络上就有一篇《售楼小姐真情告白》的文章传播，其第 6 条"别以为高层中的九到十一楼不错，那你大错了，这些楼层正好是扬灰层，脏空气到这个高度就会停止，我们是不会告诉你们的"这一说法，会影响到部分人群对不同楼层的购买意向，但这是否具

有科学道理？在文献检索过程中，有同学检索到摘要为"应用概率统计理论对目前人们普遍关注的扬灰层问题构建模型，并给出了在高层建筑附近灰尘浓度随着高度变化的分布规律，并由此得出扬灰层存在的结论"的科技文章，信以为真并全盘接受。但通过课堂上对其深入的分析、讲解及讨论，学生最终意识到其分析手段存在很大问题，其结论并不可靠。而通过进一步的检索，学生找到一篇报刊文章《本报记者实地测量发现，"9—11 层是扬灰层"没根据，PM10、PM2.5 浓度与楼层无关，与楼房所在区域的"微气候"有关》（《人民日报》，2013 年 7 月 2 日第 4 版）。这篇文章虽不是严格意义上的科技论文，但其采用的分析步骤合理，结论更为可靠。通过这个例子，学生意识到并不是所有的科技文献都是可靠的，需要从各个方面判断其准确及可靠性，并加以

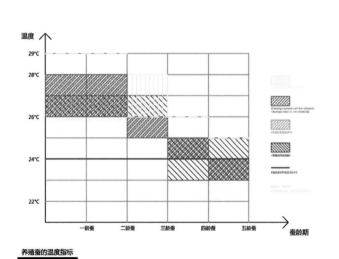

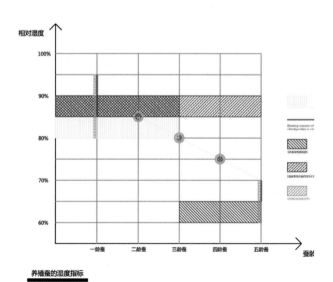

图 1　养殖蚕的温湿度环境分析（蚕农场建筑设计研究分析，学生：孙昕，曹政）

甄别与筛选，才能有助于今后科研工作的开展。

2.3 研究课题的逐层深入

学生科研能力的提高是一个相对漫长的过程，并不是一门"建筑环境学"课程所能解决得了的。但该课程中研究课题的设立和运作对学生科研创新能力的培养依然有其较为积极的作用。比如从选题开始，到期中的论文题目，再到最终的期末论文题目确立这一过程，除了少数学生从始至终维持不变，大部分学生都有一个课题从宽泛到具体、从概念化到具体可操作化的过程。还有部分同学出于各种原因，抛弃原有选题（见表2）。这些都是科研活动中常见的问题，学生尽早接触到这些，会为其日后的科研活动打下良好的基础。

2.4 教学成果展示

经过一学期的"建筑环境学"学习和研究专题的开展，除了个别学生表示依然找不到科研的感觉，大部分学生均能结合相关专题，熟练进行中英文科技文献检索，并将建筑环境学的理论知识结合到专题研究和建筑设计中去。图1展示了学生在文献调研后对具体建筑环境的分析结果。虽然由于课程时间的限制，学生对专题的研究还处于较为粗浅的阶段，目前看来，仍取得了一定的成效。而如何跟踪学生能否真正将课程中所学内容及研究手段应用到之后的科研活动中，是未来需要考虑的教学课题之一。

表2　"建筑环境学"学生研究课题的发展进程

编号	选题	期中论文题目	期末论文题目
1	太阳能与建筑一体化技术	特伦布墙	传统特伦布墙合理尺寸与实例的构造方式与应用
2	太阳能与建筑一体化技术	双层皮玻璃幕墙	关于双层皮幕墙系统的研究进展
3	"扬尘层"分析研究	双层皮幕墙	双层幕墙技术与乡土实践设计的思考
4	屋顶花园文献综述	屋顶绿化在改善室内以及城市环境的作用	夏热冬冷地区屋顶绿化问题探讨
5	垂直绿化与立面设计	垂直绿化的生态作用	垂直绿化的虫害防治
6	植物的数学模拟	城市微气候下树木的热环境模拟研究综述	利用计算机模拟技术评价植物对室外微气候影响的具体方法概述
7	建筑通风	室内通风的评价标准以及如何把室内通风的评价指标应用到室外	气流组织评价指标以及将室内评价指标应用于室外的分析研究
8	室内污染物：臭氧	臭氧污染特征与机理，浓度监测与评估方法及污染消除方法	地面大气臭氧浓度数据分析及臭氧浓度控制方法
9	室内空气微生物污染及其防治	紫外灯消毒效率及其产生的危害	紫外灯消毒效率及其产生的危害
10	植物与室内空气污染	植物在净化室内甲醛中的应用	绿色植物净化室内甲醛研究进展
11	室内空气污染及对策	室内空气净化器	负离子空气净化器
12	蚕农场建筑设计研究	蚕农场建筑设计研究分析	蚕农场建筑设计研究分析

参考文献：

[1] 刘加平等 . 城市环境物理 [M]. 中国建筑工业出版社， 2011.

[2] 朱颖心 . 建筑环境学（第 3 版)[M]. 中国建筑工业出版社，2010.

[3] 刘加平，谭良斌，何泉 . 建筑创作中的节能设计 [M]. 中国建筑工业出版社，2009.

[4] Hazim B, Awbi. 建筑通风（第 2 版）[M].　李先庭等译 . 机械工业出版社，2011.

[5] 2009 ASHRAE Handbook [M].American Society of Heat, Refrigeration and Air Conditioning Engineers， 2009.

原文刊载于：郜志 ."建筑环境学"教学学生科研能力培养的探索 [M]// 中国建筑教育：2014 全国建筑教育学术研讨会论文集 . 2014.

三、方法

对中国建筑历史教学体系的新探索

Attempted Academic Exploration in the Teaching of China's History of Architecture

史文娟 / 赵辰

Shi Wenjuan / Zhao Chen

1. 缘起

南京大学建筑学科的"中国建筑史（古代）"课程自 2018 年开始了深度的改革。此举缘起于对中国建筑文化的学术与教学体系的反思。

1.1 "中国建筑史（古代）"课程的现状与难点

中国建筑史是建筑学专业本科的基础理论课程之一，其教学毋庸置疑当传授中国建筑发展演变的相关历史知识、设计的规律，乃至培养学生思考文化传统的意义之能力。然而，学生接触中建史后，常常产生"学习建筑史有什么用"的疑问。

众所周知，建筑学专业课程体系的主课为建筑设计，而与设计相关的众多学科知识（博雅），最终皆是通过设计来实现（贯通）的。"学习建筑史有什么用"这一疑问，反映了建筑史教学中，学生所学的大量建筑历史知识难以转化为建筑设计能力的现状。

究其原因，我们认为，中国建筑学术体系的思想观念依然落后，中建史课程在教学内容与模式两方面都缺乏与设计的互动：其教学内容以传授历史悠久的各种建筑知识为主，且分类原则以西方文化为基础，与中国文化并不契合，在当下的设计创造中无规律可循，仅可提供古代样式以照搬、套用；其教学模式又多以教师课堂大量授课的形式展开，最终以书面考试的方式考核，自成闭环。

对这种现状的改变，需要认知并处理好两个难点。

（1）"知识点"VS"理论思维"

中建史教学普遍注重对历史知识的传授，而对理论思维的培养十分不足。有两方面的成因都值得改进，一在教育者的认知层面，二在课程设计的操作层面。

事实上在认知层面，目前学界已基本达成共识，即中建史教学不应局限于对中国传统建筑技艺的知识性探究与传授，需要培养学生的理论思维，引导学生考察民族历史物质空间的文化性与精神性，关注传统建筑形式背后的历史，思辨传统技术、生活、哲学、美学、制度等等与其时建筑形式之关联，"知其然，知其所以然"，最终启发学生探索未来中国建筑发展之可能。

主要问题还在于课程设计，在具体操作层面：其教学内容应在覆盖中建史基本知识点的基础上，将建筑历史理论研究的丰硕成果系统地延伸至本科教学，将基础知识点嵌入历史背景加以考量，激发学生的理论思考；其教学模式，应打破专业知识的单向灌输，增加教与学的互动，将古建筑设计的思想方法与当下设计结合，在实际操作中培养学生的理论思维并提高其设计创新能力。

（2）宽泛的内容 VS 有限的课时

中国建筑史的教学内容涵盖了几千年的社会、经济、文化、艺术与技术变迁，可谓数不胜数；建筑学专业本科的主干课程为设计课，本身已任务繁重，与设计相关的其他课程又繁多，中建史仅为其中之一，其课时相较于其内容，非常有限。

以南京大学建筑与城市规划学院建筑学专业为例，不同于一般建筑院校的"3+2"课程体系，南京建筑采用了本硕贯通的"4（本科）+2（研究生）"模式，本科学制四年，一年级接受大类通识教育，二年级开始专业训练，建筑历史教育设置在二年级，中建史课程仅占一学期（表1）。

表1 中建史课程专题

专题	内容	练习	历时
传统建构文化专题	概说与单体建筑的营造		
	东方的空间营造，古代大型官式木构单体建筑	"中国房子"	三周
	木构单体建筑营造与形制，地域与时代的演变		
	单体建筑的细部与装饰性		
传统人居文化专题	中国传统人居文化概说		
	人居文化的院落空间分析与认知	"中国院子"	三周
	中国传统的人居环境（造园与理景-1）		
	中国传统的人居环境（造园与理景-2）	"中国园子"	三周
传统城镇文化专题	中国传统城镇文化概说		
	中国城镇基本型（县城）的分析与认知		
	中国传统城镇文化的都城		

中建史的知识点几乎可以说是无限的，而大学本科的课时却极其有限，如何将无限的知识，成体系地浓缩于有限的课时中，并能达到贯通设计的效果，同样需要教师对教学内容和教学模式进行完整而精密的策划。

1.2 研究型大学（南大）建筑教学的特殊性

（1）通识教育的校级基础

当下，通识教育已成全球高等教育的趋势，南京大学作为中国一流的综合性大学，以"大文大理"的模式开启通识教育之路。南京大学的本科按文、理两大类招生，在低年级不分专业，优先通识教育和学科大类平台课，有上百门通识课向全校本科生开放。

建筑学专业在课程体系设计中，可以充分结合学校的通识教育模式，强化自身的设计主干课教学，而将有些人文、技术等课程适当延伸至通识教育平台。对中建史课程而言，让与中国历史、传统文化相关的高水平的通识课作为现行中建史教学的延伸，可以扩大学生的知识面，补其短板。

（2）专业理论训练的聚焦

南京大学建筑与城市规划学院由最初的建筑研究所发展而来，有着培养研究生的高起点，并维持着一贯的教授工作室机制，教学、科研、生产结合的传统长期以来一直未有改变。南大建筑在建筑历史与理论研究上，有着理论与实践的相对优势，故而可以在中建史本科教学上立足于前期已有研究，充分聚焦于建筑学专业理论的训练，大胆尝试新的内容与模式。

2. 教案框架

自 2018 年以来，中建史教案改革始终力图在一学期的课程教学中梳理脉络、提炼观点，教授给学生系统的中国建筑历史，由史实而史论，再到设计实践，以培养未来职业建筑师的理论能力，为他们提供创新的源泉，并激发学生研究传统建筑历史的兴趣。

在教学模式上，我们利用南大中建史与建筑设计课程同步的现实条件，将二者进一步整合，使知识融汇于设计，通过历史知识与设计操作的互动，改变原有中建史被动的教学模式，激发学生的兴趣。同时在具体教学内容构架上，舍通史而专注专题，更好地结合设计模块训练，最终达到教学目的。

经过一学期的训练，学生暑期再以古建筑测绘的方式强化学习，随后进入近现代的建筑史教学。

2.1 专题

在当代建筑学的理论框架中，中国传统建筑文化被表述为三个领域：建构、人居、城镇。课程依此框架，设置"建构文化""人居文化""城镇文化"三大专题练习，以系列讲座的形式展开。在对"中国传统建筑文化"的背景因素与条件、基本特征与演变做基本介绍后，分专题进行讲座教学。

"建构"者，在单体建筑营造层面，以木构框架与土构围合为基本特征；"人居"者，在建筑群体空间组织层面，以院落为核心，经由"建构"切入"人居"，乃因传统的"土木／营造"体系所提供的物质性空间同与之相适应的人居行为习俗，共同形塑了传统人居形态；第三个专题"城镇"者，在聚落空间与城市形态层面，专题讲述由村落而至都城，以揭示具有中国特色的城市发展规律为中心目标。

2.2 练习

专题辅以相关设计作业，以实际的空间与图形操作来加深对专题内容的理解。

练习一："中国房子"（建构）

课程提供慈城、剑川、闽北、徽州四个地域的基本建造体系的信息，以及归纳出的建筑基本单元平立剖面图纸（二层三开间）。

学生分组选择地域类型，建立"中国房子"的数字三维模型，模拟营造系统的全过程（基础与台基—构架—围合—屋面）。

由此，学生了解传统建造材料与工序，并在了解、掌握其建造规律的同时，通过各组别迥异的建造方式与最终建筑形式的差异，切实理解地域性的单体建筑形式与实际建造体系之间的必然关系。

练习二："中国院子"（人居）

课程提供江南某古老县城一街廓内的一大一小两种类型的基地（目前定于慈城）及相关建筑要素模型（门屋、厢房、游廊、院墙等）。

学生自选基地类型。在练习第一阶段，进行传统生活起居行为模式的"脚本"写作（目前设定以明清之际江南传统

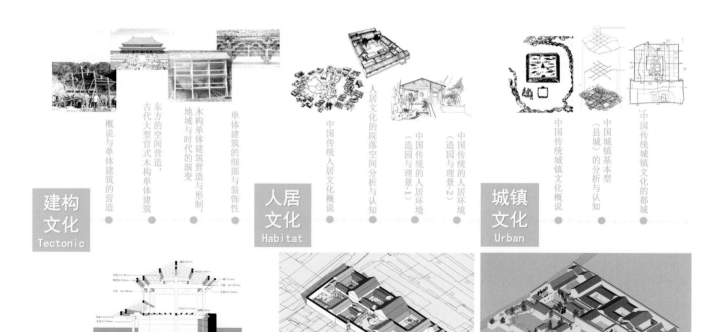

建构文化 Tectonic
- 概说与单体建筑的营造
- 东方的空间营造，古代大型官式木构单体建筑
- 木构单体建筑营造与形制，地域与时代的演变
- 单体建筑的细部与装饰性

人居文化 Habitat
- 中国传统人居文化概说
- 人居文化的院落空间分析与认知
- 中国传统的人居环境（造园与理景·1）
- 中国传统的人居环境（造园与理景·2）

城镇文化 Urban
- 中国城镇文化概说
- 中国城镇基本型（县城）的分析与认知
- 中国传统城镇文化的都城

"中国房子"　　　　"中国院子"　　　　"中国园子"

城市中某大户人家，如"李商人家""张员外家"等为主题），策划其日常生活起居过程，并对相应的生活空间加以文字性描述的限定；第二阶段，在所选基地上，依据地界，以给定的建筑要素，遵照前期自行设定的"脚本"，组合构建院落的三维模型体。

由此，学生可了解中国传统院落空间组合的基本设计原则和方法，理解其传统的生活起居行为之内容及其建筑类型与形式的规律。

练习三："中国园子"（从人居到城镇）

课程在"中国院子"作业的基础上，新增宅基地旁用地，并提供相关园林要素模型（榭、亭、廊、桥、墙、山石等）。

练习第一阶段，延续前期院子的脚本，结合已有人物设定，进行传统园居行为模式的"脚本"写作，设定人物的兴趣爱好，策划其休闲、文娱、养生方面的生活起居内容，并对相应的活动空间加以文字性描述的限定；第二阶段，在宅旁基地上，依据地界，结合基地周遭环境及已有的"院子"布局，遵照前期自行设定的园林要素，完成园林的布局并进行表现。

由此，学生可了解中国传统园林的基本设计原则和方法，理解传统城市形态中的私家园林，其内容从属于传统人居文化，其形态则符合从院落到街廓的传统城市形态规律。

3．总结

中建史现行的教案改革目前历经了 2018、2019、2020 三年时间。

从三年的教学效果与作业情况看来，以专题讲座与作业形式结合的环环相扣的教学模式，可以最大限度地调动学生的学习积极性并拓展其创新思维。

在"中国房子"专题练习中，学生通过讲座了解了"土作""木作"等一般性的、规律性的知识后，分组自学给定资料，通过建模操作，了解不同地域的传统建筑建造过程，再以集中讨论与答辩的形式互相学习，进而理解地域性的形式并非简单的风格，而来自地域性的建构方式。

在"中国院子"专题练习中，学生被文本写作环节吸引，主动查找、阅读大量相关史料；在随后的"设计"环节中，自然而然地思考院落生活中的衣食起居，考虑脚本人物的行为流线、建筑功用，进行脚本与设计前后的校对调整；中轴线之外的偏院、隙地，不约而同选择了园林设计，真实地反映了中国传统人居行为的规律。

2020 年，我们新增"中国园子"这一专题，学生通过文本写作，从功能上理解了园林作为城市公共活动空间与私人家居生活空间的双重特性，并通过讲座的讲授与作业过程中的主动检索学习，实操了园林从立意到布局的设计程序，以及利用山水、植物、建筑等要素造景的种种手法。同时，从"院子"设计中的相对规整的传统院落空间组合原则，到

"园子"设计中的随着城市中的各种不规则地界而因地制宜，学生们获得了对传统城市的形态规律的感性理解。

　　"学然后知不足，教然后知困。知不足，然后能自反也；知困，然后能自强也。故曰教学相长也。"本教案根据课堂状况与学生的作业反馈，一直在持续深化改革之中，并将结合二年级的整体教学情况，进一步完善建筑历史与设计教学相结合的交叉构架，将历史知识融会于建筑设计中，并成为建筑设计的理论思考依据。希望借本课程的教与学之持续思考，在以西方文化为背景的建筑学领域中，逐步构建能够展现中国文化价值的建筑学术话语体系。

思寻互动，绘测相佐——南京大学建筑系本科二年级暑期测绘教学

Thinking along with Seeking, Surveying together with Mapping: Summer Course of Surveying and Mapping for the Sophomore Year in NJU Architecture

萧红颜 / 赵辰

Xiao Hongyan / Zhao Chen

寻斑驳的影像，思旧时的光景，或是中国传统建筑或曰中国建筑遗产的基本功用。测目下的既存，绘以往的馨斓，则是交汇感性与理性的双重认识，也奠定建筑学子们对传统建筑进行年代鉴定和价值评判的专业基础。

南大测绘教学作为本科二年级下学期"中国建筑史"课程的补充教学环节，是针对本科四年制大二学生设置的实地考察中国传统建筑的必修课。测绘教学采取从难从严的方式，在"测"与"绘"相佐的操作性训练环节的同时，更强化了"寻"与"思"互动的思辨性训练环节。

测绘教学要求本科二年级学生（第一年通识教育未涉及专业设计训练）对传统建筑的组群类型与尺度、空间构成与结构、建造材料与构造等建立基本而全面的认知；要求学生在寻求所测建筑创建时期格局与样式的过程中，对传统建筑的营造思维、功用审美、建造工法等融会贯通。

教学由教师、助教辅导学生分组进行，持续二十天的暑期测绘课程包含现场测绘、整理图纸与答辩报告三个环节。现场测绘的重点是总体分析记录建筑组群所处的环境特点（区位、地界、街巷界面等）和总体空间特征，且逐一测绘单体建筑的结构样式、构件尺寸及特殊做法；整理图纸是将手绘草图定稿并完成电脑制图过程（二维图纸、三维模型等）；最后答辩报告的重点是小组对测绘图纸中不易表达的内容进行说明及对相关问题思考的表述，同时是个人采用图文表述测绘心得的考核环节。

寻常尺度 非常工法

测绘相乘。"测"是对实地实物尺寸数据的观测量取，"绘"则是根据测量数据与草图进行处理、整理，最终绘制出完备

的测绘图纸及报告。测绘数据是分析或还原既存与湮灭痕迹所依赖的最基础、最直接、最可靠的信息来源。

测绘是一个以尺度数据为核心的操作分析过程，空间特点与设计构想所赖以依存的尺度关系正是经由测绘数据得以佐证的。若回溯传统语境下的"寻"与"常"，其实"度广为寻""倍寻为常"是其基本语义，寻常后来泛指平常或素常。《说文》所言"度人之两臂为寻，八尺也"，更是揭示此二者与人体尺度的紧密关联，"寻"与"常"本义为尺度单位这一史实暗含了测绘的第一要义是尺度这一基本学理。

通过测绘教学引导学生关注寻常或非常尺度，进而关注各片建筑群因诸类条件或需求差异引发的寻常或非常作法。对于建筑物原状需要区别于常规做法的结构、构造做法及细部处理，结合当地习见建造工法（木作、砖作、石作、水作、漆作等）的规律性或地域性，弄懂个案特殊性的缘由及智慧所在，所谓的寻常、非常也就能恰如其分地理解了。

寻行逐队 寻问探询

群独互张。分组是测绘顺利开展并完成的前提准备工作之一，教师参照各组员在"中国建筑史"课程及期末闭卷绘图测试中的手绘能力，将其分组，进入草图绘制阶段。每组六至七位学生在绘图或实测等过程中不断重组互动，让每位学生体验到研究中信息共享、信息交换的团队氛围和合作习惯。

南大建筑系的测绘对象优先选择的是南京或慈城的传统民居建筑。针对这类久未修葺且使用过度的传统建筑，测绘遇到的诸类困难如更改频繁、遮挡严重、构件缺失等问题超乎想象。现场第一阶段的教学难点是引导学生克服畏难心理、寻思残痕败迹、提出问题并向当地居民沟通求证。在各组研究生助教的协助下，学子们在现场作业艰苦困顿的现实前，保持信任理解、并肩作战的状态，全方位地挑战生理与心理适应极限。小组的集体认知正是经历反复争论，在思寻纠结中达成共识的。

第一阶段是经历三天时间的草图阶段，核心内容是辨识新旧建造样式、甄别真伪构件关系，摸索空间的真实尺度与图形尺度之间的关联，学生通过寻找痕迹及关联的过程，初步完成具有比例感、接近真实的系列草图，绘制的是对这一建筑创建时期符合设计初衷的识读判断，从而确保测绘的最终图纸是基于寻思充足或缺失的实物证据、辨析显现或隐现的建造痕迹的前提下，进行的综合访谈、测绘及研究的成果表达。

除了分组、分工协作以外，最后的教学环节是在完成小组图纸打印裱板以后的两三天内，学生在不被辅导的状况下自行准备个人独立答辩，各自择取几项专题（如环境特征、空间秩序、空间构成、空间尺度、建造逻辑、材料运用、地方式样等），将个人研究兴趣和学习心得作为答辩表达内容，这是一项真实体现个人能力的专项考核。这一环节的教学目的是发挥学生的自主性和能动性，同时训练文字与图片结合的问题研究能力，为提高学生的综合表达能力提供锻炼机会，这也是教学中最终检验个人学习成效的关键一环。

寻屋觅迹　寻味体会

次顿间达。第二阶段是持续一周时间的小组整理草图阶段，要求学生充分运用寻与思互动、测与绘相佐的工作方式。区别于以往单纯绘制图纸的测绘教学，本阶段要求学生通过问题研究的思维与视野，思考讨论相关专业问题。这一阶段最为艰苦漫长，关系到学生测绘实习的成败得失。小组草图整理主要是自检错漏尺寸、测量误差以及未交代清楚的结构关系等，汇总数据是否一致、关系是否准确、问题是否完全等，同时也需要总结造成误差的原因如构件加工、构件变形、构件更换或维修施工等，待老师核定草图、解答疑难以后再进行大样或其他图样的精确绘制，以便顺利过渡，完成为期一周左右的第三阶段即图纸绘制阶段。

第三阶段要求学生始终保持细心、耐心、严谨的态度，形成质疑、辨识、磨合的习惯，锻炼学生的独立思考能力及通过观察发现问题且解决问题的能力。由于精密测绘与法式测绘存在差异，学生一般不易把握现场细节表达程度诸如孰轻孰重甚至孰先孰后，使得不同复杂度或难易度的现场踏勘，难免出现从推测到求证反复多次的现象，无形中促成了训练学生反复辨识和避免轻信的教学目的。

测绘教学希冀通过实物调查勘测，使学生在环境认知能

力、类型分析能力以及建造逻辑认知能力等三方面全面提升。譬如，环境认知要求学生依据 20 世纪 30 年代地界图的信息，勾勒建筑组群与街巷的边界及出入口关系，往返穿梭于建筑组群的门户内外、巷道周围，寻觅新旧墙体转角及墙上门洞的建造痕迹，辨识主次出入口的尺度差异和砌墙方式，进而理解建筑组群内部格局与主次街巷交通之间的关联。内外贯通之要害要求各组自始至终把握得当；再如，类型分析和建造逻辑认知要求学生依循当地传统建造的基本原则，从形制（通识建造学理兼顾地域习惯）推断，而非仅仅想当然（楼梯数量与位置、廊道交通关系等），尽量避免现场的冲突，继而提出问题，收集各类证据，上下求索，推测考虑多种可能性。即以作法检验数据合理与否，将现场各类非常规（但符合地域习惯）、较特殊的做法（如明间或厢房减柱、明间楼地面变化、廊道柱网变化、墙体加厚以契合地界等），逐一确认落实，完成寻思与测绘互动相佐、数据与推测反复验证的研究过程。

寻枝摘叶　寻根究底

本末各兼。测绘是由物到图，再由图到物的过程，更是一个寻根究底、寻绎推求的过程。需要反映营造逻辑而非仅仅构建实物本身，需要追索建造思维而非仅仅追求样式本身。所谓"学而不思则罔，思而不学则殆"，要求学生不仅将现场实物进行描绘，更要对残痕败迹与实物之间的关联加以推

演辨识，力求充分达到理解建造特征及建造工法的教学目标。教学要求学生观察入微、去伪存真，尽可能地收集、辨识现场证据，不轻易被表面现象迷惑，因为不完全的证据可能会误导推断。学子们通过学习收集看不到的数据、透过现象察看原委，寻找种种变与不变的痕迹，寻找并非一目了然的关联。这一学习目标必须辅以比较当地案例与测绘对象的共通性或差异性的学习过程。学生亦在体验到现场变化或恒常的种种痕迹中，享受破解谜团的愉悦和验证推理的乐趣。

在整体性认知（主次出入口位置、主次流线关系、主次空间差异）教学中，重点以形制与样式（中轴线对称与否、格局变动与否、间架变化与否等）为线索进行推演；而针对细节性认知（用材作法状况、柱枋尺度关系、砖石尺度关系等），重点以位置及交接（构架合理与否、作法适当与否、构件完整与否等）为线索进行判断。学生通过对古建筑的整体性认知与细节性认知，真正完成对空间秩序以及交通组织的认知，对建造工法（如大木作构成、小木作作法、木作与砖作交接、砖作与石作交接、水作与砖作交接等）的认知，体会建造结果背后的建造过程与建造逻辑。

可以说，测绘贯穿了认知、怀疑、求证、探索的过程，需要思量的先验性、反复性、整体性，需要关注艺术性与技术性的双重力量。而学生们以建筑师的眼光，关注技法、想法及手法之联系，通过体验场所尺度（物质层面）以及体验场所感觉（精神层面），可向今后提升专业性思维、敏感性思维等方面的目标迈出坚实的一步。

思量传统建筑的整体与细节，寻找建筑空间的特质与共性，触摸古老屋宇的脉络和精华，是一次实地野战的专业训练。经过二十日高温酷暑下的磨砺强化，学子们经历了从好奇感、惊艳感到艰难感、绝望感以至于成就感、认同感的认知过程。

这一区别于以往单纯通过图纸表达的测绘教学，强调学生通过动手动脑的过程，通过拓展问题研究的视野和深度，思考相关专业性设计命题，达到从实物到学理的学习过程。也许学生由此可以更自觉地培养寻索、思量的习惯，自信快乐地研习过往、营造未来。

原文刊载于：萧红颜，赵辰. 思寻互动，绘测相佐——南大建筑大二暑期测绘教学 [M]// 南京大学建筑与城市规划学院. 南京大学建筑与城市规划学院建筑系教学年鉴. 东南大学出版社，2012.

重述《十二楼》—— 一门历史理论课中的空间、叙事与设计

Reformulating *Twelve Pavilions* — Space, Narrative and Design in a History Theory Course

胡恒

Hu Heng

摘要：

在建筑教学中，如何探讨文学、历史、建筑三者的关系？这是作者在一门历史理论课连续 5 年的作业中试图去回答的问题。作者以李渔的《十二楼》为基础文本，让学生选择某一"楼"，将之转化成一个空间体。课程的目标是，使学生将故事分析、形式分析、自我分析合成一体，凝聚在最后的设计之中。

关键词：

《十二楼》；文学；历史；建筑；设计

Abstract:

How to explore the relationship among literature, history and architecture in the architecture teaching? This is the question that the author has been trying to answer in a five-year assignment of a history theory course. The author uses Li Yu's *Twelve Pavilions* as the basic text, allowing students to choose a certain "pavilion" and transform it into a raumling. The goal of the course is to enable students to integrate textual analysis, formal analysis and self-analysis into the final design.

keywords:

Twelve Pavilions; Literature; History; Architecture; Design

引子

"建筑史方法"是我在南京大学开的一门研究生历史理论课。主旨是讲解历史研究的各种方法。作业也是围绕讲课内容，以学术写作为主。从 2014 年开始，我琢磨着摆脱掉这门课从文本讲述到文本操作的固有循环，将知识活动和创作行为结合起来。也就是说，将历史、文字、图像与设计结合起来。正如我们所知，历史研究与设计从来都是密切相关的，两者的关系亦是各类建筑教学中的常见主题。我希望在这门课上把这一"关系"做出点新东西。学生能够在一个单纯简洁的主题下进行综合性的研究、创作。我的想法是，在历史与设计之间设置一个转换元素。它既是这一关系的切入口，也是作业的基础材料，还是作业最后的落足点。它就是文学作品。

一、文学与建筑

将文学作品转化成视觉艺术很常见，比如电影、戏剧、绘画。相比之下，将文学转化为建筑较为少见，毕竟建筑的基础是其使用功能。建筑史上只有特拉尼（Terragni）的但丁（Dante）纪念堂设计方案属于此类。不过，探讨、思考文学与建筑的关系，却一直是西方建筑学的传统，其源头可以追溯到文艺复兴时期。瓦萨里（Vasari）的《名人传》里记载了布鲁内莱斯基(Brunelleschi)早年曾对但丁的《神曲》中的空间有深度研究，并可详细还原出各个空间的尺度、形态、细节（图 1）。[1] 这几乎可以算是建筑师将文学中的建筑（空间）自主的具象化的首个案例。

虽然后继者寥寥，但是到了现代建筑史，这一主题开始升温。它颇受一些先锋派建筑师的青睐，比如超级工作室、

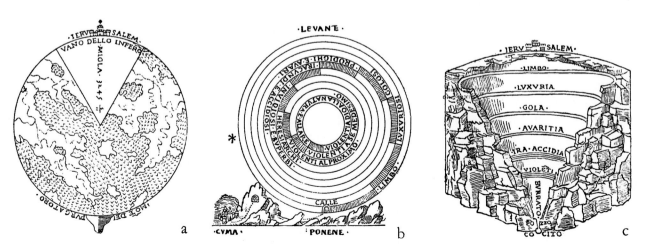

图 1　布鲁内莱斯基的传记作者马内蒂收集的《神曲》插图

Archizoom、约翰·海杜克（John Hejduk）[2]。尤其是海杜克，他几乎所有的作品都有文学成分在里面。早期的"沉默的目击者"系列中，海杜克设计了四座住宅，分别对应着四位作家。在"假面舞会"系列中，更是设置众多文学作品（美国、法国、意大利、俄罗斯作家的作品）作为背景文本。[3]一些热衷实验性建筑教育的机构也常常将之作为教学课题，比如库珀联盟建筑学院、匡溪艺术学院建筑工作室，曾将哈代（Hardy）、普鲁斯特（Proust）的小说引入作业中。[4]理论家们中关注于此的亦有不少。比如维德勒（Vilder）的《建筑的异样性》中对霍夫曼（Hoffmann）小说的分析，戈麦兹（Gomez）的《建筑于爱之上》对文艺复兴小说《波利菲洛——寻爱绮梦》的研究。[5]并且有几本文学作品一直都为实践建筑师们津津乐道，比如卡尔维诺（Calvino）的《隐形城市》、博尔赫斯（Borges）的短篇小说（比如《巴别图书馆》）。

总的来说，先锋派建筑师将文学与建筑当作同等物来一体化思考，它们共享着文化革新的某种共同基础。实验性教育中的文学作品通常起着隐喻或形式同构的作用，比如库珀联盟有一个作业是将哈代的《无名的裘德》中的空间场景再现出来，并且把主人公忧伤的气息灌注其中。对理论家来说，文学与建筑的关系在于两者在某种概念上出现交集，比如欲望、幽闭性心理空间等等。在这些概念的操控下，两者可以相互诠释、印证。

这一主题在国内学界较少涉及，只在2012年成都双年展的"文学中的建筑"特展中有过一次较大规模的"集中讨论"。那次特展中，张永和、王澍、马岩松几位建筑师都有相关作品参展。我与张雷老师一同创作的《〈西游记〉之盘丝洞》装置作品也在其中。2016年，我受邀参加威尼斯双年展的"时—空—存在"平行展。我觉得展览的主题跟《〈西游记〉之盘丝洞》非常接近，所以决定对之进行深度打磨。最终的成果是我与一位雕塑家合作的以青铜为主体的复合材料装置作品《盘丝洞2016》（图2）。[6]这个"盘丝洞"系列与海杜克的"假面舞会"系列都是我的主要讲课内容。

二、《十二楼》中的历史、空间与叙事

我对作业的构想是，将文学与建筑这组关系嵌入历史背景之中，形成历史—文学—建筑的三元结构，再以设计将此三元结构合成一体。具体的操作如下：以某一带有历史味道的小说作为基本文本，让学生将其转化为一项建筑（空间）设计。我选取的小说是清初作家李渔的《十二楼》（图3）。[7]这部小说有十二章，每一章有一个独立的小故事。每个故事以"楼"为题，分别是合影楼、夺锦楼、三与楼、夏宜楼、归正楼、萃雅楼、拂云楼、十巹楼、鹤归楼、奉先楼、生我楼、闻过楼。这些故事轻松诙谐，是李渔的一贯风格。每个故事各有明确的历史背景——从宋到明末。内容多属才子佳人及文人雅事，也有大时代下的悲欢罹难、市井趣闻。虚构与写实交织在一起，言浅意深，内含的格局不同寻常。在我来看，将这本小说当作李渔的一部历史著作亦无不可。[8]

图 2 《盘丝洞 2016》

图 3 李渔《十二楼》

作为建筑教学的基础文本，《十二楼》有几个先天的优势。一则，十二个故事都与特定的建筑或空间（"楼"）有着密切关联，具有原生的"建筑性"。二则，故事不长，且都涉及具体的历史、地理语境，细节充沛。学生可从历史、社会、文学、建筑等不同方面来阅读理解。三则，十二个故事方便学生分组，容易操作。

作业的设置是在零经验的情况下进行的，我将其当作一次实验。作业的要求也很简单，两条思路：还原小说中的建筑原貌；设计一个建筑，来讲解这个故事。同学们可以任选其一加以深入。

第一个思路是我的首选意向。许多年前我在看这本小说的时候，就对其中的建筑空间很是好奇。"十二楼"非常多样，地域既涵盖大江南北，类型也是花样百出——有私家园林，也有皇宫内府；有寻常小院，也有华宅精舍；有沿街店铺，也有贡院佛寺。有些"楼"还有超出建筑的戏剧

性空间。比如第一篇《合影楼》，故事发生在一个大宅院里。因为家族内部的矛盾，一家分作两户，其中一个家主修了一道高墙，从内部将大宅院强行分开，表示两家再不往来。这道墙延伸到后院的水池上，它架在水面，把水池也虚拟地分成两半（这个场景有点超现实的味道）。水池边有两个水阁，两户的一对青年男女就在这里对着水下的倒影互诉衷肠，最后终成眷属，又使分裂的两户重归于好——墙拆了，换作一座小桥连接两个亭子。最初读到故事的时候，我就在脑海里模拟出了这一水上场景。后来看到一个带有原始插图的版本，发现插图所绘的跟我构想的完全不一样（图 4）。

图 4 合影楼版画插图

这一落差给我留下一个印象：还原故事的真实场景对理解故事很重要，而且这不是一件易事。

如果说第一个思路重在考证与还原，那么第二个思路则重在设计。可供参考的有库珀联盟的那个将哈代的《无名的裘德》中的场景用建筑图的方式表现出来的设计作业，或者布鲁内莱斯基视觉化的《神曲》空间。在这个作业里，我没有设置太多的框架和要求，打算先看看大家的思路能够打开到哪种程度，发散出多少可能性。

三、以《合影楼》为例：2014—2018

第一次的作业收上来，与我预料的差不多，一大半做的是历史还原，只有三、四组选择的是设计。虽然少，但仍可见同学们在阅读小说的过程中产生了些许创作冲动。以《合影楼》为例，有两份作业分别采用了还原与设计两条思路。

选择还原方向的小组非常细致地考证了故事中的建筑历史特征。小说发生在元朝至正年间广东韶州府曲江县的两户缙绅之宅中。故事的叙述对住宅规模和屋舍格局的信息也有零星传达，这些给了同学们考证的线索。"还原小组"从年代、地域着手，研究了元代岭南的私家花园与宅院的各项特征。作业的最后结果是一个与小说故事相近规模的宅园方案，墙分水阁的样子也与小说插图一般无二。这类"还原小组"我称之为"考据派"。作业也像一篇历史方向的学术论文（图5）。

选择设计方向的小组也做了类似"考据派"的前期工作，

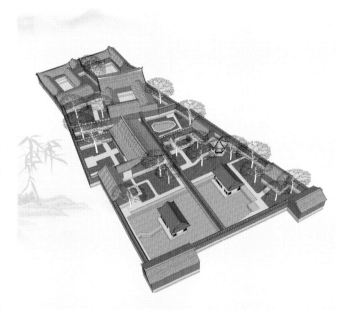

图5　合影楼—还原，2014年

区别在于他们把建筑做了现代语言的转化。也就是说，"设计小组"为这个元代岭南宅园赋予了一个现代主义的形式。同学们把分成两半的宅园按各自家主的性格重新加以设计。小说中的两个家主性格迥异：一个严厉方正，一个戏谑圆柔。两半宅园和水阁就分别做成理性内敛的"罗西风"和自由外放的"扎哈风"。仿佛这个故事穿越时空，来到现在（图6）。

这种从"还原"转换到"设计"的小组，我称之为"设计流"。相对于"考据派"，它对想象力有更多的需求。从历史知识考证到现代空间设计（而非古典元素的组合），这一步并不容易跨过来。不过一旦转换过来，大家就会发现，以现代建筑语言重建的"十二楼"其实相当有趣。小说中能够

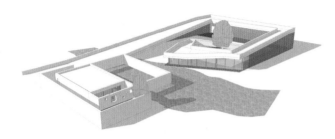

图 6 合影楼一设计，2014 年

起到转换作用的元素有很多：角色的性格、人物关系、建筑特点、特定器物、历史场地等等。设计所需的参考点俯拾皆是。

2015 年的作业发生了重大变化。同学们几乎全部选择了第二个思路，无人再做学术"考据派"，都成了"设计流"。令我欣喜的是，这些作业里出现了对"设计流"的多种方向的探索，新意迭出。还是以《合影楼》为例。有三组同学选择这个楼。大家都离开了前一年的用现代的"合影楼"置换古典"合影楼"的做法，把"设计流"向前推进了一大步，并且表现出三种完全不同的可能性。

第一组给设计取了新名字"锦云之家"（图 7）。该组的

设计分为两步。第一步是"还原"，这跟"考据派"的工作一样。第二步是在还原的场景中植入一个新的系统——锦云通道。这个设计基于同学们阅读小说的感受。她们认为这个故事得以实现大团圆结局，其中一个不显眼的配角起到了至关重要的作用，她就是女二号"锦云小姐"。正是她将矛盾、误解重重的两家人缝合在一起。小组同学为她在宅院里设置了一条彩云之路，贯穿全宅。这条路设在原"高墙"的位置，以示对墙的消解。第二组的作品名字叫"游泳馆之更衣室"（图 8）。这组同学的关注点集中在合影楼故事的重点场景上——墙分水阁，情由影生。墙本身成了设计的核心，它的材质、

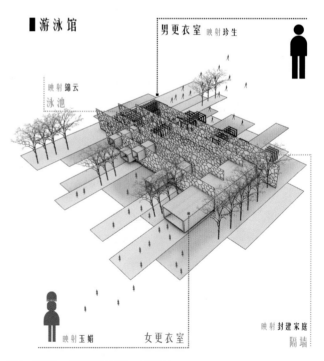

图 8 合影楼—"游泳馆更衣室"，2015 年

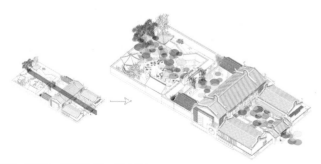

图 7 合影楼—"锦云之家"，2015 年

透明度、尺度与功能的关系在新的"任务书"里得到充分表达。这个设计挖掘了"墙"这个要素，并把故事里男女视线受阻但无碍交流的特定行为模式一起整合到游泳馆更衣室这个现代建筑空间里。甚至游泳馆这一"任务书"背景也映射了小说中男主角某次涉水穿过墙来见女主角的情节。第三组的关注点也在墙分水阁的主场景上。同学们把这一场景从故事里切出来，然后将墙、水池、水阁等要素都抽象几何化，做成一个精致的现代空间切片。作业还强化了空间切片的下部基座的设计，将主场景之外的故事内容都转换到这一基座上。这样，空间体就达成了讲述故事的任务。并且，同学们还进一步构想将其做成一个较大型的装置。它可放在城市空间中，作为某种娱乐性的公共设施，参与市民的日常生活（图9）。

　　三个"合影楼"作品为古典叙事的现代转译提供了三种新模式。第一个是抽取故事的结构，加以现代空间化表现。这个结构可以是故事的主结构（《十二楼》中有几个故事的结构有着非常明显的抽象形式），也可以是同学们在阅读过

程中发掘出来的隐秘结构；第二个是将故事的主场景的空间特征（墙分男女）进行专业整理，再在当下的现实世界中找到对应，使之变形为一个现实中的建筑项目（更衣室）；第三个是对故事的主场景进行现代空间语言的处理，并将之道具化，再推敲它在现实世界的存在可能。

　　三种模式都实现了以现代空间叙述古代故事的目的。一个是把叙事结构进行空间化，用新的结构来重现故事；一个是把主场景向新的现代建筑功能转换，用现代空间语言来讲述一个新故事；一个是将主场景转化成现代空间装置，再将其安置在城市里，使之发生作用。它的新的使用方式是对原初叙事的再生。这三种模式在其他作业也有出现，其中叙事结构的空间化最多。同学们分析故事结构时找到许多相关的空间原型，比如迷宫、回文、埃舍尔的幻觉画、圆形监狱、葫芦、莫比乌斯环、盒中盒等等。建筑的功能置换也是主要方向，比如公共浴场、餐厅、剧院。尤其是剧院，有两个故事（萃雅楼、拂云楼）特别有舞台感，将之转化为剧场，似乎暗合着李渔的某种写作动机。学生作业中做空间装置的较少，不过也有人尝试可移动式集装箱之类。其他涉及的主题还有女性意识、窥视／反窥视、路径与控制线等等。

　　这两年的作业要求是一套建筑文本。批改作业的时候，我发现有一些设计如果做成模型会更有趣，而有一些设计本身很精彩，但是很难转化为模型。所以，我决定对下一年的作业补充一个要求：必须做模型，而且模型的底板用实木，且尺寸统一。

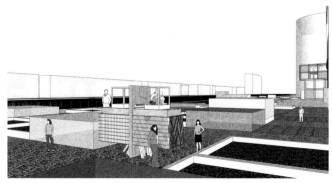

图9　合影楼装置，2015年

2016 年的作业比前一年又有进步。大家对古典文本的现代转译的各种常规路数已大体熟悉，开始探索新的可能性。"合影楼"有两组，大家不约而同地都将设计的出发点放在"合"与"影"这两个要点上，但方向却大相径庭。一个是将故事里男女共居而影合身分的相处形式与一部法国电影《芳芳》挂起钩。一部古典小说，一部现代电影，两者的同构性就是爱情产生的轨迹与一面特殊道具"单反镜"（水上隔墙），这两者成为设计的基础。最后完成的结构体讲述的不是一个单纯的爱情故事，而是故事中蕴含的爱情观，也即男女双方对爱情的认知模式的巨大差异（图 10）。另一组代表了写实派的"设计流"。同学们设计了两个并排的小楼给男女分住。再以一个连续折墙将小楼包住，形成前后两个内院。折墙上安有镜子，男女住户彼此不能直接看到，但是通过镜子的折射却可以看到对方的日常生活。他们的身体彼此隔绝，但视线时时相遇。在一个由想象构成的空间里，二人生活在一起。这个作业从概念到设计非常完整，是"设计流"的典范（图 11）。

两个作业都有鲜明的个人特色，且都把空间叙事往前推进了不少。其一，对小说的解读逐渐深入，对故事与建筑的连接点也有了新体悟。之前是墙与抽象几何空间这类比较直接的建筑元素，现在则是"合"与"影"这种更为感性的元素。而这种相关气氛的不确定元素正是故事迷人的来源。其二，新的空间体所要讲述的不再仅限于故事，而是大家对小说内核的个人判断。第一个设计讲述的是男女爱情观的错位与融合。第二个设计讲述的是男女身体空间虽然分离，在想象空间中却因为视线折射交汇而纠缠在一起，产生暧昧感。可以说，空间叙事有了接近哲学概念或者艺术氛围的主题。主题的出现意味着设计开始概念化。设计也不再是技术操作，而是对某种形而上之物的阐述。其三，从空间语言到空间体的转化越来越实在。这有可能是需要做出模型的要求迫使大家

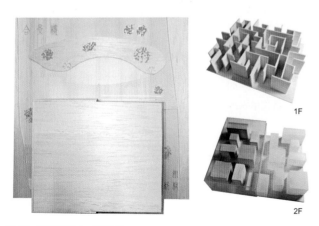

图 10　合影楼设计 1，2016 年

图 11　合影楼设计 2，2016 年

下意识加强了现实考量。

　　这一年的作业惊喜多多。一方面，同学们对"楼"的故事中隐含着的人生态度、世界观开始有所领悟；另一方面，大家从故事中提取的概念要素越来越有趣，比如"归正楼"中的"正"字，"鹤归楼"中宋徽宗的名作《瑞鹤图》。这些都成了设计的切入点。而在不同知识领域的跳跃，也比前两年要灵活，电影、戏剧、电子游戏、艺术史、建筑史、名人等等均有涉足。通感的操作相当活跃，比如设计"夏宜楼"的一组同学将南京的童寯故居当作当代"夏宜楼"的场地重新加以设计。值得一提的还有某些同学开始将个人经验放到设计之中，比如打游戏。

　　2017 年的"合影楼"做得比较辛苦。因为前一年出现了非常优秀的设计，大家有点压力。不过几番讨论之下，该组同学还是做出了些新东西。设计的要点在于两组关系：水与"墙改桥"；道学（禁欲主义）／反道学（反禁欲主义），前者影射后者。故事的结构分析也以水为主题，水从隔情思到通情思。它像镜子一样照见对方，又照见自己。并且它将一出风流韵事的本质"照"出来了——故事美如画，不过仍是一场幻境。设计做的是一片河上的景观。河边一截断桥没入水中，对面是一面面短墙错动插在水里，延伸到岸上。这些短墙有实有虚，有暗有亮，有反射，有透视，有阻隔，构成一组水上风景。这个设计将楼的边界扩展了（图 12）。小说中的水、墙、桥，以及它们对应的情思之"隔""通""幻"（三个关键词），在景观"合影楼"中汇聚在一起，完成了对

图 12　合影楼设计，2017 年

故事的叙述。

四、空间、模型、概念

　　相比前几年，2017 年的作业要成熟许多。在三个方面上表现明显。其一，同学们对故事的气息的捕捉能力有所提升。前几年，大家对故事的解读集中在剧情结构、人生哲理、价值观上，现在开始提炼更为微妙的情感要素。其二，大家对自己与故事的共鸣点逐渐看重，设计的切入口往往由此而来。共鸣点是我在这一年特别强调的。之前有些同学不自觉地将个人经验带入设计之中，虽然还未见特别效果，但已然预示着某种新的可能。我希望同学们能找到共鸣点与个人经验的关系。俗话说，一百个人读《哈姆雷特》就有一百种哈姆雷特，这放在《十二楼》上也是一样。比如同学们所联系到的个人经验，之前只是玩游戏之类，现在出现了失恋等敏感的生活经验。设计的个人色彩变得强烈起来。

还有一点就是模型。之前的模型要求只是底板统一，没有其他。这一年我提了几项新要求。第一个是做模型时可以尝试将几种差异较大的材质做到一起，比如硬质的木板、纸板、玻璃和软质的线、棉花、布等等。第二，我希望有些模型能够动起来，不一定都得是静态的建筑模型。有几个作业达到了我的要求。比如"萃雅楼"，模型是一个圆锥体顶着一块圆板。圆板边缘和锥体底部有皮筋和鱼线拉住。圆板上放着一个球。如果把某根皮筋剪断，圆板就会失去平衡而侧翻，球掉下圆板。设计表达的是主角在现实生活中的极端不稳定性。这个模型的形式简洁，又将某种气息传递出来，已然接近"装置"的做法（图 13）。在"奉先楼"的设计中，

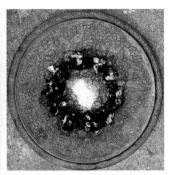

图 14　奉先楼设计，2017 年

同学们制作模型时有更明显的对装置的追求。同学们斥"巨资"购买了一个漂亮的古色古香的铁盘。在上面用棉花、宣纸、盐搭建了一个小小的空间体，然后点火将之烧却，留下一堆灰烬在盘中央（图 14）。设计的主题是三种人生态度在经过时间淬炼之后都归于虚无，但各自留下了不同的痕迹（灰烬也有不同的美）。模型向装置转型是这一年的显著特点。设计作业出现了一点"当代艺术"的感觉。

四年下来，我对作业的要求明确为五点。第一，文本分析——分析故事结构、情节特征、人物关系、历史背景，并整理出一个独特的结构。第二，技术分析——分析故事中涉及的建筑、空间的形态，梳理带有空间属性的道具（墙、望远镜、绳索、铁链等等）。第三，确定概念——寻找与故事的共鸣点，感知故事中的特定气息。第四，概念空间化——挖掘共鸣点的形式潜力。第五，完成设计——将以上几点综合起来，做出一个模型。

图 13　萃雅楼设计，2017 年

五、问题与反思

回顾四年的作业，其变化的幅度超出我的预期。从"考据派"到"设计流"，还不期然地一只脚跨到"当代艺术"。一方面，就设计来说，无论是故事的解读，还是概念的提取、形式的设计、模型的制作，逐年都有进步。每当我觉得某一个楼的研究方式已经穷尽的时候，同学们总会有新的奇思妙想出来。显然，《十二楼》中蕴含的空间叙事的可能性是无限的。另一方面，四年的作业只能算是摸索及尝试。我们在各项主题、问题、研究方式、解答方式上，虽然积累了一定的经验，整体上有了框架，不过各个环节中都还存在很多问题。

其一是对故事的结构分析。现在在第一阶段的工作中已出现了不少模式，但仍有待深度挖掘，甚至彻底变换思维，颠覆通常的分析思路。有几个楼的故事本身就有很强的结构感，比如十卺楼、拂云楼、鹤归楼，同学们很容易就能找到叙事结构的抽象模型，后面的设计操作较易推进。反过来这也带来一个问题，就是大家提取的结构模型过于接近，设计有趋同的危险。所以，要想开发更多的可能性，就必须抛弃显在的结构关系，深入更为内在的层面，提炼出更多的隐形结构关系。另外，有几个楼的故事结构的抽象性不强，比如奉先楼、生我楼。对于它们，故事结构的分析更显重要。如何走好这艰难的第一步，决定了后续工作的成效。

其二是对形式的分析。形式分析是设计的第二阶段，它分三个步骤。首先是在抽离出故事结构之后，寻找某种结构原型与之对应。接着是对两者进行综合，形成一个新的结构（建筑）。最后是从这个结构返回故事，完成对故事的叙述。三个步骤中，"综合"与"返回"各有难度。比如 2016 年的"鹤归楼"作业是将宋徽宗的《瑞鹤图》作为切入点，分析其图像结构并与故事中的某种叙事结构相叠合，形成一个空间意象。这个思路非常好，但是在下一步的"综合"环节中出现了问题。新的设计只是将前期的分析图进行简单的建筑式表达，没有进行更深一层的转化——结构分析没有真正得到形式化。结果就

图 15　鹤归楼设计，2016 年

是分析图很精美，但最终的设计与模型差强人意（图 15）。

"返回"问题集中在模型上。逻辑上，模型是最后阶段的表现工作。但在这个作业里，将模型当作起点来思考，逆向倒推设计的过程，有时非常有效。比如有些同学在阅读完小说后，直觉上认为这个模型应该用玻璃、混凝土或实木之类的材料（图 16、17、18）。这是通感的连接，意味着设计同时有了开端和结尾。这种逆向思维虽然新奇有趣，但也不乏风险。一旦设计不能完美地衔接起开端与结尾，那么结果就是失败。而模型在以静态的建筑式客体存在之外，是否还有动态的时间性方式存在的可能？这是某几组作业（比如前文提及的"奉先楼"设计）提出的另一个引人深思的问题。

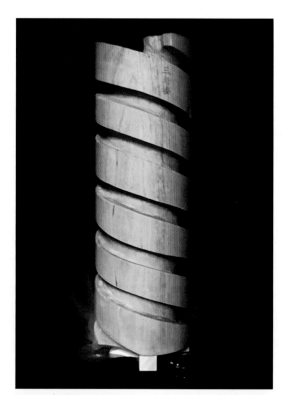

图 17　三与楼设计，2018 年

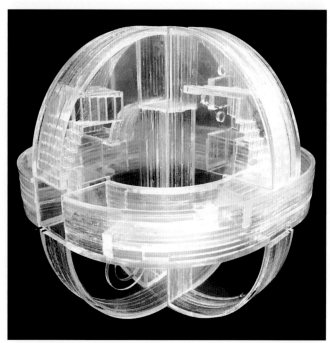

图 16　合影楼设计，2018 年

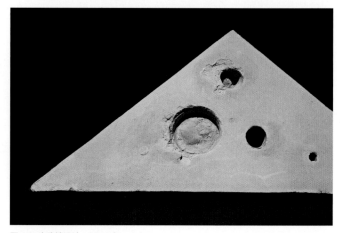

图 18　生我楼设计，2018 年

换言之，模型的时间性表述如果能够"再现"故事中的时间线，是否更深层地贴合了作业的原意？

其三是对自我的分析。这项工作是我在最近一年所强调的，目的是增加设计的差异性。自我分析在两个层面上：在阅读故事时寻找共鸣点；感受故事的独特气氛。两者都需要自我的介入，前者是个人的生活经历，后者是个人的情感模式。由于同学们年纪尚轻，生活经历大体相似，且都与故事的历史背景较疏离，所以自我分析必须在更隐秘的层面操作，才能挖掘出真正具有个人性的共鸣点以及气氛。

我所构想的《十二楼》的理想设计模式就是，对故事的分析、对形式的分析、对自我的分析三位一体。几年下来，可以看到学生们对各项分主题都有不同程度的探讨，而三位一体只能说初现端倪，它只在极少的几个作业中有所闪现，那是本能性的偶然所得。要想融会贯通，使之成为常态，还有很长的路要走。

注释：

1 乔尔乔·瓦萨里. 辉煌的复兴 [M]. 刘耀春译. 湖北美术出版社，2003.

2 胡恒. 建筑中的游牧之人 [J]. Domus 国际中文版，2008（020）.

3 John Hejduk. Mask of Medusa[M]. Kim Shkapich，Rizzoli ed. 1985. John Hejduk. Soundings[M]. Kim Shkapich, Rizzoli ed. 1993. 胡恒. 建筑师约翰·海杜克索引 [J]. 建筑师，2004.

4 海杜克. 建筑师的教育 [M]. 圣文书局，1998：316. 胡恒. 观念的教育——匡溪建筑工作室简介 [J]. 设计教育研究，2005.

5 维德勒. 建筑的异样性 [M]. 中国建工出版社，2016. 戈麦兹. 建筑在爱之上 [M]. 商务印书馆，2018. 胡恒. 建筑文化研究 [M]. 中央编译出版社，2011. 胡恒. 建筑、爱欲、梦幻 [J]. 读书，2008. Liane Lefaivre. Leon Battista Alberti's Hypnerotomachia Poliphili: Re-Cognizing the Architectural Body in the Early Italian Renaissance[M]. The MIT Press，2005. Francesco Colonna. Hypnrotomachia Poliphili: The Strife of Love in a Dream[M]. Translated by Joscelyn Godwin. Thames and Hudson，1999.

6 胡恒.《盘丝洞》的空间法则 [J]. 室内设计师，2018（146）.

7 李渔. 十二楼 [M]. 浙江古籍出版社，2012.

8 韩南. 创造李渔 [M]. 上海教育出版社，2010.

原文刊载于：胡恒. 重述《十二楼》——一门历史理论课中的空间、叙事与设计 [J]. 时代建筑，2019（04）：168-173.

以城市物质形态为基础的本科城市设计理论课程教学研究

A Pedagogical Study on the Course of Urban Design Theories for Undergraduate Students, Based on Urban Physical Forms

胡友培 / 丁沃沃

Hu Youpei / Ding Wowo

摘要：

由于城市设计的复杂性和多样性，其相应理论形态的多元和动态，并没有形成一个公认的知识框架与基础理论。本文围绕该问题，展开我们在本科城市设计理论课程中对相关教学内容的组织与思考。

关键词：

城市设计；城市物质形态

Abstract:

There is no acknowledged knowledge base in the urban design field, due to its complexity and diversity. This article presents our considerations on this question, by introducing the basic course of urban design theories in our undergraduate teaching.

Keywords:

Urban Design; Urban Physical Forms

在本科高年级阶段（四年级上）安排"城市设计及其理论"的课程教学，是南京大学建筑学专业本科生培养计划的重要一环。该理论课程设定为 16 讲（32 学时），教学目的是让高年级本科生初步了解城市设计的基本内容，掌握有关概念、理论与方法。该课程与一个城市设计大作业相平行，训练学生融汇理论与实践的能力。从更长远的培养计划出发，将城市设计课程设置在高年级阶段，其意图是拓展学生的专业视野，培养城市建筑（urban architecture）的基本观念，为后续研究生阶段的学习做好准备与铺垫。本文将对该课程组织架构进行简要介绍，重点讨论其中的基础理论部分，并围绕相关问题展开一定思考。

1. 城市设计理论课程构架

以何种架构选择并组织 16 讲的教学内容，将基础落在哪个方面，是该课程面对的第一个问题。有关城市设计的理论性著述，可以列出一个长长的书单。如较早的卡米诺·西特的《遵循艺术原则的城市设计》、20 世纪中后期的《美国大城市的生与死》《城市意象》《好的城市形态》，以及当代的《1945 年以来的城市设计：全球展望》（*Urban design since 1945 : a global perspective*）、《塑造城市：关于历史、理论和城市设计的研究》（*Shaping the City: Studies in History, Theory and Urban Design*）等，这些著作构成了西方城市设计的理论基石。在中文书籍里，王建国老师

的《城市设计》对我国城市设计影响广泛，此外还有卢济威老师的《城市设计创作：研究与实践》、段进老师的"空间研究"系列著作等。这些中文著作在积极引介西方理论的同时，也致力于发展我国的城市设计理论话语。上述书籍是我们城市设计理论课程重要的文献资源。但每本著作都有其特定的写作时空背景，从中挑选一本书直接作为当下我国城市设计理论课程的教材，具有一定的难度。

在综合参考城市设计相关理论书籍的基础上，结合教学对象与教学目标，我们将课程内容划分为几大方面：1. 课程概述；2. 城市物质形态理论；3. 城市设计的技术方法；4. 城市设计理论延伸。概述部分讲解城市设计的基本概念以及简介整个课程；城市物质形态部分讲授城市形态的基本内容与方面；城市设计的技术方法部分主要包含设计方法、分析手段与技术术语；城市设计理论延伸部分在理论性上有较大提高，主要涉及城市设计理论的历史发展、城市设计的物理环境维度、城市设计的人文环境维度。显而易见，这是一个由综述、城市形态、技术方法与理论提升组成的渐进式的课程框架。

在上述几个方面中，将基础落在理论提升上显然不太适宜，因为这部分内容理论性、专题性较强，并不适合作为本科教学的基础内容。形态理论与技术方法，一个关于"是什么"，另一个关于"如何做"，其中具有较多的初等内容。在二者中选择任何一个作为课程的基础，都具有合理性。选择的依据取决于课程的基本导向。在导向实践的教学框架内，

适宜以设计方法作为基础。考察我们的本科课程体系，由于有一个实践类的城市设计练习与理论课平行，所以课程更偏向于理论导向，侧重于传授知识、概念与思维方法。由此，我们将课程的基础放在城市物质形态理论上。

2. 基础课程的内容构成

有关城市物质形态的理论应以何种形式呈现，以及由哪些内容构成，是该课程需要思考的第二个问题。凯文·林奇（Kevin Lynch）曾提出过三种类型的城市理论形态，分别为描述性、规范性与批判性理论。描述性的理论解决对象是什么的问题；规范性的理论导向对象应该如何的问题；而批判性理论则主要立足于揭示问题，引发思考。从理论的难度上，上述三种形态呈现出递进的关系。其中描述性理论侧重于客观性，规范性理论具有一定的价值判断，而批判性理论是思辨。林奇的这个分类法，为我们的问题提供了思路：面对本科生的理论课程是基础性的。因而讲授有关城市物质形

态的理论时采取描述的形式较为适宜。规范性的理论形式涉及预设的价值判断，而批判性的理论则破坏性大于建设性。两种形式对于本科生而言，都存在过于复杂的弊端。而描述性理论较为直白，以客观陈述、讲解城市物质形态为主要内容，可使学生了解并理解城市设计的主要工作对象。这个理论解决的问题是：我们如何开口言说城市形态，或讲解城市形态是什么，都有哪些组成和结构，如何进行分类，以及随之而来的概念和知识。

在确定以城市形态的描述性理论作为基础后，在具体内容构成上也需要进行一番取舍。课程大致从四个方面对城市形态展开描述——结构、肌理、路网与空间。其中包含着一个由大到小、由粗到细的递进尺度关系，试图帮助学生建构一个较为全面的、具有一定系统性的知识体系。

2.1 城市形态的结构与机制

课程中所谈论的城市，主要针对城市（city），而非规划尺度上的都市圈（metropolitan）。讲授内容并不过多地涉

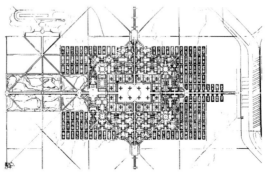

图 1　城市形态结构课件内容摘选

及城市的抽象结构（如芝加哥学派提出的经典城市结构——同心圆、多中心、扇形等），而被限制在较为具体的结构形态上。即"结构"仍然是基于物质形态的。著名的城市学家斯皮罗·科斯托夫（Spiro Kostof）的有关著作是这部分课程的主要的理论来源。科斯托夫援引林奇的分类，将城市的结构形态划分为宗教城市、自然有机城市、格网城市，进而提出相应的城市形态的生成机制，如宗教城市反映了绝对权力意志对城市的塑造；自然有机城市是自下而上的；而网格城市在工业革命后大量涌现，是出于效率和经济的原因。这个分类并不是唯一的，甚而并不全面。但一方面该分类胜在精炼；更重要的是，另一方面它指出了形态与机制的紧密联系。这一点对于学生理解城市形态尤为重要：不仅知其然，更知其所以然。

2.2 城市路网与交通

在城市设计理论中讲授有关交通、路网的知识，我们将重点仍然放在形态方面——城市的路网模式及其形态。在初步了解交通工程的道路分类与术语基础上，主要的内容是让学生建立一种基于形态的城市路网观念，学会从形态、构型的角度去理解、描述路网。在理论资源上，主要援引希列尔（Bill Hilliuer）的空间句法和斯蒂芬·马歇尔（Stephen Marshall）的街道模式理论。课程并不深入空间句法的技术层面，而主要将其作为一种理解城市路网复杂结构的理论工具，帮助学生从构型（configuration）的层面去理解城市形态中的一个重要维度——网络维度，同时学习描述网络的一些基本词汇，如节点、边、深度、构型等。马歇尔的著作在对路网的描述方法论上，与空间句法有共通之处。其独特之处在于展示了各种经典路网模式及其量化描述，使得学生在掌握基本"形"的同时，了解到"量"的存在维度。

2.3 城市肌理与方法

城市肌理是中观尺度下最为普遍的城市形态，与之属于同一层次的还有城市景观、基础设施、节点性建筑等。它是城市设计的普遍对象、建筑设计的普遍背景。课程主

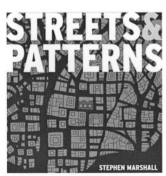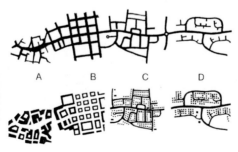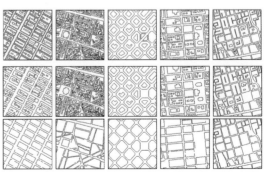

图2　路网与交通课件内容摘选

要讲授城市肌理的基本内涵，以及相应的描述方法。城市形态学（urban morphology）的相关理论是这部分课程的理论资源。著名城市形态学家 M. R. 康泽恩（M. R.Conzen）提出了城市形态由平面单元、建筑、地块三个层级组成；在此基础上，发展了城市肌理形态的三分描述框架：街区、地块、建筑。该描述框架易于理解和操作，是有关城市肌理的基础理论工具。除了空间尺度外，课程还引介了意大利形态学派的类型——形态学方法，从类型演化的角度解释城市肌理的变迁，帮助学生在时间维度上拓展对城市形态的认知。进一步地，课程将这套描述工具应用于具体案例（如巴塞罗那的方格网街区肌理、曼哈顿的摩天楼街区肌理、我国城市的大街区肌理、我国历史城市肌理等），让学生在应用中对其加以掌握。

城市路网与城市肌理，二者在现实中是紧密结合的。在拆分以便讲授的同时，需要培养学生形成一种综合的意识。在肌理的教学中，课程会不断地返回路网的相关知识，以对肌理的形态做出分析和描述。

2.4 城市空间与形态

空间是建筑学专业学生最容易理解的词汇。然而，在城市层面，学生对城市空间的概念相对薄弱，需要培养其形成城市空间的概念以及掌握关于城市空间的基本词汇。在课程中主要讲授几种常见的城市空间类型——街道空间、广场空间、景观绿地空间、滨水空间等。有关西方城市空间的基础理论相对丰富，罗伯特·克里尔的理论帮助学生进入欧洲古典城市；库哈斯、文丘里等的理论则提供对当代西方城市的精彩解读。对于我国当代城市的空间概念与词汇，主要来源于城市规划相关术语，如公共空间体系、城市绿地系统，以及较为宽泛的各种轴、廊、节点等。需要指出的是，由于城市规划的术语并不足以反映我国城市空间在城市设计层面的生动性与多样性，所以还需加强这部分的基础研究，以支持基础课程的教学。

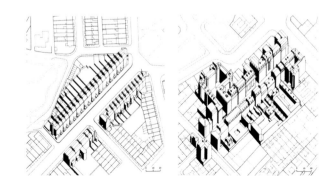

图3　城市肌理课件内容摘选

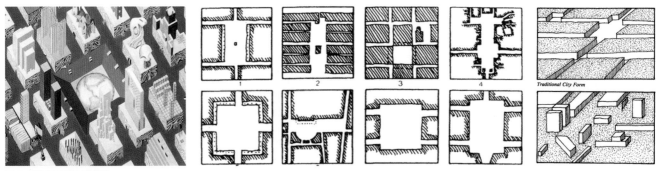

图 4　城市空间课件内容摘选

3. 讨论

（1）关于城市设计的理论浩如烟海，不可能仅以一个框架覆盖之。在我们本科教学中，采取的框架是以本科生为对象，以传授基础知识为主要目的，复杂如批判性的城市理论并未列入其中，这些理论可以留待研究生阶段再行专题研讨。

（2）我们所采取的框架将基础设置于城市物质形态的描述性理论方面。需要再次指出的是，一方面有关城市设计理论的基础选择并非唯一，选择的依据取决于课程的基本导向。在导向实践的教学框架内，以设计方法作为基础，同样具有合理性。另一方面，该基础的理论形式也并非只有描述性一种。诸如规范性与批判性的理论形式，由于涉及价值基础与思辨，更适宜作为研究生教学的理论形式。我们认为描述性理论，在帮助学生形成较为坚实的知识基础的同时，也为今后自主的发展留有空间。

（3）城市物质形态理论的具体内容，具有多种构成与组织的可能，我们的课程仅是其中一种，还可以从地域角度、历史时间维度等方向进行组织。在教学中，课程除了帮助本科学生较顺利地掌握具体知识外，还试图传递一个具有层级递进性质的知识体系，以便于学生掌握进一步的知识。

参考文献：

[1] Kevin Lynch. Good City Form[M]. The MIT Press, 1984.

[2] Spiro Kostof. The City Shaped：Urban Patterns and Meanings Through History[M]. Bulfinch，1991.

[3] Bill Hilliuer. Space is the Machine：A Configurational Theory of Architecture[M]. Cambridge University Press，1999.

[4] Stephen Marshall. Streets and Patterns[M]. Routledge，2004.

[5] M.R.G. Conzen. Alnwick Northumberland：A Study in Town-Plan Analysis[M]. Institute of British Geographers，1960.

[6] Rob Krier. Architectural Composition[M]. Rizzoli，1993.

[7] Robert Venturi. Learning from Las Vegas[M]. The MIT Press，1972.

[8] Rem Koolhaas，et al. Mutations[M]. Actar，2001.

　　原文刊载于：胡友培，丁沃沃. 以城市物质形态为基础的本科城市设计理论课程教学研究 [M]// 中国建筑教育：2014 全国建筑教育学术研讨会论文集. 中国建筑工业出版社，2014.

建筑设计课的设计——南京大学硕士生"基本设计"教学的一个案例
Design of Architectural Design Courses—A Case of "Basic Design" Studio Teaching at the Department of Architecture, NJU

吉国华

Ji Guohua

摘要:

"基本设计"是南京大学建筑系开设的三门硕士研究生设计课之一,它的教学目的是基于对现代建筑的理解,在来自不同学校的学生之间以及学生与老师之间建立起"共同语言"。本文介绍了作者在 2004—2005 和 2005—2006 两个学年的"基本设计"的教学过程和教案设计的思路。

关键词:

设计教学;教案;现代建筑;形式;空间;构造

Abstract:

"Basic Design" is one of the three design courses offered by the Department of Architecture of Nanjing University (NJU) for its graduate students. The goal of this course is to establish a "common language" among the students from various schools and between students and teachers based on the understanding of modern architecture. This paper introduces the design of teaching plan for "Basic Design" as well as the operational process of the teaching by the author in 2004-2005 and 2005-2006.

Keywords:

Design Course; Teaching Plan; Modern Architecture; Form; Space; Construction

一、"基本设计"课的教学任务

不同于目前我国建筑院系常见的研究生跟着导师做实际工程的设计训练模式，南京大学建筑学院（原建筑研究所）在硕士研究生的教学中开设了三门训练目的各有侧重的设计课，分别为"基本设计""概念设计"和"建构研究"。"概念设计"的主要任务是培养学生的分析能力，启发他们发现问题和解决问题的思路；"建构研究"针对我国建筑学本科教学中的薄弱环节，通过材料与构造的专题设计和制作，增强建造方面的知识和技能，增进学生对建筑与建造关系的理解[1]。而"基本设计"是硕士生进入南京大学后的第一门设计课，其教学目的是在来自不同学校的学生之间以及学生与老师之间建立起一种"共同语言"，即一种理性的设计思维和评价体系，其基础是对现代建筑的理解，认为现代建筑的形式是功能/空间、材料/构造和基地/场所三类因素相互作用的结果[2]。

南京大学建筑学院的每门研究生设计课都将学生分成2—3个组，由不同的教师分别独立教授。各位教师根据教学大纲的要求，设计相应的内容与程序，开展教学工作。与设计课并行的还有相应的理论课程，例如在"基本设计"教学的时间段就开设了"现代建筑设计基础"课，它与"基本设计"课相辅相成，分别从理论和实践角度帮助建立前面所提到的"共同语言"。从南京大学建筑研究所成立至今，有许多位教师（包括客座教师）参与了"基本设计"的教学[3]，

本文将介绍作者在 2004—2005 和 2005—2006 这两个学年的"基本设计"的教学过程。

二、课题设置

"基本设计"课程的时间跨度为 8 周，上课时间为每星期二、三各半天。在这样的时间内要全面训练和讨论功能/空间、材料/构造和基地/场所这三个方面是无法完成的。另外，如果将这三方面的问题同时引入一个设计对象中进行探讨，将给设计带来过高的复杂度，设计问题一旦非常复杂，将会使教学难以把握。基于以上原因，我们在课题的设置上采用了以下的策略：（1）简化或弱化基地的影响；（2）将功能/空间作为设计的入口，在设计的前半部分主要通过操作功能和空间组织来生成和发展设计，在设计基本定型后再引入材料/构造问题。我们探讨功能问题的目的并不在于训练学生的"排房间"的本领，而是引导学生通过对功能问题的操作来生成建筑，因此，我们选择了学生相对熟悉的建筑类型。

2004—2005 学年和 2005—2006 学年的设计题目是供学生使用的"SOHO 工作室"，选择这个题目有以下优点：（1）设计对象面积不大，比较容易把握；（2）由于 SOHO 包括工作和生活两类功能，它们的相互作用可以导致空间的丰富性；（3）SOHO 建筑是一种比较新的建筑类型，对它的理解一般都是概念性的，这样可以避免学生套用定型的设

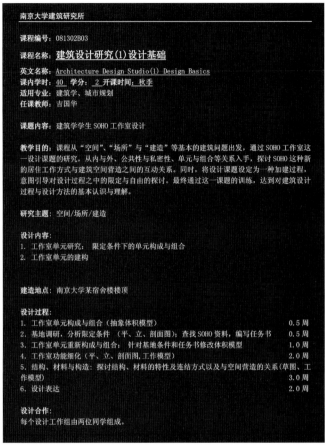

图 1　2005—2006 任务书

计，在课程设计中发挥创造性。为弱化周围环境对设计的影响，基地选择在一幢现有学生宿舍的屋顶，将题目设计为屋顶加建，也为后来的结构问题理下了一个伏笔。图 1 是课程开始时发给学生的任务书。

三、教学过程

教学的过程是阶段式的，三个阶段分别研究总体的空间构成、空间的尺度与属性，以及建筑的结构与构造。前一个阶段的结果作为后一个阶段的输入，要求设计逐步发展，并保持一贯性。在第一节课中，向学生讲明课程目的和设计进度安排，并强调设计课中讨论问题的语境（即以前面提到的对现代建筑的理解作为探讨问题的根据）。在设计任务书中明确规定各个阶段的任务和时间，保证学生自始至终都有事可做，避免设计课中经常出现的前松后紧现象。

·阶段一　总体空间构成

这一阶段分为 2 个步骤，首先学生要按图示的体块制作体积模型。这是事先根据基地面积和建筑功能而设计的一组体积，代表一个 SOHO 单元的功能，体块的大小按整数尺寸设定，其中 6 米 ×6 米 ×6 米的方框为一个控制性的体积，其他体块分别代表卧室、卫生间、楼梯、入口等，6 米 ×6 米 ×6 米的方框被其他体积占用一部分后，剩余的空间作为工作空间。设计的第一个步骤是用一组体积模型研究 SOHO 单元空间构成的各种可能性，然后在抽象成 5 个 6 米 ×18 米的基地上放置 5 组体积模型，研究单元的组合方式对单元内部空间和单元之间的空间的影响（图 2）。

在完成第一个步骤后，我们给出被加建的建筑的平面图和总平面图，并要求学生进行实地调研，然后将第一步的构

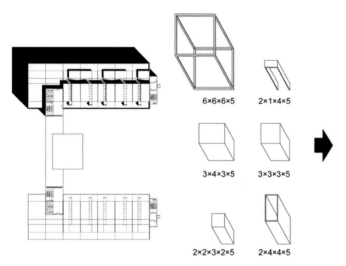

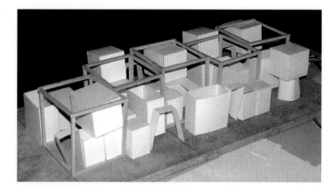

图2 阶段一的起始条件和体积模型

6×6×6×5　　2×1×4×5

3×4×3×5　　3×3×3×5

2×2×3×2×5　　2×4×4×5

成结果放到实际的地形上,其限定条件为不影响原有基地内的其他建筑的最低日照要求。由于被加建建筑的平面和柱网尺寸和前面给出的体块尺寸有一定的差别,学生需要对体块尺寸进行相应的调整。

·阶段二　空间尺度与属性

这一阶段的工作是将阶段一的成果进行功能的具体化操作,将体积模型分解为围合空间的水平面和垂直面,通过家具的布置来把握各空间的尺度和使用方式,并根据原有的空间构成和各房间的属性(公共性、私密性),研究内部空间的贯通效果和外部立面的虚实处理(图3)。在这一阶段,模型和平、立、剖面图是主要的操作工具。

·阶段三　结构和构造

这一阶段的任务是将上一阶段的成果"建筑化",即通过结构和构造的选择和设计,将尚处于概念阶段的设计具体化。结构体系、墙体、门窗、屋顶等等都必须有具体的做法,并要求学生绘制一个重要节点的构造详图。由于这是一个加建设计,结构体系必须考虑和原有建筑结构的对应关系,并鼓励研究和采用轻型结构(图4)。

在2004—2005学年的课程中,我们要求学生以屋顶结构体的选型和设计为突破口,将屋顶转变为建筑造型的重要因素,这样,就在原有的功能与形式的关系中增加了一个新的变量,使设计问题立刻变得相当复杂。如何把握功能、结构、形式三者之间的矛盾,让学生面临了一个难题。从结果上看,这一设置使建筑形式产生了突变,形成了非常丰富

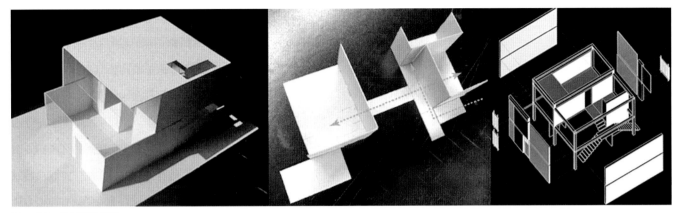

图 3 阶段二的空间结构模型

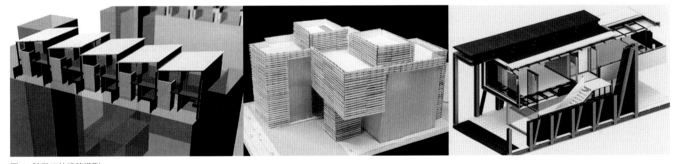

图 4 阶段三的建筑模型

的外观效果，但由于学生在结构体系方面的知识比较缺乏，对结构与空间关系的理解也非常不足（短时间内也无法弥补），所以产生了一些不合理的结构形式。在 2005—2006 学年的教学中，我们取消了这一设置，只要求学生用合理的结构方式支撑起建筑，也可以根据需要将结构（不仅仅局限于屋顶）转化为建筑造型要素，这样，结构对于建筑形式生成的影响就变得合理而自然了。

四、学生作业实例

·实例一 时间：2004 年秋季 作者：张宁、张斌

该作业（图 5）自始至终贯穿着非常明确的思路。在第一阶段，确立了将卧室与其他空间脱离以形成内部院落的设想，在总体上采用同一的单元体进行背靠背式的组合。在第二阶段的单元设计中，采用一条连廊贯穿前后空间，形成不

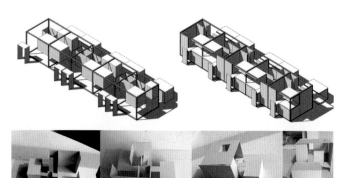

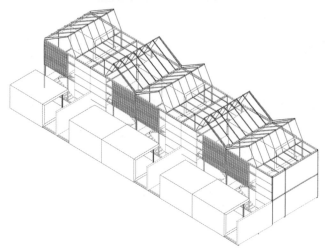

·实例二　时间：2004 年秋季　作者：唐晓新、郑辰阳

该设计（图 6）在空间构成阶段强调单元间的咬合关系，并在后来的设计发展中通过将分属两个单元的工作空间上下叠加在一起来强调了这一概念。在结构设计中采用一个整体的构架将体量和外部空间全部覆盖，在构架上局部遮以屋面板。立面也以统一的网格进行划分，通过实墙、玻璃和玻璃加百页呼应内部空间的封闭、开放和半开放属性。

图 5　学生作业一

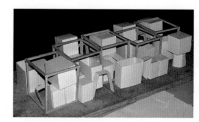

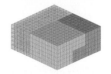

同大小和高度的空间，并结合空间的垂直限定要素，形成清晰而丰富的空间效果。在第三阶段，非常简洁地处理了外部构造，形成虚实关系明确并富于肌理的立面效果。在处理屋面的结构方面也非常注意虚实关系，但由于作者对于结构本身的关注不够，在结构合理性方面产生了一些问题。

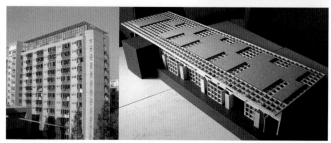

图 6　学生作业二

· 实例三　时间：2005 年秋季　作者：何炽立、蒋立

这两位同学从一开始就注意到单元数量为奇数并十分关注边单元的问题，对不同位置的单元的不同处理产生了丰富的变化，同时各个单元内部空间的拓扑关系保持一致，整体上具有了一定的统一性。在构造设计阶段中，将私密性较强的部分处理成较封闭的体量，而在相对开放的工作空间部分，采用轻钢结构和玻璃组合以获得一定的轻盈感，这种处理使得整个设计在变化和统一之间取得了一定的平衡。但是由于作者对整体和细部关系的总体把握的能力有限，该作业略有琐碎之感（图 7）。

五、小结

教学的组织与安排，大到一个学校的整个建筑学教育，小到每一个设计课的教学过程，一般来说都是由四个方面决定的，即教学目标、教学内容、教师的素质和学生的背景。目标的实现必须具体地落实到教学体系的制定和各个课程的教案设计上。一个好的教案，应该充分考虑教师和学生的实际情况，合理安排教学内容。

本文介绍的"基本设计"教学在选题方面经过了一定的思考。我们根据教学目标和课时情况，简化了基地 / 场所对设计的影响，从而侧重了功能 / 空间和材料 / 构造两个方面。为了使学生立刻能投入设计过程中，我们精心设计了作业的第一个入口，即最初给出的抽象模型。它们实际上是转换了一般设计任务书中的面积而来的，6 米 ×6 米 ×6 米的框架是其中最关键的，它包含了 2 层高的空间，使空间构成可以进行"减法"操作，为空间的丰富性创造了条件。

本教案非常注意最终成果的多种可能性。首先，简化的条件避免了往往由于限制条件过多而产生存在唯一答案或只有一个最佳答案的情况，学生也就不用绞尽脑汁去刻意避免雷同，他们只要根据自己的理解一步步完成作业，一般都可以得到对题目的不同解答。成果的多样性也产生于题目设置的某些模糊性上，例如本教案题目的 SOHO 是一种尚未定型的建筑，学生对身处其中生活和工作方式的不同理解必然会反映到设计中。

教学过程是分段式的，这样安排的目的在于让学生在各阶段集中研究相对单纯的问题，使概念的传输保持清晰的线索，并让学生在整个课程中都有饱满的工作量。

从教学过程和成果来看，本教案的设计可以说是比较成功的。通过设计练习，学生对于建筑的理解有所深入，对问题的探讨也逐渐理性。但是由于学生能力的差别，还是出现了有些学生因进展较快而过度设计，有些学生因理解力差和能力的不足而无法在每个阶段完成预定工作的情况。另外，由于学生普遍在结构、材料和构造方面的知识有所欠缺，第三阶段的进展比预期的困难。

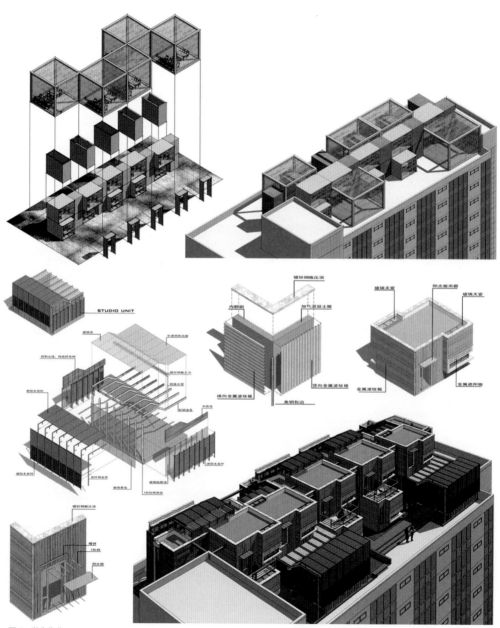

图7 学生作业三

参考文献：

[1] 丁沃沃 . 求实与创新——南京大学建筑研究所教学探索 [J]. 城市建筑，
2004(03).

[2] 吉国华 . "苏黎世模型" ——瑞士 ETH-Z 建筑设计基础教学的思路
与方法 [J]. 建筑师，2000（06）.

[3] 王方戟，王丽 . 案例作为建筑设计教学工具的尝试 [J]. 建筑师，2006
（01）.

原稿刊载于：吉国华 . 建筑设计课的设计——南京大学
硕士生"基本设计"教学的一个案例 [J]. 新建筑，2008(01).

材料的显现——研究生设计教学中的材料训练课
Appearance of Material—A Tectonic Workshop for Postgraduate Design Teaching

周凌

Zhou Ling

摘要：

建筑设计中的材料不仅仅是一个物理学问题，也是一个与效果密切相关的形式问题。材料训练是设计教育中的一个重要环节。在研究生设计教学中进行材料训练，是目前中国设计教育中普遍比较缺乏的一个环节。南京大学建筑研究所 2002 年、2003 年春季的建构设计课程以关注材料表现为核心，目的是培养学生的材料意识，通过观察、描述、加工、模拟建造等环节，让学生初步掌握材料的物理性能和美学性能。

关键词：

材料；显现；建构；训练

Abstract:

Material is not only a physical problem but also an aesthetic problem in architecture. By introducing the process of a tectonic studio in the School of Architecture in Nanjing University, this article discusses how to train construction skills of students, and how to improve the tectonic technique of students in the workshop for postgraduate design teaching.

Keywords:

Material; Appearance; Construction; Training

一、材料问题的提出

材料训练在我国建筑教育中一直是比较缺乏的一个环节。建筑物的材料是人们最能直观感受到的，它甚至是比建筑物的形状更直接、更重要的部分，因此，在西方的建筑教育与建筑实践中，"材料"知识与训练是不可缺少的重要组成部分。通常在国内建筑学本科教育中，材料力学是专门讲授力学性能的，但它常与设计课脱节，纯粹知识性的讲解不能给学生直观的认识和深刻的理解，而材料的视觉特性方面，则更是没有专门的教材与课程讲授。材料很少成为一门正规课程，在国内统编教材中也从未出现过。

材料是有生命的，材料不仅包含物理性能，还包含美学性能。建筑师不仅要掌握材料的力学特征，还要掌握不同材料的自身效果、组合效果与表现力，如石材的厚重感、钢材的现代感、砖的自然、玻璃的轻盈等。材料如何配合形体，如何符合功能要求，一直是一个建筑师必须面对的问题。

实际上，材料问题在所有设计行业中都是一个重要问题。比如时装设计，国内时装设计讲究图案、色彩、装饰，用效果图代表设计的全部，而西方时装设计的基本功是材料、裁剪与打版，面料是有结构的，不同面料在不同形状上会有不同的褶皱和纹理，有不同的质感表现。如何把人的身体——这个不规则结构给包裹住，这常常是教学的起点。好的设计师，用白色亚麻、纱棉布，不附加任何装饰，就能设计出很有表现力的作品来（图1）。这说明我们对材料的了解还远

图1　山本耀司，时装的结构与面料

远不够，对材料表现力的挖掘也远未开始。

在建筑设计中，材料本身有非常强的表现力，比如赫尔佐格的石头住宅，石材立面看似平常的石头建筑，实际上却并非砌体结构，而是经过双层混凝土框架外挂石材来实现的，石材不是填充在框架之间，而是外挂在框架上，扁梁既充当房间结构，又出挑承担垂直墙体的荷载。特殊而精巧的构造解放了角部，角部石材的转折充分强化了石材的特点与表现力。然而这种材料与结构、构造高度统一的设计，常常不被广大学生认识到（图2）。

材料训练如何开展？材料训练包含视觉特性与物理特性

图2 赫尔佐格，石头住宅

两个方面。材料的力学性能可以说是一种"物理学知识"，美学性能可以说是一种"现象学知识"。现象学主张细致地观察事物，材料如何呈现，材料意识如何产生都是现象学问题。因此，现象学不仅是工具，也是哲学基础。胡塞尔《几何学的起源》与梅洛－庞蒂的《知觉现象学》都可以作为课程的参考书，学生通过阅读，学习观察事物的方法。比如，一个同学通过《知觉现象学》中的"视见度"理论，来分析莱特晚期"美国风"住宅中的雕花砌块的远观效果和近观效果；通过梅洛－庞蒂关于六面体观看的论述，分析斯蒂芬·霍尔的建筑中相邻墙面采用不同色彩的效果问题。

下面将以笔者在南京大学建筑研究所 2002 年、2003 年春季学期的建构设计课为例，介绍材料训练的一些教学方法。这两次以材料为主导的建构课，基本上遵循"观察—体验—设计—制作"的步骤。

二、训练步骤

1. 材料描述

材料描述包含"观察—描述—表达"三个步骤。从"观察"开始，首先是"自然观察"，仔细观察不同材料的质感，如木材的纹理、玻璃的透明、不锈钢的反射等；并要求学生在不同环境和背景下观察，比如不同光线条件下玻璃、磨砂玻璃、有机玻璃的光感、透明度的区别；在不同朝向时玻璃面的反射与透明度的区别。然后是"干预式观察"，通过触摸、加压甚至破坏材料等人工介入方法，进一步观察材料。比如，在玻璃板上浇水，观察不同玻璃与水的亲和力，水在玻璃面上的形态；在红砖上浇水，观察水迹变化；压弯、掰断、切断、燃烧木材，来观察木材的性能。接下来要求学生用文字准确描述这些特征，通过总结使其概念化，最后用图像表达观察阶段的结果。

作业是这样设置的：作业1，观察描述材料。用一段文字细致、准确地描述①两块木材之间的质感与纹理的区别；②磨砂玻璃与透明白玻璃的区别；③着重观察体验材料的视觉、触觉效果，以及材料肌理和美学特性。也可选择木材/石材/钢材/玻璃/铁/陶瓷/织物/砖瓦。关键词：观察、干预式观察、知觉、体验（图3—4）。

2. 材料加工

材料加工可以是木材、石材、钢材、砖瓦等。就加工方

图 3　作业 1，材料观察与描述

便程度而言，以木料为佳。通过对木料进行切、削、锯、刨等简单加工，用刀具、凿子、锯子等加工木料，制作小家具（同一时期研究所的赵辰教授开设的中国木构文化课中有此方面的训练），学生对木料、工具开始有一定认识。其中一组学生选择的训练是型钢打磨练习，训练要求学生打磨一根生锈的角钢，使之具有一定金属光泽或特殊肌理效果，并且用照片纪录打磨过程中型钢表面的变化。三个同学轮流打磨，并记录下型钢在不同时间的纹理和光泽度变化（图 5）。作业之所以选择不同型号的型钢，是为了使学生认知真实材料，并且可以感觉材料的大小，建立材料尺度感。接下来的步骤

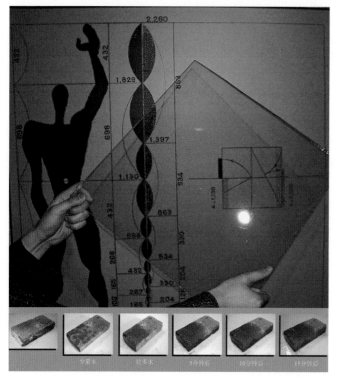

图 4　作业 1，材料观察与描述，质地、肌理、反射及其在不同环境下的效果变化

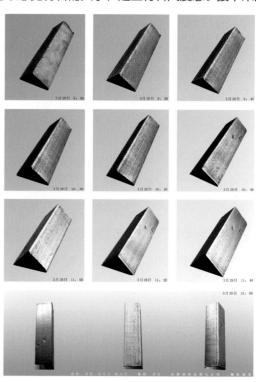

图 5　作业 2，角钢打磨，并用照片纪录打磨过程中型钢表面的变化

是在打磨过的型钢上开孔，为下一步的材料连接训练做准备。

作业是这样设置的：作业 2，材料加工。认识不同型号的角钢、槽钢、工字钢，尝试对其进行简单加工。材料：角钢、槽钢、工字钢、螺栓。关键词：加工、制作。

3. 材料连接

用在上一个步骤打磨好并已开孔的型钢来进行角部连接训练（用万能角钢代替更加方便）。一个立方体的角部有三根相互垂直的杆件，方钢、角钢、槽钢都可以，其中方钢因为没有方向性，其节点最简单；槽钢单轴对称，其节点种类比方钢稍多；角钢不但不对称，还有内外区别，所以问题最复杂，因此，用角钢做节点，最能训练学生材料连接的逻辑思维。一个学生做出 24 种角部连接方式，并经过筛选，提炼出 8 种较好的方式。用这些节点组装一个书柜时，最符合逻辑的、保证理论上没有弯曲变形的方式只有 1—2 种。这样，学生知道了节点设计中的问题所在。

作业是这样设置的：作业 3，选择以上型钢一种，设计一个家具或建筑的角部，以搭接的方式进行组合实验，绘制不同组合的可能性。关键词：节点逻辑（图 6）。

4. 典例研究

第三个步骤之后，材料体验告一段落，这时，穿插进行一次案例分析。典例研究是建筑设计学习中最直接、有效的方式。教学中分析不同建筑师的案例，学生可以了解很多构

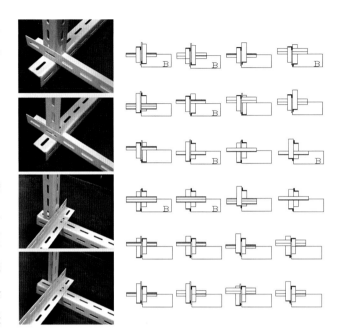

图 6　作业 3，角钢连接，优选出合理的节点

造方法和效果。比如巴塞罗那馆中，密斯的十字形不锈钢柱由 16 个构件组成。为什么？一方面，密斯在效果上要让柱子等构件避免方向性，呼应风车状的自由平面与流动空间，十字形柱提示了空间的无方向；另一方面，密斯把顶板、地板看作建筑中两个最基本的部分，顶板与地板之间的其他部分都是填充体，希望其与建筑主体区别开，因此常用木材、花岗石包裹墙体，希望其不同于主体结构，用强反射的镜面不锈钢包裹柱子，使其隐匿。密斯的另一幢建筑克朗楼，所有构件都不会相互侵入，不会相互破坏，构件都是采用搭接方式，结构外露，保证了空间的完整性。包括背立面入口平台的整个踏步，都小心地避让开立面的工字钢窗棂，相互完

美交接。路易斯·康的萨尔克生物楼，采用下底开槽的中空楼板通风，采用变截面空腹梁走管道，其构造来源于功能，形式既符合结构，又符合设备的需要（图 7）。通过分析可以看到，每一个经典的建筑作品都不是纯粹的形式游戏，而是材料、结构、构造、功能与建筑理念的高度统一。

作业是这样设置的：作业 4，建构典例分析。分析以下建筑师的某个作品的建构特点，并做出模型：

密斯·凡·德·罗（Mies van der Rohe）：

国家剧院（National Theatre），曼海姆，1952

康托尔汽车餐馆（Cantor Drive-in Restaurant），1945

五十英尺乘五十英尺的房子（Fifty by Fifty Feet House），1950

玻璃摩天大楼（Glass Skyscraper），1922

会议厅（Convention Hall），1953

赫尔佐格和德梅隆（Herzog und de Meuron）：

石屋（Stone House）

戈兹现代艺术收藏馆（Gallery for a private collection of modern art, Goetz Collection）

彼得·卒姆托（Peter Zumthor）：

古罗马博物馆（Museum Of Ancient Rome）

鲍姆施拉格 & 埃贝尔（Baumschlager & Eberle）：

华斯勒住宅（Hausler House）

西尔希制造厂（Sirch Manufacturing）

图 7 左：萨尔克生物楼中空楼板与变截面梁模型 右：克朗楼工字钢结构构造以及平台细部模型

5. 设计作业

以上分步训练以后，一个完整的大作业是"院子里的书房"。要求是：在一个住宅的院子里加建一个书房，并结合书房布置基本室内家具。内容：①书房建筑。建筑尺寸：2.4m×2.4m×2.4m（室内净尺寸）。结构：框架结构（混凝土、钢结构、木结构）。填充体：玻璃砖、工业玻璃、木材等。重点关注角部及节点设计。②室内用具。材料及尺寸：用木板、砖石、竹子等材料进行加工组合，提供一个书桌、两个椅子、一张床。材料要求物尽其用。成果要求：1/6大比例模型，平、立、剖面图，轴侧图，墙身大样，节点大样，工程预算，A4文本。时间：4周。

这是一个看似简单的设计，但是实际上是一个设计问题高度浓缩的课程设置。课程包含了一系列的预设难点：结构、构造、材料、节点、人体尺度（站/坐）、基本家具尺度（桌/椅）、基本建筑构件（门/窗）尺度。不仅要认识材料的基本物理性能、美学性能，还要选择合理的结构形式与构造形式；不仅培养结构思维，还训练基本构造技巧；不仅包含建筑，还包含室内设计，人体工学、家具尺度，以及工业化、标准化问题。作业基本上是前期训练的综合。

作业一：推拉书房

概念是，一个混凝土"U"型与一个钢结构"U"型咬合，形成一个可以推拉的书房，关闭时是三面书架的书房，拉出时是一个露天的院子，一个三面书架围合的室外读书空间。

立面"U"型包含书房顶板、地板、一面墙，材料是混凝土，通过深基础扎根，单向悬挑形成屋顶。平面上"U"型是下带轮子的可推拉的书架，结构是轻钢框架结构。结构单元是书架，书架是在30mm×30mm方钢框架上固定穿孔金属板，金属板既可以放书，又可以增加结构单元的稳定，使之不变形。结构单元组合后，加斜向拉索，形成整体刚性体。地面埋置导轨，保持书架拉伸时方向不偏离，同时阻力最小。书架外墙面采用阳光板覆盖（图8）。

作业二：砌块书房

书房由400mm×600mm的混凝土现浇砌块构成，砌块既充当支撑结构体，又充当围合墙体，还充当书架和家具，

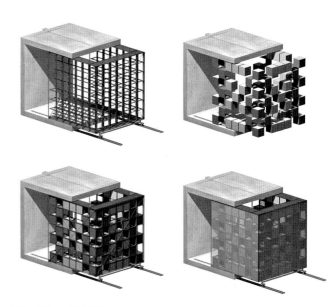

图8 作业一，推拉书房

是一个高度标准化的建造方式。模块尽量保持尺寸种类最少，只在门窗部分出现非标准尺寸，转角部位以风车形交接，逻辑十分清晰。构造上的一个难点是，书房的墙面、顶面如何封闭的问题。经过同学与教师讨论之后，顶面以玻璃肋为结构，覆盖 15mm 厚的钢化玻璃，墙体封闭则采用玻璃镶嵌在砌块中的做法。施工程序的难点是，玻璃如何放置到砌块中，如何固定？解决方案是，设计一个小的槽口构造，玻璃可以斜向放入，直立后自然卡住。模型制作中，学生采用石膏模拟浇筑的方法，经过几次实验之后，摸索出一套浇模脱模的办法，最后顺利完成了模型（图 9）。

作业三：竹子书房

设计概念是，以 2400mm 长、直径 50mm 的竹子为主要材料，利用穿孔、绑扎等方法形成书房。书房利用竹子的密度变化，形成各种门窗、家具，满足采光功能、使用功能。四个角部采用组合束柱方式加强结构，梁采用竖

向双层杆件形成双梁。节点方面，墙体的竹子之间穿小孔，再用铁丝绑扎，不破坏竹子的强度；墙与顶和地的交接部位、角部，竹子穿小孔后插入薄钢片，然后用铁丝绑扎。为了便于制作，模型采用 PVC 管材代替竹子。书房密度变化可以有几个层次：墙面 100% 关闭时，书房黑暗，无家具；南面打开，开启 25%，上半部分向上开启形成雨篷，下半部分向下开启形成室外露台；北面打开，开启 50%，形成穿通房间；东侧局部打开，形成室内书桌、条椅，同时自然出现采光窗户（图 10）。

作业四：270°折叠门书房

设计概念是，两片平行的混凝土墙充当主结构，另外两

图 9 作业二，砌块书房

图 10 作业三，竹子书房

面墙则是可以完全打开的木质旋转门，门可以从关闭状态到打开 90°、180°，直至 270° 时，木质门贴到混凝土墙面上，混凝土书房变成一个木质开敞空间。设计实施的难度在于，门从 0° 转至 270° 时，由于材料自身的厚度遮挡，不可能一次转动到位，铰链必须要变轴心。解决方案是，设计一个转动过程中可以改变轴心的铰链。体会材料的厚度是建造课的重点之一，学生们用计算机画图，几乎完全不能体会到材料的重量，材料厚度也常常被忽略，很多问题考虑不到。这个案例也可以作为一个很好的关于材料厚度的小练习，通过这个作业，可以让学生知道不是什么东西都能建造出来的，很多纸上设想是矛盾的、不存在的，或者建不起来的（图11）。

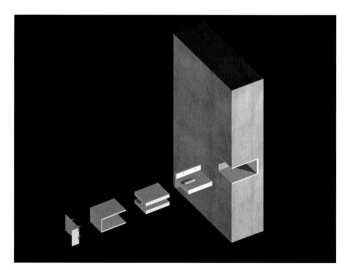

图 11　作业四，270 度折叠门书房铰链

作业五：板材书房

设计概念是，采用尺寸为 2400x1200mm（国内普遍板材尺寸）的木板，书房墙、顶、地 6 个面，每个面用两张板，共 12 张板，形成书房建筑。这些板材包含门窗、家具，关闭时是一个完整的形体，打开时墙面可以变成窗户、门、坐凳、床。这是一个高度标准化的设计（图 12）。

图 12　作业五，板材书房

节点实验与图纸表达

设计课程中，节点设计是一个深化阶段，从前面角钢连接的理论模型，到最后在书房建筑中的实际应用，这是一次重复训练，有助于加强学生对节点的重要性的理解，培养学

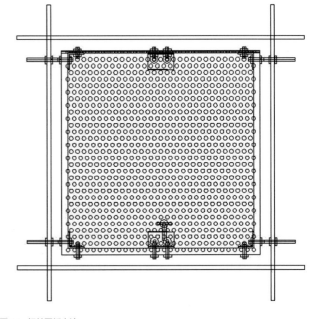

图 14 相关图纸表达

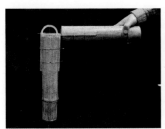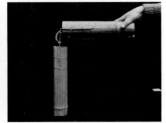

图 13 节点受力对比

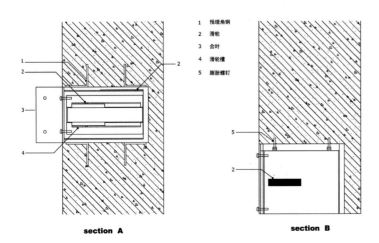

1 预埋角钢
2 滑轮
3 合叶
4 滑轮槽
5 膨胀螺钉

section A

section B

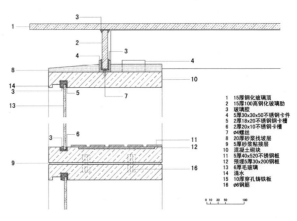

1 15厚钢化玻璃顶
2 15厚100高钢化玻璃肋
3 玻璃胶
4 5厚30x30x50不锈钢卡件
5 2厚18x20不锈钢卡槽
6 2厚20x10不锈钢卡槽
7 ∅4螺丝
8 20厚砂浆找坡层
9 5厚砂浆粘接层
10 混凝土砌块
11 5厚40x520不锈钢板
12 预埋5厚30x200钢板
13 6厚毛玻璃
14 清水
15 10厚穿孔铸铁板
16 ∅6钢筋

图 15 相关图纸表达

生的节点意识。另外，图纸表达也是一个重要训练内容，每一个步骤都要求有相应的图示表达（图 13—15）。

三、关于课程任务书

课程设置经过了系统的思考，首先是为什么要进行材料训练。通过一些案例告诉学生要重视材料，要建立正确的材料观念，这是建筑设计的重要基础。然后是练什么。视觉特性与物理特性应该并重，对建筑设计来说，视觉特性的重要性甚至超过物理特性，但物理特性是基础。接着是怎么练。分项练习是一种富有效率的训练方法，其步骤是观察—体验—设计—制作。任务书的内容编排在设计教学中是一个比较重要的问题，课程设置需仔细推敲每一个环节的先后顺序，先练什么，后练什么，哪些一笔带过，哪些需反复训练，何时进行重复等等问题，总体做到精心设置，紧密安排。在时间安排上，小作业用时不多于 1 周，大作业不少于 4 周。建议是：作业 1，观察描述材料——1 周；作业 2，材料加工——1 周；作业 3，材料连接——1 周；作业 4，建构典例分析——1 周；作业 5，院子里的书房——4 周。课程作业规模前小后大，用时前短后长。

另外要强调的是，对于材料训练来说，动手是最重要的，8 周的训练课应该以动手为主，时时记住"making something"。即便是思考，也是通过动手来思考，也就是"thinking with hand"。训练的强度方面，要有一定强度才能起到效果。身体的劳作能培养对"建筑学是克服重力的艺术"的理解，材料、身体、物质性，这正是建筑的基本特征和本质。

原稿刊载于：周凌 . 材料的显现——研究生设计教学中的材料训练课 [J]. 新建筑，2008(01).

建筑设计基础教学中的建筑构造认知
Cognition of the Building Construction on the Basic Design Course of Architecture

冷天 / 丁沃沃

Leng Tian / Ding Wowo

摘要：

为体现现代主义建筑空间的核心价值，将建筑构造问题的研究和实践纳入建筑设计教学，已经成为国际上知名教育和学术机构的一种学术传统。本文针对中国建筑教育中构造教学的被动现状，试图将构造认知引入建筑设计的基础教学，提出具体的教案并反思其得失。

关键词：

空间；建筑构造；认知；设计教学

Abstract:

There has been a tradition in the most well-known international education and academic institutions, to extend the research on building construction on the basic design course of architecture, embodying the core value of architectural space in the modern context. This article aims at the passive status of constructional teaching in Chinese architectural education, tries to import the cognition of building construction on the basic design course of architecture, and brings forward a particular teaching plan.

Keywords:

Space; Building Construction; Cognition; Design Course

1. 建筑设计与建筑构造脱节对建筑认知的影响

在中国当今的建筑学教学体系中，建筑设计作为主干课程同以建筑构造为代表的技术课程存在着比较明确的分界，学生往往都将建筑设计作为专业的主要学习内容，投入绝大多数的时间和精力，建筑构造等技术课程则完全不是他们的主要兴趣所在。尽管在部分学校的教学中，也有将设计题目与构造课程相结合的做法，但是一般都是设计课按传统的模式展开设计程序，然后请建筑构造教师来提出意见，以期修正其方案。在这种做法下，设计的原始状态全然是脱离基本的建造和材料组织逻辑的，后期的技术意见最多只能起到妥协性的修补作用。这样的被动状况，必然导致所培养的建筑师在执业中缺乏基本的建筑构造设计能力，更谈不上主动运用结构和构造手段去营造建筑的内外空间变化。大量当今中国建筑创作中的技术被动的现象，如设计院施工图纸上大量出现"细部设计详见厂家"的标注等，正是这种教学体系的问题之真实反映。

建筑设计与建筑构造脱节问题之产生原因无疑是多方面的，将建筑构造等技术课程置于本科三年级以上也符合基本的教学规律。然而，一旦将建筑设计基础课程的教学目标定位于建筑学的"专业启蒙"，我们不难发现传统的教学设置中所存在的缺陷：一个在建筑构造等技术层面存在盲点的建筑设计基础教学体系，呈现给学生的就是一个不完整的认知对象，自然难以承担起使原本对建筑学一无所知的新生建立

起全面的基础性专业知识构架之任务。在这样的反思下，南京大学建筑与城市规划学院的教学团队，对如何设置建筑设计基础课程的教案进行了探索和改进，其中较有特色的一点，便是对建筑构造认知的引入。

2. 基础教学中建筑构造知识的选择

建筑构造作为建筑学的一门重要的专业课程，主要研究建筑物各组成部分的构造原理和构造方法。它不仅强调一幢建筑物竖向从基础、墙身、楼板层、楼梯、门窗，直至屋顶的联系，也强调力学的分析、结构的选型、材料的应用、施工的程序，还要能够降低各种自然环境、气候的影响（如风、雨、霜、雪、沙尘等的侵袭）。建筑构造具有实践性强和综合性强的特点，涉及多方面的知识点，对其全面的学习和掌握只能放在高年级的教学中。因此在建筑设计基础教学中，必须选择一些有代表性的案例，帮助学生在起步阶段建立起一个较完整的基础专业知识架构。

最为熟悉和常见的构造方式是：新生既往对建筑的直观体验，常常会聚焦于建筑的外观形象之上，此经验可以作为学习建筑学的起点。我们选取了南大鼓楼校本部一幢民国时期的小礼拜堂，其承重的清水砖墙，加上传统花格木门窗和雕饰抱鼓石，使这幢建筑成为南大老校园中建造细部最为精美的建筑之一。将礼拜堂作为认知练习的起点，一是因为其单层的建筑体量比较容易把握，二是这幢典型的近代新式建

筑虽然采用的是低技术的砖木混合结构体系，但这种建造体系也最真实地将其建造逻辑显露在外，最终形成的建筑立面朴素而真实，能够让新生通过描绘其立面不同建筑元素的组合，达到对这一类型的建筑进行认知的目的。

最感兴趣的构造方式：建筑物的门窗往往是学生日常接触最多的建筑构件，但是极少会有人了解其背后的构造方式与原理。我们选取了传统的木格平开窗和最新型的双层玻璃断桥铝合金窗作为认知的对象。虽然现在已经很少使用传统木制门窗，但这类门窗曾经是建筑中最普遍、最常用的，不仅可以使学生了解门窗基本组成构件的分类，也可以进一步认知木结构构件相互搭接所采用的不同榫卯做法（如插榫、夹榫等），以及合页、插销、风钩等五金的不同作用。双层玻璃断桥铝合金窗实际是当今建筑中正在大量应用的做法，不仅形式新颖，开启方式多样，而且具有木制门窗无法比拟的隔音、保温等物理性能。本练习提供了剖开的铝窗转角模型，使学生能够深入认知不同部位铝合金构件之断面构造。

最新的构造方式：随着国家对建筑节能的推进，新建的建筑物都必须应对建筑保温这一最新的构造处理方式。我们选取了八种不同类型的墙身大样作为认知的对象：双层砌体（抹灰）、清水砖墙、内保温清水混凝土、外挂板墙（轻型）、外挂板墙（重型）、外保温（抹灰）、非承重外墙和木板框架结构，每一种除了有不同的承重方式、内外装修效果之外，都进行了严密的保温构造处理，可以帮助学生认知日常视觉经验中所无法感知的建筑内部构造处理方式。

3. 基础教学中建筑构造知识的输入

有了明确的建筑构造认知对象后，我们按照从现象到本质，从具象到抽象，从整体到局部，从经验到知识的认知路径，循序渐进地安排具体的教学步骤。

南大小礼拜堂测绘：本练习共两周时间，提交 1:20 的徒手墨线 A3 测绘图纸作为成果。本练习通过测量建筑实体，引导学生亲身近距离地接触不同的建筑材料、质感和细部；而专业的建筑立面图纸的绘制，促使学生体会从经验感受到专业认知与表达的转换过程。建筑立面制图强调正向投形的作图原理和严格的比例尺控制，并通过对各种建筑材料质感的描绘，达到对建筑实体的抽象表达。

传统的木平开窗和新型双层玻璃断桥铝合金窗测绘：本练习共两周时间，提交 1:5 的徒手墨线 A3 测绘图纸作为成果。本练习引导学生关注不同建筑构件之间的相互搭接和围合中最有代表性的建筑构件——门窗。认知门窗在开启、通风、隔声、保温等不同使用要求下所采用的复杂构造处理手法。本练习通过对实物木、铝窗完整模型的测量，辅助以剖开的窗转角局部模型，引导学生将认知建筑的眼光从较小比例的表达建筑空间的平、立、剖面图，转向较大比例的表达建筑构造细部的门窗详图，进而促使学生深入体会建筑细部构造中所采用的不同材料和手法，及其背后对不同使用功能问题之解决（图 1—2）。

墙身大样纸质模型制作：本练习共三周时间，两人一组，提交 1:2 纸质大比例模型作为成果。本练习关注建筑构造的表达及其现实意义。建筑构造直接指向建筑空间如何在现实中实现，它牵涉到对材料、支承、连接、围护上的不同需求。同时这些不同需求也导致了不同建筑构造方案的产生。通过对八种不同类型的复杂墙身大样之大比例纸质模型制作，学

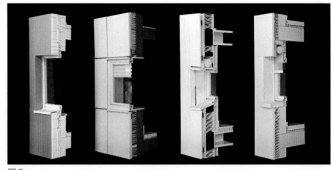

图3

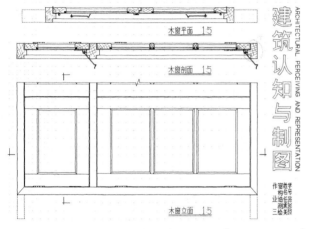

图1　传统木窗测绘作业

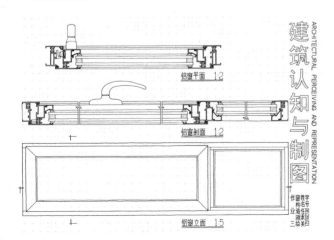

图2　双层玻璃断桥铝合金窗测绘作业

生体会到了墙身构造中通过组织不同材料而实现的承重与非承重、保温、隔热、隔汽、隔声、防潮等要求，对复杂建筑构造处理方式有了更深的理解。

　　沿街底层商铺立面改造：本练习共三周时间，提交 4 张电脑制作的 A3 方案图纸作为成果。本练习关注建筑立面的设计，将其理解为建筑物表层的包裹。首先，立面区分了建筑的内外，因此它有其自身的功能属性：内外围护（遮风、挡雨、保温），内外交流（出入、通风、采光），承载附属构件（广告、空调机）等。其次，立面也是建筑形象的最直观体现，影响外在的公共环境，因此在设计中除了解决立面的功能问题，还要注重体现建筑物内在的空间及空间构件组合的逻辑，以及体现自身的几何划分关系和构造材料质感的逻辑。本练习要求考虑原有的建筑结构，在已有知识范围内（即建造图示认知中已经学习过的八种墙身大样做法），选择合适的外墙材料和构造方式，进行立面改造设计。

4. 基础教学中输入建筑构造的意义

自 19 世纪晚期开始，西方建筑理论经历了一个从狭隘的古典主义体系突破至比较全面的、多元的建筑学术体系的过程，"空间"（Space）的营造已经取代了"历史性风格"（The Historical Style），成为建筑设计思维中最为核心的概念。从奥古斯特·施马索夫（August Schmarsow）1894 年的《建筑创造的本质》（*Das Wesen der Architektonischen Schöpfung*），西格弗里德·吉迪恩（Sigfried Giedion）1941 年的《空间、时间与建筑》（*Space, Time and Architecture*），到科内利斯·范·德·芬（Cornelis van de Ven）1978 年的《建筑空间》（*Space in Architecture*）等，无数阐述现代建筑本质的著作都清楚地表明了这一点[1]。然而，现代主义建筑设计的革命性突破，首先依赖于生产力与建造手段的大规模革新，同时带动了建筑空间造型的不断更新。奥古斯特·佩雷（Auguste Perret）曾有一句著名的口号："构造即细部"（Il n'y a pas de détail dans la construction）。密斯·凡·德·罗也曾说过："从本质上讲，我们的任务就是要将建筑实践从纯美学思维的掌控中解放出来，使它回归初衷——建造。"所以，构造绝不应该成为建筑实施过程中无关紧要的技术手段，肯尼思·弗兰姆普敦也基于"建构文化"（Tectonic Culture）的视角，将建筑定义为"诗意的建造"（The Poetics of Construction）进行审视，以廓清当今时代充斥的形式游戏和新先锋主义等滥觞。因此，今天的建筑师必须重新思考营造空间所必需的结构和构造方式，使建筑通过精确的形式表达出来，并以准确的建造彰显出空间的特点[2]。

与此同时，在建筑教育和学术领域也无可避免地从单一的"学院派"体系发展到多元化的现代主义倾向。关于构造问题的研究和实践已经成为任何一个成熟和完整的建筑教学体系都不可缺少的环节。许多国际上重要的建筑与设计学院，均将足尺模型、砖工、木工、混凝土工程等建造工艺作为研究对象和媒介引入建筑设计教学，从建造活动和制造工艺本身出发来研究建筑问题，将其纳入设计教学已逐渐成为一种学术传统[3]。

然而出于历史的原因，沿着布扎—宾大—国立中央大学、东北大学这条路线，中国的传统建筑教育与学术体系也受到了强大的西方古典主义"学院派"之影响。尽管经过几十年来的改进与更新，今天我们已经难以再说中国建筑教育体系仍然是以此为中心的，但令人担忧的是，这种教学体系背后所关注的风格、样式和立面比例等西方古典建筑概念，至今仍然影响着众多中国建筑学子，阻碍着他们深层次理解西方现代主义中建筑空间的核心价值。因此，南京大学建筑与城市规划学院试图在建筑设计教学的基础阶段引入对建筑构造的认知，力图使学生在起始阶段便能够得到一个清晰完整的建筑学基础专业知识构架。这套教案在不断修改调整中已经经过了两年的教学实践之检验，基本达到了预期的目的，我们也希望通过本文得到建筑教育同行的宝贵意见，以期进一步完善和提高。

参考文献:

[1] 肯尼思·弗兰姆普敦. 建构文化研究：论 19 世纪和 20 世纪建筑中的建造诗学 [M]. 王骏阳译. 中国建筑工业出版社，2007.

[2] 同上。

[3] 冯金龙，赵辰，周凌. 建筑设计教学中的木构建造实验 [J]. 世界建筑，2005(8).

原稿刊载于：冷天，丁沃沃. 建筑设计基础教学中的建筑构造认知 [M]// 全国建筑教育学术研讨会论文集（2010）. 中国建筑工业出版社，2010.

面向职业化的整合——BIM 虚拟建造设计教学框架探析
Towards an Integration for Professionalism — A Preliminary Study on the Teaching Framework of BIM Virtual Construction Design

傅筱 / 万军杰

Fu Xiao / Wan Junjie

摘要：

针对近年来国内普遍存在的 BIM 的教学困惑，在辨析 BIM 建造教学与传统建造教学的基础上，本文提出将 BIM 当作"设计方法而非软件技术"是 BIM 教学的关键点，并从面向职业化的角度深入探讨了从本科至研究生 BIM 虚拟建造设计教学的整体框架。

关键词：

BIM；设计教学；虚拟建造；职业化

Abstract:

In the view of confusion caused by the teaching of BIM in China in recent years, this paper offers an analysis of BIM construction teaching and traditional construction teaching, proposing that BIM should be treated as "a design method rather than a software technology", which is the key point in BIM virtual construction teaching. From a professional perspective, it conceives an overall framework of BIM virtual construction teaching from the undergraduate level to graduate programs.

Keywords:

BIM; Design Teaching; Virtual Construction; Professional

1. 犹如鸡肋的 BIM 教学困惑

建筑信息模型（Building Information Modeling，BIM）可以让建筑师在概念构思阶段就融入建造的要素，并在施工图设计阶段进行精准的多工种协同设计，乃至在建筑施工中进行协同管理，使得建筑从设计到建造的全过程得到集成化的控制，这是传统设计技术无法企及的，由此引发了国内一些建筑院校开始进行 BIM 教学的尝试。然而据笔者调研发现，师生普遍反映 BIM 教学犹如鸡肋，学生初次接触通常兴趣浓厚，随着运用的深入，不少学生却选择放弃 BIM 而转向他们熟悉的 AutoCAD+SchechUp（SU）的设计模式。有趣的是，南京大学建筑与城市规划学院培养的部分研究生却十分喜爱 BIM 设计平台，甚至毕业后主动选择到能够使用 BIM 平台的事务所就业。两者反差明显，其背后的深层次原因又是什么呢？事实上，目前在 BIM 教学上普遍存在一些认识上的困惑，导致了教学预期目标与实际结果的较大反差，这些困惑包括：BIM 技术太职业化是否适合建筑教

育？BIM 技术可以实现建造品质控制，那么与传统的建造技术有关的课程又有何不同呢？开设 BIM 课程的主体对象是低年级本科生、高年级本科生还是硕士研究生？开设 BIM 课程的深度应该如何把握？南京大学建筑与城市规划学院从 2012 年起开设本科 BIM 技术课程，是国内最早开展 BIM 教学的高校之一，近年来一直处于积极摸索与不断调整的状态，本文将教学中的一些思考整理成文，供同行参考指正。

2.BIM 建造教学与传统建造教学的关联

2.1 BIM 建造教学与低技建造教学

建筑设计从本质上需服从于最终的建造，而建造无疑是对三维空间的技术操作，然而学生受到设计工具的限制，无法进行全三维的设计。近年来兴起的"低技建造"课程从一定程度上弥补了这一缺陷，它让学生可以亲自参与一些三维空间的建造活动。所谓低技建造是指以竹子、木等学生能够身体力行操控的材料为基础，使学生真切体会真实材料和真

图 1　南京大学建筑与城市规划学院莫干山低技建造工作营　硕士研究生：王峥涛、徐一品、吴松霖　指导教师：傅筱、陈浩如

实尺度的意义，并建立起建造是衡量设计的核心标准的认知 [1]（图 1）。相比之下，BIM 所带来的建造概念完全是另外一番景象。BIM 对建造的控制是基于虚拟建造的逻辑，所谓虚拟建造是指在电脑仿真模拟环境下完成建筑建造过程，主要包括建筑师对形态构件的品质控制以及建筑、结构、设备、施工的协同，通过建造模拟和碰撞检查找到可能存在的

设计问题，将失误率尽量降低，然后再指导实际建造（图 2），这在汽车、飞机等工业领域并非什么新技术，但在建筑行业却刚刚起步 1。

BIM 虚拟建造与低技建造在内涵上都是以训练学生对建造的认知为目的，但是在外延上却有较大区别。低技建造强调"低技术"是便于让学生能够亲身参与建造，通过身体与

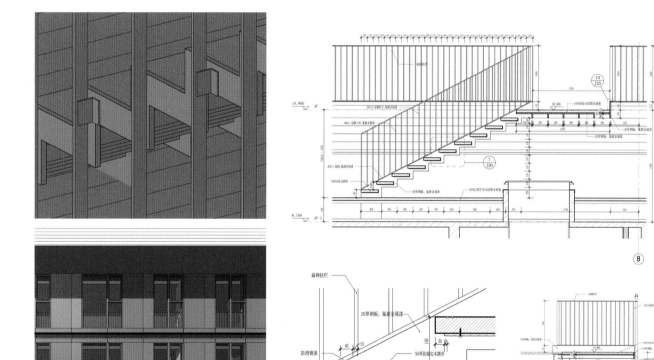

图 2　在 BIM 平台中，建筑师可以深入地控制建造细节 [浙江长兴中山化工办公楼（集筑建筑工作室）]

材料的直接接触，培养学生对材质、尺度、重量、性能等的切身体会，而 BIM 虚拟建造从某种程度上来说是一种高技术的训练，学生不仅需要掌握较为复杂的软件技术，同时还要有系统化的建造知识。低技建造能够让学生得到训练的范围是简易结构、单一材料、单一空间之间的关系，而 BIM 虚拟建造能够让学生得到训练的范围是建筑、结构、材料甚至设备之间的协调关系，是一种系统化的设计思维，具有较强的职业化特征。可以认为，在教学体系上，低技建造是学生认识建造的起点，BIM 虚拟建造是学生认识建造的提升和深化，并建立与职业接轨的基础，二者是一种相互补充和递进关系。

2.2 BIM 建造教学与性能化参数找形建造教学

目前，国内外建筑学专业建筑信息化设计教学基本上分为两个方向：一是我们熟知的性能化参数找形（Performance parameter form-finding）建造教学，其关注的是建筑形式生成背后的性能化需求，并用数字化操控逻辑进行表达和性能优化，通常以结构、气候、人流、功能分布、能源利用以及用户体验等性能需求结合 GH（Grasshopper）、程序编写等参数化手段完成形式生成，再以机器手臂、CNC 技术、3D 打印为建造手段，完成最终的教学成果输出（图 3）。课程设计具有功能单一、建造尺度小、学生搭建参与度高、探索性强等特征。另一种信息化设计教学是结合建筑信息模型技术的 BIM 虚拟建造设计

图 3　南京大学建筑与城市规划学院研究生国际教学交流计划（IPTP）｜数字技术——可快速搭建的木构亭设计。研究生：曹舒琪、陆恒、董素宏、夏凡琦、张彤。客座教授：马库斯·胡德特（Markus Hudert）。课程协调：孟宪川助理研究员。助教：谢方洁。

教学，其强调建筑设计建造品质控制，通常是以一个相对完整的建筑设计为基础，以 BIM 技术为支撑，研究建筑概念与建造之间的逻辑关系，教学成果输出是包含三维信息的虚拟建造模型和详尽的技术图纸，课程设计具有较强的职业性等特征，常用的操作平台是 Revit、ArchiCAD 等（图 4）。

从教学训练角度看，两个方向有着不同的目标，性能化参数找形通常以一个相对简化的性能需求为目标，借助参数化程序完成形式生成，教学有很强的探索性和研究性，并且能够落地进行小尺度建造，很好地训练了学生从概念到建造全过程的理解，它在一定程度上既继承了低技建造的优点，又紧密结合了当下最新技术方法的运用，将是今后建造类教学的主导方向之一。而 BIM 虚拟建造设计教学有力地将建造训练扩展到了中大尺度的认知，接近职业化的理解和操作，

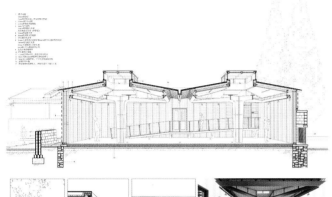

图4 完全采用 BIM 软件 Revit 完成的南京仙林华墅村民艺馆改造设计（集筑建筑工作室）。研究生：潘幼健、奥申颖。指导教师：傅筱。指导建筑师：施琳、万军杰。

将是对小尺度建造教学的补益。此外，在实际项目中，当性能化参数找形取得一定研究成果，可快速向工程性的建造转换，因为 BIM 技术的不断发展能够有力地支撑这种转换[2]，从这个意义上讲，高校开展 BIM 虚拟建造教学是与职业接轨的一种训练。

3. 基于虚拟建造的 BIM 教学实践

3.1BIM 虚拟建造教学的基本目标

首先需要明确的是将 BIM 引进现有教学体系的目标是什么，只有在目标明确的基础上，才能进行合理的教学框架和教学内容制定，从而指导教学实践。通常各大高校都

会讲授一些与计算机相关的软件技术，诸如 Rhino、SU、AutoCAD 等等。然而 BIM 实质上并非一种软件，而是一种基于信息仿真模拟技术的以建造品质控制为目标的辅助建筑设计方法，可以说 BIM 技术才真正实现了 CAD 的概念，即计算机辅助设计（Computer Aided Design），传统的二维 AutoCAD 乃至三维 SU 只是实现了计算机辅助建筑绘图。建筑信息模型不仅仅是一种对设计工具的改进，它实质上在动摇着千百年来形成的固有思维模式，它对建筑师产生的冲击和震荡远远大于当年的"甩图板"，如果说甩图板是一种设计工具的进步，那么建筑信息模型将带来一种思维方式和设计方法的变革，我们目前正处在这样一个转型时期[2]，因此将 BIM 当作"设计方法而非软件技术"是教学的关键点。

3.2 BIM 虚拟建造教学框架初探

如果只是教授学生使用一种软件，教学将变得十分简单，但如果是教授学生一种方法，教学就应该用一种系统化的思考和体系化的方法，这样才能让学生逐渐理解并掌握。在初期的 BIM 教学实践中，我们困惑最多的是课程开设的时间段和讲授深度的拿捏，随着教学实践的不断深入，这些问题才逐渐迎刃而解。接下来本文将从 BIM 建造教学的开设时间段、讲授深度入手，探讨应该如何最终形成一个从本科到硕士研究生的全过程教学计划。

3.2.1 课程开设的时间段探讨

由于 BIM 技术具有一定的职业性特征，在课程开设时间段上容易得出在本科高年级或者研究生阶段开设的简单判断，因此南大 BIM 教学团队先尝试在本科四年级开设 32 学时的"BIM 技术应用"课程。该课程分为上、下两个部分，前 16 个学时讲授 BIM 的相关概念和 BIM 平台下的常用软件 Revit 的操作，后 16 个学时结合四年级的高层建筑设计课程，鼓励学生运用 Revit 进行设计。从教学结果看，学生在前 16 个学时表现出较为浓厚的兴趣，基本掌握了 Revit 软件的运用，达到了教学的目标。但是后 16 个学时的训练效果却不甚理想，学生虽然能够掌握软件命令，但是与其设计构思、设计深化难以结合，常常显得束手无策，反而觉得 BIM 设计方式是一种阻碍。

针对这一现象，教学团队进行了反思：建筑设计教学通常训练学生采用操作建筑体块的方法研究形体与外部场地、形体与内部空间的关系，通过反复比较确定方案，然后再逐渐深化至材料表达、构造细部层面。成熟的职业建筑师通常是将形态层面（形体、空间）以及构件层面（材料、构造）

整合思考，相互交织进行的。由于 BIM 技术强调仿真模拟，所以其软件建立的形态和构件具有高度的真实性，BIM 在一定程度上可以有效地辅助建筑师，同时思考这些要素（图 5）。但对于本科学生（即便是高年级学生）而言，他们的系统化建造知识不够完善，在进行形态层面设计的同时很难娴熟地兼顾构件层面的推敲。虽然对职业建筑师而言，形态层面与构件层面是密不可分的，但是苛求本科学生熟练掌握这样的技巧是有相当难度的，据笔者观察，南大多数本科学生完全能够建立起这样的概念，但落实到操作层面明显缺乏技巧和经验，这其实是符合本科阶段学习特征的，即每一次设计课都只是有侧重的分项训练，而非综合训练。

由此，我们认为 BIM 技术本身并没有问题，问题出在我们把一个需要一定职业技巧和经验积累的综合性设计技术过多地抛给学生，超出学生的知识积累程度，属于典型的拔苗助长式教学。同时，南大的建筑教育是"2+2+2"的模式[3]，希望本科学生在第二个阶段完成这样的知识积累显然是不现实的。基于此，教学团队提出将 BIM 建造教学的重点移至硕士研究生阶段，在本科阶段只完成对 BIM 相关概念和相

图 5　在长兴回龙山幼儿园设计中，BIM 有效地协助建筑师从形态到构件的整合设计，从而保证建筑的完成度（集筑建筑工作室）。左图：概念方案 BIM 模型。中图：施工图 BIM 模型。右图：建成实景照片（摄影：侯博文）。

关软件（Revit）的认知，并将"BIM 技术应用"课程从本科四年级下调至本科二年级，与其他计算机课程同时开设，给予学生一种全面的认知，强调同类相关知识的宽度而非深度。

3.2.2 课程讲授的深度探讨

南大建筑教育是"2+2+2"的模式，其设计教学包含以下六个基本教学节点：本科通识设计（基础阶段 1）、本科课程设计（基础阶段 2）、本科毕业设计（衔接阶段）、研究生课程设计（提升阶段 1）、研究生参与教授工作室（提升阶段 2）、专硕毕业设计（结业阶段）。南大的建筑学教育以硕士研究生教育为最终的毕业生输出端，从本科到硕士研究生是一个完整的教学链，这与其他院校本科和硕士研究生都是毕业生输出端的模式不尽相同。因此南大 BIM 教学的深度必须与其教学模式相匹配，也即必须以六年的时间跨度来统筹 BIM 教学。BIM 其实是一个全生命周期的技术，从概念设计到技术设计再到工程管理的知识都包含其中，当把 BIM 教学看作一个较长生命周期的训练，学生的成长是显而易见的，随着学生建造知识的增长，他们对 BIM 的理解也将逐渐加深，如果仅仅简单地讲授 BIM 相关软件操作就希望学生取得让人惊喜的教学成果，只会让教师充满挫折感，从而产生对 BIM 技术的困惑和误解。

3.2.3 从本科至研究生的全过程思考

BIM 技术由于其工程性、系统性、职业性的特征十分明显，如果直接嫁接进现有的教学体系，必然造成一定的水土不服。只有充分认识 BIM 技术的特征、适用范围，才能将其与现有教学体系良好地融合。南大从 2012 年开设 BIM 技术教学以来，也是随着教学研究的深入而逐渐认识到需要从一个体系化的角度对 BIM 进行教学定位，同时这门课程的输出成果也应该放眼于培养学生的全过程。因为 BIM 从本质上讲不是一种软件技术，而是一种基于建造控制的设计思维或者辅助建筑设计的方法。能用好 BIM 相关软件并非命令操作学习那么简单。当一个三维软件所建立的构件具有真实性时，这些虚拟构件之间的关系就不只是一个视觉问题，而是一个系统的建造问题（图 6）。换言之，学生能熟练掌握 BIM 软件的基础不是建模，而是建造知识体系。这一特

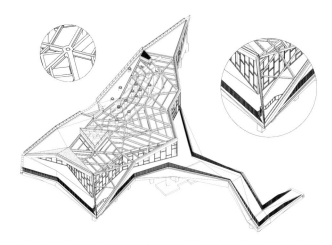

图 6　在 BIM 模型中三维构件之间的关系是一个系统的建造问题［2014 青岛世园会综合服务中心（集筑建筑工作室）］

征决定了 BIM 技术应强调从本科至硕士研究生的全过程教学计划，而重点宜放至研究生阶段，并与教师工作室的实训相结合，才能取得良好的教学效果，这与目前本科强调宽基础，硕士研究生强调职业性的建筑学教育发展方向是吻合的。可以说，BIM 在本科入门基础教育上并无明显优势，其教学价值的体现更加接近职业教育端。基于上述认识和教学实践，我们制定了从本科至硕士研究生的全教学计划（图7）：

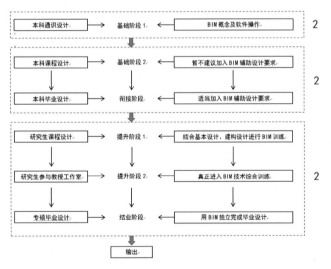

图7 结合南京大学"2+2+2"建筑教育模式的 BIM 教学框架示意图

（1）基础阶段：在本科基础阶段仅仅开设 BIM 概念认知和相关软件入门操作的课程[4]，并放至低年级通识阶段讲授以强调宽基础。对于大学教育而言，具体的软件操作也不应该成为教学的重点，宜点到为止，加强自学；在本科基础阶段的课程设计中，并不要求学生使用 BIM 技术，这

是因为 8 周设计教学会让学生忙于应付软件技巧、设计概念、建造技术三者之间的协同关系，虽然这种协同能力恰恰是建筑师职业性的体现。

（2）衔接阶段：在南大本科毕业设计阶段（通常为 16 设计周）适当地加入 BIM 辅助建筑设计的要求，而对于本科和硕士研究生都是毕业生输出端的院校，建议加强本科毕业设计的 BIM 技术含量。教学团队尝试要求 1 组本科毕业设计同学（8 人）使用 BIM 技术进行设计，效果较为理想，学生基本上消除了运用 BIM 技术普遍存在的阻碍感，这与学生建筑专业知识的积累和系统化程度紧密相关（图8）。

（3）提升阶段 1：在硕士研究生一年级阶段，南大开设有强调实训的基本设计和建构设计课程[5]，这两门课程从训练目标上比较符合 BIM 技术特征，但由于开设时间仍然是 8 设计周，难以有效地达到 BIM 技术训练目标。在此阶段，我们鼓励部分学生选择 BIM 技术辅助其课程设计，一般而言，愿意采用 BIM 技术的学生都是在本科阶段有一定操作基础的，教师在此期间需提供一定的 BIM 技术提升辅导。从教学效果来看，学生逐渐发现 BIM 的优势主要体现在对设计概念的整体控制上，并体会到 BIM 设计更加符合建造的逻辑，基本上认识到 BIM 技术是帮助建筑师从概念入手一直深化到建造技术层面的一种方法（图9）。但由于设计周期短，学生受限于软件熟练度和对建造技术的理解，最终完成的图纸达到了一定的建造技术设计深度。

（4）提升阶段 2：在硕士研究生二年级阶段，部分学生

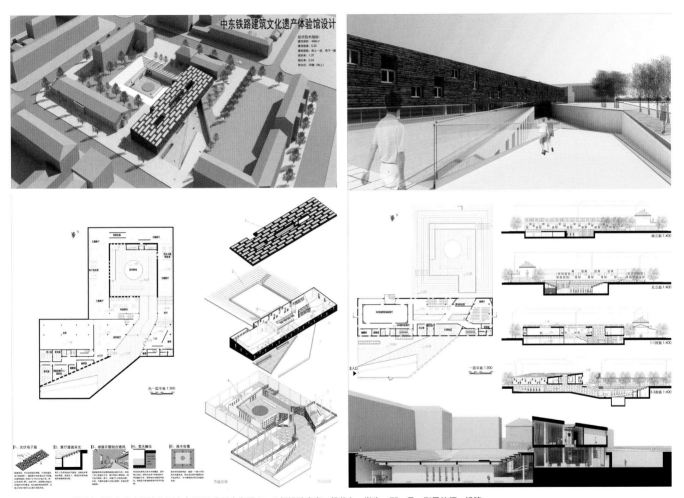

图 8　采用 BIM 模型完成的南大本科毕业设计（2012 全国专指委 Revit 杯设计竞赛二等奖）。学生：邵一丹。指导教师：傅筱。

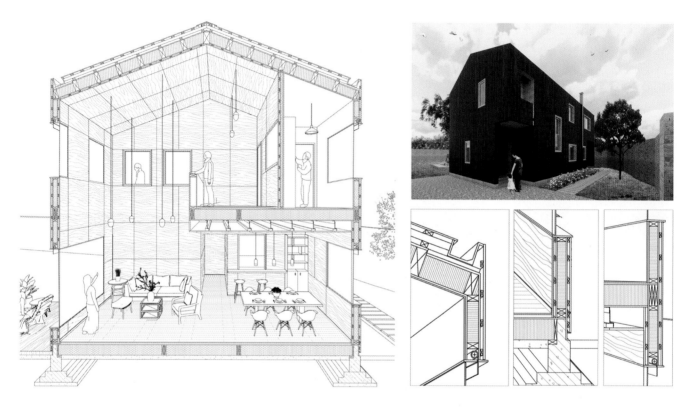

图9 南大一年级硕士研究生采用 BIM 模型完成的画家住宅基本设计，平立剖图纸达到了一定的建造技术设计深度。研究生：张雅翔、郑航。指导教师：傅筱。

进入使用 BIM 为设计平台的教授工作室学习，这一阶段才是真正让学生的 BIM 技术得到大幅度提升的综合训练阶段（图10）。教授工作室的所有项目均运用 BIM 技术，完全抛弃了二维 CAD 和 SU，学生只能被迫放弃原有的习惯，融入工作室的模式。表面上看学生放弃的是原有的软件操作习惯，实质上放弃的是原有的设计方式，即二维平面与三维空间分离的落后设计方式，从而进入真正全三维的设计。学生

初期将会表现出一定的抵触情绪，因为工作室打破了他们长达五年多的设计方式，但当学生真正理解了设计不是"白板建筑"[3] 6，而是真实材料和真实尺度的建造之时，他们就理解了 BIM 技术其实就是一种真实建造，只是它暂时发生在虚拟世界而已。至此，抵触情绪自然消退，学生自己完成了从理念和操作工具的整体转变。

（5）结业阶段：有了前面系列的基础训练和提升训练，

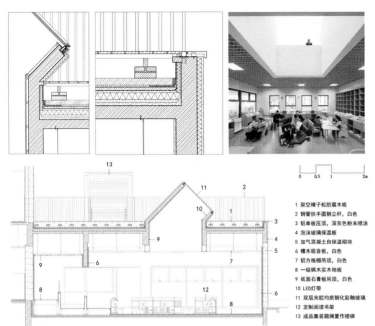

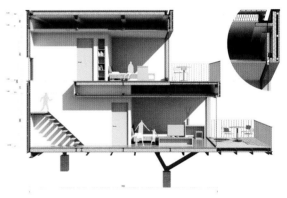

1 架空樟子松防腐木板
2 钢管扶手圆钢立杆，白色
3 铝单板压顶，深灰色粉末喷涂
4 泡沫玻璃保温板
5 加气混凝土自保温砌块
6 槽面吸音板，白色
7 铝方格栅吊顶，白色
8 一级枫木实木地板
9 纸面石膏板吊顶，白色
10 LED灯带
11 双层夹胶均质钢化彩釉玻璃
12 定制阅读书架
13 成品集装箱搁置作楼梯

图 10 研究生在教授工作室参与完成的 BIM 实际项目 [长兴回龙山幼儿园（集筑建筑工作室）]。研究生：刘泽超、李文凯。指导教师：傅筱。指导建筑师：潘幼健、施琳。

图 11 采用 BIM 软件 Revit 完成的专硕毕业设计（南京汤山集装箱精品酒店），图纸很好地表达了设计概念和建造逻辑。研究生：谭发兵。指导教师：傅筱。

在最后专硕研究生的毕业设计中，学生无论在设计方法上，还是在 BIM 技术操作上，彻底消除了阻碍感，其在设计概念、软件技巧与建造技术三者上展现出较好的协同性，这为他们理解职业建筑师的工作模式奠定了良好的基础，由此就不难理解南大部分硕士研究生选择使用 BIM 平台的企业就业的原因了（图 11）。

4. 结语

本文没有深入探讨 BIM 虚拟建造控制教学的技术细节，而是着眼于整体认知和教学框架探讨，只有正确的知见才能有明确的方向，如果要讨论教学细节，那将是另外一个题目。与建筑师整个职业生涯相比较，从本科至硕士研究生，无论哪个阶段都只是在播撒知识的种子，需要耐心，不能希望立马开花结果。BIM 是一门紧密结合职业特征的辅助建筑设计技术，它最终的硕果应该在学生今后的职业生涯

中结出，所以教师不能因学生抵触 BIM 的情绪而怀疑 BIM
在教学中的价值，更不能因为教师自身知识更新的困难而
抵触 BIM，而应顺应 BIM 的发展方向，将知识的种子播种
在学生成长的土壤之中，当职业的雨露洒下之时，它自然会
发芽！

　　然而值得深思的是，在欧美一些建筑教育较为发达的国
家，本科阶段的 BIM 建造教学普及相对广泛，学生能够操
作 BIM 软件完成高品质的作业，而中国却需要到硕士研究
生阶段才能企及[7]。就其客观原因，笔者认为是部分欧美学
生在进入本科学习阶段之前就已经有良好的预科学习基础，
所以其本科高年级实质上等同于中国学生的硕士研究生阶
段。但更为重要的主观原因是，欧美建筑教育更加注重从"建
造逻辑是否合理"的角度理解建筑，从这个意义上讲，BIM
实际上对教师提出了较高要求，教好 BIM 并非只是一个软
件操作的问题。如果教师没有建立深刻的"基于建造控制"
的设计认知，很难从深层次理解 BIM 的价值。教师只有注
重自身职业素养的提升，才能从根本上把握 BIM 技术，因
为建筑创造的本质不是由造型推动的，而是由内外条件推动
的，BIM 技术正是帮助我们操控这样的内外条件的载体。

注释：

1 早在 1994 年，美国克莱斯勒公司就运用 Catia 软件实现了汽车车体
设计的无纸化虚拟仿真设计和制造；1998 年，奔驰公司也宣布实现了
完全无纸化的数字轿车虚拟仿真设计和制造；随后福特公司也实现了
这一目标。相比之下，建筑业的虚拟仿真概念是在 2002 年前后才由
Autodesk 公司首次提出的，而后 BIM 才真正开始，由于建筑业发展相
对粗放，至今远未达到汽车工业的高度。

2 通常 Rhino、GH（Grasshopper）等参数化找形技术适用于建筑外壳（表
皮）、构件的研究和设计，但一个完整的建筑设计问题就必须依靠 BIM
技术才能够整体解决。因为 Rhino、GH（Grasshopper）解决的是一个建
筑局部的设计和建造（制造）问题，而 BIM 解决的是整个建筑的协同设计、
建造乃至管理的问题。二者的结合将是发展的方向，从近年来 Autodesk
公司推出的基于 BIM 平台的 Dynamo 软件可以看出这一趋势，Dynamo
是一款类似 GH（Grasshopper）但又能与 BIM 平台下的 Revit 无缝结合
的软件。

3 从 2007 年起，南大建筑系在原有研究生教育基础上，探索与国际接
轨的整体化教学体系，开始实行"2+2+2"的本硕贯通的建筑学教育模式，
以探索一条宽基础（通识教育）、强主干（专业教育）、多分支（就业
出口多元化）的树形教学之路。

4 在南京大学编撰的"十三五"国家教材《CAD 在建筑设计中的应用》
第三版中，BIM 技术部分的编写抛弃了命令操作、技巧攻略汇集的编
写模式，而是从建筑设计的逐渐深化入手，让学生理解 BIM 的技术理
念的同时学会基本的操作技巧。

5 南大硕士研究生课程在设计上分两类，一类是强调研究的设计课程，
主要包括城市设计和概念设计；一类是强调实训的设计课程，主要包括
基本设计和建构设计。具体内容请参考南京大学建筑与城市规划学院建
筑系教学年鉴。

6 李麟学．建筑设计教学中对建筑实践体系的关注 [J]．城市建筑，2012
（11）：133．学生完成的设计成果多为没有建筑材料与实现考量的"白

板建筑"……与建筑实践相关的体系内容，尤其是其中涉及的职业性与社会性内容，成为在本科阶段的建筑教育中较少受到关注的方面。这一模式培养得出概念多样、渲染图出色的学生，却很难给予他们对建筑实践的系统性认知，更缺乏基于其上对创造性建筑设计的本质性理解与理论建构。

7 在南京大学与德国慕尼黑工业大学的交流中，我们发现慕尼黑工大的建筑系学生在本科三年级就能够完成从概念到详尽节点的设计作业，其教学对设计与建造的认知深度可见一斑。在与西班牙塞维利亚大学的交流中，我们发现其建筑学院全部采用 BIM 平台的 REVIT 软件进行设计，几乎抛弃了传统手工模型的设计方法。在随后的本科生交换协议中，塞维利亚大学甚至提出南大学生必须能够使用 BIM 技术的要求。

参考文献：

[1] 傅筱 . 为何是"低技"——南大建筑与城规学院研究生建造设计课程小记 [M]// 王丹丹编 . 南京大学建筑与城市规划学院建筑系教学年鉴 2016—2017. 东南大学出版社，2017.

[2] 傅筱 . 建筑信息模型带来的设计思维和方法的转型 [J]. 建筑学报 . 2009（01）.

[3] 李麟学 . 建筑设计教学中对建筑实践体系的关注 [J]. 城市建筑，2012（11）.

　　原文刊载于：傅筱，万军杰 . 面向职业化的整合——BIM 虚拟建造设计教学框架探析 [J]. 建筑学报，2019（005）.

“扩散：空间营造的流动逻辑”课程介绍及作品四则

An Introduction to the Course of Diffusion: The Flow-logic in the Design of Space and Four Selected Student Works

鲁安东

Lu Andong

　　“扩散：空间营造的流动逻辑”是鲁安东指导的南京大学建筑与城市规划学院的一次研究生“概念设计”课程。本课程以 20 世纪 20—30 年代江浙地区的蚕室建筑为研究对象，关注其对于自然元素的创造性的运用，探索基于环境因素的空间设计方法，尝试通过设计教学，实现研究与设计之间的相互反馈。本课程挑选了始建于 1921 年、距镇江 5 公里处的高资蚕种场为场地（图 1），要求学生每三人一组，为该场地的再利用提出策划和设计方案。同时，学生需要针对特定的展览空间设计和制作展示装置来演绎自己的概念（图 2）。在设计方法上，本课程尝试从立面和剖面入手，遵

图 1 高资蚕种场南场，拆除楼板后的蚕室

图 2 学生作业以装置的形式进行展现

循自然的流动逻辑，从外向内营造空间，最后完成设计，生成平面。

在当代建筑的讨论中，可持续设计常常被简化为技术性的问题。而本课程从蚕室建筑的作用原理出发，通过强调光和风的流动逻辑，将设计重点放在环境引导的空间形式和建构形式上，从而回到空间营造这一建筑学的基本命题上。在教学中，本课程提出了一系列工具性的概念。（1）环境—功能耦合：将具体功能与特定的环境情境关联起来，从而将抽象的环境因素转化为迪恩·霍克斯（Dean Hawkes）定义的"环境的诗学"。（2）流动规划：在流动逻辑引导的设计中，用剖面图和实体模型进行的"流动规划"较诸基于平面图的"空间布置"更为有效（图3）。（3）立面—剖面关联性设计：

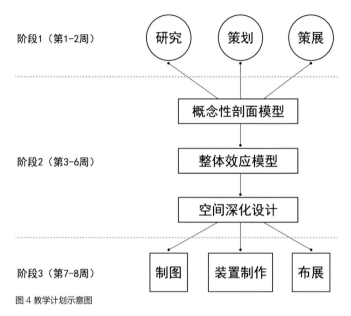

图4 教学计划示意图

自然元素的流动逻辑以建筑立面为起点，从外向内营造空间，因此整个设计过程可以被视为一个从外围护体系到剖面，最后形成平面的过程。这一组概念既是为了辅助教学，也是为了将对蚕室建筑的研究转化为新的可持续设计方法。

本课程为期8周，分为3个阶段（图4）。在前两周对高资蚕种场和最终展览场地进行实地调研，迅速地引入了与设计相关的三个主要维度：研究、策划、策展。对蚕室建筑的理论和科学研究为本课程提供了大量的技术资料和充分的学术基础。通过为蚕室建筑策划新的使用功能，学生需要进行全新的环境—功能耦合并对其进行流动规划。而策展为本课程增加了额外的维度，它要求学生更准确地把

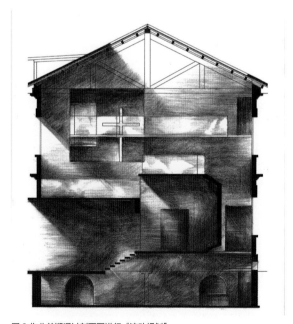

图3 作业前期通过剖面图进行"流动规划"

握设计特点，并清晰地加以表达。在第二阶段（第3—6周），学生主要通过概念性剖面模型（图5）、整体效应模型（图6）和空间深化设计三个步骤，逐步基于流动逻辑进行空间营造。在最后两周，学生需要综合运用装置、图纸和模型完成布展（图7）。

图7 学生作业展览现场，学生作业与研究展示并置

图5 概念性剖面模型

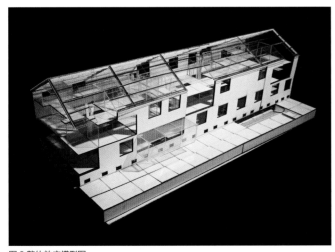
图6 整体效应模型图

课程的讨论与反思

1. 以认识为核心的设计

南京大学的"概念设计"课开设于2000年，先后由丁沃沃、朱竞翔、李巨川、马清运、周凌、叶强、张旭、刘可南、冯路和鲁安东等执教，与"基本设计"课一起构成了研究生设计教学的两条主线。"概念设计"的目的是"认识"建筑并加以表达，希望学生在对建筑各个方面有了基本了解之后，能够对建筑形成更加个人化和批判性的认识，形成"设计研究"的习惯。因此有别于带有明确对象和方法的常规设计课，此次课程注重：一、以蚕种场为载体，让学生直面多个理论线索（建构理论、地方建造、更新策略、新技术体系），运用不同的思考形式（田野调查、图示、策划、效应模型、策展），让学生在对蚕种场重新解读的过程中定位自己的概念，

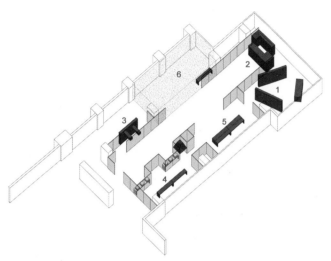

图 8 "无尽之墙：过滤与扩散的建筑学"展览空间示意图，灰色为研究成果展览，红色为课程作业展览：1. 老人之家；2. 乡村旅社；3. 儿童体验营；4. 宗教研修所。

而不是遵循导师对问题的认识；二、通过从策划到设计再到装置的多重转译，强调对"认识"表达的充分性和一致性——设计是研究的一种方式，而不是它的结果，课程的最终成果不是传统意义上的设计方案，而是用空间装置来呈现的对问题的认识，图纸和模型只是表现它的材料（图 8）。例如作业《老人之家》关注私密性，因此创作者通过展览现场的两块"屏风"，邀请参观者进行窥视。作业《乡村旅社》关注的身体与装置在展览中表现为可移动的家具，推开家具，暴露出隐藏着的一组模型和图纸，以及一条通向其他展厅的秘密通道——后者是设计方案中想要营造的空间体验，因此装置可以被体验为想象中的旅馆的一部分。作业《儿童体验营》关注的是尺度与知觉，它的展示装置则是一个从视觉到触觉、

身体尺度由大变小的隐秘通道，它引导参观者从大厅走向侧面楼梯下的小空间。作业《宗教研修所》则用模型将自己的展览空间组织成环形的行进路线——一种宗教序列，同时用硫酸纸捕捉了展厅南侧落地窗的充足阳光。

2. 重设边界条件的设计

大多数设计是对预设的建筑形象和美学的投射，或者说是对一些抽象原则的具现。而乡土的建造能够直接看到建造时面对的问题和考虑的因素，因此是特别有力量（robust）的建筑，是一种直白、简明、直接从问题里出来的形式。本课程的设计对象是田野中的蚕种场（而不是城市中的工业建筑）（图 9），这提出了相对极端的边界条件，很多预设的原则在这一条件下无法保持合理性（有效性）。通过策划得到的功能计划（programme）如何与环境设计相结合，是学生需要回答的问题。概念设计是通过重设边界条件，对各种

图 9 高资蚕种场包括北场、南场和东场，均坐落于田野中的丘陵上，建有水塔和碉楼。

预设原则进行反思，回到基本问题中寻找建筑的可能性。概念设计的"概念性"并不一定要体现在成果的形式上，而是在重设与反思的过程之中。

（1）老人之家

学生：陈博宇、姚梦、程斌

本组利用蚕种场周边的自然条件和田园风光，设想将其改造为老人之家。设计主要关注光和风在营造私密性空间中的作用。设计方案通过三堵墙来组织功能，并引导光和风向建筑内部的扩散。墙面上不同属性的洞口既是光和风的通道，也通过看与被看营造了不同私密度的建筑空间，让老人们能够充分享受群居和独处的乐趣。

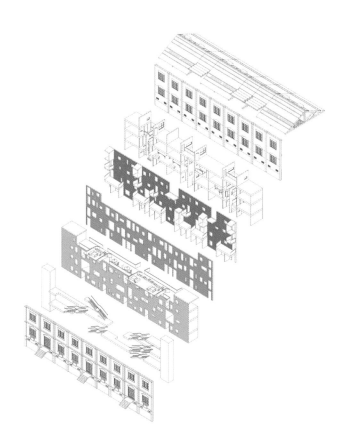

（2）乡村旅社

学生：杨悦、单泓景、郑伟

本组设想将蚕种场改造为乡村旅社。设计受到蚕室建筑中控制光和风的推拉窗、翻板等操控装置的启发，将不同的居住单元和活动空间围绕着位于中央的"风的通道"进行布置，不同功能的空间之间以及它们与风道之间形成了多样的连接关系。作者通过设计操控装置诱发使用者的探索潜能，从而利用身体来激活隐藏在装置背后的不同空间。

（3）儿童体验营地

学生：王琳、顾一蝶、陈凌杰

本组利用蚕种场具有的历史文化、自然环境和养蚕活动的特点，设想将蚕种场改造为亲子活动和实践教育的场所。设计主要关注成年人空间和儿童空间的差异和并置。设计方案不仅运用了尺度、视线和空间组织等常规设计手段，而且巧妙地利用蚕室建筑中的光和风来分别塑造成年人的视觉空间和儿童的触觉空间，在建筑空间中创造了丰富的知觉体验。

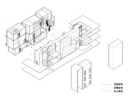

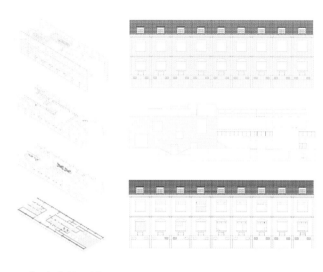

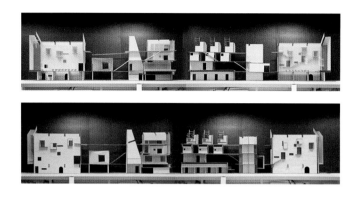

（4）宗教研修所

学生：张海宁、孙雅贤、林伟圳

本组利用蚕种场良好的自然环境，延续原有建筑引导、利用自然风和自然光的特点，对"修道院"建筑进行现代诠释。宗教研修既包括集体性的仪式和交流空间，也包括个人性的学习和生活空间。设计方案通过在原有建筑空间中置入腔体，形成多重正负空间，以此引导光和风来塑造集体的和个人的宗教氛围。

原文刊载于：鲁安东．"扩散：空间营造的流动逻辑"课程介绍及作品四则 [J]．建筑学报，2015（008）．

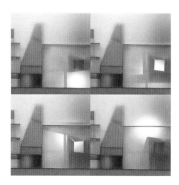

空间包裹——折纸的艺术

Paper Folding Exercises in Teaching Fundamentals of Architectural Design

唐莲 / 丁沃沃

Tang Lian / Ding Wowo

摘要：

本文介绍了笔者在建筑设计基础课程中，通过折纸操作进行形式训练的教学过程。基于思维训练和创意训练的目标，强调从折纸单元到折纸作品形式操作的逻辑过程，将折纸练习作为载体，帮助学生体会建筑学场地、材料、构造等基本问题。

关键词：

建筑设计；建筑教学；折纸；形式训练

Abstract:

The teaching process of paper folding exercises in the fundamentals of architectural design course is recommended. Based on recognition and creativity training, the logical operation process of form operation is stressed. Finally, students can build basic architecture concepts of site, material, technology, architectural language, etc.

Keywords:

Architectural Design; Architectural Teaching; Paper Folding; Form Operation

南京大学建筑学本科自 2007 年设立开始，本科一年级教学一直以通识教育为主[1][2]。通识教育夯实学生的知识基础，包括文科、理科与美学三方面的课程。美学课程与南京艺术学院合作开展，第一学期进行视觉训练，第二学期进行空间训练。建筑空间以人为本，空间训练强调以"身体"为核心进行课程的设置，共包括三个部分的练习。练习一"动作—空间分析"通过分析被空间限定的身体动作，训练学生认知身体、尺度与环境的关系[3][4]；练习三"互承的艺术"通过真实搭建身体能够进入或通过的空间结构，建立学生对建筑结构的初步认识[4]；练习二在前两年"折纸空间"[3][4]的基础上，将纯粹对纸的操作转化为与身体关系更为紧密的"空间包裹"，训练学生形成建筑学形式操作的基本思维与方法，更系统地衔接练习一与练习三。"空间包裹"取得了较好的教学效果，本文详细介绍这部分的课程设置与教学成果。

1. 课程设置

"空间包裹——折纸的艺术"的教学历时五周，要求用折纸对身体的一个部位进行包裹，完成一件衣服的设计与制作。课程可以理解为基于身体（场地）的形式操作，教学的主要内容是形式设计的逻辑与方法，其中折纸作为实现形式的技术与媒介。为此，我们在整个教学过程中设置了三个阶段的练习，并开展相应的讲座来指导与配合练习（图 1）。这三个阶段分别为：折纸单元基础练习（一周）、折纸单元

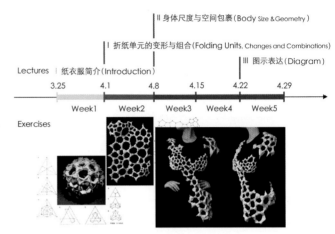

图 1　课程设置

变形与组合研究（一周）、折纸包裹空间的设计（三周）。

1.1 折纸单元基础练习

阶段一折纸单元基础练习训练学生对材料、形式单元的认知。学生需学习折纸的基本知识，运用单元拼插或者整纸折叠的方式，制作一个直径不小于 15cm 的空心球（图 2）。这个练习有助于学生快速掌握折纸技术，了解形式单元与基本形—球之间的构成关系。

材料认知是建筑学一项重要的训练内容，折纸练习中，通过折叠白纸以及用白纸形成构件单元与单元之间的拼接，学生切身体会了材料与工艺、构件、结构等的关系。白纸的厚薄、质感等特性直接关系到球的制作是否能够成功。比如有些拼插构件需要摩擦力才能完成牢固的连接，选择表面粗糙的纸张很有必要；整纸折叠的折痕密度要求选择厚薄适宜

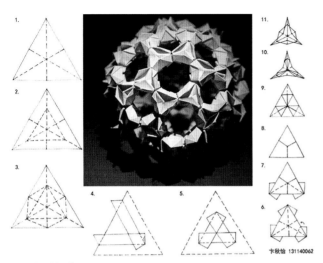

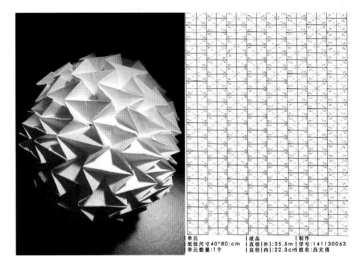

图 2　折纸单元练习

的纸张，否则可能难以制作。有些单元构件拼接过程中需要借助曲别针等临时固定，完全变成球之后可以将曲别针拆除，构件由于力的相互作用达到稳定状态。另外，从平面的白纸到三维的球的过程，训练了学生对形式单元与最终形式关系的理解。球是最简单的空间包裹体，各个方向的弧度完全一致，只需要有规律地重复折纸单元就能完成球的制作。球制作完成后，教师要求学生对使用纸张的种类、大小、数量以及构成球的构件单元、拼接方式、单元数量等进行统计，将折纸单元尺寸及数量与球的弧度建立链接，最后与其他同学的成果进行比较，分析形式单元的塑形效率。

1.2 折纸单元的变形与组合研究

阶段二折纸单元的组合与变形研究训练学生掌握形式变

形规律，培养理性的思维方法。该练习要求学生以折纸球的单元为基础，选择一种单元进行深入，单元拼插单元通过大小组合、整纸折叠通过折痕线的变化来研究折纸塑形机制，最终能够做到娴熟地控形。这个练习在整个教学过程中非常关键，鼓励学生学习、探索与研究，在掌握老师传授的基本原理和知识基础上，学生需要自己选择合理的可发展的折纸单元，对单元进行改进（以做到更稳固地连接或完成更丰富的变化），探索选定单元的组合与变化的所有可能性及适用性，并能够图解清晰数形关系（图 3）。学生对塑形机制的掌握越充分，在下一个练习中便能够越娴熟地进行成品设计。

对建筑设计过程的关注，以及对形式生成原因的研究在建筑学训练中越来越被重视。本阶段练习中，学生需探索与分析单元操作与形式变化的关系。折纸从平面到三维形式的

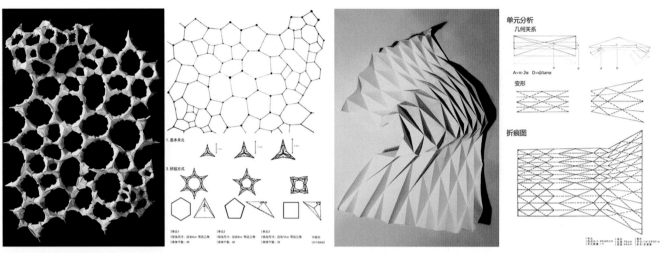

图 3　折纸单元的变形与组合练习

规律可以通过简单的几何知识进行归纳[5]。比如折纸拼插中，小的折纸单元通过拼插组合形成构件，控制构件尺寸、数量、组合等来完成大面积的包裹；控制折纸单元的设计与制作、不同数量折纸单元的拼插、折纸单元的大小变化都能使最终的包裹形式产生变化。褶皱单元中，大的纸张通过折叠形成褶皱、控制折痕来完成大面积的包裹；控制横向褶皱的尺寸与密度、纵向褶皱的角度，能使最终的包裹形式产生变化。褶皱单元与拼接单元不同之处在于，褶皱单元一般至少在一个方向上具备一定的弹性，这种弹性通过在纸张上多次重复峰折[1]和谷折[2]获得，这个方向的形式变化存在规律，并可通过计算来描述。学生在练习过程中，除了通过模型来呈现变形与组合的可能之外，还需手绘图解单元几何尺寸、关系，对变形和组合的原理进行图示解析，了解折纸操作中单元的变形以及不同组合、峰折、谷折等对于形式控制的意义。

1.3 空间包裹设计

阶段三包裹空间设计训练学生对形式规律的运用及设计能力，要求学生运用所掌握的折纸塑形原理，包裹身体的一个部位，最终成品需满足身体尺度的三个层次，并能够改变人的形体。这个过程历时三周，前两周以设计与制作衣服为主，学生需要根据选择的部位以及衣服的设计意向设定概念，设计要求除了技术上遵循之前的研究成果之外，也需符合概念的设定，由概念来引导设计造型的走向；后一周学生需要对成品进行拍摄，对制作原理进行手绘图表述，最终完整呈现到一张图版上（图 4）。

建筑形式不仅仅是一种造型，形式与场地关系密切，形

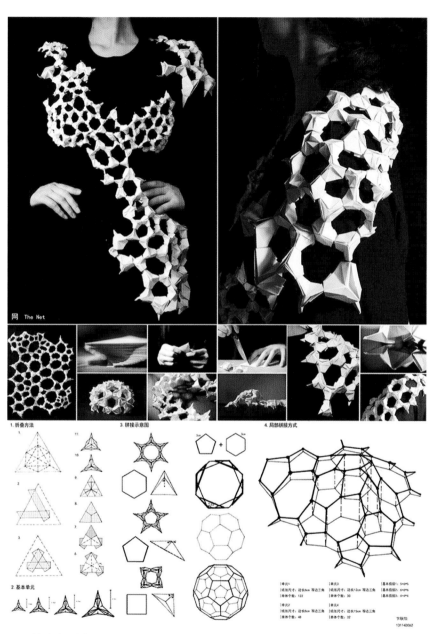

图 4　空间包裹设计成果

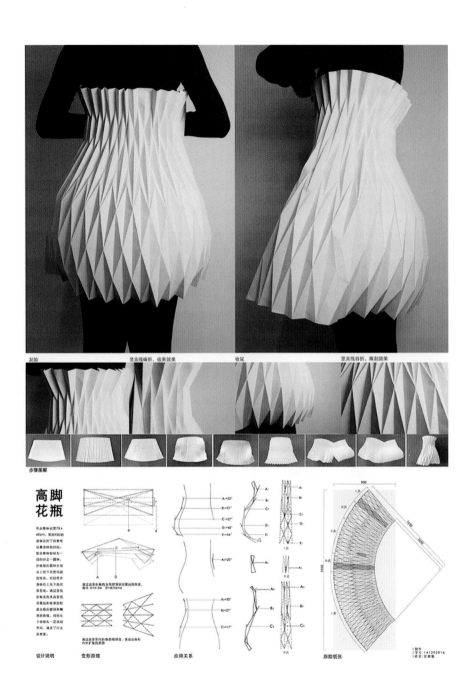

式承载功能，需具备合理性，课程要求衣服的设计需顺应身体尺度的需要。身体作为折纸衣服的"场地"，具有三个层次的尺度。首先，基本尺度，人的身体可以理解为多个球面体或多面体的组合，不同部位具有不同的尺寸，且不同部位的弧度存在差异。其次，穿戴尺度，人的身体是可活动的，穿戴与活动的最大尺寸、最小尺寸决定了衣服尺寸的可变区间。再次，扩展尺度，在满足前两个层次的基础上，身体的形体可被衣服重塑与改变，还具备可扩展尺度。对于折纸拼插单元，一般可以通过控制构件单元内侧的平面形来贴合身体基本尺度，通过控制构件单元的数量和组合方式来完成身体的穿戴尺度，通过控制构件单元外侧的起拱与凸起来实现身体的扩展尺度；整纸折叠形成褶皱单元在至少一个方向上会形成弹性，可以用以实现身体的穿戴尺度与活动尺度，另一个方向上，通过折痕控制能够使折纸成品产生一定的形式转折与变化，可以完成身体的基本尺度以及扩展尺度。最终，衣服成品的形式控制是否完成了身体尺度的三个层次、是否遵从折纸单元的塑形机制，以及是否遵从概念的设定，都是评判作品是否优秀的考量因素。

2. 教学成果与讨论

"空间包裹——折纸的艺术"课程取得了较好的教学效

图5　学期设计成果展

果，学生兴趣浓厚，最终作品及图纸完成度较高。由于理性
思考与控制的存在，"可以复制"成为最终作品重要的特点，
也因此很好地贴合了课程设置的训练目标。对于一学期的空
间基础教学来说，"空间包裹"承接了"动作—空间分析"
中学生对身体尺度及空间关系的认知，培养了学生理性的形
式操作能力，为接下来的"互承的艺术"的真实搭建打下了
扎实的基础。学期末"艺术的理性"设计成果展中，学生穿
着自己设计制作的折纸服装，穿梭于亲自搭建的覆盖结构之
中，再次感受到了材料之美、结构之美、空间之美。至此，
三个课程完成了空间基础的整体训练（图 5）。

　　"纸"与"身体"作为艺术学院的经典训练项目，强调
对服装的训练；在本教案中，当"纸"与"身体"变为建筑
学训练的载体时，则强调形式构成与形式逻辑的训练。"空
间包裹"练习中隐含建筑学中的多个基本问题，比如场地问
题、材料问题、构造问题、结构问题、设计问题等。将身体
看作场地，将折纸衣服看作建筑，最终完成的折纸衣服既是
独立的作品，更是借以思考建筑学问题的载体。对于建筑学
来说，好的建筑不仅最终的形式是美的，形式的生成应该是
理性的，构成形式的构件单元应该是合理的，构件与构件之
间的拼插应该是严谨的，这些都涵盖在设计过程中。加强思
维逻辑训练，通过设计过程训练设计思维[2]，将延续到建筑
学专业训练的全过程。

注释：

1 峰折（Mountain Fold），也称手后折，即纸向上或者向下反方向折叠，使折叠部分形成山峰的形状。
2 谷折（Valley Fold），也称手前折，即纸向上或者向下正方向折叠，使折叠部分形成山谷的形状。

参考文献：

[1] 周凌，丁沃沃. 南京大学建筑学教育的基本框架和课程体系概述 [J]. 城市建筑，2015（16）.
[2] 丁沃沃. 过渡与转换：对转型期建筑教育知识体系的思考 [J]. 建筑学报，2015（05）.
[3] 王丹丹，华晓宁. 南京大学建筑与城市规划学院建筑系教学年鉴（2013—2014）[M]. 东南大学出版社，2014.
[4] 王丹丹编. 南京大学建筑与城市规划学院建筑系教学年鉴（2014—2015）[M]. 东南大学出版社，2015.
[5] Jackson P，Meidad S. Folding Techniques for Designers: From Sheet to Form [M]. Laurence King Pub，2011.

　　原文刊载于：唐莲，丁沃沃. 空间包裹——折纸的艺术 [M]// 全国建筑教育学术研讨会论文集（2016）. 中国建筑工业出版社，2016.

以地形表达为切入点的低年级设计教学

The Topographic Morphosis as the Start-Point in the Architectural Design Course of Lower Grade

刘铨

Liu Quan

摘要：

在低年级设计教学阶段，除了要进行建筑的功能空间组织的相关训练，也必须让学生理解作为基本建筑问题的"场地"和作为基本设计工具的"形式"在推动建筑生成过程中的重要性。而教学的关键在于如何通过有效的形式操作设定，让学生学习综合解决建筑问题的基本设计过程与方法。本文以南京大学建筑学专业本科教学中的第二个建筑设计课题"风景区坡地茶室设计"为例，以堆叠、阵列、切片等多样化的地形表达为设计切入点，探讨在低年级设计教学中，通过可操作性形式工具的设定，联系对场地环境的解读与建筑空间的生成，推动设计过程的教学尝试。

关键词：

建筑设计；教学；地形；形式；设计方法

Abstract:

Besides the interior space organization, the outdoor space of "site" and the design tool of "form" are also the necessary teaching points in the architectural design course of lower grade, along with the design process and method. The key-point is the setting of effective operation of form in the teaching program. This paper takes the second design course "Tea House Design" in the Department of Architecture of Nanjing University as a case, and uses various topographic morphosis as the start point, to search how to use the exercisable tool of form to make students connect the site and building in the design process.

Keywords:

Architecture Design; Teaching; Topography; Form; Design Method

1. 低年级设计教学中的"场地"与"形式"问题

低年级设计课程首先要训练学生理解设计是以解决问题为目的的。如果说"建筑设计初步"的课程让刚开始接触建筑学专业的学生学到了一些基础性的建筑知识和建筑表达方法，那么本科设计课程的序列则是希望训练他们逐步地综合考虑并处理好复杂的建筑设计问题。对于本科建筑设计训练来说，主要需要训练的是解答为什么建造（功能与空间）、在哪里建造（场地与环境）以及怎样建造（材料、结构、构造）这三个基本问题。

在以往的设计课程序列中，主要是以功能、空间组织的复杂程度由易到难组织的，其他两个方面缺乏清晰的训练要点和安排。特别是场地环境问题，作为外在的限制要素，在对建筑空间的生成和建筑功能上有着同等重要的作用，但在低年级的课程设计任务书中却往往语焉不详，缺少对学生的明确引导，学生就容易忽视其重要性。到了高年级，就容易在遇到更为复杂的设计场地时，要么对它视而不见，要么不知道如何入手进行分析。

南京大学建筑与城市规划学院在建筑专业的头两个建筑设计课程中，明确和强化了场地环境方面的要点。虽然课程选择的是城市中的真实场地（一个是老城传统民居地区内的一片地块，另一个是城郊风景区内的一处自然坡地）以给学生必要的真实情境，但教案将其环境限定因素简化为垂直界面和斜向平面，在两个设计中分别训练。这样，训练的要点

可以更加突出，引导性更加明确。学生既了解了如何在设计中对场地环境进行分析，也体验了在设计操作过程中引入场地环境要求，又不会过于增加设计题目的难度（图1）。

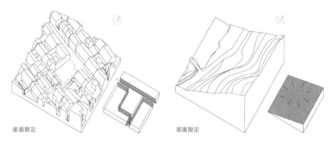

垂面限定   坡面限定

图1　建筑设计（一）与建筑设计（二）课程的场地问题设定

其次，低年级设计课程要让学生了解设计的基本过程和方法，形成正确的价值标准。形式既是建筑师在解决建筑设计问题过程中使用的基本工具，也体现在最终结果中。一个好的建筑师，能够用一个统一的形式策略综合地解决多方面的建筑问题。设计课程的教程必须能够引导学生从解决建筑问题的角度来正确评价形式的"好"与"坏"。

以往在建筑设计入门训练中往往设置各种构成训练。这种单纯的形式训练与建筑设计课程中的建筑问题往往存在脱节的情况，学生并不知道如何将单纯的形式构成原则与其进行有效的链接，这就造成了学生出现两种倾向：一种是陷入对形式结果的追求，其标准只是个人好恶，建筑问题被硬塞到建筑造型的套里；另一种就是对建筑问题的处理没有整体、清晰的形式逻辑，设计成果只关注解决了一部分问题。同时，形式及其构成规则千变万化，对于低年级学生来说是很难把

握的，因此在教学中进行较为严格的限定才能够起到有效的引导作用，使学生更好地聚焦于建筑问题的解决过程。

　　本文将以南京大学建筑与城市规划学院在建筑学专业教学中的第二个建筑设计课题"风景区坡地茶室设计"为例，以多样化的地形表达为设计切入点，来探讨通过可操作性形式工具的设定，联系对场地环境的解读与建筑空间的生成，推动设计过程的教学尝试。

2. "风景区坡地茶室设计"的教案设置

　　在许多院校的设计课程中都有坡地建筑的设计，斜面场地的设置是为了重点训练学生对建筑内部空间标高变化的应对和场地竖向设计能力，但对坡地场地条件的理解也多仅限于此。但从景观建筑学、地形学等理论看来，在创造建筑内外空间逻辑的连续性方面，自然地形与传统城市空间相比又有更多可以发掘的潜力。

　　首先，自然地形提供了更多的形态解读可能性。在城市环境中，人工化的环境条件，特别是垂直界面对建筑形态的提示要比自然地形强很多，形态的限定性也就更大。但自然地形中要植入建筑，建筑师就必须重新将自然地形予以人工化的解读，即"赋形于场地"。以往我们习惯使用的就是等高线表达，不论是图，还是模型，但这一惯用的表达形式其实极大限制了对自然地形的多样化理解。因此，在教案中，为了让学生更容易地找到设计切入点，我们设定了几个不同

的地形表达形式——堆叠、阵列、切片、覆盖，通过案例引导学生对场地进行创造性的解读。

　　其次，这样的解读大大提高了设计过程的可操作性。以往的等高线实体模型（包括计算机模拟地形），在设计过程中的挖、填等操作都十分复杂、费时，学生难以真正借助三维模型工具来辅助思考设计方案。新的地形表达除了赋予场地形式秩序，还要求学生充分考虑材料、制作的特性，使设计过程中地形的改变更加易于操作，例如堆叠单元的推、拉，阵列单元的升、降，覆盖单元的伸缩、折叠等。这不仅激发出学生对材料表达可能性的极大兴趣，也引发他们对形式操作过程实实在在的体验。

　　更为重要的是，形式化的场地为建筑形态的生成提供了有效的提示。原有的教学中多运用等高线模型、剖面图等传统手段进行设计训练，因此对于低年级学生来说，很难从场地上直接提取到对建筑空间形态生成的有效提示。但是形式化了的地形表达，不仅重新再现了场地，而且产生了形式的秩序，有了这一设计的工具，从场地解读到建筑空间生成的链接就自然形成了。在这一过程中，要强调的是场地形式再现中秩序、尺度、方向等需要根据建筑功能要求进行调整、改进的反馈过程（图2）。

　　课程共8周，第1周除了看场地，学生要在选定的地形表达方向上做一个A3底板尺寸、1∶50的局部地形模型。这一周的成果好坏参差，最主要的问题在于有些学生的形式表达缺乏秩序与尺度的考虑，在材料运用上也缺少想象力。

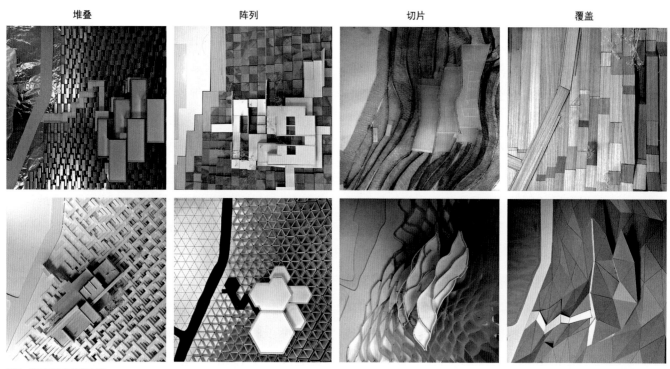

堆叠　　　　　　　阵列　　　　　　　切片　　　　　　　覆盖

图2　地形表达与建筑方案

第2—3周通过修改调整，基本上完成了对地形的调整。这一阶段，教师必须在后续对建筑生成的可能性上对这些形式表达进行把控，对形式秩序进行符合建筑需求的调整。例如，调整地形表达单元的尺度，使之适应于建筑内部空间的功能使用要求；调整地形表达单元的方向，以增加景观面、减小体量感，使之适应风景区建筑的内外景观需要等。之后的建筑方案推敲都基于前三周形成的地形表达模型之上，方案的修改和推进就有了十分明确清晰的可操作性。教案将建筑红线设置于山坡上，因此从山下道路到建筑主入口必须进行室外场地和景观的设计。这就使学生必须在原有的地形表达基础上考虑室外场地的景观设计，从而进一步用形式原则统一室内外空间（图3）。

第一阶段 探索地形表达的形式秩序、材料与可操作性，剔除无秩序的表达

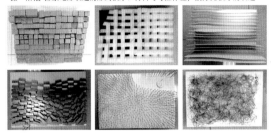

3. 成果与讨论

在教案设计阶段，教学组考虑了两个可能的问题。第一个问题是，过强的形式设定会不会限制学生的思维。但由于教学对象是低年级学生，他们对于怎样做设计并不十分清楚，我们将教案最主要的目的设定为形成设计思路和方法，因此必要的设定有利于教学目的的达成。而且，在地形表达的探索阶段，学生的思路是很开放的。第二个问题是，从地形表达切入，会不会弱化学生对建筑空间本身的关注。成熟的建筑师会从多角度综合考虑建筑问题，但初学者很难做到这一点，所以在教学中需要选择某一个基本问题来切入，因此教案选择了常被低年级学生忽视的场地环境问题作为设计的主要切入点。不过，这也要求教师对形式的建筑空间转化可能性有清晰的认识，才能帮助低年级学生顺利找到可以发展的地形表达形式。这一表达形式只是一个起点，在设计发展过程中也不是不可变的，需要根据建筑功能、流线、尺度、建造等问题进行调整。

第二阶段 根据建筑的景观朝向、体量尺度要求对形态进行修正，并通过提压、推拉等操作形成建筑空间

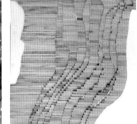

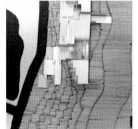

从教学过程和最后的成果来看，有了地形表达阶段的形式设定，学生就能够在这一形式工具的引导下顺利、明确地推进和深化设计方案。本教案并不是单纯地教会学生遇到坡地地形时如何进行设计，更多的是让学生学会选择和运用适当的形式工具来综合应对多种建筑问题，推进设计过程的工作思路和方法。

第三阶段 深化室内微空间的设计

图3 教学过程中的模型推敲

参考文献:

[1] 丁沃沃，刘铨，冷天 . 建筑设计基础 [M]. 中国建筑工业出版社，2014.

[2] 丁沃沃 . 过渡与转换——对转型期建筑教育知识体系的思考 [J]. 建筑学报，2015（05）.

[3] 华晓宁 . 地形建筑 [J]. 现代城市研究，2005（8）.

[4] 刘铨 . 建筑设计基础课程中的城市空间认知教学 [C]// 全国高等学校建筑学科专业指导委员会 . 2012 全国建筑教育学术研讨会论文集 . 中国建筑工业出版社，2014.

原文刊载于：刘铨 . 以地形表达为切入点的低年级设计教学 [M]// 全国建筑教育学术研讨会论文集（2015）. 中国建筑工业出版社，2015.

照片拼贴法辅助设计构思和表现——剑桥大学—南京大学建筑与城市合作研究中心 2013 年夏季工作坊

Photo Collage for Design Conception and Representation—2013 Summer Workshop by Cambridge University—Nanjing University joint Research Centre on Architecture and Urbanism

窦平平

Dou Pingping

摘要：

本文探讨了剑桥大学—南京大学建筑与城市合作研究中心 2013 年夏季工作坊"日常性的培育"，对课程内容、教学方法以及学生作业成果进行简介。在剑桥大学设计课教学背景的参照下，重点介绍和讨论运用照片拼贴法在辅助设计构思和表现方面的教学方法和经验、其理论基础和发展，以及在当代中国建筑教育中的意义。

关键词：

照片拼贴；设计构思和表现现象学；日常性；寓居者

Abstract:

This paper introduces the 2013 Summer Workshop "Cultivating Domesticity" led by Cambridge University-Nanjing University joint Research Centre on Architecture and Urbanism, and reviews its step-by-step program and teaching method, along with the students' works. With reference to the studio teaching in Cambridge, the paper focuses on photo collage as a design conception and representation method, and discusses its theoretical background and development, the way of teaching, and its importance to the architectural pedagogy in contemporary China.

Keywords:

Photo Collage; Design Conception and Phenomenology of Representation; Domesticity; Occupant

照片拼贴作为辅助设计构思的方法，在欧洲有现象学的理论基础，并在以空间环境意识和人文思想培养见长的建筑院校具有三十多年的教学背景，但在国内尚没有系统的介绍和讨论。结合笔者在剑桥大学的学习和评图经历，本文将以与剑桥大学联合教学的夏季工作坊为例，介绍和讨论拼贴法作为辅助设计构思的方法的教学经验、理论发展以及在当代中国建筑教育中的意义。

1. 拼贴法简介

图像本身是二维的，经过剪切的图像是片段化的，又经过拼贴合成，被作者赋予了叙事关系，表达三维空间。将拼贴运用于设计方案的构思和表达，方案既是得益于拼贴的敏锐性的产物，同时也被拼贴所表现。拼贴能够表达寓居者在不同时间点的空间体验或可能的使用方式，是方案在空间与时间上的双重呈现。

现代主义建筑大师密斯在 20 世纪 30 至 40 年代积极采用照片拼贴法表达自己的建筑主张，多个建成和未建成作品中蕴含的思想以照片拼贴的形式流传至今，启发了众多后人（图 1）。密斯激进地批判古典主义建筑对人与社群关系的割裂，认为其使得文艺复兴以来逐渐建立的人的自我培育（德语 Bildung）受到冲击，他试图重新缝合建筑艺术与人的生活之间的关系。拼贴作为形象化的媒介充分且有力地表达了他的立场和意图，相应地，拼贴技艺包含的选取现成材料进

图 1 密斯·凡·德·罗，雷索住宅项目（Resor House Project），1937

行适当化应用的特性影响了他战后作品的结构表达，帮助他在实践中塑造和表现了他所理解的"新时代"[1]。

在剑桥大学，建筑理论家达利沃尔·维斯里（Dalibor Vesely）教授和彼得·卡尔（Peter Carl）教授自 20 世纪 70 年代起在对现象学的研究和教学中发展和推动了照片拼贴法，70 年代在剑桥任教的布里特·安德森（Brit Andersen）教授于 80 年代到昆士兰大学任教时将这一方法引入。在剑桥大学和昆士兰大学，照片拼贴练习在二年级的设计教学中进行。常用的方法有：老师给学生一段丰富翔实的对空间的文字描述，例如巴舍拉（Gaston Bachelard）的《空间诗学》(Poetics of Space) 或卡尔维诺（Italo Calvino）的《看不见的城市》（Invisible Cities）节选，要

求学生将文字转化为二维的图像表达，继而转化为三维的图像拼贴，最后根据给定的任务书做一个建筑设计，要求表达出自己的拼贴中所体现的空间质量和材料特性。经过一系列照片拼贴训练的学生会自觉地将其纳入建筑设计构思和表现的方法体系，在之后的作业中将这一方法加以运用和发展。

设计方法影响建筑空间的形式，而哲学基础决定设计方法。在剑桥大学的教学中，形式是由对寓居者的意义建构的，而非设计者。这种以现象学为哲学基础的建筑学要求有别于实证主义式分析的直觉和整体性洞见——建筑的实体，若只是依据建筑设计者对实体结构与机能的设计，而不考虑寓居者介入的主观意识，其形式表现虽也能不断地发展，变化出运用先进技术和材料的"新"建筑，但不是真正意义上的现代建筑。建筑的实体是表达意义的工具，而非目的。建筑实体本身并没有意义，意义的产生是通过使寓居者体验其性质并进行主观使用。建筑现象学修正了主流现代主义建筑的自我表现意图，将建筑的主体位置由建筑实体转向寓居者。[2]

2. 拼贴工作坊教学及成果

2012 年剑桥大学—南京大学建筑与城市合作研究中心正式成立，双方合办了一系列理论研讨会和短期设计工作坊。2012 年夏季，剑桥大学设计导师乔瑞斯·法克（Joris Fach）的工作坊"在外用餐"（Eat Out），即要求学生以照片拼贴作为主要操作和表达方式（图 2）。

室外

室内

图 2　乔瑞斯·法克的工作坊"在外用餐"的三组作业

2013 年夏季，中心邀请了剑桥大学建筑系设计教授、NRAP 事务所主持建筑师尼古拉斯·雷（Nichlas Ray）教授和澳大利亚昆士兰大学建筑学院院长、建筑史学家约翰·麦克阿瑟（John Macarthur）教授共同开设为期一周的工作坊。工作坊主题"日常性的培育"（Cultivating Domesticity）由两位老师共同提出，照片拼贴是贯穿其中的重要方法。工作坊为期五天半，学生为硕士研究生，共二十一人。

第一天：介绍内容，布置任务，提出策略。上午，雷教授做题为"日常性的培育——英国经验的反思"（Cultivating Domesticity — Some Reflections on the UK Experience) 的讲座，以英国为例，介绍住宅类型的演变与文化的关系，气候地形经济技术等因素对住宅类型的影响，各类型住宅与庭院的关系。讲座旨在引发学生对住宅类型的反思，以英国经验为鉴反思中国，特别是南京地区的当代住宅类型。讲座结束后，学生自由分组，三人一组，共七组，要求每组起一个能反映小组努力方向的组名，并以速写或图解的方式对老师提一个问题。下午，布置课程任务，要求各小组思考南京当代住宅类型难以承载的日常性活动，在数小时之后提出有针对性的策略和设计发展方向。

第二天：关于空间构思与表现的理论课程，照片拼贴训练。上午，麦克阿瑟教授做题为"关于日常性的思维开拓"（Thinking About Domesticity）的讲座，以诸多案例探讨寓居者的主体性和对日常空间的个性化需求，以及建筑实体、室内与室外的关系在其中的作用。下午进行照片拼贴练

习。晚上，麦克阿瑟教授做题为"带着如画主义的眼镜：从《文明》到《拼贴城市》中的视角与政治"(Looking Down with the Picturesque: Viewpoint and Politics from *Civilia* to *Collage City*) 的讲座。

第三天和第四天：方案发展和深化，分组一对一改图。要求在 1：1250 的总平面上表达居住密度；在 1：200 的平面图和 1：100 的剖面图上表达每个居住单元与相邻单元的关系、户外空间、入户方式，着重设计"你如何遇见你的邻居？"；在 1：50 或 1：20 的细节平面或剖面图上表达关于日常居住方式的设计意图，着重表达寓居者的空间感受和体验。

第五天：方案表现，集体讲评。要求运用照片拼贴法展现方案可能的使用方式，并表现空间质量。

第六天上午：作业展览，公开评图。由墨尔本大学尤斯蒂娜·安娜·卡拉季耶维奇（Justyna Anna Karakiewicz）教授、剑桥大学马克·布雷兹（Mark Breeze）教授担当外请评委。

照片拼贴练习要求通过对一张素材照片的操作，创造一个使用性质完全不同的全新的空间，迫使学生打破常规思维。在操作的过程中，学生需要迅速认知素材照片中的空间性质、材质特征、元素位置、尺度和色彩，之后想象这些元素对空间认知的影响，并通过改变和重组这些元素之间的关系，达到创造另一种空间性质的目的。在这个操作过程中，空间质量比设定的空间性质更为重要，因为一个高质量的空间可以承载多样的场景。

拼贴练习作业一（图 3）巧妙地通过在素材照片的墙面

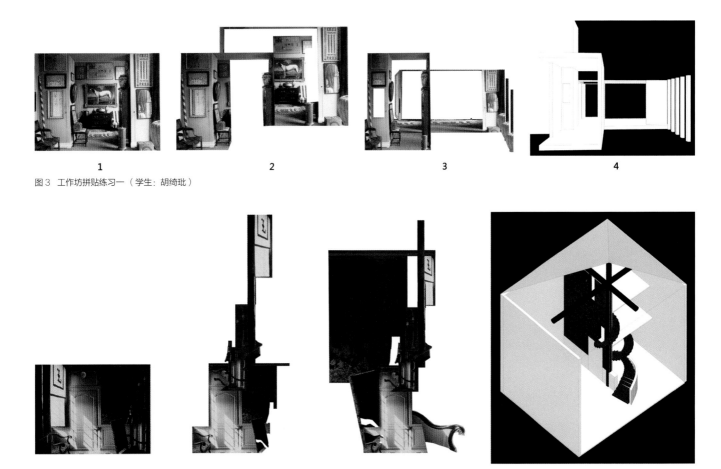

图 3　工作坊拼贴练习一（学生：胡绮玭）

图 4　工作坊拼贴练习二（学生：殷奕）

上开洞的方式创造了进深，并通过一次主要的移动创造出了前后两个空间的视觉层次，对元素有选择的复制和粘贴创造了空间序列和环境光感，最终塑造了一个围合感强烈的备餐空间和一个通透且敞开的用餐空间。

　　拼贴练习作业二（图 4）充分利用了无限的画板空间，对素材照片中的垂直向元素加以利用，创造了多层次的纵深空间，又辅以素材照片中的曲面元素，创造了富有美感的垂直交通系统，最终塑造了一个伴随上升而逐渐安静的休息和盥洗空间。由拼贴转化成的空间模型合理采用了素材照片中的材料质感和颜色，加强了空间中的竖向元素。

设计作业一（图5）利用多样的层高和户外平台，在住区上部创造了一个人工地形，不仅在流线上连通了基地两侧的湖面景观，也为更大范围内的城市居民提供了适宜活动和交流的生态环境。照片拼贴以混合并置的方式为设计意图做出了丰富的表达——人工地形的空间效果、居民多样的休闲活动、天井的尺度和空间感受、设计的原型（传统民居类型中的窑洞）、居住单元内部的空间层次和尺度。

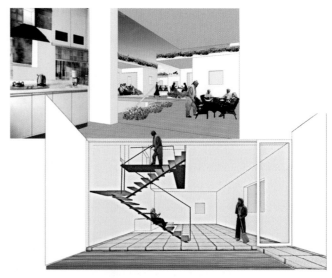

图6 工作坊设计作业二（学生：殷奕、徐怡雯、陶敏悦）

图5 工作坊设计作业一（学生：胡绮玭、王洁琼、周雨馨）

3. 拼贴法的反思与拓展

设计作业二（图6）通过将用餐空间从室内移至有顶棚的室外平台，并有组织地联系一系列平台，创造了一个共享的社区生活网络。照片拼贴表达和强化了设计意图中重要的"反转"概念——首先是地面材质的反转，赋予了楼下的室内客厅空间和与其相邻的庭院典型的室外地面材质，赋予了楼上的半室外用餐空间和与其相邻的备餐空间室内地面材质。材质的反转引发了空间内与外性质的反转。拼贴通过楼上的热闹和楼下的安静的对比表达了对空间预期占有方式的反转，即与邻居相连和共享的用餐空间取代了客厅空间，成为居家活动的最佳发生地。

当下建筑学正面临着媒体图像快速传播的机遇，同时也面临着原始图像庞杂的来源问题。我们在认识到建筑图像化和媒体化倾向的同时，也应当合理利用和转化信息时代的优势。照片拼贴便是对丰富易得的图像资源进行有意识和创造性的使用，这是早年的设计教学所不可想象的。

笔者于2014年在南京大学本科一年级的教学中引入了此方法（图7）。练习分为四个步骤：1. 每位学生选择给定的建筑照片中的一张；2. 选取切割线，将照片切割并移动一次；3. 再选取照片中的部分元素，进行复制、放大、缩

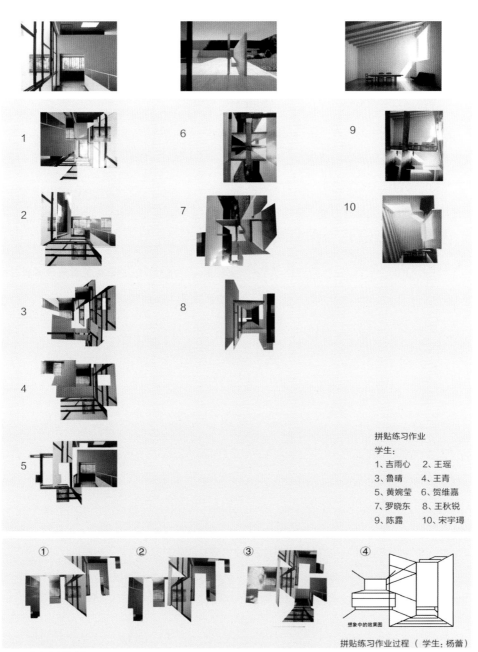

拼贴练习作业
学生：
1、吉雨心　　2、王瑶
3、鲁晴　　　4、王青
5、黄婉莹　　6、贺维嘉
7、罗晓东　　8、王秋锐
9、陈露　　　10、宋宇玮

拼贴练习作业过程（学生：杨蕾）

图7　一年级学生拼贴练习

小、定位并粘贴;4.根据拼贴的结果,抽象出一个空间模型,并进行绘制。该练习可以帮助学生对空间进行认知、想象、构思和表现,暗含着叠加了时间的空间思维方式。

照片拼贴法的意义还包括——培养学生对材质质感和色彩等特性的敏感度,对构件在空间中的位置关系及其对塑造空间的作用的辨识度;帮助学生反思现有的建筑类型和建成空间的质量,发现被忽视的差异化的空间需求;最为重要的是,培养学生从使用者对空间的真实体验出发,将建筑视作人的生活的承载物,去丰富建筑的容纳力,而不是将建筑视为"图画建筑"(Picture Architecture),去美化建筑实体本身。[3]

参考文献:

[1] K. Michael Hays. Critical Architecture: Between Culture and Form[J]. Perspecta,Vol.21.

[2] Eric K. Lum. Architecture as Artform: Drawing, Painting, Collage, and Architecture 1945–1965[D]. MIT doctorate thesis. 2005.

[3] Detlef Mertins. Mies's Event Space[J]. Grey Room,No.20.

原文刊载于:窦平平.照片拼贴法辅助设计构思和表现——剑桥大学—南京大学建筑与城市合作研究中心2013夏季工作坊[M]//全国建筑教育学术研讨会论文集(2013).中国建筑工业出版社,2013.

与建筑设计课程同步的计算机辅助建筑设计（CAAD）基础教学
The Basic Teaching of CAAD Synchronized with the Architectural Design Course

童滋雨 / 刘铨

Tong Ziyu / Liu Quan

摘要：
南京大学建筑系在人才培养中采用了通识教育和专业教育衔接的新模式，该体系以通识课程为基础，以设计课程为主干，形成了宽基础、模块化的复合课程体系。而本科 CAAD 教学作为学科通识模块的重要组成部分，必须处理好与建筑设计主干课程的关系。此外，由于南京大学建筑学本科为四年学制，课程设置十分紧凑，这就要求 CAAD 课程必须承载更多知识点的传授。
针对以上要求，我们对本科 CAAD 基础课程进行重新架构，将课程重点从以往的讲述怎样使用绘图软件，向真正的辅助设计转变——如何借助计算机工具画出符合建筑设计要求的图纸，强调计算机绘图在设计中的推动作用，以及图纸对设计意图的最终表达效果的助益。CAAD 课程在融合了建筑设计入门阶段必需的多种建筑表达知识技巧的同时，其进度设置、案例选择和课后练习均与同时期的建筑设计基础课程相同步，并在教学实践中取得了良好的效果。

关键词：
CAAD；通识教育；建筑表达；同步

Abstract:
The Department of Architecture of Nanjing University adopts a new model in talents cultivation, which connects the general education and the professional education. The new system sets the general courses as the basis, sets the design courses as the main force, and forms a wide basis and modular course system. As an important module of the architectural general education, the basic teaching of CAAD must handle the relationship with the architectural design courses. In addition, the undergraduate program of architecture in Nanjing University sets a very tight four-year academic structure, which requires the CAAD course must carry more architectural knowledge.
We have re-structured the undergraduate CAAD basic course, focusing on how to use computer tools to meet the requirements of the architectural drawings, emphasizing the significance of computer drawing in promoting the design and the effect of expression of design intent. The CAAD course integrates a variety of architectural expression knowledge and skills synchronized with the architectural design course in progress, case selection and exercises. The course has achieved good results in teaching practice.

Keywords:
CAAD; General Education; Architectural Presentation; Synchronization

1. 背景介绍

南京大学建筑与城市规划学院自 2007 年首次招收本科生以来，对建筑学人才的培养实行两年通识教育（基础通识 + 学科通识）、两年专业教育、两年专业提高教育（研究生）的方案，探索了通识教育和专业教育衔接的新模式。该体系以通识课程为基础，以设计课程为主干，以模块化复合课程体系取代了传统的线性教学体系。而本科的 CAAD 基础教学作为学科通识模块的重要组成部分，从通识教育阶段就与建筑设计基础教学同步进行了。将 CAAD 课程内容与教学进度的安排与"建筑设计基础"课程的教学配合在一起进行设置的做法，更加有利于培养学生在建筑设计学习中真正将计算机作为一种辅助设计的手段，而不仅仅是绘图的工具。

在这种情况下，如何在学生没有建筑制图基础的情况下展开 CAAD 的教学工作就成为教师需要思考的首要问题。由于南京大学建筑学本科为四年学制，需要将专业课设置得更加紧凑，所以，我们认为在 CAAD 课程和设计课教学中融入建筑制图基础的学习，既是学制的需要，也可以达到事半功倍的效果。

从 2009 年开始，我们就在 CAAD 课程中尝试教学方式和内容的改变。在这些改变的基础上，结合学生的学习成果和他们在之后建筑设计课上的表现，2011 年，我们对本科 CAAD 课程进行了更进一步的改革，将其中心任务从以往的重点讲述怎样使用绘图软件，向真正的辅助设计转变——如何借助计算机工具画出符合建筑设计要求的图纸，强调计算机绘图在设计中的推动作用以及图纸对设计意图的最终表达效果的助益。课程进度设置与同时期的建筑设计基础课程同步，所有案例和课后练习直接来自设计课程的内容。同时，在课程中融合了建筑制图、空间认知、建筑表现、图面排版等多方面的内容，为学生在最短的时间内打下建筑设计知识学习的基础。

2. 南京大学建筑学本科培养模式的特点和对 CAAD 课程的要求

南京大学本科二年级的"建筑设计基础"课程是学生第一次真正接触建筑知识，强调建筑认知和建筑表达是建筑学学科的基本知识和技能，认知是主线，表达是方法。认知成果需通过表达方式得以检验，而表达的效果和认知的成果直接对应。建筑认知内容包括了认知建筑、认知图式、认知环境和认知设计四个部分；建筑表达内容则包括徒手线条、手工模型、计算机绘图和建筑表现。建筑表达内容与建筑认知内容按课程的进展逐一对应（图 1）。[1]

该课程认为，传统建筑学中建筑的表达以二维图示方式为主，随着工具进步和技术手段更新，现代的建筑表达的方式变得越来越丰富。这些表达方式不仅是专业交流的工具，而且是自身经验记忆和新知识相互交流的工具。对于学生来说，后者更有意义。在教学中对建筑表达的方式进行有意识、

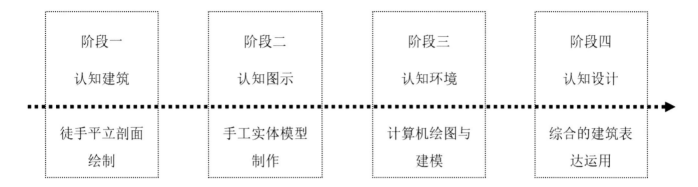

图 1　南京大学"建筑设计基础"课程教学程序示意图

有针对性的运用，能更好地促进和巩固学生对认知对象的理解。对于建筑学新生，他们不仅要掌握表达方式本身，还要理解特定表达方式所传达的空间意义，尤其是在抽象的二维图示与形象的三维空间之间建立思维上的链接。这样，在未来的设计教学中，他们才能真正有意识地把它们作为设计操作的工具加以运用。

　　"建筑设计基础"横跨整个学年，其中第一学期主要完成前三个阶段的教学。CAAD 基础课程安排在第一个学期，与"建筑设计基础"同步，共同帮助学生掌握建筑设计工具，使之可以在第二学期的阶段四中进行综合的运用训练。

　　因此，CAAD 课程不但要承担通常的 CAD 类软件使用的教学工作，让学生学会用计算机进行建筑表达；而且要和设计基础课程一起，承担起建筑制图知识的教学，让学生掌握正确的、各种类型的建筑表达方法。具体来说，本科 CAAD 基础课程的目标可以被设定为：掌握建筑制图的基础知识，并能应用 CAD 类软件进行规范的建筑表达，包括二维制图和三维模型等。并且其进度设置、案例选择和课后练习均与同时期的建筑设计基础课程紧密衔接。在这样的要求下，我们初步形成了与建筑设计课程同步的 CAAD 基础教学程序（图 2）。

　　经过两学年教学实践成果的反馈，我们发现，尽管通过一学期的学习，学生掌握了基本的建筑表达的语言，但在对设计内容的表现上，仍显得单调、平淡、呆板。尤其是全部采用计算机出图，由于屏幕显示与图纸效果有差异，在最终图纸挂出来的那一刹那，与预想的效果之间有着相当大的差距。在对 CAAD 课程的目标和内容进行反思后，我们在原来课程的基础上，进一步强调了最终的图纸表现力，从学会用计算机进行正确的建筑表达上升到学会用计算机画出具有更强的建筑表现力的建筑图，为将来能够更好地表达设计意图、设计过程、空间效果积累知识。

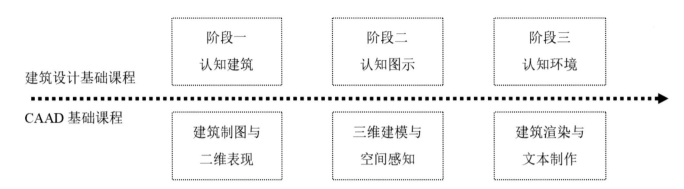

图 2　与建筑设计基础课程同步的 CAAD 基础课程教学程序示意图

因此，本科 CAAD 基础课程的目标被修正为：掌握建筑制图的基础知识，能应用 CAD 类软件进行建筑图的绘制，并加强纸面效果的表达。

3. 南京大学本科 CAAD 基础课程纲要

基于南京大学建筑学教育的种种特点和 CAAD 课程的教学目标，我们在 CAAD 课程中设置了两条知识脉络——建筑设计知识脉络和建筑制图知识脉络。这两条知识脉络的设置与同时开始的主干课程"建筑设计基础"密切相关，保持同步。

在建筑设计知识脉络方面，CAAD 课程的全部案例和练习都来源于"建筑设计基础"课程的教学内容。"建筑设计基础"课程以建筑立面测绘为起点，逐渐扩展到建筑空间、建筑构造、建筑形体和建筑环境。而 CAAD 课程同样以建筑立面作为起点，介绍其在建筑制图中的特点，并利用计算机软件对其进行绘制，然后扩展到平面图、剖面图、轴测图和三维模型。

在建筑制图知识脉络方面，CAAD 课程首先以正投形作图为基础，介绍建筑立面、平面、剖面的制图原理和方法，进而结合墨线图的表现，讲解在二维图基础上阴影的求解方法、轴测图的画法等，最后才是三维模型的透视图表现特点和技巧。

从这两条知识脉络可以看出，尽管这是 CAAD 课程，但计算机软件本身并不是讲解内容的重点，而只是作为一种制图工具存在。掌握工具是为了更好地表达设计内容。正是基于这样的出发点，我们在课程中没有专门针对某个软件进行细致入微的全面介绍，而是结合教授的建筑图纸内容，如墨线图、单色图、效果图等，根据其需要，选择既易于学生掌握，又具有一定表现力的计算机软件，而且往往只是该软件的某一部分功能。这样的教学设置不但可以与建筑设计课程建立更紧密的联系，而且避免了软件更新过快而带来的教学内容容易过时的问题。在实践中，我们分别选择了 AutoCAD 的二维制图功能、SketchUp 的三维建模功能、Vray 的渲染功能、Photoshop 的图像处理功能和 Indesign 的排版功能。

除了知识脉络，我们还根据 CAAD 课程时间短、没有实验课时的难点，在传统的课堂教学模式之外增加了新的课外练习模式。

课外练习模式是在教师上课教学之外，由学生进行课外自我练习的教学模式。该模式结合 CAAD 课程的进度以及"建筑设计基础"课程的进度，设置了一系列的练习课题，每一个课题都具有明确的针对性和目的性。同时，该模式还充分体现了 CAAD 课程重视纸面效果表达的特点，要求学生将每一次的课外练习成果都以打印的方式上交，教师再根据其上交成果的具体效果进行点评，并给出相应的改进建议。在实践中我们发现，学生作业中的主要问题都不是计算机软件的掌握问题，而是建筑制图问题和纸面效果表达问题，这也证明了我们进行教学改革的必要性和合理性。

4.CAAD 基础教学成果

CAAD 教学成果展示了引入课外练习模式后学生课外作业的完成情况。正如前面所说，课外练习的内容与同时期的"建筑设计基础"课程息息相关，围绕着设计课程中所测绘的历史建筑，依次绘制其立面图、平面图、剖面图、轴测图，完成三维模型、不同渲染效果、后期制作（图 3），最终将这些成果汇集，重新排版，形成最终的汇报文本。

最终的汇报文本中，学生不仅仅是将原有作业简单汇总，而且需要重新编排其整体结构，形成对一栋建筑的完整描述，同时还要加上合适的版式设计和封面设计，形成完整的文本（图 4）。不仅如此，学生还要考虑文本的制作问题，包括打印纸张的选择、双面打印还是单面打印、文本的装订方式等一系列具体问题，因为这些不但会影响到文本的排版方式，对文本的最终表现也是至关重要的。

5. 结论与展望

经过不断积累经验并调整，与建筑设计课程同步的南京大学建筑学本科 CAAD 基础教学取得了一定的成果，并充分体现了建筑设计和建筑制图的双重知识脉络，为南京大学以建筑设计为主干的人才培养分类贯通创新模式提供了有力的支撑。

南京大学建筑学本科 CAAD 基础教学摒弃了以软件为核心的教学方式，并逐步教学生从会用计算机制图发展到用计算机进行正确的建筑表达，再发展到用计算机进行准确且具有明确意图和表现力的建筑表达，这是对课程核心价值观的回归，充分反映了课程的专业性和特殊性。

立面图

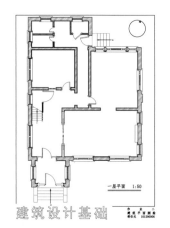

平面图

平面图

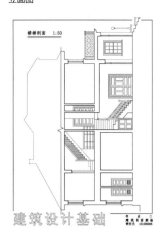

剖面图

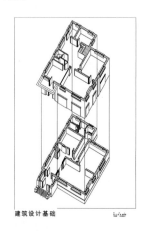

轴测图

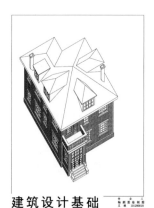

轴测图

三维模型

效果图

效果图

图3 学生课外练习作业案例

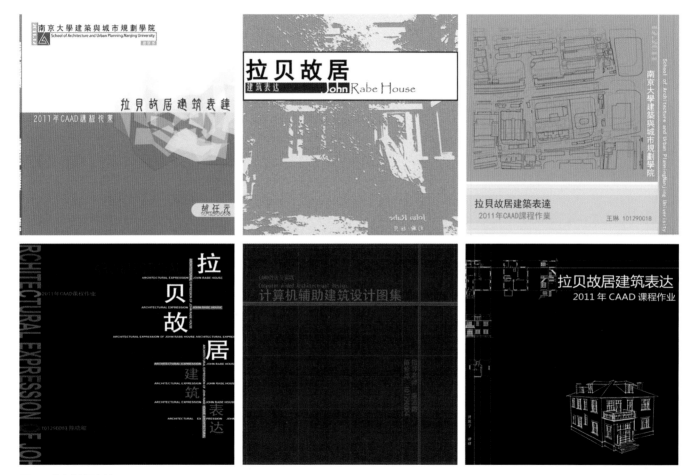

图 4　最终文本封面案例

由于新的教学目标和内容完全开展的时间尚短，其中还可能存在许多不足，这些也都有待于进一步的经验积累和反馈，使其可以取得更好的效果。

参考文献：

[1] 刘铨，丁沃沃．"建筑设计基础"教学的新探索 [C]// 全国高等学校建筑学学科专业指导委员会，同济大学．2010 全国建筑教育学术研讨会论文集．中国建筑工业出版社，2010.

原文刊载于：童滋雨，刘铨．与建筑设计课程同步的计算机辅助建筑设计 (CAAD) 基础教学 [M]// 全国建筑教育学术研讨会论文集（2012）．中国建筑工业出版社，2012.

算法生成在建筑设计教学中的应用——以本科三年级幼儿园设计教学为例
Application of Algorithmic Generation Method in Architectural Design Teaching — Taking the Kindergarten Design Teaching for Third-Grade Undergraduates as an Example

童滋雨 / 周子琳 / 曹舒琪

Tong Ziyu / Zhou Zilin / Cao Shuqi

摘要：

在以新工科为驱动力的建筑学科发展中，计算机辅助建筑设计（CAAD）从原来初级的辅助制图和简单的计算机工具学习向通识化、体系化的辅助设计、促进创新、推动科学研究的方向发展。同时，基于算法的设计生成方法也进一步提高了设计的研究性和成果的多元化。在本科三年级的幼儿园设计教学中，我们充分研究了幼儿园自身特征对环境性能的特定要求，并将这些要求转化为一系列限定规则，从而可以通过算法设计来生成满足所有限定规则的设计方案。在设计过程中，学生尝试了多种生成算法，并对限定规则进行完善和组合，展现出一种崭新的思考范式。最后的设计成果与传统设计方法得到的结果也有着显著的区别，并体现出了鲜明的科学性、研究性和创新性。

关键词：

计算机辅助建筑设计；算法生成；研究型设计；幼儿园设计

Abstract:

In the development of architectural disciplines driven by new engineering education, Computer Aided Architectural Design(CAAD) has evolved from the primary computer-aided drawing and simple computer tools to the promotion of innovation and scientific research. Meanwhile, the algorithm-based generation method further improves the research of design and diversification of results. In the kindergarten design teaching for third-grade undergraduates, we have fully studied the specific requirements of the kindergarten's specified characteristics for environmental performance, and translated these requirements into a series of defined rules. Then the design can be generated based on some algorithms to meet all the defined rules. In the design process, students tried a variety of generation algorithms, refined and combined the qualification rules. The process reveals a new thinking paradigm. The final design results are also significantly different from the designs based on traditional methods, and reflect a distinct scientific, research-based and innovative nature.

Keywords:

CAAD; Algorithmic Generation; Research-Based Design; Kindergarten Design

1. 研究背景

计算机辅助建筑设计（Computer Aided Architectural Design，CAAD）是将数字技术融入建筑设计的专业研究方向，在以新工科为驱动力的建筑学科发展中，CAAD 教学从原来初级的辅助制图和简单的计算机工具学习向通识化、体系化的辅助设计、促进创新、推动科学研究的方向发展。而随着绿色建筑、建筑性能、城市环境等要求的提高，对建筑设计的研究性要求也在日益提高，从而对建筑设计教学也提出了新的要求。

南京大学建筑与城市规划学院数字技术教学团队以相关研究为基础，以设计教学为主干，主动引导学生进行设计研究，将教学重点放在综合处理建筑和城市的功能、环境性能、形式之间的关系上，以参数化建模、数字化模拟、算法优化为手段，探索新的设计方法[1,2]。

本学院本科三年级上学期的课程"建筑设计（三）"的题目是一个 9 个班的幼儿园设计。在教学中，我们尝试抛开传统的设计方法，而将重点放在研究幼儿园自身特征对环境性能的特定要求，并将这些要求转化为一系列限定规则，从而可以通过算法设计来生成满足所有限定规则的设计方案。在设计过程中，学生尝试了多种生成算法，并对限定规则进行完善和组合，展现出一种崭新的思考范式。最后的设计成果与传统设计方法得到的结果也有着显著的区别，并体现出了鲜明的科学性、研究性和创新性。

2. 教学计划

2.1 任务书设定

此课程训练解决建筑设计中的一类典型问题：标准空间单元的重复和组合。建筑一般都是多个空间的组合，其中有一类比较特殊的建筑，其主体是一些相同或相似的标准空间单元重复组成的，这种连续且有规律的重复，很容易体现出一种韵律节奏感。这类建筑的设计练习，可以帮助学生了解并熟悉空间组合中的重复、韵律、节奏、变化等操作手法。

任务书的设定比较宽松，要求在约 7200 平方米的用地上放置一个 9 个班的幼儿园，每班人数为 25 人，使用面积总计约 2100 平方米，高度不超过 3 层。在功能上包括标准的幼儿生活活动用房、服务用房以及供应用房。场地要求包

图 1 设计基地（自绘）

括人均面积不小于 2 平方米的公共活动场地和每个班专用的不小于 60 平方米的室外活动场地。此外，按照设计规范，对幼儿生活用房和室外活动场地的日照条件有明确的要求。图 1 是设计的场地位置，周边都是典型的城市居住区，比较特殊的条件是周边主要道路与正南北方向呈大约 45 度角。

2.2 算法生成的可能性

通常来说，计算机擅长处理的是界定比较清晰的问题（Well-defined problem），而建筑设计却是一种比较典型的不明确问题（Ill-defined problem）[3]。在三年级的建筑设计中引入算法设计的操作，必须尽量提高问题的明确性，以减小操作难度，同时也便于学生对算法设计的理解和操作。

幼儿园作为一种比较特殊的建筑类型，在设计规范中对日照条件、面积等都有着非常严格的规定。这样的严格限定给了算法设计明确的规则，从而更容易进行规则的设定，并利用计算机的特点生成更多的可能性。

根据《托儿所、幼儿园建筑设计规范》[4] 要求，活动室要朝南并满足大寒日满窗日照 3h 以上；室外要求设置公共活动场地和每班的专属活动场地；室外活动场地应有一半以上的面积在标准建筑日照阴影线之外。而根据任务书的设定，一共需要每班 25 人的小、中、大各 3 个班，共计 9 个班，在入园处设置医疗室、安保室，在下风处设置厨房和后勤服务用房。此外，从地形特点出发，道路红线的退让、出入口距离道路交叉口的位置以及消防间距也是需要满足的条件。

这些都是具有强制性的要求，可称之为"强约束条件"。

除了强约束条件，设计中的一些通常的价值判断，如"大、中、小班各自成组""远离道路噪音""易到达""拥有良好视野""室外空间丰富度高"等并非强制性要求，但也可以作为对设计的约束条件，可称之为"弱约束条件"。其中部分弱约束条件也可以转化为评估标准，以增加成果的丰富程度。

综合上述分析，幼儿园设计对问题的界定趋于明确，从而很大程度上提高了算法生成的可能性。

2.3 设计小组架构

在传统的设计教学中，学生毫无疑问是设计的直接负责人，从功能解读到布局设计再到成果表达，都由学生独立完成。而在基于算法的设计过程中，考虑到学生的知识背景和能力，要求其独立完成算法生成设计几乎是不可能的任务。为此，在教学中，借助南京大学的研究生助教计划，我架构了设计小组的模式，除了三年级学生之外，还安排了一位计算机辅助建筑设计方向的研二学生作为本课程的助教，负责解决设计过程中遇到的算法编程等计算机方面的问题。在设计小组中，学生、助教和教师分别担任着设计者、辅助者和指导者的角色，三者共同合作解决问题和推进设计（图 2）。

在这一架构中，本科学生依然是设计的直接负责人。他们需要从设计任务书中梳理相关的条件，并将其转化为不同的规则。设计从传统的对功能、空间和形式的推敲转化为各种规则的限定，而形式本身则几乎没有限定。研究生助教负责根据本科学生总结的规则应用合适的算法编写程序，从而实现满足设定规则的建筑布局。助教不用考虑规则本身的合理性，而是着眼于算法的合理性。与此同时，指导教师一方面要与设计者讨论规则的合理性，另一方面需要与助教讨论算法的合理性。

3. 教学成果 [1]

在具体的设计过程中，设计被分解为三个阶段，共四个模块（图 3）。其中阶段一是规则制定阶段，包括场地属性模块与单元体属性模块，阶段二是算法生成阶段，阶段三是对生成结果的评估阶段。

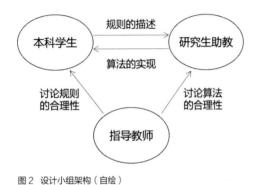

图 2　设计小组架构（自绘）

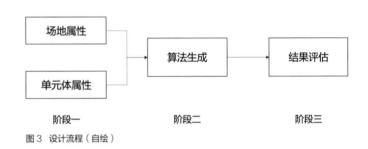

图 3　设计流程（自绘）

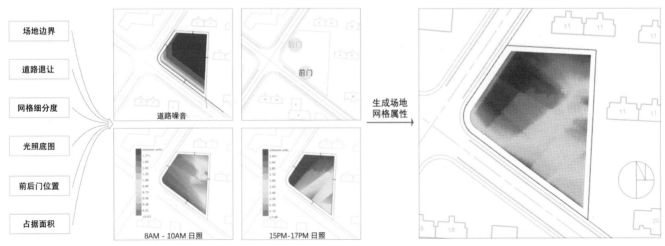

图 4　场地属性（自绘）

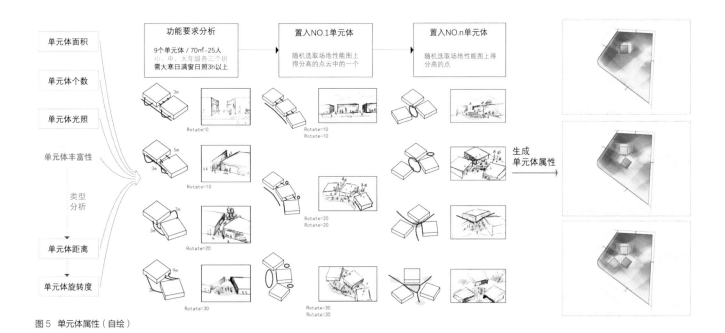

图 5　单元体属性（自绘）

3.1 规则制定

规则制定包括对场地属性的量化和对单元体相互关系的量化两部分。

对场地属性的量化考虑了场地边界、道路退让、周边建筑的阴影、出入口的位置等因素，将这些因素综合起来，得到场地对于建筑布局的适合程度分析图（图 4）。

对单元体相互关系的量化则考虑了幼儿班级单元的面积、数量、对日照的需求、对空间围合的可能性等因素，因素的综合使得单元体的生成有了相应的依据（图 5）。

3.2 算法生成

在规则确定的前提下，研究生助教在指导教师的协助下，提出了多种算法，包括多主体系统、遗传算法等，但经过实验，发现这些算法都存在一定的局限，难以满足设计者的要求。最后，研究生助教选择使用蒙特卡洛树搜索的算法，在 Grasshopper 平台上完成程序的编写，实现了幼儿园总平面的算法生成（图 6）。

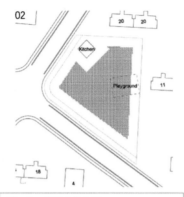

第一步：随机放置厨房
置于后门位置14m范围内，更新场地

第二步：放置室外广场
限定形状大小，无光照影响

第三步，放置第一个班级
依据单元体属性，更新场地

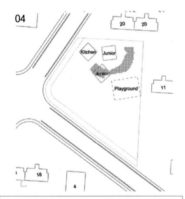
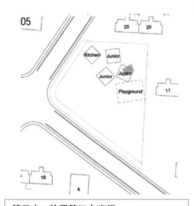

第四步：放置第二个班级
根据单元体组织属性，更新场地

第五步：放置第三个班级
根据组织几何关系计算放置点，更新场地

第六步：放置剩余功能
根据各功能约束条件，更新场地

图6　算法生成（自绘）

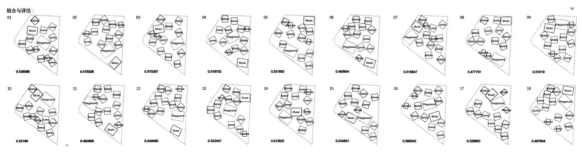

图7　结果评估（自绘）

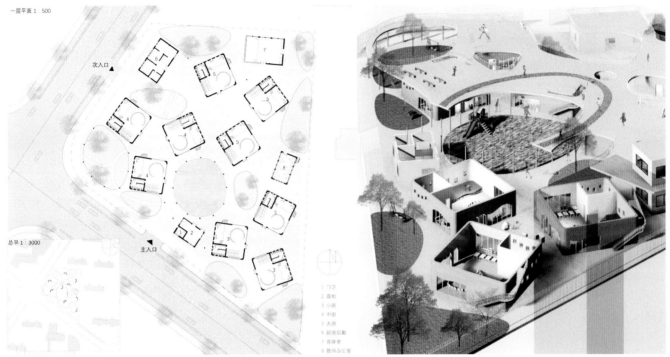

图 8 最终设计成果（自绘）

3.3 结果评估

在算法生成的一系列结果的基础上，设计者再次依据对单元体属性的解读，对所有结果进行评分，从中挑选出具有较高得分的一组生成结果（图 7）。

在生成结果的基础上，再从交通、绿地、采光等方面对生成结果进行优化，得到了最终的设计成果（图 8）。

4. 结论与展望

在本科学生、研究生助教和指导教师的通力合作之下，在幼儿园设计课程中对算法生成的应用获得了成功。建筑不再拘泥于形式和通常的功能布局，而是利用规则来最大限度地探讨设计的可能性，最后的成果也证实了这一点。因此，以算法生成来驱动建筑设计教学具有操作上的可行性和有效性。

然而，从教学过程来看，本次教学的成功很大程度上倚仗了这次的研究生助教对建筑和算法的深入理解和强大的编程能力。这一方面说明计算机辅助建筑设计离不开跨学科人才，必须对建筑学和计算机知识都有深入的掌握才能完成算法与建筑设计的结合；另一方面，这也成为建筑设计教学引入算法生成的一大障碍，毕竟优秀的相关人才不是每次都能碰上。如何减少这种对人的依赖，而将教学计划标准化、程序化，将相关程序模块化、通用化，这将是我们未来需要着力解决的问题。

总的来说，设计中展现出的创新性和研究性也是对新工科教学改革的良好回应，其中的经验教训为我们进一步开展建筑学教学体系研究与实践提供了有价值的参考。

注释：

1 本文中所展示教学成果的设计者是周子琳，研究生助教是曹舒琪。

参考文献：

[1] 童滋雨，钟华颖. 毕业设计专题化——数字设计与建造教学方法研究[C]// 全国高等学校建筑学学科专业指导委员会，湖南大学建筑学院. 全国建筑教育学术研讨会论文集（2013）. 中国建筑工业出版社，2013.

[2] 童滋雨，刘铨. 与建筑设计课程同步的计算机辅助建筑设计（CAAD）基础教学 [C]// 全国高等学校建筑学学科专业指导委员会，福州大学. 全国建筑教育学术研讨会论文集（2012）. 中国建筑工业出版社，2012.

[3]Elezkurtaj T，Franck G. Genetic Algorithms in Support of Creative Architectural Design[C]// Architectural Computing from Turing to 2000 – eCAADe Conference Proceedings. Liverpool（UK），1999.

[4] 中华人民共和国住房和城乡建设部. 托儿所、幼儿园建筑设计规范（JGJ39–2016）[S]. 中国建筑工业出版社，2016.

原文刊载于：童滋雨，周子琳，曹舒琪. 算法生成在建筑设计教学中的应用——以三年级幼儿园设计为例 [M]// 共享·协同：2019 全国建筑院系建筑数字技术教学与研究学术研讨会论文集. 中国建筑工业出版社，2019.

绿色建筑设计教学的实践和展望——以南京大学—美国雪城大学"虚拟设计平台(VDS)在绿色建筑设计中的应用"为例

The Practice and Prospect of Green Building Design Teaching of "Virtual Design Studio for Green Building Systems" by Nanjing University and Syracuse University

郜志 / 刘铨

Gao Zhi / Liu Quan

摘要：

南京大学绿色建筑与城市生活环境国际研究中心自 2012 年开设了"虚拟设计平台（VDS）在绿色建筑设计中的应用"的研究生课程，对绿色建筑设计进行了教学探索。虚拟设计平台是一个面向建筑师的数字设计平台，整合了建筑能耗分析、建材特性分析、室内环境质量分析等系统模拟工具，且能够对建筑能源与环境系统（BEES）进行整合、协调与优化。基于对虚拟设计平台的学习和开发，南京大学对于绿色建筑设计人才的培养已经得以深化开展，并取得了一定的成果，为今后绿色建筑人才的培养积累了宝贵的经验。

关键词：

虚拟设计平台；绿色建筑；城市生活环境

Abstract:

The course of "Virtual Design Studio (VDS) for Green Building Systems" has been offered to graduate students in the International Center of Green Building and Urban Living Environment of Nanjing University since 2012. VDS is designed for architects. It is a simulating tool for the analysis of building energy, building materials and indoor environmental quality. It is a digital platform for integrated, coordinated and optimized design of building energy and environmental systems. Based upon the study and development of VDS, the training of architects for green building design is on the right track.

Keywords:

VDS; Green Building; Urban Living Environment

1. 引言

基于可持续发展的目标，绿色建筑设计是未来建筑学研究与教学中的重要方向，因此南京大学建筑与城市规划学院在 2011 年建立了南京大学绿色建筑与城市生活环境国际研究中心。该中心是以建筑和城市物理环境为研究主体的多学科交叉研究中心，分别由来自物理学科、环境科学、地球科学、大气科学和计算机科学等学科的教授组成，自成立以来，已主持举办了多次以学科交叉研究为主要内容的学术研讨会。美国雪城大学（Syracuse University）的张建舜教授是南京大学的思源讲座教授，为该中心的外籍带头人和学术顾问。张教授每年都有在南京大学的固定工作时间，除了开展科研工作，也进行了绿色建筑设计教学的探索，并于 2012 年开始，每年夏季在南京大学主持开设"虚拟设计平台（VDS）在绿色建筑设计中的应用"(Virtual Design Studio for Green Building Systems) 的硕士研究生课程。

虚拟设计平台（VDS, 见图 1）由张建舜教授在美国雪城大学的课题组开发，是一个面向建筑师的数字设计平台，整合了建筑能耗分析、建材特性分析、室内环境质量分析等系统模拟工具，且能够对建筑能源和环境系统（BEES）进行整合、协调与优化。该平台能够在建筑设计的各个阶段根据设计方案进行模拟计算分析，为建筑师提供关于建筑节能等方面的建议和设计指南。

该课程的设置是希望学生们通过运用和掌握 VDS，理解在绿色建筑设计中进行多学科、多目标和多阶段的设计过程和方法论，理解热、空气、湿度和污染物在 BEES 系统中的流动传递以及对 BEES 性能的影响。运用 VDS 分析气候和位置、建筑物个体体量外观和建筑群的组合及朝向、内部构型、外部围护结构以及供热、通风与空调（HVAC）系统对建筑性能的影响。学生通过案例研究和设计平台操作，就可以掌握在绿色 / 可持续建筑设计中开发一体化创新技术的基础理论和技能。

2. 课程设计

2.1 课程内容

课程安排分为建筑技术知识的授课、计算机模拟软件教学和绿色建筑案例研究三大部分。其中授课部分主要是希望学生建立对多学科、多目标的设计过程和方法论的认识，以及传授一些绿色节能建筑中的基本要素知识，包括如下内容：

虚拟设计平台概述：设计过程分析，系统整合和示范

概念化绿色：目标、标准和进程

社区建筑：历史、文化、社会、经济和生态考虑；城市街道布局与历史；城市审美

气候与地址选择：自然驱动力及环境条件的相关性

建筑物个体体量外观和建筑群的组合及朝向：初期设计对建筑性能的影响

内部构型与外部围护结构：建筑规划、功能与被动式建

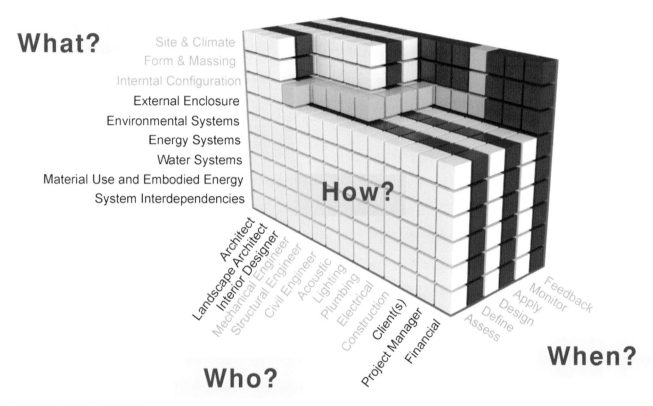

图 1　虚拟设计平台 (VDS) 多维设计图解

筑技术

建筑材料与围护系统：热、空气和湿度控制

环境系统:负荷,系统选择,室内空气质量（IAQ）策略,房间气流分布及绿色能源技术（如光伏系统、冷梁、地热源热泵、太阳能热水、风能等）

计算机模拟软件教学包括对 VDS 及相关整体建筑室内环境质量（IEQ）和能源性能分析软件的简介与教学，使学生基本能够运用此设计平台进行分析操作。课程的研究与设计项目为绿色建筑案例研究，包括运用 VDS 对已有建筑案例进行分析、替代方案的分析与选择、最终替代方案与已有方案的比较等。

2.2 教师配备

2012 年的主讲教师为美国雪城大学工学院建筑能源与环境系统专业的张建舜教授，中方配备了建筑技术学科的教师一名。课程考虑到虚拟设计平台的终端用户为建筑设计师，故需着重考虑建筑师的使用感受和用户反馈，同时也有助于建筑设计专业的学生更好地理解吸收课程内容，因此在 2013 年增加了一名建筑设计专业的主讲教师，即雪城大学建筑学院的副教授迈克尔·佩尔肯（Michael Pelken），中方亦增加了一名建筑设计学科的教师。需要指出的是，2012 迈克尔·佩尔肯在美国通过远程视频参与了六个课时的教学，而 2013 年则来到中国课堂，全程参与了教学活动，与中国教员和学生更加直接、全面地互动。

2.3 教学语言

由于中美合作教学，课程采用全英文的授课方式。学生提问、回答问题、PPT 文稿写作与演示均采用英文的交流方式。学生如实在无法用英语交流建筑设计或建筑技术方面的专业词汇，中方教师会代为翻译。通过这样的教学方式，学生的专业展示和沟通能力有了较显著的提高。

2.4 考核安排

课程结束后的考核安排主要包括以下三部分：
文献阅读、课堂参与及讨论情况
绿色建筑案例研究
VDS 的评价及改进方案

3. 两年教学实践的讨论

3.1 建筑能源与环境系统软件的教学

VDS 已经整合了能耗分析软件 EnergyPlus，以及多区域传热传湿、空气流动和污染物传输模型 CHAMPS Multizone，用于单体建筑的性能模拟和分析。经过若干年的发展，VDS 的漏洞在逐渐减少，开始逐渐走向应用领域。VDS 的软件界面见图 2，其窗口包括四大部分，显示了 VDS 的基本操作步骤。首先是建筑设计过程分析，包括项目经理、建筑设计师和系统工程师对各阶段的评价、定义、设计、实施、监控及协调过程；其次就是模型和相关参数的输入，包括气候条件、地址、内部分区、外部围护结构、供热、通风及空调系统、照明系统、水系统以及定性和定量的要求及参考资源；然后是结果的图形化展示，包括建筑设计、采光和照明分析、热、空气、湿度和污染物的传播和分布图；最后是建筑设计的性能分析，包括能源、室内环境质量及成本分析。其中已内嵌的绿建指标为 LEED（Leadership in Energy and Environmental Design）指标，包括可持续

图2 虚拟设计平台 (VDS) 软件界面

选址、用水效率、能源与大气、材料与资源、室内环境质量、设计创新和区域优先性等。

　　Design Builder 是相对比较成熟的能耗模拟软件,其内核求解器采用 EnergyPlus。由于建筑设计专业的学生对 SketchUp 比较熟且与 VDS 整合较容易,故 2013 年 VDS 版本采用插件 OpenStudio 加 E+ 求解器进行建筑能耗模拟(见表 1)。目前的教学还包括其他相关的软件,未来考虑实现与 VDS 对接。Ecotect 对太阳辐射和日照的模拟较为准确,故一直沿用。风环境的模拟于 2013 年新加入 Envi-met,用以模拟建筑小区或建筑群的微环境。建筑物中的多区域流动模拟和房间气流分布模拟仍分别采用 CONTAM 和 Airpak。Envi-met/CONTAM/Airpak 等联立求解,可以系统地完成从宏观到微观的风环境模拟。

　　由于建筑围护结构模型已嵌入 VDS 中,而建筑设计专

表 1　建筑能源与环境系统模拟软件

功能	2012 年	2013 年
1. 建筑能耗模拟	Design Builder	SketchUp + OpenStudio
2. 日照，采光	Ecotect	Ecotect
3. 风环境，自然通风	CONTAM/Airpak	Envi-met/CONTAM/Airpak

业的学生对建筑围护结构的模拟的理解还稍显吃力，故目前的教学仍未触及与围护结构相关的墙体模型 CHAMPS-BES 和多区域模型 CHAMPS-Multizone。未来 VDS 模拟处理器还将同专家系统相结合调用相应的子模型，包括日照模型（SOLAR/E+）、采光模型（Daylighing/E+，RADIANCE）、供热、通风和空调系统模型（HVAC/E+）等。2013 年强调了使用软件时需首先理解其物理意义，这样就可以避免"垃圾输入，垃圾输出"现象的发生。比如有学生轻信软件模拟的结果，被教师及时指出边界条件等的设置不符合物理常识，导致模拟结果没有意义。希望学生在模拟之前对结果在定性上有大致的预期和判断。

3.2 绿色建筑案例研究

2012 年的绿色建筑研究案例（见图 3）包括美国雪城 COE（Center of Excellence）总部和南京紫东国际创意园办公楼，涵盖了严寒地区和夏热冬冷两个典型的气候区。2013 年国外的研究案例仍是美国雪城 COE 总部，而国内的案例则换成了南京大学文科楼的节能改造方案研究。雪城 COE 总部获得了美国 LEED（Leadership in Energy and Environmental Design）绿色建筑白金级认证，也就是最高级别的认证，有许多值得研究的绿色建筑设计及绿色能源技术。南京大学文科楼相比紫东国际创意园办公楼而言，具有距离优势，学生对其建筑物理环境可以有更为方便的测量。

美国雪城 COE 总部

南京紫东国际创意园办公楼

南京大学文科楼

图 3　绿色建筑案例研究

表2 2012 年与 2013 年课程考核内容及所占比例

考核内容	2012 年	2013 年
1. 文献阅读、课堂参与及讨论	25%	30%
2. 绿色建筑案例研究	50%	60%
3. VDS 的评价及改进方案	25%	10%

3.3 考核安排

相比 2012 年，2013 年的考核内容不变，但所占比重略有调整。由于授课对象多数是建筑设计专业的学生，而 VDS 也是面向建筑师的，对 VDS 的评价和改进方案所占比重不宜过大，因此 2013 年调小了这部分的份额，更加着重在案例研究的部分（见表 2）。

4. 反思和展望

在对虚拟设计平台（VDS）学习和开发的基础上，南京大学对于绿色建筑设计人才的培养已经得以深化开展，并取得了一定的成果，为今后绿色建筑人才的培养积累了宝贵的经验。

4.1 绿色建筑设计思想的培养

南京大学建筑技术科学专业成立的时间不长，大部分学生之前的专业背景均为建筑设计方向。这为课程的教学带来了巨大的挑战。目前传统的建筑设计师通常用 AutoCAD 画图，并用 SketchUp 进行三维空间造型研究，对建筑的关注点仍然较为传统。如何让学生从内心接受建筑设计的可持续性并贯彻到今后的学习和工作中去，是一项重大的课题。目前看来，填鸭式的教学事倍功半，学生的主观能动性仍需激发。VDS 的教学如何从研究生向高年级本科生甚至低年级本科生进行推广并与常规的建筑设计课程相结合，是未来需要考虑的课题之一。

4.2 绿色建筑设计的阶段性成果

本课程的教学一直强调从选址的当地气候开始分析。但这个概念直到若干节课后才被学生从实践中接受和采纳，并贯彻到案例研究中去。课程作业需提交相应的源文件，以方便教师检查哪里出现问题。从课堂讨论、案例研究以及 VDS 的评价和反馈等方面来看，2013 年的学生结课水平均比 2012 年有了显著的提高，也增强了教师对未来教学的信心。由具体的案例分析研究来带动学生对抽象概念的理解，会是一种较好的教学方法。图 4、图 5 展示了绿色建筑设计的阶段性教学成果，包括建筑物理现状的分析及改造方案。

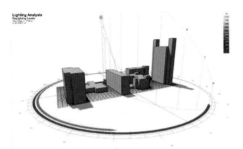

文科楼附近建筑群采光与遮阳分析（Ecotect）

文科楼附近建筑群风环境分析（Airpak）

图 4　南大文科楼建筑物理现状分析

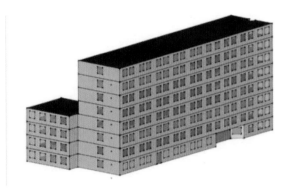

文科楼外立面改造方案之一

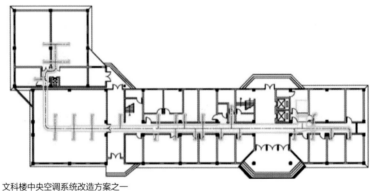

文科楼中央空调系统改造方案之一

图 5　南大文科楼改造方案

4.3 绿色建筑设计的团队理念

　　经过本课程的教学，学生加强了团队协作的概念。每个学生在团队中既有合作，又有各自的分工。比如对建筑的朝向、体量和结构等是共同分析的，但日照和热辐射、天然采光、风环境、水电系统等则是由学生分别完成的，然后集体汇总并交流。目前，在 VDS 中如何实现建筑师、设备工程师、管理团队之间的协调和运作仍处于探索阶段。

参考文献：

[1] Pelken P. M.，Zhang J，Chen Y et al. "Virtual Design Studio" —Part 1：Interdisciplinary Design Processes[J]. Building Simulation，2013，6（3）.

[2] Zhang J，Pelken P. M.，Chen Y et al. "Virtual Design Studio" —Part 2：Introduction to Overall and Software Framework[J]. Building Simulation，2013，6（3）.

[3] 刘加平，谭良斌，何泉 . 建筑创作中的节能设计 [M]. 中国建筑工业出版社，2009.

原文刊载于：部志，刘铨. 绿色建筑设计教学的实践和展望——以南京大学／美国雪城大学"虚拟设计平台（VDS）在绿色建筑设计中的应用"为例 [M]// 全国建筑教育学术研讨会论文集（2013）. 中国建筑工业出版社，2013.

计算机模拟辅助绿色建筑设计教学探讨——以"虚拟设计平台（VDS）在绿色建筑设计中的应用"为例

Computer-Simulation-Aided Green Building Design Teaching of "Virtual Design Studio for Green Building Systems"

尤伟 / 郜志

You Wei / Gao Zhi

摘要：

计算机模拟在绿色建筑设计中占有十分重要的地位。相较于传统的建筑设计教学，在绿色建筑设计教学中教授学生正确地认识计算机模拟以及正确地处理设计和模拟的关系，对于培养绿色建筑师的综合设计素质具有十分重要的意义。本文主要介绍笔者教授虚拟设计平台（VDS）绿色建筑设计课程的教学经历，总结和分析学生在学习以及设计过程中利用计算机模拟辅助设计所常遇到的问题及困惑，探讨如何更好地利用计算机模拟辅助绿色建筑设计。

关键词：

绿色建筑设计；教学；计算机模拟

Abstract:

Computer simulation is important for green building design. Compared with traditional architectural design teaching, green building design teaching is confronted with many problems concerning how to teach students the correct understanding of computer simulation and the relationship between design and simulation. This paper discusses an experience of teaching computer simulation in virtual design studio for green building systems. The problems students may encounter in the green building design process are concluded. And also, this paper explores how to integrate the building simulation studies into green building design teaching.

Keywords:

Green Building Design; Teaching; Computer Simulation

1. 前言

计算机模拟技术由于其操作方便、结果直观等优势，在绿色建筑设计中占有重要的地位。各建筑设计院校也逐渐引入计算机模拟技术的课程，以配合绿色建筑设计教学的开展[1]。然而，相较于传统的建筑设计教学，在绿色建筑设计教学中，如何教授学生正确地认识计算机模拟以及正确地处理设计和模拟的关系，还面临许多新的问题。

2012 年南京大学建筑与城市规划学院和美国雪城大学的张建舜教授在南京大学合作开设了"虚拟设计平台（VDS）在绿色建筑设计中的应用"的硕士研究生课程。笔者作为中方教师参与了该课程的教学。本文主要介绍笔者教授绿色建筑设计的经历，总结和分析学生在学习绿色建筑设计过程中利用计算机模拟辅助设计所常遇到的问题及困惑。

2.VDS 课程简介

虚拟设计平台（VDS）本身是由张建舜教授领导的课题组所开发的一个面向建筑师的数字设计平台（图 1），该设计平台整合了建筑能耗、材料特性、室内环境质量等系统分析工具，其目标是能够在建筑设计的各个阶段根据设计方案进行模拟分析，为建筑师提供关于建筑节能等方面的建议和设计指南[2-3]。VDS 经过多年发展，已开始逐渐走向应用领域，不过目前仍需要在和设计人员的配合使用过程中得到完善。

VDS 设计课程的设置是希望学生们通过运用和掌握 VDS 平台，理解并掌握基于建筑性能评估的绿色建筑设计方法。该课程为研究生的短期选修课程，授课时间为一周左右，课程分为建筑技术知识的授课、计算机模拟软件教学和绿色建筑案例研究三部分。其中授课部分主要是使学生建立多学科、多目标的设计过程和方法论的认知，并传授绿色建筑中一些基本要素的知识。计算机模拟软件教学包括对 VDS 及相关整体建筑室内环境质量和能源性能分析软件的介绍与教学，使学生基本能够运用此设计平台进行分析。绿色建筑案例研究通过利用 VDS 对已有建筑案例进行分析，提出优化设计改造策略，并通过模拟分析确定设计方案并评估方案优化的效果。

在教学过程中，上午时间分为两部分，前半部分为集中授课，后半部分为设计点评，下午为学生的案例研究和设计讨论，教学期间还会安排一次设计实践案例参观，最后通过一次设计成果答辩结束本次课程。课程采用全英文的授课方式。学生提问、回答问题、PPT 汇报与演示均采用英文的交流方式。

3.VDS 课程中应用的计算机模拟技术

为实现设计过程中不同阶段的多维性能评估，VDS 课程选用了多种分析软件（如表 1）。对于建筑场地的日照条

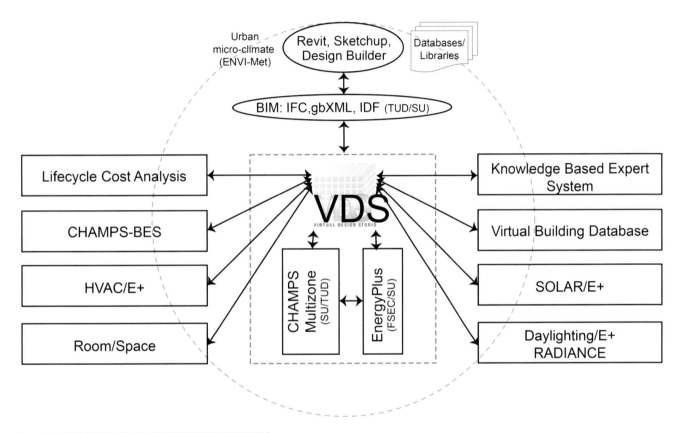

图 1　虚拟设计平台 (VDS) 系统组织图解及模拟软件界面（作者自绘）

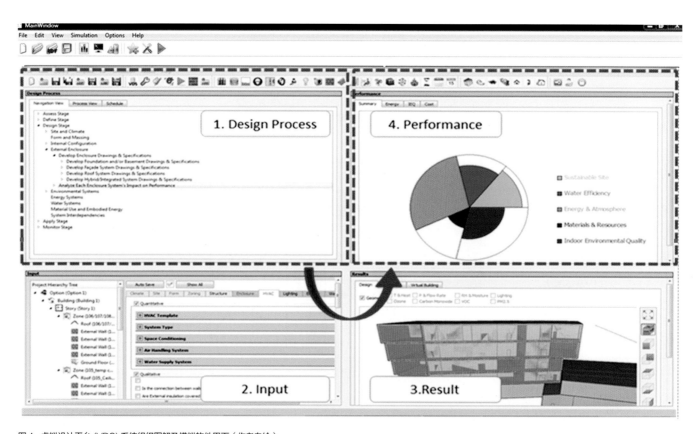

图 1 虚拟设计平台 (VDS) 系统组织图解及模拟软件界面（作者自绘）

件以及自然风环境分析，由于目前 VDS 平台尚未整合其他日照计算工具，而自身的计算流体动力学（CFD）模拟功能还在研发中，所以在目前设计课程中采用现有的计算软件，日照条件采用 ECOTECT 作为分析工具，室外风环境和热环境分别采用 Airpak 和 Envi-met。

对于建筑单体层面的能耗分析，VDS 整合了目前国际上应用广泛的专业能耗计算软件 EnergyPlus，由于建筑设计专业的学生对 SketchUp 比较熟，且与 VDS 整合较为容易，故 VDS 采用 SketchUp 的插件 OpenStudio 建模并加载 EnergyPlus 求解器的方式进行建筑能耗模拟。房间采光分析主要有 ECOTECT 和 RADIANCE，RADIANCE作为专业的采光照明计算软件操作相对复杂，在课程设计中学生较多选择采用操作方便的 ECOTECT。建筑物中的多区域流动模拟和房间气流分布模拟分别采用 CONTAM 和 Airpak。

建筑围护结构模型 CHAMPS 由于已嵌入 VDS 中，对于围护结构传热传湿、空气流动模拟可以采用墙体模型 CHAMPS-BES 和多区域模型 CHAMPS-Multizone 进行

围护结构的相关模拟。在教学过程中，我们强调使用软件时需首先理解其物理意义，这样就可以避免"垃圾输入，垃圾输出"现象的发生，在模拟之前希望学生对结果在定性上有大致的预期和判断。

4. 教学过程解析

4.1 设计团队组合模式

本课程绿色建筑设计设定为对既有建筑的绿色改造。笔者参加的是 2015 年的课程，设计案例为美国雪城 COE 总部、深圳建筑科学研究设计院办公楼以及南京大学文科楼三个案例，如图 2。它们涵盖了严寒地区、夏热冬冷地区以及炎热地区三个典型的气候区。雪城 COE 总部以及深圳建科院办公楼为国内外的绿色标准认证建筑，有许多值得研究的绿色建筑设计及绿色能源技术。南京大学文科楼具有距离优势，学生对其建筑物理环境可以有更为方便的测量。

根据设计案例，首先需要对学生进行分组。本次设计中，我们将学生分成了六组，每个案例由两组学生进行改

表 1 VDS 课程应用的建筑能耗与环境系统模拟软件

设计层次	室外环境 / 场地	建筑单体	墙体结构
天然采光、日照	ECOTECT	ECOTECT/ RADIANCE	\
建筑能耗、传热、传湿	\	DesignBuilder+ EnergyPlus OpenStudio+EnergyPlus *	CHAMPS *
自然通风、环境风	Envi-met/Airpak	Airpak /CONTAM/ CHAMPS *	Airpak/ CHAMPS *

造设计研究，在分组过程中我们有意将两个学校不同专业的学生进行组合，保证每组均有设计及技术专业的学生参加，并确认每组负责设计策略、场地、采光、通风及能耗评估的学生，希望通过这种专业分工和合作的模式来达到最佳的教学效果。

4.2 现状建筑性能分析

整个设计改造过程分为现状评估阶段、设计策略提出以及分析验证两个阶段。现状评估阶段通过对建筑现状的评估，以及问题的发现，为在下一阶段的设计中提出改造策略奠定基础。首先，由于学生对模拟技术的理解存在局限，这一阶段很容易出现过分相信模拟技术，以及不知道该如何建模的问题，比如在利用 Airpak 对建筑周边及房间内部的风环境模拟上如何对模型进行简化，是学生询问最多的问题。其次在对计算工具的选择上，尽管张建舜老师在设计周的集中授课中介绍了 VDS 平台的框架，以及通过案例演示了其不同阶段的分析功能，但笔者发现，学生在短期内学习掌握 VDS 并应用于设计案例的分析还有较大挑战。因此，一些学生仍选择采用之前较为熟悉的 DesignBuilder，甚至采用 ECOTECT 进行能耗模型计算。VDS 对建筑现状的模拟帮助教师达到了使学生理解建筑围护结构与光、热、风等物理环境关系的教学目的，图 3—5(a—d) 为不同的设计小组对采光、传热、通风、空气质量等的评估结果。

4.3 设计策略及验证分析

在设计优化阶段，需要设计人员和计算模拟分析人员的合作探讨。在教学过程中，我们强调学生要多从为什么做（why）、如何做（how）、做什么（what）、在哪做（where）、做给谁（who）五个方面展开思考，在评图和答辩过程中，我们也有意地从这五个方面引导学生思考设计策略，通过这种方式逐渐加强学生的研究性设计思路。

从计算机辅助设计的教学效果来看，通过对不同组设计过程的比较，我们明显感觉出模拟技术掌握较好的小组往往将设计和模拟结合得更好，而模拟技术掌握不佳的小组往往更多地会注重模拟结果而并没有很好地考虑模拟的目的。图 3—5(e—h) 是不同的设计小组采用的设计策略以及模拟结

图 2　绿色建筑案例研究（从左至右依次为：美国雪城 COE 总部，深圳建筑科学研究设计院办公楼 IBR，南京大学文科楼 NJU。来源：学生作业，作者整理。）

果，涉及中庭设计、墙体的开窗、传热设计等不同设计策略。总体而言，同学们具有较强的分析和解决问题的能力，掌握了通过计算机模拟技术来实现其辅助物理性能优化的目的，但仍有若干问题需要解决，比如在学生分析问题的过程中，缺少对绿色建筑设计各步骤"评价""定义"和"设计"的详尽阐述。而且对于设计策略的表达也不够明确、有效，许多学生没有很好地利用模拟结果来诠释设计，而仅仅呈现了一些花花绿绿的图表。

5. 反思和展望

在绿色建筑的设计过程中，基于性能评估的设计方法是目前较为有效和可行的一种设计方法，计算机模拟在其中扮演着重要角色，这对建筑学专业学生的素质培养提出了新的挑战。本文通过 VDS 课程的教学经历，总结了三方面的教学经验：

（1）关于计算机模拟辅助设计的正确思想培养，在绿色建筑设计教学过程中，需要不断告知学生计算机模拟的辅助作用体现在帮助设计人员发现问题，并定量论证设计策略的有效性，而不可能替代设计人员提出创造性的设计方案。对于这种认知的培养，最好在本科阶段就通过对建筑物理现象基本原理的学习建立起来，并通过对一种软件的学习，使学生了解计算机模拟技术与这些计算原理的联系，指出其优势和局限性。

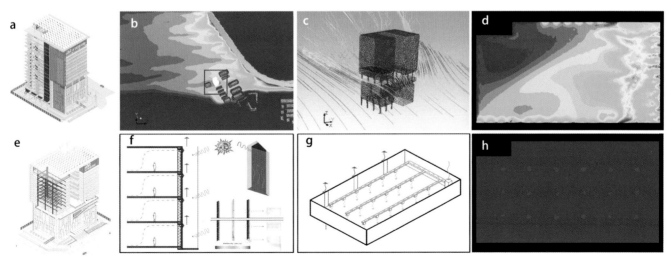

图3　深圳建筑科学研究设计院办公楼通风系统改造设计及空气质量模拟（来源：学生作业，作者整理）

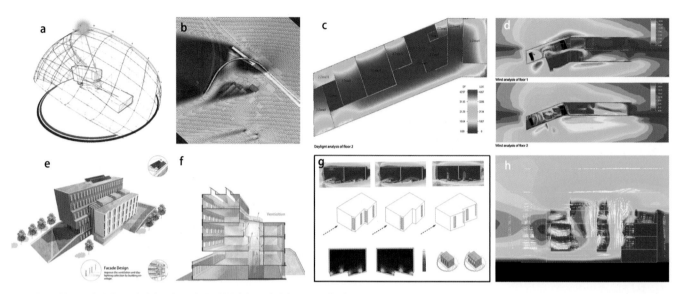

图 4　美国雪城 COE 总部立面开窗改造设计及采光通风模拟（来源：学生作业，作者整理）

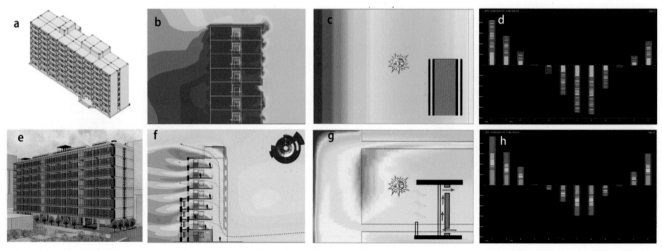

图 5　南京大学文科楼中庭及墙体改造设计及采光、传热、能耗模拟（来源：学生作业，作者整理）

（2）关于绿色建筑设计成果的表达，相较于传统的建筑设计表达，增加了对其物理性能的优化评估。由于模拟结果通常较为专业和抽象，这要求建筑师在成果表达中采用多种方式表达其设计策略，并能通过对模拟结果（图片或数据）的再处理来清晰地表达设计策略的优化作用，比如绘制改造设计的概念图、模拟结果图片与传统设计表达的结合等。

（3）跨学科合作的绿色建筑设计教学模式。经过本课程的教学，学生加强了对不同专业团队协作的概念的理解。目前来看，不同专业之间的合作还存在局限，建筑师、设备工程师之间的协调和运作仍处于探索阶段，但这种合作设计教学模式对未来绿色建筑设计师和工程师的培养而言，具有十分重要的现实意义。

参考文献：

[1] 刘加平，谭良斌，何泉 . 建筑创作中的节能设计 [M]. 中国建筑工业出版社，2009.

[2] Pelken M. P.，Zhang J. S.，Chen Y. X. et al. Virtual Design Studio – Part 1: Interdisciplinary Design Processes[J]. Building Simulation，2013，6（3）.

[3] Zhang J S，Pelken M. P.，Chen Y. X. et al. Virtual Design Studio – Part 2: Introduction to Overall and Software Framework[J]. Building Simulation，2013，6（3）.

原文刊载于：尤伟，郜志 . 计算机模拟辅助绿色建筑设计教学探讨——以"虚拟设计平台（VDS）在绿色建筑设计中的应用"为例 [M]// 全国建筑教育学术研讨会论文集（2016）. 中国建筑工业出版社，2016.

乡村语境下的建造教学——南京大学 2018 年第三届国际高校建造大赛参赛回顾与思考
Teaching of Construction in Rural Context—Review on Nanjing University's Participation in the Third International University Construction Competition in 2018

刘铨

Liu Quan

摘要：

所谓"建造教学"，就是希望学生通过实物搭建过程，从技术到艺术多层面地理解结构构造在建筑设计中的重要性。与体现工业文明的现代城市相比，乡村更多地体现出人与自然、传统与未来的微妙关系，有着更为强烈的场所特质。本文以南京大学建筑与城市规划学院乡村建造参赛作品的设计建造过程为例，阐述了乡村语境中的真实建造，能够使学生更加"建构"地体验材料、结构、构造与施工过程，从而更全面地理解建筑设计中场地、人、技术的关系。

关键词：

乡村环境；建筑教育；建造；建构

Abstract:

Through the construction process, the construction teaching is to make students understand the importance of construction in the architectural design in both aspects of technology and aesthetics. Compared with modern urban environment, the countryside embodies more subtle relations between man and nature, tradition and future, and has stronger site characteristics. Taking a students' construction competition project as an example, this paper expounds the real construction in rural context, which can make students experience the material, structure and construction process more "tectonically", so as to understand the relation among the site, people and technology in the architectural design more comprehensively.

Keywords:

Rural Environment; Architecture Education; Construction; Tectonic

1. 结构、构造、建造、建构与建造教学

在讨论建造教学前，有必要先理清建筑结构、构造、建造与建构这几个词的关系。建筑结构（building structure）是指在房屋建筑中，由各种构件（屋架、梁、板、柱等）组成的体系，用以承受能够引起体系产生内力和变形的各种作用，如荷载、地震、温度变化以及基础沉降等。建筑构造（architectural construction）则是指建筑物各组成部分基于科学原理的材料选用及其做法，它不仅需要考虑建筑结构的需要，还要综合考虑建筑形式、材料特性、室内外物理环境、加工与施工技术条件、经济性等因素。从理论上讲，结构和建筑设计施工图中的大样图都属于构造设计。但目前的专业分化使建筑设计中的构造设计更多是指非结构构件的建筑部分。建造，更多地指向"建"，也就是施工过程，着重于从可实施性与完成度上考察结构与构造设计的合理性。中国传统称之为营造，英文则同样使用construction 一词，可见构造设计与建造的紧密关系。而建构（tectonic）则更多地指向了建造技术"潜在的表现可能性"，是一种"连接的艺术"[1]，可以说是对建造问题在文化与美学层面的更高要求了。

因此，所谓"建造教学"，就是希望学生通过实物搭建过程，从技术到艺术多层面地、切身地体会和理解结构构造在建筑设计中的重要性。2000 年，南京大学的建筑学专业创立之初，就将建构作为重要教学内容，开风气之先，并逐步形成了南大建筑的一大教学特色与传统[2]。目前许多高校也开设了各具特色的建造课程和建造实践。结构构造从以往不太受师生重视的单纯技术问题，演变成为建筑设计教学的重要内容，可以说是一个重要进步。

然而，在实践中，建造教学仍然更多地停留在单纯的技术层面。首先，它缺少对真实的空间环境思考，它不是停留在纸面上，就是一个孤立的结构模型，一比一的搭建也大多在校园空地上。其次，结构和构造教学很少从使用对象，即人的感知、需求的层面去引导学生，导致建造问题只被当作一种空间成果的细化，而不是在设计之初就需要介入的要素。最后，它缺少对传统与创新的辩证思考。多数设计成果的构造做法要么丝毫不考虑与传统的对话，要么照搬一个成熟的节点交差，毫无创造性可言。建造与场地环境、身心体验的关系仍然存在很大的脱节，建造所激发的空间创新更是无从谈起。如是，学生对建造的理解，就很难提升到"建构"的高度。

2. 乡村语境下的建造

近年来，随着乡村复兴的政策引导，越来越多的建筑师来到乡村，开始了又一次的"设计下乡"[3]。为什么建筑师开始主动对乡村展现出改革开放前三十余年所没有的热情？一个很重要的原因就在于，与城市相比，它为建筑学基本问题的思考提供了更为理想的建造"语境"。这也是与中华人

民共和国成立后的前两次设计下乡很不一样的地方。中国城市建筑越来越多地受制于压缩的建设周期、严格的规范控制和贪婪的资本驱动，使建筑学对场地环境、空间使用、建构技艺的思考都被压缩到非常有限的类型之中，严重制约了建筑师的创造力。而乡村，恰恰为此提供了一个参照面，为建筑学和建筑师找到了一个出口，去反思城市建筑的得失。

乡村的物质环境，无论是农田还是村落，都是在长期农业生产中自然与人文共同作用的结果。与体现工业文明的现代城市相比，乡村更多地体现出人与自然、传统与未来的微妙关系，有着更为强烈的场所特质。因此，设计上的在地性十分重要，城市建筑类型的套用无法融入乡村自然与人文环境。这考验着建筑师对环境特色的敏感性和捕捉能力。

在此基础上，乡村的建造凝聚着当地居民对自身所处气候、建筑材料、生活习惯、交通与经济条件等的理解与选择，是理解乡村环境的钥匙。在习惯了追求效率的工业化建设模式后，建筑师需要更多地考虑利用当地的材料、工匠、建造方法。乡村成为建筑师回归思考建造的自然人文内涵，也就是建构的文化的很好的素材。

当然，这并不是说建筑师只能拘泥于传统乡村条件的束缚来工作。乡村空间是在传统农耕文明中被创造出来的，随着时代的变化、农村的复兴，要求农业的模式、村庄的功能不断演化。只能说原有的乡村条件为激发建筑师新的空间创造力提供了更有内涵的平台。

3. 乡村建造教学的尝试

与大多数校园环境内用单一材料搭建可移动构筑物的模拟建造活动不同，乡村环境中的真实建造，使高校师生能够更加"建构"地去理解和体验材料、结构、构造与施工过程，反思课堂上的建筑设计教学。由《城市·环境·设计》（UED）杂志社发起的国际高校建造大赛就提供了这样的机会。大赛已经在云南楼那和四川德阳的乡村成功举办过两届。2018年，第三届大赛走进了江西万安夏木塘村。大赛以"趣村"为主题，召集国内外21所知名建筑院校（每支参赛队有10名学生，1—2名带队老师），他们通过建筑及景观提升、艺术装置及乡村家具创作等方式，对夏木塘村小的场所进行激活，进而激发整个夏木塘村的活力，"让乡村更加有趣"[4]。限于地域、经费及教学安排，大赛还设置了建造的时间限制：13天。另外，各团队的造价被限制在10万元以内，包括了材料费用、施工队的辅助工程费用等。这要求参赛队伍对工作量及工程进度有充分的预估，充分利用当地资源进行建造，并制定合理紧凑的建造流程，才能按要求完成任务。

南京大学建筑与城市规划学院的作品《迷篱》，以竹管为基本构件，以绑扎为主要节点，遵循朴素的建造逻辑，在呼应村庄场地环境的同时，也融入田园的趣味。本文将结合此方案设计与建造过程来具体解释乡村语境对建造教学的积极影响。

设计以"建构"为出发点，对各种限制条件的分析首先要转换为设计与建造策略（图1）。首先，方案不能是放在哪里都成立的一个装置，它应充分尊重和挖掘场地特质。建造场地位于村口与村中心之间、村庄与农田之间的一个节点。经过一片竹林后，突然面对的是一片开阔的田野。场地是一个转换、过渡的空间。开始，学生由此提取出两个单独的空间特质并转化为相关的人的体验，形成"趣"的活动：停——从乡村眺望田园（观景）；行——将场地串入进村流线（迷宫）。最终的方案将其综合在一起，建筑平面形成一个分叉，既可

以穿行后继续向村里走，又可以驻足观景，未来可与规划的田间步道连接（图2）。

同时，由于场地并不在村庄主体范围内，而更接近农田、竹林等自然要素，所以，方案更多采用了景观的设计手法，而不是建造一个真正的"房子"，选用竹材及田间常见的竹篱、瓜架、稻草垛，组成三角搭接形式，使它与周边的自然景观能更好地融合，而交错的半透明界面又为场地景观由封闭向开阔提供了过渡，从而更好地融入环境中。不过，设计并不仅停留在场地意向的模拟上，毛竹的三角搭接通过连续的曲线变化控制构成的造型，又是具有创新性的（图3）。高低宽窄和竹竿排布疏密连续变化的通道，不仅可以提供不同的活动可能性，也通过视线光影的连续变化增强了人们穿越过程的动态身体感受（图4）。和现场体验的村

条件分析　　　　　　　设计与建造策略

空间限制
位于乡村，设计上与城市建筑不同，需契合乡村环境特点

时间限制
施工周期14天（2周），远小于普通房屋的建造时间，还需留出机动的部分

造价限制
施工、材料等费用应控制在10万元人民币以内，尽量节省造价

技术限制
乡村所能提供的材料、施工条件有限，也没有准确的地形图。学生的建造技能也有限

在地建筑
建筑形态与空间与乡村、夏木塘、场地环境和条件融合

自然材料
尽量使用乡村易得的简单、自然、少加工的材料，尽量少使用金属构件、定制构件

简易节点
采用学生易操作的节点设计，不使用定制构件

容差系统
设计的构造系统在建造中可以包容场地测量放线与施工的误差而不影响整体效果

图1 条件分析与建造策略

图2 场地现状与方案总平面图

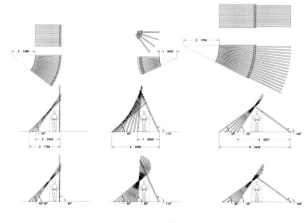

图4　空间与运动

图3　材料搭接尺度与形态研究

民聊天，能感觉到他们对这个作品有着既熟悉又新奇的认知。作品刚刚建成，就有许多孩童和游客穿梭其间，为夏木塘的空间增添了趣味。

从村庄建造的技术限制角度，设计上除了尽量使用自然材料、减少金属材料特别是需要精细加工的金属件以外，重点强调了建造过程的容差性。竹竿采用的是常用的标准直径、长度的加工毛竹，连续三角绑扎时，只要确定了大致的宽窄变化和屋脊线绑扎位置，形态就基本得到了控制。所以即使我们没有精确的地形高差信息，放线位置不那么准确，也可以保证最终的空间与造型效果，不必破坏原有地形进行场地找平。在节点的设计上，使用麻绳绑扎竹竿也是出于容差的考虑。对于乡村的施工条件和自然竹材不规则的尺寸，在乡村短时间建造条件下，要用金属件实现竹竿的连续曲线的精确连接是难以实现的，也提高了后期维护的成本和难度。而看似原始的麻绳绑扎则不然，由于它的柔韧性，作品的曲线性能更容易地实现，大大提高了施工的效率（图5）。虽然只有13天的时间，但建造还是比较轻松从容地完成了。

图 5　绑扎节点与搭建过程

建造过程中，有些利用场地废料的即兴发挥也成为在地建造的重要部分。比如处理高差踏步的踢面，设计是用竹管排，但是推土机整理场地的时候挖出很多大石块，运走它们会耗费人力物力，正好用来砌筑踏步。场地里保留的一棵树的根部有一个高起土堆，不太美观，我们就用基础挖沟的土把它修整成了一个缓坡。缓坡上覆盖的卵石也是基础填沟剩下来的，避免了卵石的运输和人工草皮的铺设。

4. 结语

2018 年夏天，21 所来自国内外的知名建筑高校参与的"趣村夏木塘"国际高校建造大赛，成为乡村复兴与高校建造教学结合的一次成功尝试。它证明了建造教学不只是纯粹技术知识的传授，从"建构"的角度进行建造教学，

可以更全面地帮助学生理解建筑设计的基本问题，即场地环境、人、技术的关系，而乡村则为它提供了比较清晰，也更易实施的"语境"。

参考文献：

[1] 肯尼斯·弗兰姆普敦 . 建构文化研究——论 19 世纪和 20 世纪建筑中的建造诗学 [M]. 王骏阳译 . 中国建筑工业出版社，2007.

[2] 傅筱 . 引入建构的构造课教学——南京大学建筑与城市规划学院构造课教学浅释 [J]. 建筑学报，2015（05）.

[3] 叶露，黄一如 . 设计再下乡——改革开放初期乡建考察（1978-1994）[J]. 建筑学报，2016（11）.

[4] 赛事报道参看：http://www.peoplezzs.com /news/2018/0816/48635.html?153440705。

原文刊载于：刘铨 . 乡村语境下的建造教学——南京大学 2018 第三届国际高校建造大赛参赛回顾与思考 [M]//2018 中国高等学校建筑教育学术研讨会论文集编委会，华南理工大学建筑学院 . 中国高等学校建筑教育学术研讨会论文集（2018）. 中国建筑工业出版社，2018.

踏进乡间的河——2019 年南京大学乡村振兴工作营知行实践

Stepping into the River in the Countryside—Thinking and Practicing of the NJU Rural Revitalization Workshop, 2019

周凌

Zhou Ling

> 只要记忆的河在流淌，人就可以诗意地存在。
>
> ——申赋渔《半夏河》

我们为什么要下乡？

乡村是所有中国人的故乡。每个人都从一个叫"家乡"的地方来，那个家，少部分是城市，更多是集镇、县城、农村，父辈、祖辈多来自此处。一个以农耕为底色的民族，不能离开土地，如费孝通所言，老农半身插在土地里，粘着在土地上。

乡村是美丽的。绿草上挂着露珠，小河里摆动着水草，星星，稻田，蟋蟀，布谷鸟。河边种满柳树，池塘里荷花盛开，槐树、柿子树装饰着村庄内外。乡村是有诗意的，弯曲的小河穿过村庄，三间瓦房，电线杆，操场，篮球架，稻草人。踏进这条河，就是踏进一段岁月，踏进一幅风景，也是踏进一个民族集体的乡愁。

乡村也是凋敝的，半边坍塌的房舍，泥泞的小路，杂芜的田野，村里只有孤独的老人和儿童，以及散养鸡犬的身影。留下来的村民，变成最需要获得社会呵护的群体。有的乡村

在发展，有的乡村在衰退。不是所有的乡村都需要振兴，也不是所有乡村都能振兴，人是主体，人走了，乡村振兴没有意义。部分村民进城了，有良好的教育和医疗，是一件好事。需要照顾的，是留下来的、弱势的群体。在很长一段时间内，乡村还会继续存在、继续凋零，对乡村的关注，有存在的价值。

新时代教育，要回答"培养什么样的人"。习近平在2018 年 9 月 10 日的全国教育大会上的讲话说道："要把立德树人融入思想道德教育、文化知识教育、社会实践教育各环节，贯穿基础教育、职业教育、高等教育各领域。"立德树人已经成为新时代教育的根本任务，也是首要任务。

同样，博雅教育也把大学的培养目标定位在培养健全的人格、塑造健全的心智、培养社会需要的人的目标上。19 世纪的英国人约翰·亨利·纽曼（John Henry Newman）在《大学的理念》这本书中说道："如果要给大学的课程确定一个实际的目标，那么我认为，这个目标就是为社会培养良好的成员。"纽曼认为，大学教育的根本宗旨是"智的培育"(cultivation of intellect)、"心的培育"(cultivation of mind)，"智的训练"（discipline of intellect）、"心的训练"（discipline of mind），以及"智的改进"（refinement of intellect）、"心的拓展"（enlargement of mind）等等。

青年下乡、大学生下乡，是对现实社会的关注，也是一种心智训练、一种心智扩展，是将知识的客观对象重新建构成为自己的东西，学习不应只停留在静态的知识层面，还应该把握知识之间的联系，学会用联系的、整体的眼光看问题。乡村就是一个小而综合的对象，一个微观而复杂的问题。对学生来说，进入乡村是学习和锻炼，是全面认知社会的一个机会。对乡村来说，村民能够获得下乡学生在发展规划、产业规划、环境治理等方面的技术支持，得到直接的帮助，同学们用专业知识为地方发展出谋划策。乡村最需要的是产业、人才、文化、环境振兴。文字下乡、科技下乡、创新下乡，是帮助地方的几把钥匙，也是大学生下乡可以有所作为的地方。

南京大学建筑与城市规划学院师生发起了2019年乡村振兴工作营活动，工作营利用寒暑假开展社会实践，招募了不同专业、不同院系、不同高校的学生，在全国各地展开乡村振兴工作。结合地方发展需求，工作营师生利用所学专业，以全产业、全流程、全覆盖的方式参与乡村振兴，为基层乡村振兴相关工作提供了产业策划、乡村规划设计、环境改善、科技服务、文化教育等方面的技术支持，并协助乡村开展文化挖掘、教育帮扶、社区营造、农产品包装、旅游产品包装等方面的咨询服务。

具体而言，工作营开展了四个板块的工作。第一，产业促进方面，开展产业策划、产品推广、平台建设工作。服务乡村产业提升，协助打造特色产品、精品农业，开拓建设产品推广的途径及平台，推动乡村经济可持续发展，实现乡村产业兴旺。第二，环境改善方面，开展乡村规划、环境提升、建筑更新工作。服务乡村规划建设，打破"千村一面"的危机，传承传统乡村风貌；协助乡村开展环境整治升级，共建生态宜居环境，留住青山绿水，留住乡愁。第三，文化建设方面，开展文化挖掘、乡村教育、文创设计等工作。服务乡村文化传承，帮扶传统文化挖掘整理，开发包装特色文创产品，推广当地文化；支持基础教育工作，培养本地乡创人才。第四，社区建设方面，开展乡村社区营造、乡村治理、集体经济组织建设工作。服务乡村社区营造，加强乡村公共文化建设，提升德治法治水平，推动乡风文明建设。辅助乡村党建宣传工作，服务基层组织建设，完善乡村治理体系。

工作初期，乡村工作营初步制订了一个五年计划，五年内在全国范围内建立20—30个乡村振兴基地，举办30—50个工作营。目前，已在江苏张家港双山岛、福建武夷山星村镇、四川南充嘉陵区、江苏镇江句容茅山、福建宁德寿宁县、安徽黄山谭家桥镇、江苏南京六合冶山街道、江苏扬州仪征青山镇、江苏淮安金湖塔集镇、山东枣庄店子镇、江苏常州薛家镇、广东潮州饶平县、辽宁辽阳文圣区等共13个地方政府挂牌建立乡村振兴工作站，并且展开工作。从选址上来说，覆盖范围从东至西，东到福建，西至四川；从南到北，北至辽宁，南至广东。文化上跨越东西南北，从东部沿海的武夷山茶文化到西部内陆的南充山地文化，从北方的辽阳辽金文化到南方的潮州移民文化。

2019年寒暑假组织的乡村振兴工作营，招募了来自南京大学、东南大学、武汉大学、重庆大学、中国农业大学、西北农林科技大学、中国美术学院等20所高校的本硕在校生组成的实践志愿团队，共计15期，学生130余人次，带队指导教师30人次，覆盖中国东、西部7省11市（区/县），完成了共17个镇—村级别实践点的乡村振兴实践任务。通过开展乡村社会及历史调研、规划与建筑设计、文创农产品推广等一系列实践，扎根乡村一线，服务社会。

四川南充嘉陵围子村，地处中国西南浅丘带坝地貌山区，是形成于清代的山村聚落。现在，围子村刚实现脱贫摘帽，正在寻找新的发展契机。工作营提出了休旅式发展的设想与规划，为赶蜂人设计客栈，为蜂蜜设计包装盒，把人居环境改善和助农增收致富有机结合起来。福建宁德竹管垅乡，曾是大山深处的贫困乡镇，现在是高山上的白茶银仓，工作营帮助当地政府梳理公共空间系统规划，对建筑进行微介入和微更新，并对当地产品进行品牌形象提升和文创推广。安徽黄山谭家桥镇是一个位于黄山风景区东大门的传统徽派小镇，面临着旅游建设开发与乡村传统文化保护之间的矛盾冲突。乡村工作营以独特的视角审视了传统老建筑在乡村现代化发展中的位置，以老建筑为载体，复兴当地文化民俗的同时也推动当地经济的发展。辽阳市罗大台镇，自然山水条件优越，辽阳是辽金文化重要发源地，曾经是金太祖祖庭，也

是清太祖祖庭。目前其城镇与人口规模较小，产业以第一产业为主，第二、三产业较不发达。乡村工作营提出集中打造"辽金文化"，并且探索发展以生态农业为基础的乡村文化旅游产业，实现第一产业与第三产业交融的发展道路。广东潮州大城所是全国46座有迹可循的明代海防聚落中保留最为完整的一座遗址，建城历史有626年，融合了复杂的移民、语言、民俗，孕育了独特的海防文化、民间习俗与民情关系，是中华农耕文明与海洋文明碰撞的叙事载体。乡村工作营探索了结合历史学、人类学、建筑类型学、城市形态学、建筑物理学的设计研究方式，获取总结了大城所民居类型、认知地图、室内建筑环境研究的第一手资料，为历史保护规划编制做了有益补充。潮州大城所是明代抗倭御所，也是戚继光建立的防卫型城市，这个时期发展起来的卫城模式、建城技术，后来在北方长城和城市建设中被广泛采用。

如纽曼所说："大学教育是一个通向伟大而平凡的目标的伟大而平凡之手段。它的目标是提高社会的心智水平，培养公众的心智，提高国民的品位。"南京大学乡村振兴工作营正是这样一个通向伟大而平凡的目标的伟大而平凡的乡间小路，它通向远方，通向未来。

原文刊载于：周凌.踏进乡间的河——2019南京大学乡村振兴工作营知行实践[M]// 周凌，华晓宁，黄华青.知行路上——南京大学乡村振兴工作营.东南大学出版社，2019.

尾声：时光存影

2005-2007

2006

2008

2006 国际木构工作营（南京—奥斯陆）

2007 级本科建筑认知与制图课程（一）初步课程答辩

2007 级本科建筑认知与制图课程（一）正式答辩

2007 级建筑认知与制图课程（二）正式答辩

2008 级建筑设计基础（一）正式答辩

2011 级建筑设计基础（一）正式答辩

2014 "权力、环境、社会：加速城市化下的建筑学" 国际研讨会

2016 级设计基础（二）正式答辩

2016 级 设计基础（三）正式答辩

2014 级 建筑设计（八）正式答辩

2017 级 设计基础（二）正式答辩

2020 年暑期乡村工作营, 福建南平松溪, 江苏兴化沙沟

图书在版编目（CIP）数据

南大建筑教育论稿 / 周凌 , 丁沃沃主编 . –– 南京：
南京大学出版社 , 2023.1
（2000—2020 南大建筑教育丛书 / 吉国华 , 丁沃沃
主编）
ISBN 978–7–305–26198–5

Ⅰ . ①南… Ⅱ . ①周… ②丁… Ⅲ . ①建筑学 – 教育
研究 – 中国 Ⅳ . ① TU–4

中国版本图书馆 CIP 数据核字（2022）第 183790 号

出版发行　南京大学出版社
社　　　址　南京市汉口路22号　　　　　　　邮　编　210093
出 版 人　金鑫荣

丛 书 名　2000—2020 南大建筑教育丛书
书　　　名　**南大建筑教育论稿**
主　　编　周　凌　丁沃沃
责任编辑　王冠蕤

照　　排　南京新华丰制版有限公司
印　　刷　南京爱德印刷有限公司
开　　本　889mm×1194mm　1/20　印张　24　　　字数　670　千
版　　次　2023年1月第1版　2023年1月第1次印刷
ISBN 978–7–305–26198–5
定　　价　218.00元

网址：http://www.njupco.com
官方微博：http://weibo.com/njupco
官方微信号：njupress
销售咨询热线：（025）83594756